高职高专国家示范性院校“十三五”规划教材

电机、电器工艺与工装

主　编　陈宣荣　颜晓河
副主编　朱　力

西安电子科技大学出版社

内 容 简 介

本书以编制电机、电器典型制造工艺的规程为主线进行编写，主要内容有工艺规程入门、工艺图表的基本操作、CAXA 工艺规程、轴的工艺设计、端盖工艺、电动机装配与工艺综述、电器铁芯制造工艺、电器线圈制造工艺、电器塑件制造工艺、弹簧制造工艺、触点制造工艺、电器冲压件、电器装配工艺、低压电器装配工艺综合实践。

本书突出工艺分析与方法实践，紧密结合国家标准，融入行业习惯，使内容与企业实际更加接近。

本书可作为高职高专电机与电器及相近专业主干课程的教材，也可供相关工程技术人员参考。

图书在版编目(CIP)数据

电机、电器工艺与工装 / 陈宣荣，颜晓河主编. —西安：西安电子科技大学出版社，2019.3
ISBN 978-7-5606-5184-2

Ⅰ. ①电… Ⅱ. ①陈… ②颜… Ⅲ. ①电机 ②电器 Ⅳ. ①TM3 ②TM5

中国版本图书馆 CIP 数据核字(2019)第 014724 号

策划编辑 高 樱
责任编辑 许青青
出版发行 西安电子科技大学出版社(西安市太白南路 2 号)
电 话 (029)88242885 88201467 邮 编 710071
网 址 www.xduph.com 电子邮箱 xdupfxb001@163.com
经 销 新华书店
印刷单位 陕西天意印务有限责任公司
版 次 2019 年 3 月第 1 版 2019 年 3 月第 1 次印刷
开 本 787 毫米×1092 毫米 1/16 印 张 20
字 数 475 千字
印 数 1～3000 册
定 价 42.00 元
ISBN 978 - 7 - 5606 - 5184 - 2 / TM
XDUP 5486001-1
如有印装问题可调换

前　言

根据教育部《关于以就业为导向，深化高等职业教育改革的若干意见》的文件精神，温州职业技术学院基于多年的教学实践经验，针对现代企业对技术人才的新的迫切需求，提出了以“进一步深化课程改革，更好地促进专业课程教学质量，实现知识与能力并举，提高学生综合能力”为实践导向的教学目标，对教材提出了更接近企业实际的要求。鉴于此，并考虑到目前教材市场上高职教育电机与电器制造工艺类教材匮乏的现状，我们编写了这本教材。

本书共有十四个项目，主要内容分为四大部分。第一部分包括工艺规程入门、工艺图表的基本操作及 CAXA 工艺规程。第二部分为电机制造工艺部分，包括轴的工艺设计、端盖工艺、电动机装配与工艺综述，主要介绍典型零部件的设计分析、结构工艺性分析、加工设备、工艺装备及典型工装设计，工艺过程卡片、工序卡片、检验卡片、工艺守则、工艺路线表的编制等，电动机装配及其装配工艺规程的编制。第三部分为电器制造工艺部分，包括电器铁芯制造工艺、电器线圈制造工艺、电器塑件制造工艺、弹簧制造工艺、触点制造工艺、电器冲压件、电器装配工艺，主要介绍铁芯、线圈制造工艺的典型工艺文件的编制，塑件分析及压制与注射工艺卡片的编制，弹簧、热双金属及触点等电器产品制造企业的特点，冲压件的结构工艺性分析及冲裁件冲压工艺规程的编制，并以使用及检验为主编制检验卡片或作业指导书，还介绍了电器装配的简单理论及装配工艺规程的编制方法。第四部分为一个综合实践，目的是通过一典型低压电器产品的拆装，利用真实的过程编制出电器产品的装配工艺规程。

温州职业技术学院陈宣荣、颜晓河担任本书主编，温州建力电器有限公司朱力担任副主编。陈宣荣编写了项目四、五、七、十、十一，颜晓河编写了项目一、二、三、六、八，朱力编写了项目九、十二、十三，项目十四由陈宣荣与朱力共同完成。本书作者有多年的机电企业工作经历，所以在编写时更加注重企业的习惯，注意将国标及专业标准应用到工艺的分析与实践中。

本书具有如下特点:

(1) 将工艺知识与标准融入到电机、电器的工艺规程中，让学生尽量按标准的要求进行学习与实践。

(2) 将工艺图表等先进实用的 CAPP 软件与课程结合起来，进一步提高学生的学习兴趣。

(3) 按企业实际进行实践项目的编写，缩短课程实践与企业的距离。

工艺文件的编写本身没有统一的标准，国家标准也有许多为推荐标准，甚至跨行业参考标准，若遇到与企业的标准或习惯不同，读者可自行作必要的修改。

限于作者水平，不妥之处在所难免，欢迎读者批评指正。

编　者

2018 年 12 月

目　录

项目一　工艺规程入门

产品的生产过程绝不能随心所欲，必须按照一定的规范标准来实施，这个规范标准称为工艺。好的工艺能够充分保证产品的质量，提高工作效率。

1.1　工艺概述

1.1.1　工艺规程

国标 GB/T4863—2008《机械制造工艺基本术语》对工艺的定义是：工艺是使各种原材料、半成品成为产品的方法和过程。

也就是说，工艺是劳动者利用生产工具对各种原材料、半成品进行增值加工或处理，最终使之成为制成品的方法与过程。

一般来说，工艺要求采用合理的手段、较低的成本完成产品制作，同时必须达到设计规定的性能和质量要求。其中，成本包括施工时间、施工人员数量、工装设备投入、质量损失等多个方面。

用文字、图表和其他载体等把工艺确定下来，就形成了工艺规程。

1. 工艺规程

工艺规程是指导产品加工和工人操作的工艺文件，是企业计划、组织和控制生产的基本依据，是企业保证产品质量、提高劳动生产率的重要保证。

工艺规程分为专用工艺规程与通用工艺规程。专用工艺规程是针对每一个产品和零件所设计的。通用工艺规程又包括典型工艺规程、成组工艺规程和标准工艺规程等。

2. 机械加工工艺规程及其作用

规定零件机械加工工艺过程和操作方法等的工艺文件称为机械加工工艺规程。机械加工工艺规程作为机械加工工艺过程的主要技术文件，是指挥现场生产的依据，是新产品投产前的技术准备和生产准备，也是新建、扩建或改建厂房(车间)的依据。

工艺规程文件种类较多，电机与电器生产过程中常用的工艺文件有工艺过程卡片、工艺卡片、工序卡片、操作指导卡片(作业指导书)、工艺守则、检验卡片、工艺附图、装配系统图。表 1-1 列出了部分工艺文件及其使用范围。

表 1-1　文件类型及其使用范围

工艺文件	一般使用范围
工艺过程卡片	主要用于单件、小批生产的产品
工艺卡片	用于各种批量生产的产品
工序卡片	主要用于大批量生产的产品和单件、小批生产中的关键工序
操作指导卡片	用于建立工序质量控制点的工序
工艺守则	某一专业应共同遵守的通用操作要求
检验卡片	用于关键工序的检查
工艺附图	根据需要与工艺卡片或工序卡片配合使用
装配系统图	用于复杂产品的装配，与工艺过程卡片或工序卡片配合使用

3. 设计工艺规程的主要依据

设计工艺规程的主要依据是：① 产品的装配图样和零件图；② 产品的生产纲领；③ 现有生产条件和资料；④ 国内、国际同类产品的有关工艺资料等；⑤ 其他有关资料、图册等。

制订工艺规程的基本要求是：在保证产品质量的前提下，尽量提高生产率，降低成本。同时，还应在充分利用本企业现有生产条件的基础上，尽可能采用国内、国际先进工艺技术和经验，并保证良好的劳动条件。

作为工艺设计人员，不仅要了解产品设计，会分析产品图样，还要了解企业生产方面的资料，最好能有一线经历。另外，还要了解国内外相关工艺发展状况等。

1.1.2　生产纲领与生产类型

研究工艺规程要从企业的生产纲领开始，继而确定生产类型及其工艺特征。

1. 生产纲领

生产纲领是指企业在计划期内应当生产的产品产量。这个计划期一般为一年，即年生产纲领。

零件在计划期一年中的生产纲领 N 可按下式计算：

$$N = Qn(1 + a\%)(1 + b\%) \tag{1-1}$$

式中，Q 为产品的年生产纲领，单位为台/年；n 为每台产品中所含零件的数量，单位为件/台；$a\%$为备品率，对易损件应考虑一定数量的备品，以满足用户修配的需要；$b\%$为废品率。

生产纲领的大小对生产组织和零件加工工艺过程起着重要的作用，它决定了各工序所需专业化和自动化的程度，并决定了所应选用的工艺方法和工艺装备。

2. 生产类型

生产类型是指企业(或车间、班组、工作地)生产专业化程度的分类。它与生产纲领的关系见表 1-2。

不同的产品其重量相差可能是很大的，所以零件可按重量分类，一般分为轻型、中型和重型零件三种，具体见表 1-3。

表 1-2　生产类型与生产纲领的关系

生产类型		同种零件的年生产纲领/(件/年)		
		重型零件	中型零件	轻型零件
单件生产		<5	<20	<100
成批生产	小批	5～100	20～200	100～500
	中批	100～300	200～500	500～5000
	大批	300～1000	500～5000	5000～50 000
大量生产		>1000	>5000	>50 000

表 1-3　不同机械产品的零件重量类型表

机械产品类别	加工零件的重量/kg		
	轻型零件	中型零件	重型零件
电子工业机械	<4	4～30	>30
机床	<15	<15～50	>50
重型机械	<100	100～2000	>2000

生产类型按产品的大小、复杂程度和年产量的多少来划分，可以分为单件生产、成批生产和大量生产。

(1) 单件生产：产品数量少，但种类、规格较多，多数产品只能单个或少数几个地生产，很少重复。例如，重型机器、大型船舶制造及新产品试制等常属于这种生产类型。

(2) 成批生产：产品数量较多，每年生产的产品结构和规格可以预先确定，而且在某一段时间内是比较固定的，生产可以分批进行，大部分工作地的加工对象是周期轮换的。

根据批量的大小，成批生产又可分为小批生产、中批生产和大批生产。

(3) 大量生产：产品的数量很大，产品的结构和规格比较固定，产品生产可以连续进行，大部分工作地的加工对象是单一不变的。例如，汽车、轴承、低压电器等产品的制造，通常是以大量生产方式进行的。

例如，一电机生产企业的 Y90L-4 电动机年产量为 5000 台，其中端盖每台 2 只，每只重 5 kg，机械加工过程中产生的废品为 2%，为生产准备或零件销售的备品为 16%，请确定其生产类型。

解　据公式(1-1)得

$$N = Qn(1 + a\%)(1 + b\%) = 2 \times 5000 \times (1 + 16\%)(1 + 2\%) = 11\,832 \text{ 台}$$

通过计算得知，端盖的年生产纲领为 11 832 台，而零件质量为 5 kg，由表 1-3 可知，为中型零件。再查表 1-2，可确定其生产类型为大量生产。

3. 生产类型的工艺特征

不同的生产类型，其工艺特征是不一样的，见表 1-4。在制订工艺规程时，确定了生产类型后，其工艺过程的总体轮廓就确定下来了。

生产批量不同，采用的工艺过程也有所不同。例如，一般对单件小批量生产，只要制订一个简单的工艺路线；对大批大量生产，则应制订一个详细的工艺规程，对每个工序、

工步和工作过程都要进行设计和优化，并在生产中严格遵照执行。

为了获得最佳的经济效益，对于不同的生产类型，其生产组织、生产管理、车间管理、毛坯选择、设备工装、加工方法和操作者的技术等级要求均有所不同，具有不同的工艺特征。

表 1-4 生产类型与其工艺特征的关系

名　称	大量生产	成批生产	单件生产
生产对象	品种较少，数量很大	品种较多，数量较多	品种很多，数量少
零件互换性	具有广泛的互换性，某些高精度配合件用分组选择法装配，不允许用钳工修配	大部分零件具有互换性，同时还保留某些钳工的修配工作	广泛采用钳工修配
毛坯制造	广泛采用金属模机器造型、模锻等；毛坯精度高，加工余量小	部分采用金属模造型、模锻等，部分采用木模手工造型、自由锻造；毛坯精度中等	广泛采用木模手工造型、自由锻造；毛坯精度低，加工余量大
机床设备及其布置	采用高效专用机床、组合机床、可换主轴箱(刀架)机床、可重组机床，采用流水线或自动线进行生产	部分采用通用机床，部分采用数控机床、加工中心、柔性制造单元、柔性制造系统，机床按零件类别分工段排列	广泛采用通用机床，重要零件采用数控机床或加工中心，机床按机群布置
获得规定加工精度的方法	在调整好的机床上加工	一般是在调整好的机床上加工，有时也用试切法	试切法
装夹方法	高效专用夹具装夹	夹具装夹	通用夹具装夹，找正装夹
工艺装备	广泛采用高效率夹具、量具或自动检测装置，以及高效复合刀具	广泛采用夹具、通用刀具、万能量具，部分采用专用刀具、专用量具	广泛采用通用夹具、量具和刀具
对工人的要求	对调整工技术水平要求高，对操作工技术水平要求不高	对工人技术水平要求较高	对工人技术水平要求高
工艺文件	有工艺过程卡片、工序卡片、检验卡片	一般有工艺过程卡片，重要工序有工序卡片	只有工艺过程卡片

1.2 工艺过程、工艺装备与设备

1.2.1 工艺装备

工艺装备简称工装，是指产品制造过程中所用的各种工具的总称。工艺装备包括刀具、夹具、模具、量具、检具、辅具、钳工工具和工位器具等。

1. 刀具(金属切削刀具)

刀具是机械制造中用于切削加工的工具，又称切削工具。绝大多数刀具是机用的，但也有手用的。刀具按工件加工表面的形式可分为以下五类：

(1) 加工各种外表面的刀具，包括车刀、刨刀、铣刀、外表面拉刀和锉刀等。

(2) 孔加工刀具，包括钻头、扩孔钻、镗刀、铰刀和内表面拉刀等。

(3) 螺纹加工刀具，包括丝锥、板牙、螺纹车刀和螺纹铣刀等。

(4) 齿轮加工刀具，包括滚刀、插齿刀、剃齿刀、锥齿轮和拉刀等。

(5) 切断刀具，包括带锯、弓锯、切断车刀等。

2. 夹具

夹具是机械制造过程中用来固定加工对象，使之占有正确的位置，以接受施工或检测的装置。

夹具按使用特点可分为以下几种：

(1) 万能通用夹具：如机用虎钳、卡盘、吸盘、分度头和回转工作台等，其结构已定型，尺寸、规格已系列化，其中大多数已成为机床的一种标准附件。

(2) 专用性夹具：为某种产品零件在某道工序上的装夹需要而专门设计制造的夹具，服务对象专一，针对性很强，一般由产品制造厂自行设计。常用的专用性夹具有车床夹具、铣床夹具、钻模(引导刀具在工件上钻孔或铰孔的机床夹具)。

(3) 可调夹具：可以更换或调整元件的专用夹具。

(4) 组合夹具：由不同形状、规格和用途的标准化元件组成的夹具，适用于新产品试制和产品经常更换的单件、小批生产以及临时任务。

3. 模具

模具是指在外力作用下使坯料成为有特定形状和尺寸的制件的工具。模具广泛用于冲裁、模锻、冷镦、挤压、粉末冶金件压制、压力铸造，以及工程塑料、橡胶、陶瓷等制品的压塑或注塑的成型加工中。

模具是精密工具，形状复杂，承受坯料的胀力，对结构强度、刚度、表面硬度、表面粗糙度和加工精度都有较高要求。模具生产的发展水平是机械制造水平的重要标志之一。

4. 量具

量具是实物量具的简称，它是一种在使用时具有固定形态、用以复现或提供定量的一个或多个已知量值的器具。量具又分为标准器具、通用器具和专用器具。

(1) 标准器具指用作测量或检定标准的量具，如量块、表面粗糙度比较样块等。

(2) 通用器具也称万能量具，一般指由量具厂统一制造的通用性量具，如直尺、平板、角度块、卡尺等。

(3) 专用器具也称非标量具，指专门为检测工件某一技术参数而设计制造的量具，如内外沟槽卡尺、不等长测量爪游标卡尺等。

5. 检具

检具是工业生产企业用于控制产品各种尺寸(如孔径、空间尺寸等)的简捷工具，用来提高生产效率和控制质量，适用于大批量生产的产品(如汽车零部件)，以替代专业测量工

具，如光滑塞规、螺纹塞规、外径卡规等。

检具是非标的量具，是专门针对某种检测特性制作的量具，只可以针对这种特性进行检测，如光滑塞规、螺纹塞规、外径卡规等。

6. 辅具

辅具是指在测量过程中只起辅助作用而不直接参与读数和判断，如果没有则会造成无法或者很难完成测量的工具，如磁力表架、V形铁、平板等。

辅具没有严格的定义，除测量中起辅助作用的，还有在加工过程中起辅助作用的，设备类辅具、专用加工类辅具、通用工具类等都可归类为辅具，如车床的中心架、跟刀架等附件，找正用的划针等。

7. 钳工工具

钳工工具是指切削加工、机械装配和修理作业中的手工作业用工具，如锉刀、可调节式锯弓、台虎钳、开口扳手等。

8. 工位器具

工位器具是企业在生产现场或仓库中用以存放生产对象或工具的各种装置，是用于盛装各种零部件、原材料等，满足现生产需要，方便生产工人操作所使用的辅助性器具，如零件存放架、料斗、运转小车等。

1.2.2 工艺装备分类与编号

工艺装备不仅是制造产品所必需的，而且作为劳动资料，对于保证产品质量、提高生产效率和实现安全文明生产都有重要作用。一般来说，采用的工艺装备越多，劳动生产率越高，质量也越能得到保证。

1. 工艺装备分类

工艺装备分为通用工装与专用工装。

(1) 通用工装：由专业工具厂生产，品种系列繁多，在市场上可以选购，适用范围广，可用于不同品种规格产品的生产和检测。

(2) 专用工装：在市场上一般没有现货供应，需由企业自己设计制造，适用范围只限于某种特定产品。

2. 工艺装备系数

制造专用工艺装备的工作量较大，它关系到产品质量和生产效率，在大量生产中常占全部工艺准备工作量的50%～80%。

工艺装备系数简称工装系数，是指产品专用工艺装备数与产品专用零件数之比，常用K来表示，其表达式如下：

$$K = \frac{C}{n} \tag{1-2}$$

式中，K为工艺装备系数；C为产品专用工艺装备数；n为产品专用零件数。

注意：一般地，企业会将专用设备考虑在工艺装备之内。

一般机电产品的工艺装备系数K取1.2～2.0；低压电器属大批大量生产的产品，其工

艺装备系数比其他机械制造行业高，通常 K 取 1.6～3.0。低压电器中冲压件不少，所以工艺装备中模具为冷冲模往往超过 50%。不过，随着塑料件的进一步使用，塑料模具占比明显提高。

例如，某交流接触器有专用零件 38 个，所需工艺装备约为：冷冲模 32 套，塑料模 11 套，橡胶模 2 套，工夹具 25 套，检具 3 套，工位器具 3 套。试计算其工装系数。

解　产品专用零件数 $n = 38$，而冷冲模、塑料模及橡胶模都归属于模具。工夹具包括工具与夹具，除了检具、工位器具外，其他如量具、辅具都没有出现。

根据工艺装备计算式(1-2)，该交流接触器产品的工装系数为

$$K = \frac{C}{n} = \frac{32 + 11 + 2 + 25 + 3 + 3}{38} = \frac{76}{38} = 2$$

3. 工艺装备编号

机械部标准 JB/T9164—1998《工艺装备编号方法》提供了工艺装备的编号。编号方法有两种，分别是以数字编号、字母和数字混合编号。数字编号方法由工装的类、组、分组代号及设计顺序号组成，中间以一字线分开。图 1-1 所示的是工装中刀具(外圆车刀)的数字编号方法。

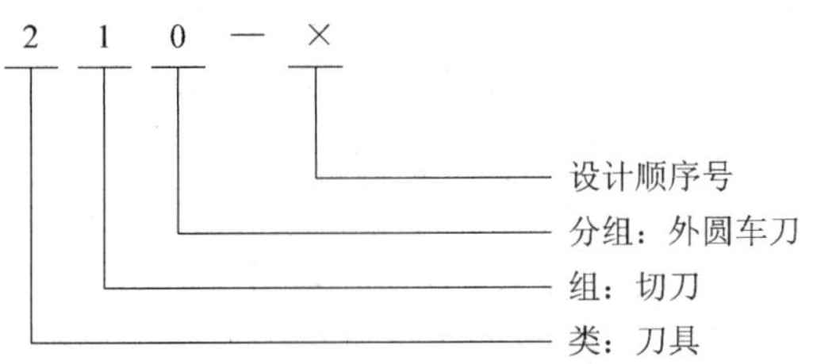

图 1-1　外圆车刀的数字编号方法

1.2.3　工艺过程

1. 生产过程

生产过程是指将原材料转变为成品的全过程。机电产品生产的全过程包括下列过程：

(1) 生产和技术准备工作，如产品的开发和设计、工艺设计、专用工艺装备的设计和制造、各种生产资料的准备以及生产组织等方面的准备工作。

(2) 原材料、半成品和成品(产品)的运输和保管，毛坯的制造，如铸造、锻造、冲压、塑料制造和焊接等。

(3) 零件的机械加工、热处理和其他表面处理。

(4) 部件和产品的装配、调整、检验、试验、包装及储运等。

2. 工艺过程及其组成

工艺过程是指改变生产对象的形状、尺寸、相对位置和性质等，使其成为成品或半成品的过程。

工艺过程由若干个按一定顺序排列的工序组成，见图 1-2。工序是工艺过程的基本单元，也是生产组织和计划的基本单元。工序又可细分为若干个安装、工位及工步等。

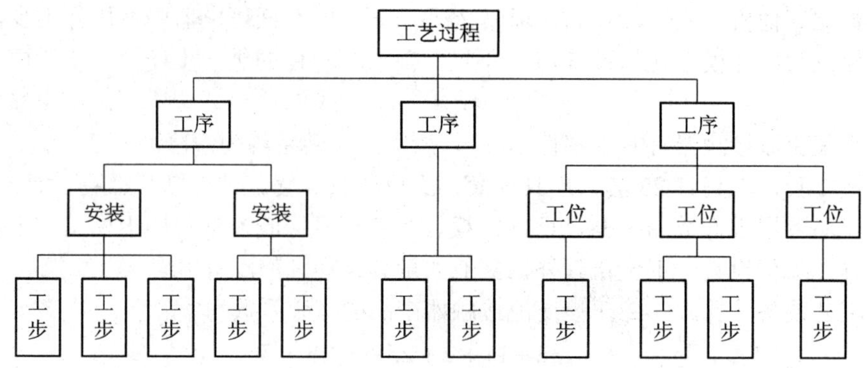

图 1-2　工艺过程的组成

制造专用工艺装备的工作量较大，在大量生产中常占全部工艺准备工作量的 50%～80%，它关系到产品质量和生产效率。

1) 工序

一个(或一组工人)在一个工作地(机械设备)对同一个或同时对几个工件所连续完成的那一部分工艺过程，称作工序。

工序的定义有两部分含义：三个“一“和一个“连续”。二者必须同时满足。

同一工序的操作者、工作地和劳动对象是固定不变的，如果有一个要素发生变化，就构成另一道新工序。例如，在同一台车床上，由一工人完成某零件的粗车和半精车加工，这时要判断这个过程是否“连续”。如果工人先完成了所有的粗加工，然后在此车床上进行“半精车”，则显然不满足“连续”的含义，也不能算是一道工序；如果这个零件在一台车床上完成粗车，而在另一台车床上完成半精车，那就更明显是两道工序了。

图 1-3 为某阶梯轴零件。在单件小批生产阶梯轴零件时，其加工工艺过程见表 1-5。在大批大量生产时，第一道工序往往采用高效的铣端面、钻中心孔机床，见图 1-4，其加工工艺过程见表 1-6。

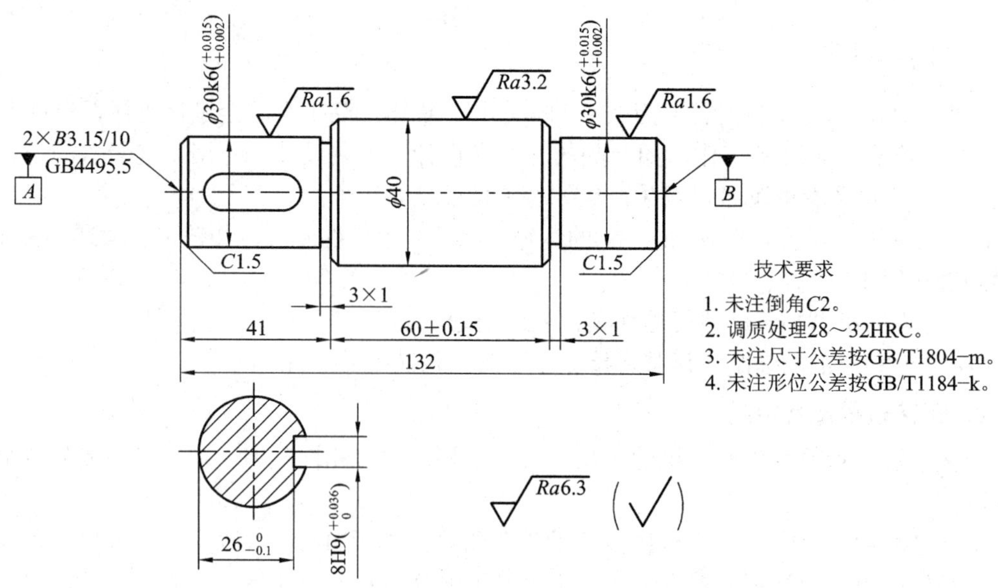

图 1-3　阶梯轴

表 1-5 单件小批生产的工艺过程

工序号	工序名称	工 序 内 容	设备
10	车、钻	车一端面，钻中心孔；调头，车另一端面，钻中心孔	车床 I
20	车	车大外圆及倒角；调头，车小外圆、切槽及倒角	车床 II
30	铣、钳	铣键槽、去毛刺	铣床
40	检	检验	检验台

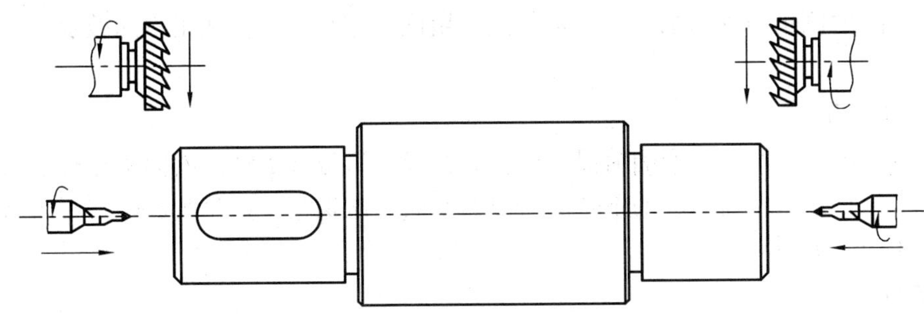

图 1-4 大批大量生产时，采用铣端面钻中心孔机床

表 1-6 大批大量生产的工艺过程

工序号	工序名称	工 序 内 容	设 备
10	铣钻	铣两端面，钻两端中心孔	铣端面钻中心孔机床
20	车	车大外圆及倒角，车小外圆、切槽及倒角	车床 I
30	车	调头，车小外圆、切槽及倒角	车床 II
40	钳	钳工划键槽线	钳工工作台
50	铣	铣键槽	专用铣床
60	磨	磨两小外圆	外圆磨床
70	钳	去毛刺	钳工工作台
80	检	检验	检验台

注：第 10 道工序如不采用铣端面钻中心孔机床，则工序内容为：车一端面，钻中心孔；调头，车另一端面，钻中心孔。

工序是完成产品加工的基本单元，在生产过程中按其性质和特点可分为以下几种：

(1) 工艺工序：使劳动对象直接发生物理或化学变化的加工工序。

(2) 检验工序：指对原料、材料、毛坯、半成品、在制品、成品等进行技术质量检查的工序。

(3) 运输工序：指劳动对象在上述工序之间流动的工序。

可见，生产规模不同，工序的划分是不一样。

2) 安装

工件经一次装夹后所完成的那一部分工序内容称为安装。安装过程属于辅助时间，应该尽量缩短，在多工位机床上甚至可以消除。

3) 工步

工步是在同一个工位上，要完成不同的表面加工时，在加工表面、切削速度、进给量和加工工具都不变的情况下，所连续完成的那一部分工序内容。

工步的划分很重要，划分不同工步的依据仍然是从定义出发。工步也有两个含义：加工表面、切削速度、进给量和加工工具这四项不能变；是连续工序的一部分。简单地说，就是“四不变”和“一连续”，否则就不算一个工步。在本课程范围内，不考虑“切削速度”和“进给量”，所以可简化为“二不变”和“一连续”。

例如，表 1-5 中的工序 10，车端面与钻中心孔因为加工工具改变了，所以算不同的工步；工序 20 的倒角与外圆加工，虽然可能仍用同一把车刀，但加工表面改变了，算两个工步。

4) 工作行程

在切削速度和进给量不变的前提下，刀具完成一次进给运动，称为工作行程。车削外圆的工步中，往往因所需切除的金属层较厚而不能一次切完，需分几次切削，则每一次切削(工作行程)称为一次走刀。

5) 工位

为了完成一定的工序内容，工件一次装夹后，与夹具或设备的可动部分一起，相对于刀具或设备的固定部分所占据的每一个位置称为工位。

3. 生产类型与工序数

生产类型可以按工作地的专业化程度或产品(零件)的年产量来进行划分，尤以后者较为简单、常用。生产类型的划分见表 1-7。由表 1-7 可见，批量越大，工序分得越细，工作地的工序数目越少；单件小批生产几乎在一个工作地完成大部分甚至所有加工工序。

表 1-7 按工作地的工序数划分生产类型

工作地生产类型	固定于工作地的工序数目
大量生产	1～2
大批生产	2～10
中批生产	10～20
小批生产	20～40
单件生产	40 以上

1.2.4 设备简介

设备(机床)有通用与专用之分。其中专用设备曾归属于工艺装备。工艺设备的新定义中不包括专用设备。大批大量生产时，为了提高效率，企业会通过改造通用设备使之成为专用设备。我国金属切削机床遵循标准 GB/T15375—2008《金属切削机床 型号编制方法》。

1. 通用机床

通用机床是指加工范围较广，功能多，可用于加工多种工件的不同工序的机床。

1) 型号表示方法

型号由基本部分和辅助部分组成，中间用“/”隔开，读作“之”。前者需统一管理，后者纳入型号与否由企业自定。型号构成如图 1-5 所示。其中有“()”的代号或数字，当无内容时，不表示，若有内容，则不带括号；有“○”符号者，为大写的汉语拼音字母；有“△”符号者，为阿拉伯数字；有“⊗”符号者，为大写的汉语拼音字母或阿拉伯数字或两者兼有之。

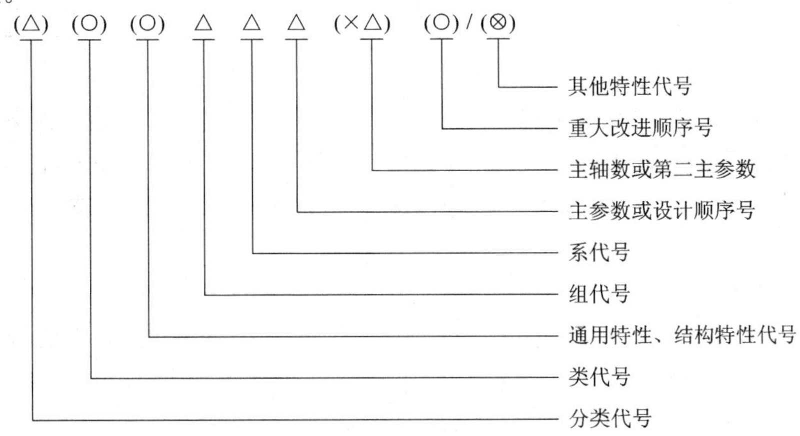

图 1-5 机床通用型号构成

2) 分类及代号机床

按加工性质和所用刀具不同，分为车床、钻床、镗床、磨床、齿轮加工机床、螺纹加工机床、铣床、刨插床、拉床、锯床和其他机床等 11 类。

机床按通用程度分为通用机床、专门化机床、专用机床。

机床按加工精度分为普通机床、精密机床、高精度机床。

机床按自动化程度分为手动机床、机动机床、半自动机床、自动机床。

机床按机床质量分为仪表机床、中型机床、大型机床、重型机床、超重型机床。

机床的类代号用大写的汉语拼音字母表示。必要时，每类可分为若干分类。分类代号在类代号之前，作为型号的首位，并用阿拉伯数字表示。第一分类代号前的“1”省略，第“2”、“3”分类代号则应予以表示。

机床的分类和代号见表 1-8，如车床 C、钻床 Z、普通磨床 M、切割圆钢的锯床 G 等。

表 1-8 机床的分类与代号

类别	车床	钻床	镗床	磨床			齿轮加工机床	螺纹加工机床	铣床	刨插床	拉床	锯床	其他机床
代号	C	Z	T	M	2M	3M	Y	S	X	B	L	G	Q
读音	车	钻	镗	磨	二磨	三磨	牙	丝	铣	刨	拉	割	其

3) 通用特性代号

通用特性代号有统一的规定含义，它在各类机床的型号中表示的意义相同。当某类型机床除有普通特性外，还有下列某种通用特性时，在类代号之后加通用特性予以区分。如果某类型机床仅有某种通用特性，而无普通特性，则通用特性不予表示。

机床的通用特性代号见表 1-9。

表 1-9 机床的通用特性代号

通用特性	高精度	精密	自动	半自动	数控	加工中心(自动换刀)	仿形	轻型	加重型	柔性加工单元	数显	高速
代号	G	M	Z	B	K	H	F	Q	C	R	X	S
读音	高	密	自	半	控	换	仿	轻	重	柔	显	速

4) 组别、系别代号

组别和系别代号用两位阿拉伯数字表示，前者表示组，后者表示系。每类机床划分为 10 个组，每个组又划分为 10 个系。在同一类机床中，凡主要布局或使用范围基本相同的机床，即为同一组。在同一组机床中，其主参数、主要结构及布局形式相同的机床，即为同一系。

5) 机床主参数

机床主参数代表机床规格的大小。在机床型号中，用数字给出主参数的折算数值(1/10 或 1/150)。

6) 设计顺序号

当无法用一个主参数表示时，在型号中用设计顺序号表示。

7) 第二参数

第二参数一般是主轴数、最大跨距、最大工作长度、工作台的工作面长度等，它也用折算值表示。

2. 常用机床简介

1) 钻床

图 1-6 为台式钻床。它以最大钻孔直径为主参数，主要用于加工中、小型工件上的孔。

2) 卧式车床

卧式车床(见图 1-7)是应用最广泛的车床，如 C6140 车床。

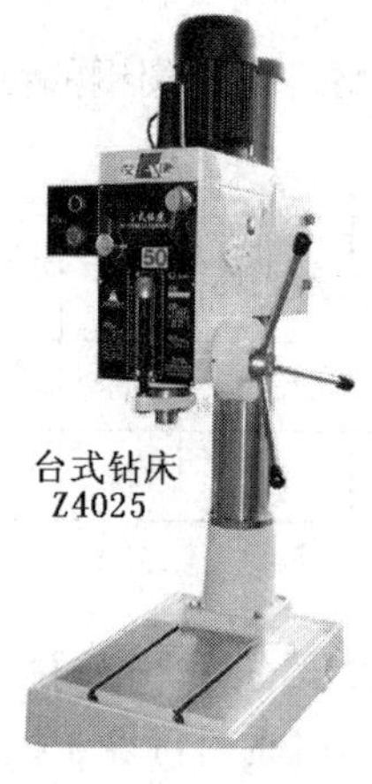

图 1-6 台式钻床

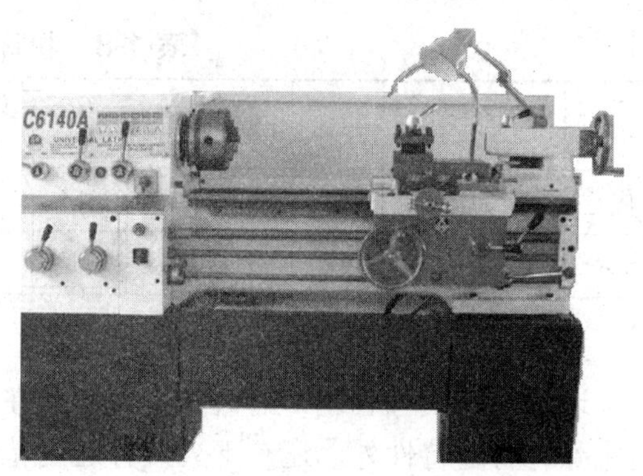

图 1-7 普通车床

车床可切削外圆、内圆、端平面、螺纹等，也可进行滚花及钻孔等加工。车削加工尺寸公差等级可达 IT8～IT7，表面粗糙度 *Ra* 值可达 1.6 μm。

3) 铣床

铣床(见图 1-8)以主轴的旋转为主运动，工作台为进给运动。铣床主要用于铣削中小型零件上的平面、沟槽，尤其是螺旋槽和多齿零件。

图 1-8　卧式铣床与立式铣床

4) 磨床

磨床(见图 1-9)是利用磨具对工件表面进行磨削加工的机床。大多数磨床使用高速旋转的砂轮进行磨削加工。

普通磨床主要用于磨削 IT6～IT7 级精度的圆柱或圆锥形的外圆和内孔，表面粗糙度 *Ra* 在 1.25～0.08 μm 之间。此外，磨床还可以磨削阶梯轴的轴肩、端平面、圆角等。

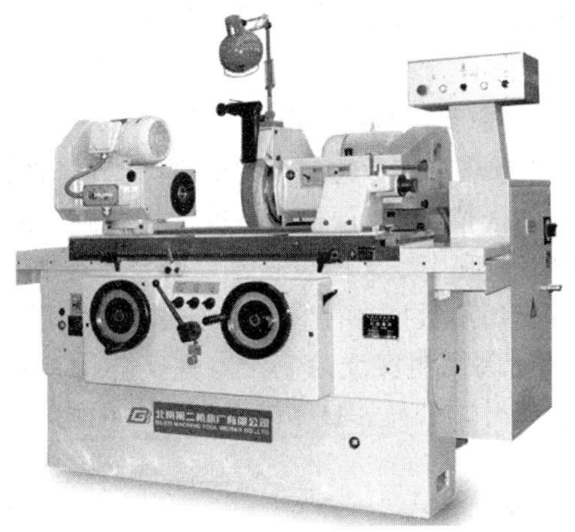

图 1-9　磨床

1.2.5　工艺规程制订简介

工艺规程的内容丰富，是合格产品的技术保证，一切生产和管理人员必须严格遵守工艺规程。合理的工艺规程是建立在正确的工艺原理和实践基础上的，是科学技术和实践经验的结晶。

1．原始资料

制订工艺规程前要先整理、研究以下原始资料，然后才能制订工艺规程：

(1) 零件工作图及其产品装配图。

(2) 产品验收的质量标准。

(3) 零件的生产纲领。

(4) 现有生产条件及生产设备资料。生产条件主要是指本单位的机床设备、工艺装备、工人的技术水平和加工习惯以及原材料、工具、量具的储备供应等资料。设备资料主要是指机床说明书及目前各种设备的精度状态等。

(5) 现行的国标、部标、厂标及各种工夹具设计图册等，有关的工艺、图纸、手册及技术书刊等资料。

(6) 国内外有关的先进制造工艺及今后生产技术的发展方向等。

2．制订步骤与方法

在激烈的市场竞争环境下，企业迫切需要具备工艺快速反应能力、提高企业的工艺标准化水平和工艺管理水平、缩短工艺技术准备周期的高度信息化的工具。

企业工艺规划和设计处于产品设计和制造的接口处，需要分析和处理大量信息：既要考虑设计图样上有关零件结构形状、尺寸公差、材料、热处理要求等方面的信息，又要了解制造中有关加工方法、加工设备、生产条件、加工顺序、工时定额等方面的信息。

制订工艺规程的具体步骤如下：

1) 分析设计对象

阅读零件图，了解其结构特点、技术要求及其在所装配部件中的作用(参阅装配图)。分析时着重抓住主要加工面的尺寸、形状精度、表面粗糙度以及主要表面的相互位置精度要求。

2) 确定毛坯制造方法及总余量，画毛坯图

(1) 确定毛坯种类和制造方法时应考虑与规定的生产类型(批量)相适应。例如，对铸件，应合理确定其分型面及浇冒口的位置，以便在粗基准选择及确定定位和夹紧点时有所依据。

(2) 查手册、访问数据库或利用工艺图表软件，确定主要表面的总余量、毛坯的尺寸和公差。若对查表值或数据库所给数据进行修正，则需说明修正的理由。

(3) 绘制毛坯图。毛坯轮廓用粗实线绘制，零件实体用双点画线绘制，比例尽量取1∶1。毛坯图上应标出毛坯尺寸、公差、技术要求，以及毛坯制造的分模面、圆角半径和拔模斜度等。

3) 制订零件工艺规程

零件的结构、技术特点和生产批量将直接影响到所制订的工艺规程的具体内容和详细程度，这在制订工艺路线的各项内容时必须随时考虑到。

(1) 表面加工方法的选择。针对主要表面的精度和粗糙度要求，由精到粗地确定各表面的加工方法。可查阅工艺手册中典型表面的典型加工方案和各种加工方法所能达到的经济加工精度，选择与生产批量相适应的加工方案和加工方法，对其他加工表面也作类似处理。

(2) 定位基准的选择。根据定位基准的选择原则，综合考虑零件的特征及加工方法，

选择零件表面最终加工所用的精基准和中间工序所用的精基准以及最初工序的粗基准。

(3) 拟定零件加工工艺路线。根据零件加工顺序安排的一般原则及零件的特征，拟定零件加工工艺路线。在各种工艺资料中介绍了各种典型零件在不同产量下的工艺路线(其中已经包括了工艺顺序、工序集中与分散、加工阶段的划分等内容)。对热处理工序和中间检验、清洗、终检等辅助工序，以及一些次要工序(或工步)，如去毛刺、倒角等，应注意在工艺方案中安排适当的位置，防止遗漏。

(4) 选择各工序所用机床与工装。机床及刀、夹、量、辅具等工装的选择应与设计零件的生产类型、零件的材料、零件的外形尺寸和加工表面尺寸、零件的结构特点、该工序的加工质量要求以及生产率和经济性等相适应，并应充分考虑工厂的现有生产条件，尽量采用标准设备和工具。机床及工艺装备的选择可参阅有关的设备及工艺手册。

(5) 工艺方案和内容的论证。根据设计零件的不同特点，可有选择地在工艺方案的合理性、工艺尺寸链、重要工序对技术要求的验证等方面进行工艺论证。

(6) 填写工艺过程卡片。按标准规定的格式与要求对工艺过程卡片进行填写。

(7) 机械加工工序设计。对重要的加工工序要进行工序设计。先划分工步，再确定加工余量，然后确定工序尺寸及公差，再选择切削用量等。

(8) 填写主要工序的工序卡并画出工序简图。

工艺规程的拟定标准请参见 JB/T9169.5—1998《工艺管理导则　工艺规程设计》。

项目二 工艺图表的基本操作

2.1 认识工艺图表

2.1.1 工艺解决方案

对于工艺编制过程，设计人员每设计一张图纸，工艺人员都需要识图，再选择加工方法，排出加工工序过程，选择各工序的加工余量、参数、刀具、工艺装备，绘制必要的工序简图，编制工艺卡片，计算工时定额、材料定额等。而对一个产品来说，工艺人员还需要制订工艺方案，根据各零件的工艺卡片编制一系列工艺文件，因此造成工艺人员的工作量大，重复劳动很多。

1. 传统工艺设计的不足

传统工艺设计是由工艺人员手工进行设计的，工艺文件的合理性、可操作性以及编制时间的长短主要取决于工艺人员的经验和熟练程度。因此，传统的工艺设计要求工艺人员具有丰富的生产经验，但现实的情况常常是人员流失，青黄不接。另外，工艺设计需要生成大量的工艺文件，这些工艺文件多以表格、卡片的形式存在。手工进行工艺规程设计一般要经过以下步骤：由工艺人员按零件设计工艺过程，填写工艺卡片，绘制工序草图，校对，审核，描图，晒图，装订成册。另外，工艺人员还要进行大量的汇总工作，如工装汇总、设备汇总等。这些工作的工作量很大，需要花费很长时间。

2. 北航海尔工艺图表

CAXA 工艺解决方案基于“知识重用和知识再用”的思想，将功能集中在如何利用企业已有知识快速大量地处理各种工艺信息。CAXA 工艺解决方案的功能包括：对工艺文件进行分类、整理，方便工艺人员查询，在典型工艺的基础上派生出零件工艺；建立各种工艺参数、技术手册、企业实际生产过程中积累的经验数据库，便于查询和帮助决策；方便地生成和处理各种工艺文件，以便于文件的电子化管理，在同一个操作环境下处理图形、表格、文字等信息。

CAXA 工艺图表是 CAXA 工艺解决方案系统的重要组成部分。它不仅包含了 CAXA 电子图板的全部功能，而且专门针对工艺技术人员的需要开发了实用的计算机辅助工艺设计功能，是一个方便快捷、易学易用的 CAD/CAPP 编辑软件。

CAXA 工艺图表是高效快捷的工艺卡片编制软件，以工艺规程为基础，针对工艺编制工作繁琐复杂的特点，以“知识重用和知识再用”为指导思想，提供了多种实用方便的快速填写和绘图手段，可以兼容多种 CAD 数据。它提供了大量的工艺卡片模板和工艺规程模板，可以帮助技术人员提高工作效率，缩短产品的设计和生产周期，把技术人员从繁重的手工劳动中解放出来，并有助于促进产品设计和生产的标准化、系列化、通用化。

CAXA 工艺图表适合于制造业中所有需要工艺卡片的场合，如机械加工工艺、冷冲压工艺、热处理工艺、表面处理工艺、电器装配工艺以及质量跟踪等。利用它提供的大量标准模板，可以直接生成工艺卡片，用户也可以根据需要定制工艺卡片和工艺规程。由于 CAXA 工艺图表集成了 CAXA 电子图板的所有功能，因此也可以用来绘制二维图纸。

CAXA 工艺图表用户手册是一本可迅速获取信息的手册，用户可以根据目录查找相应的命令和功能，以便快速获得相应信息。CAXA 工艺图表集成了 CAXA 电子图板的所有功能。

CAXA 工艺图表与 CAD 系统的完美结合使得表格设计精确而快捷，功能强大的各类卡片模板定制手段、所见即所得的填写方式、智能关联填写和丰富的工艺知识库，使得卡片的填写准确而轻松，特有的导航与辅助功能全面实现了工艺图表的管理。

另外，通过系统剪贴板，工艺卡片内容可以在 Word、Excel 等软件中读入与输出。

2.1.2　软件环境

CAXA 工艺图表的用户界面包括两种风格：经典界面和最新的 Fluent 风格界面。软件启动后，默认为 Fluent 风格界面，两种界面之间通过按 F9 键相互切换。

1. 用户界面

经典界面主要通过主菜单和工具栏访问常用命令，Fluent 风格界面主要使用功能区、快速启动工具栏和菜单按钮访问常用命令。

(1) Fluent 风格界面见图 2-1，其中最重要的界面元素为“功能区”。使用功能区时无需显示工具栏，通过单一紧凑的界面可使各种命令组织得简洁有序，通俗易懂，同时使绘图工作区最大化。

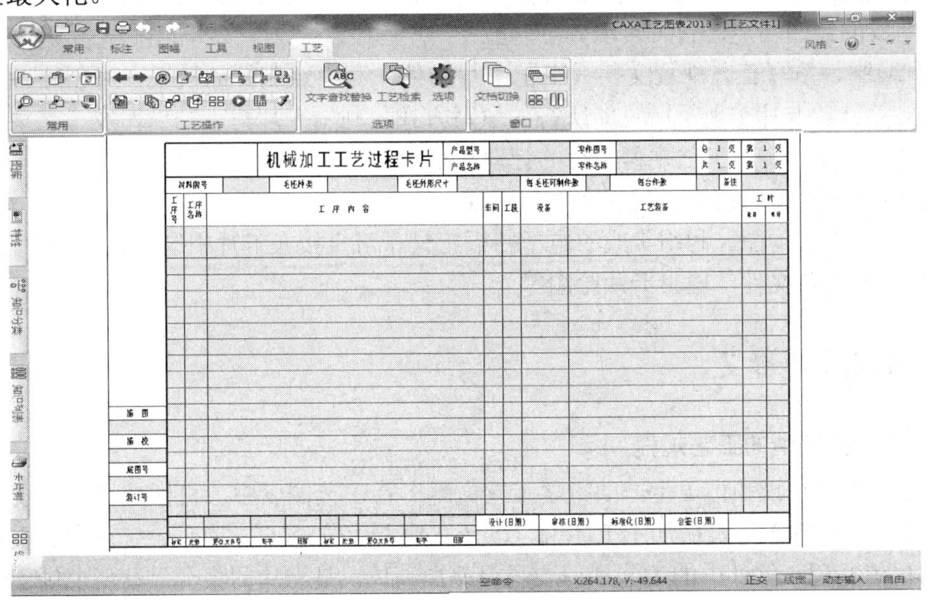

图 2-1　Fluent 风格界面

(2) 经典界面下，工艺图表的主菜单位于屏幕的顶部，如图 2-2 所示。它由一行菜单条及其子菜单组成，包括文件、编辑、视图、格式、幅面、绘图、标注、修改、工具、窗口、工艺等菜单项。

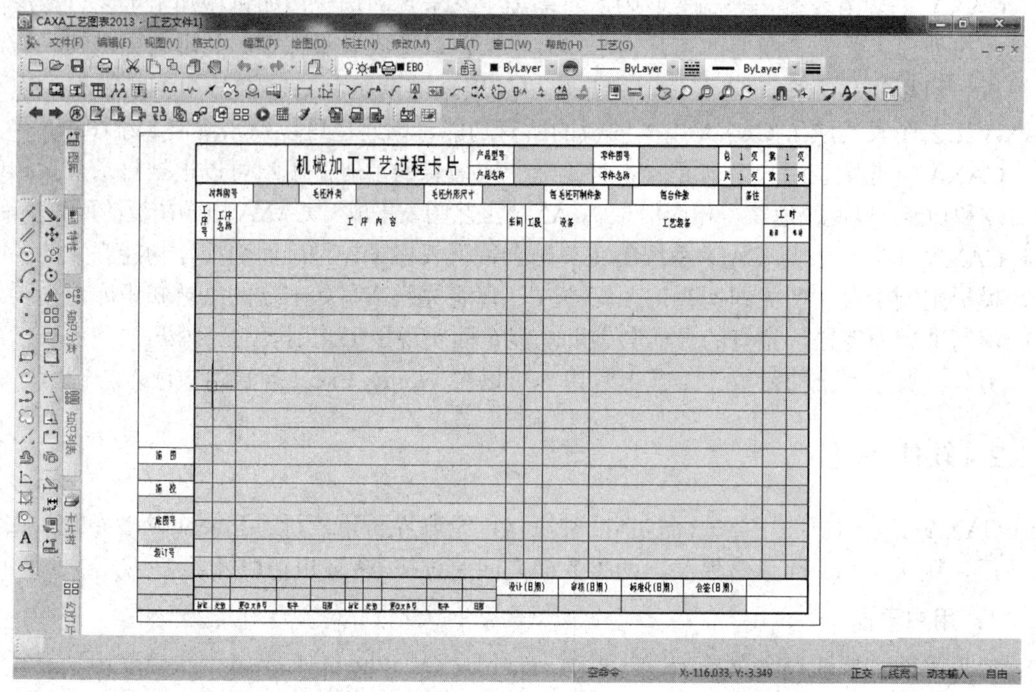

图 2-2　经典界面

2. 工艺编写环境

新建、打开工艺规程文件或工艺卡片文件后，软件自动切换到此环境。此界面也集成了电子图板的绘图功能，它可实现如下功能：

(1) 编制、填写工艺规程文件或工艺卡片文件。利用定制好的模板，可创建各种类型的工艺文件。各卡片实现了所见即所得的填写方式。利用卡片树、知识库及工艺菜单下的各种工具可方便地实现工艺规程卡片的管理与填写。

(2) 管理或更新当前工艺规程文件的模板。

(3) 绘制工艺附图。利用集成的电子图板工具，可直接在卡片中绘制、编辑工艺附图。

(4) 检索工艺文件，输出卡片绘图等。

2.1.3　常用术语释义

1. 工艺图表中的工艺规程

工艺规程是组织和指导生产的重要工艺文件。在工艺图表中，机械加工工艺规程包含机械加工工艺过程卡与机械加工工序卡，以及其他卡片(如首页、附页、统计卡、质量跟踪卡等)。也就是说，软件中的工艺规程表现得更加具体，是卡片的集合，且至少包含两种类型以上的卡片。图 2-3 是一个典型工艺规程的结构图。

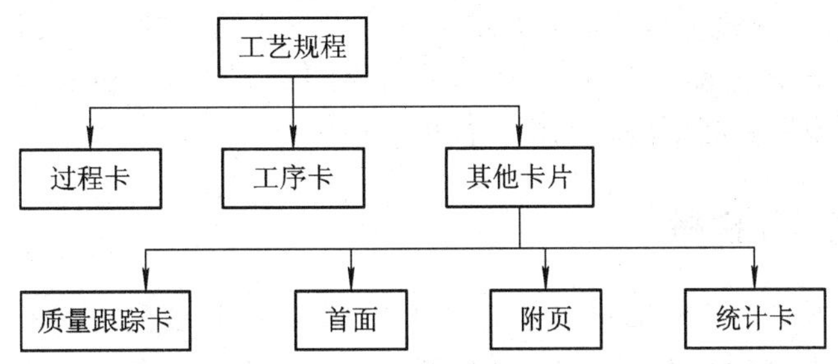

图 2-3 典型工艺规程的结构图

在 CAXA 工艺图表中，可根据需要定制工艺规程模板。通过工艺规程模板可把所需的各种工艺卡片模板组织在一起，前提是必须指定其中的一张卡片为工艺过程卡(为了便于区分，这里称之为主卡，它位于首行，有三角旗标志)，而无论主卡是否真的为工艺过程卡，如图 2-4 所示。工艺图表中利用主卡能生成工序卡片，各卡片之间可指定公共信息。

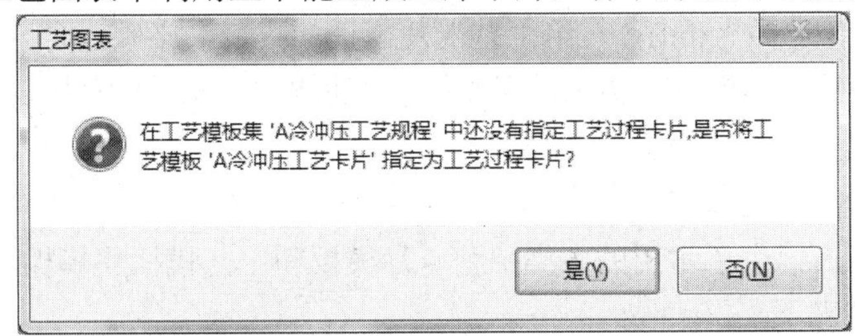

图 2-4 编辑工艺规程时编入第一张卡的自动提示

利用定制好的工艺规程模板新建工艺规程，系统自动进入过程卡的填写界面。

工艺过程卡是按工序的顺序来简要描述工件的加工过程或工艺路线的工艺文件。工序卡是详细描述一道工序的加工信息的工艺卡片，它和工艺过程卡上的一道工序记录相对应。工序卡一般具有工艺附图，并详细说明该工序的每个工步的加工内容、工艺参数、操作要求和所用设备和工艺装备等。

新建工艺规程时，其工序卡必须由工艺过程卡生成，这样才能保持工序卡与工艺过程卡的关联。加工过程不复杂时，可以只编写工艺过程卡片。

在 CAXA 工艺图表中，过程卡是工艺规程的核心卡片，有些操作只对工艺过程卡有效。例如，利用行记录生成工序卡，利用统计卡统计工艺信息等。建立一个工艺规程时，首先填写过程卡，然后由过程卡生成各工序的工序卡，并添加首页、附页等其他卡片，从而构成完整的工艺规程。

2. 公共信息

在一个工艺规程中，各卡片的填写内容有一些信息是相同的，如产品型号、产品名称、零件代号、零件名称等，在 CAXA 工艺图表中，可以将这些填写内容定制为公共信息，当填写或修改某一张卡片的公共信息内容时，其余的卡片自动更新。设置公共信息可减少填写工作量及错误信息。

3. 主要文件类型说明

(1) .exb 文件：CAXA 电子图板文件。在工艺图表的图形界面中绘制图形或表格并保存为*.exb 文件。

(2) .cxp 文件：工艺规程或工艺卡片的文件类型均为这一种，一般包含多张卡片。

(3) .txp 文件：工艺卡片模板文件，存储在安装目录下的 Template 文件夹下，一般在填写时，建议打开原模板做必要的单元格属性更改后保存。

2.1.4 定制工艺卡片模板

在生成工艺文件时，需要填写大量工艺卡片，将相同格式的工艺卡片格式定义为工艺模板，这样填写卡片时直接调用工艺卡片模板即可，而不需要多次重复绘制卡片。

1. 工艺卡片模板

1) 工艺卡片模板的类型

(1) 工艺卡片模板(*.txp)：可以是任何形式的单张卡片模板，如过程卡模板、工序卡模板、首页模板、工艺附图模板、统计卡模板等。

(2) 工艺模板集模板(*.xml)：一组工艺卡片模板的集合，必须包含一张过程卡片模板，还可添加其他需要的卡片模板，如工序卡模板、首页模板、附页模板等，各卡片之间可以设置公共信息。

2) 工艺卡片模板的创建

CAXA 工艺图表提供了常用的各类工艺卡片模板和工艺模板集模板，存储在安装目录下的 Template 文件夹下。

由于生产工艺千差万别，现有模板不可能满足所有的工艺文件要求，用户需要亲手定制符合自己要求的工艺卡片模板。如果需要创建自定义的模板，则建议打开该目录下的相近模板卡片，进行修改后通过“另存为”功能仍然保存在该目录下。

工艺卡片模板的创建过程不太直接，需要在打开“工艺卡片模板”文件(.txp)的环境下通过“模板定制”下拉菜单中的“模板管理”命令来创建。

注意：

(1) 卡片中的单个封闭矩形称为单元格。单元格定义后更方便填写，单元格必须封闭才可定义。

(2) 定义列单元格宽度、高度必须相等。

(3) 如果卡片是从 AutoCAD 转过来的，则必须把卡片上的所有线及文字设置到 CAXA 默认的细实线层，然后删除 AutoCAD 的所有图层。

3) 术语释义

单个单元格：单个的封闭矩形为单个单元格。

列：纵向排列的、多个等高等宽的单元格构成列。

续列：属性相同且具有延续关系的多列为续列。

表区：包含多列单元格的区域，其中各列的行高、行数必须相同。注意：在定义表区之前，必须首先定义表区的各列。

在工艺卡片模板环境下，点击“模板定制”主菜单或者打开“定制模板”工具栏，如图 2-5 所示，使用定义、查询、删除命令即可快捷地完成工艺卡片的定制。

图 2-5 定制模板工具栏

2．单个单元格的定义

单元格名称是这个单元格的身份标识，具有唯一性，同一张卡片中的单元格不允许重名。单元格名称同工艺图表的统计操作、公共信息的关联、工艺汇总表的汇总等多种操作有关，所以建议用户为单元格输入具有实际意义的名称。

在“单元格底色”下拉列表中选择合适的颜色，可以使卡片填写界面更加美观、清晰，但单元格底色不会通过打印输出。单击“默认色”按钮，会恢复系统默认选择的底色。

单元对应知识库是由用户通过 CAXA 工艺图表的“工艺知识管理”模块定制的工艺资料库，如刀具库、夹具库、加工内容库等。为单元格指定对应的知识库后，在填写此单元格时，对应知识库的内容会自动显示在知识库列表中，供用户选择填写。

如果为单元格定义了域，则创建卡片后，此单元格的内容不需要用户输入，而由系统根据域定义自动填写。

对齐选项决定了文字在单元格中的显示位置：“左右对齐”项可以选择“左对齐”、“中间对齐”、“右对齐”三种方式，而“上下对齐”目前只支持“中间对齐”方式。

用户可以对字体、文字高度、字宽系数、字体颜色等选项作出选择，除了企业名称的单元选择“黑体”外，其余字体应该选择长仿宋体。

3．列的定义与续列

(1) 单击“模板定制”菜单下的“定义单元格”命令。

(2) 在首行单元格内部单击，系统用黑色虚线框高亮显示此单元格。

(3) 按住 Shift 键，单击此列的末行单元格，系统将首末行之间的一列单元格(包括首末行)全部用红色虚框高亮显示。

(4) 放开 Shift 键，右击，弹出“单元格属性”对话框。

(5) 属性设置内容和方法与单个单元格属性设置基本相同。只是“折行方式”下有“自动换行”和“压缩字符”两个选项可供选择。如果选择“自动换行”，则文字填满该列的某一行之后，会自动切换到下一行继续填写；如果选择“自动压缩”，则文字填满该列的某一行后，文字被压缩，不会切换到下一行。

(6) 续列是属性相同且具有延续关系的多列，续列的各个单元格应当等高等宽。其定义方法如下：单击“模板定制”菜单下的“定义单元格”命令；用选取列的方法选取一列；按住 Shift 键，选择续列上的首行，弹出对话框，询问是否定义续列。

4．单元格属性的查询、修改与删除

通过单个单元格、列、续列的定义，可以完成一张卡片上所有需要填写的单元格的定义。如果需要查询或修改单元格的定义，只需点击“模板定制”菜单下的“查询单元格”命令，然后单击单元格即可。

系统自动识别单元格的类型，弹出“单元格属性”对话框，用户可对其中的选项进行修改或重新选择。

删除单元格时，单击“模板定制”菜单下的“删除表格”命令，单击要删除的单元格即可。

5．卡片模板的创建

卡片模板的文件类型为*.txp。

(1) 新建或打开 .txp 类型的文件，绘制或修改已有的卡片模板，完成绘图部分。

(2) 单击“模板定制”菜单下的“定义单元格”命令，定义单个单元格的属性。

(3) 单击“模板定制”菜单下的“定义单元格”命令，按住 Shift 键，单击此列的末行单元格，系统将选中首末行之间的一列单元格，来定义列单元格属性。

(4) 保存 .txp 文件到模板所在的文件夹。

这样就完成了卡片模板的创建，这时通过新建命令可以在“工艺卡片”选项卡中找到该卡片模板并创建新卡片。

2.1.5 创建规程模板

工艺规程模板的文件类型为 *.xml。该模板至少包含两种以上卡片，除了基本的过程卡、工序卡外，一般还有规程首页(封面)、工艺附图及其他卡片类型。

1. 准备规程所需的卡片模板

新建或利用软件自带的卡片模板进行修改，以满足工艺规程所需要的卡片模板。

卡片模板文件均应保存在软件指定的位置。

2. 创建规程模板

创建规程模板的步骤如下：

(1) 点击“新建”菜单，弹出如图 2-6 所示的对话框，选择“卡片模板”选项卡。

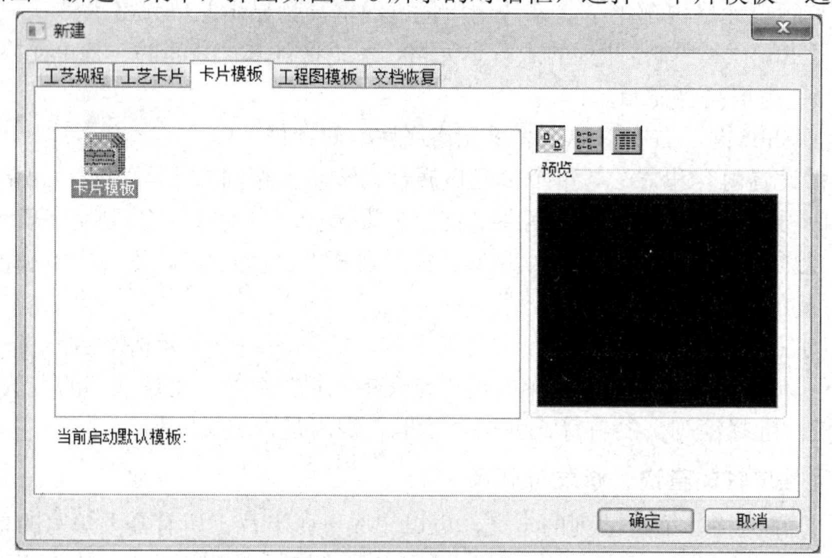

图 2-6 新建文件的“卡片模板”选项卡

(2) 双击“卡片模板”图标，进入模板创建环境。

(3) 单击 “模板定制”下拉菜单下的“模板集管理”命令，弹出如图 2-7 所示的对话框。

(4) 单击对话框中“新建模板集”命令，在弹出的对话框中输入工艺规程名称，点击下一步后，指定一张主卡。比如，机械加工工艺规程指定机械加工工艺过程卡为主卡，冲压工艺规程指定冲压工艺卡片为主卡，装配工艺规程则指定装配工艺过程卡片为主卡。此时系统会提示主卡为“工艺过程卡”，确定后出现三角旗标志，如图 2-7 所示。

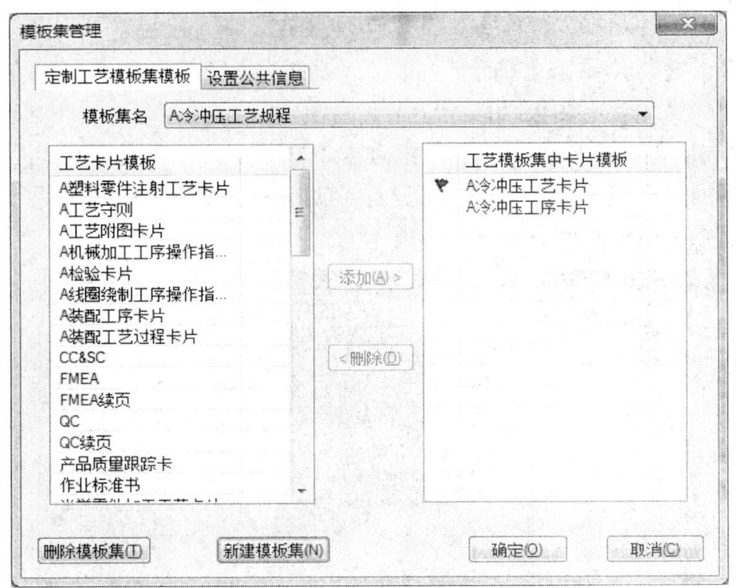

图 2-7　“模板集管理”对话框

(5) 指定其他卡片，包括各工序所对应的卡片，如机械加工工序卡、冲压工序卡、装配工序卡片等。

(6) 点击下一步，指定合适的公共信息。注意：公共信息一定要选主卡与其他卡都统一的信息。

完成后文件将自动保存在卡片模板的同一文件夹下。

2.2　文件的基本操作与卡片填写

2.2.1　工艺文件的基本操作

1．新建文件

单击“新建”命令，弹出“新建”对话框，如图 2-6 所示。在此对话框中用户可选择新建工艺规程文件或工艺卡片文件。

(1) 新建工艺规程文件：在“工艺规程”选项卡中显示了现有的工艺规程模板，选择所需的模板并单击“确定”，系统自动切换到“工艺环境”，并根据模板定义生成一张工艺过程卡片。由工艺过程卡片开始，可以填写工序流程，添加并填写各类卡片，最终完成工艺规程的建立。

(2) 新建工艺卡片文件：在“工艺卡片”选项卡中显示了现有的工艺卡片模板，选择所需的模板并单击“确定”，系统自动切换到“工艺环境”，并生成工艺卡片，供用户填写。

2．工艺文件的管理

(1) 文件的打开：单击“文件”菜单下的“打开”命令，弹出“打开”对话框；在“文

件类型”下拉列表中选择“工艺图表工艺文件(*.cxp)”，点击“确定”按钮；在文件浏览窗口中选择要打开的文件，单击“确定”。此时，软件进入“工艺编写环境”(既能进行卡片填写与规程管理，又能利用图板功能绘制工艺附图)。

(2) 文件的自动保存：单击“工具”选项卡，选择“选项”面板中的选项按钮，或单击“工具”菜单下的“选项”命令，弹出“选项”对话框，切换到“系统”分类，在“存盘间隔”的文本框中可设置时间，如图2-8所示。

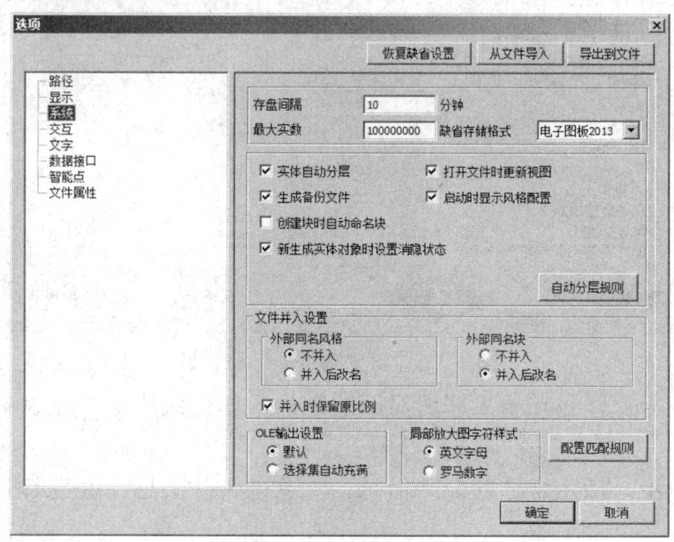

图2-8 “选项”对话框

(3) 文件的恢复：当软件异常关闭或强制关闭、再次启动软件时，点击“文件”菜单下的“新建”，弹出“新建”对话框，点击“文档恢复”选项卡，如图2-9所示，选择需要的文件即可恢复文件。

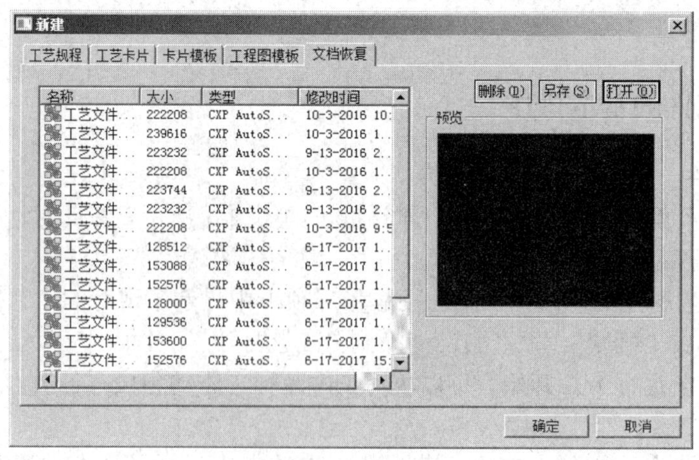

图2-9 软件异常关闭出现的“文件恢复”选项卡

(4) 多文档的操作：CAXA工艺图表可以同时打开多个工艺文件(*.cxp)、多个模板文件(*.txp)、多个图形文件(*.exb、*.dwg)，也支持在一个文件中设计多张图纸，使用Ctrl+Tab键可在不同的文件间循环切换。

在经典界面下可以单击“窗口”主菜单，如图 2-10(a)所示；在 Fluent 风格界面下，可以单击“视图”、“工艺”选项卡，使用“窗口”面板上的对应功能，如图 2-10(b)所示。

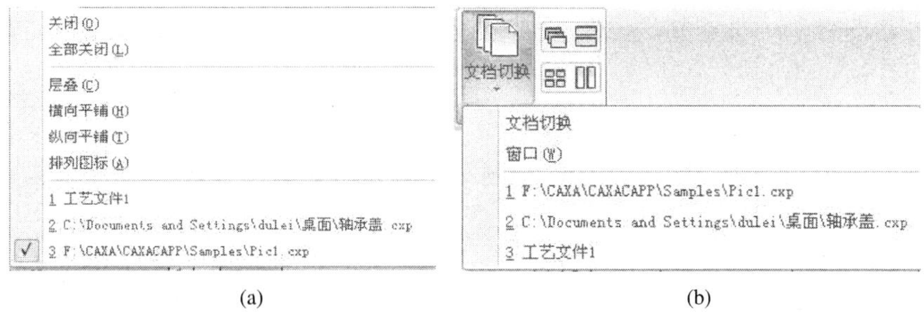

(a)　　(b)

图 2-10　经典界面与 Fluent 界面的多窗口操作

2.2.2　单元格特殊字符的填写

新建或打开文件后，系统切换到卡片的填写界面。单击要填写的单元格，单元格底色随之改变，且光标在单元格内闪动，此时即可在单元格内键入要填写的字符，如图 2-11 所示。

按住鼠标左键，在单元格内的文字上拖动，可选中文字，然后右击，弹出如图 2-12 所示的快捷菜单，利用“剪切”、“复制”、“粘贴”命令或对应的快捷键，可以方便地将文字在各单元格间填写。对于外部字处理软件(如记事本、写字板、Word 等)中的文字字符，也可以通过“剪切”、“复制”、“粘贴”命令方便地填写到单元格中。

在单元格内右击，利用右键菜单中的“插入”命令，可以直接插入常用符号、图符、公差、上下标、分数、粗糙度、形位公差、焊接符号和引用特殊字符集，见图 2-12。

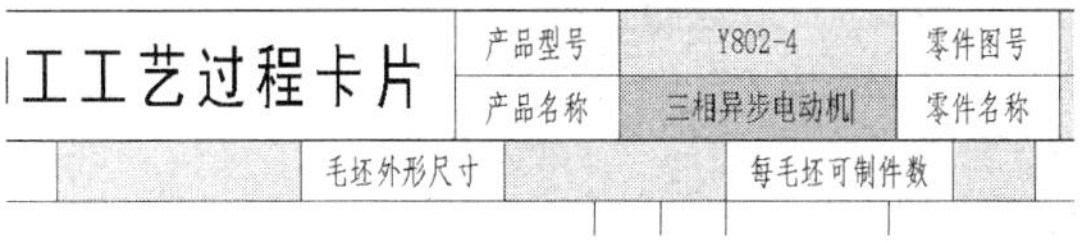

工工艺过程卡片　产品型号　Y802-4　零件图号
产品名称　三相异步电动机　零件名称
毛坯外形尺寸　每毛坯可制件数

图 2-11　单元格文字输入

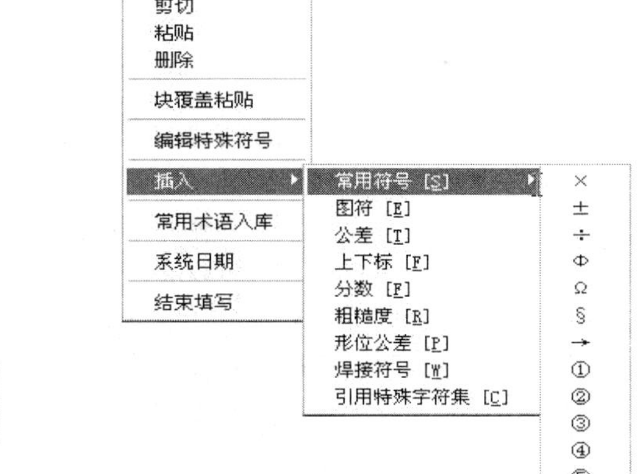

图 2-12　右键快捷菜单中的插入特殊符号

1. 常用符号

在图 2-12 中选择“常用符号”命令，单击要输入的符号即可完成常用符号的填写。另外，常用符号的输入也可使用卡片树中的“常用符号”库来完成，用户可对此库进行定制和扩充，因此更加灵活。

2．图符

图符包括三个符号：○、△、□。其作用是在提供的文本框中输入数字、字母后，双击这些符号，即可输出带圆圈、三角形或正方形的图符，如输入 12、C、&，各自双击○、△、□按钮，即可得到⑫、△C、&。

3．公差与上下标

在公差命令下，将弹出“尺寸标注属性设置”对话框，在该对话框中填写基本尺寸、上下偏差、前后缀，并选择需要的输入形式、输出形式，单击“确定”按钮，如图 2-13 所示。

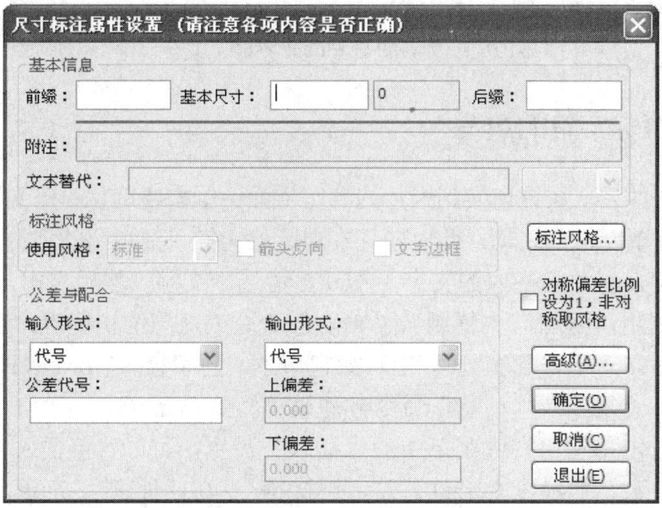

图 2-13 “尺寸标注属性设置”对话框

这里的公差选项实际上可输出一个有前缀 φ、后面带有公差等级代号及公差的完整尺寸。确定“输出形式”后，点击“高级”按钮，弹出如图 2-14 所示的对话框。在该对话框中选择轴或孔公差及其代号，系统会自动给出公差值，如 φ50H8($^{+0.039}_{0}$)。

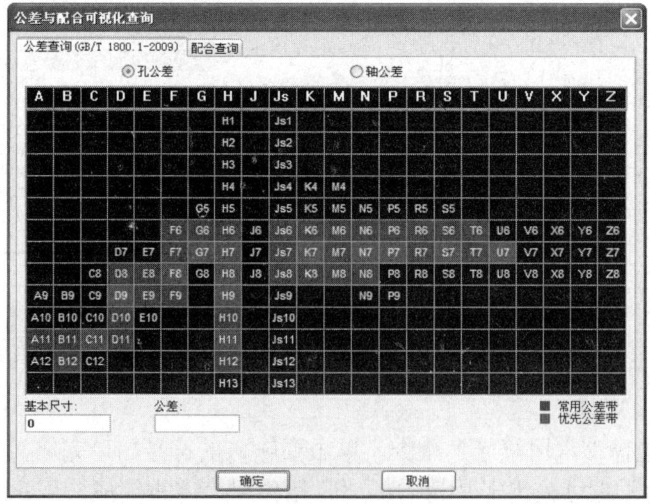

图 2-14 配合输入形式

“上下标”选项用于只输出尺寸的偏差，如输出 $50^{+0.039}_{0}$。

4．其他

(1)“分数”选项：用于输出带分子、分母的式子，如$\dfrac{a-b}{a+b}$。

(2)“粗糙度”选项：弹出“表面粗糙度”对话框，如图 2-15 所示，在该对话框中可以输入各种形式的粗糙度(表面结构)。

(3)“形位公差”选项：填写比较简单，如图 2-16 所示。值得注意的是，形位公差显示会不正常，因为系统缺少字库文件“CXGDT.ttf”。在这种情况下，上网去下载该字体文件，并复制到 Windows 下的 fonts 文件夹即可。

(4)“焊接符号”选项：用于填写焊接标记。此项填写可以参见第 11 章的电阻钎焊工艺。

(5)“引用特殊字符集”选项：就是“字符映射表”，用于将键盘上找不到的字符输入到单元格。

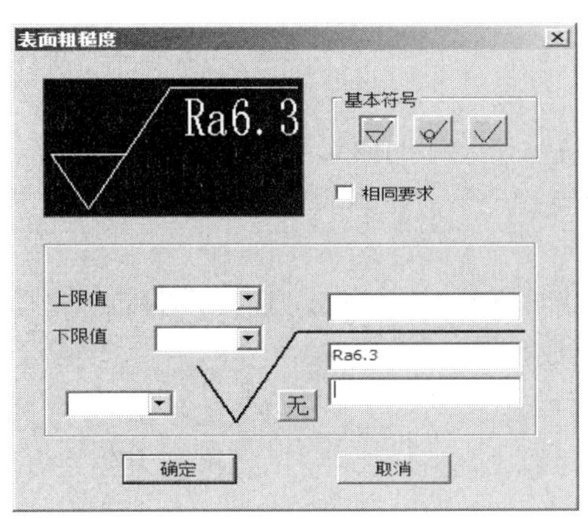

图 2-15　“表面粗糙度”对话框

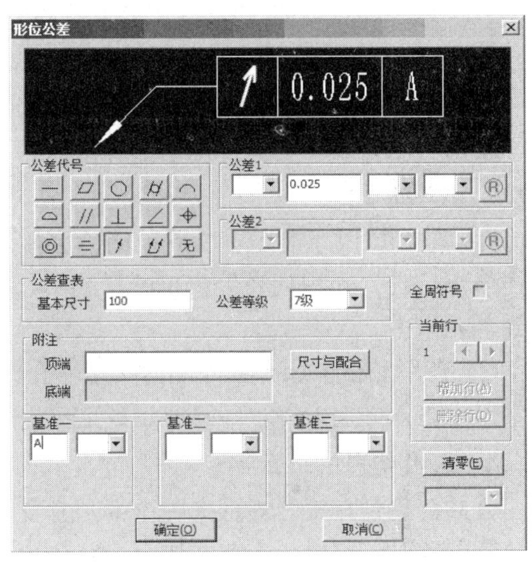

图 2-16　“形位公差”对话框

2.2.3　其他填写说明

1．系统日期的填写

在填写状态下点击鼠标右键，在弹出的菜单中点选“系统日期”，则自动填写当前的系统日期。

2．利用知识库进行填写

默认模板定义为单元格指定了关联数据库，单击此单元格后，系统将自动关联到指定的数据库，并显示在“知识分类”与“知识列表”两个窗口中，如图 2-17 所示。

(1)“知识分类”窗口用于显示其对应数据库的树形结构。单击鼠标左键，可展开知识库。单击需要填写内容的根节点，之后单击要填写的记录，其内容将被自动填写到单元格中。若双击某个节点，则可以将节点的内容自动填写到单元格中。

(2)“知识列表”窗口用于显示数据库根节点的记录内容。

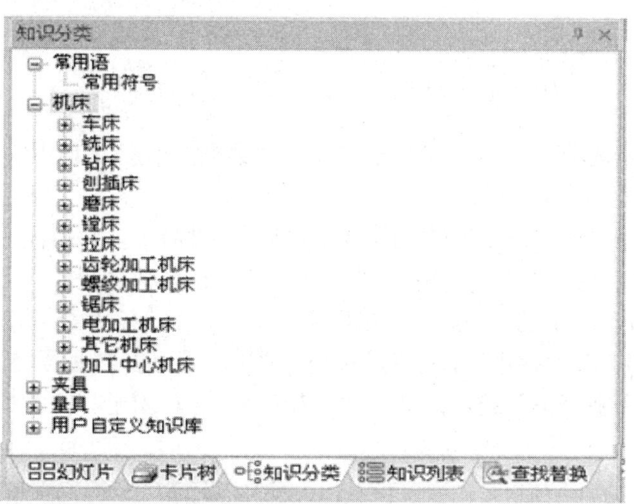

图 2-17 知识库填写界面

3. 常用语填写和入库

常用语是指填写卡片过程中需要经常使用的一些语句，CAXA 工艺图表提供了常用语的填写和入库功能。

(1) 在“知识分类”窗口的顶端，会显示“常用语”库的树形结构。展开结构树，并单击节点，在“知识列表”窗口中会显示相应的内容，只需在列表中单击即可将常用语填写到单元格中。

(2) 在单元格中选择要入库的文字字符(不包含特殊符号)并右击，在弹出的菜单中单击“常用术语入库”命令，即可将选择的文字添加到“常用语”库中。

4. 公共信息的填写

公共信息是在工艺规程中各个卡片都需要填写的单元格，将这些单元格列为公共信息，在填写卡片时，可以一次完成所有卡片中该单元格的填写。

需要注意的是，填写的公共信息在定制工艺规程模板时进行了指定，否则公共信息将不可填写。单击“工艺”菜单下的“编辑规程”命令，弹出“编辑当前规程中模板”对话框，如图 2-18 所示。在此对话框中可指定公共信息。

图 2-18 编辑规程

单击“工艺”菜单下的“填写公共信息”命令，弹出“填写公共信息”对话框，如图2-19所示。在此对话框中可输入公共信息的内容。此外，选中公共信息并单击“编辑”按钮，或直接在公共信息内容上双击，均可以对其进行编辑。

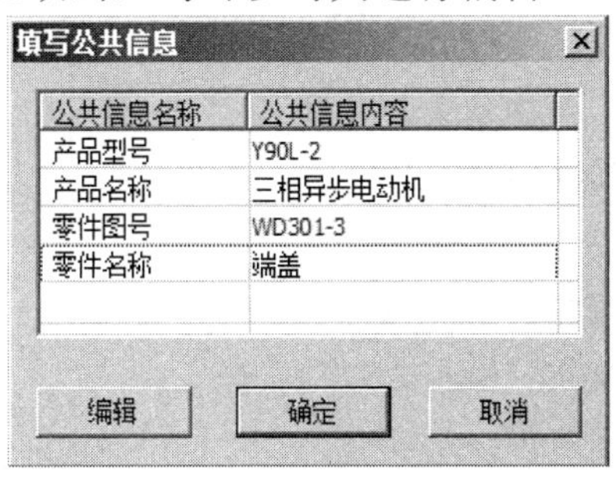

图 2-19　“填写公共信息”对话框

填写完卡片的公共信息以后，单击“工艺”菜单中的“输出公共信息”命令，系统会自动将公共信息保存到系统默认的 .txt 文件中。新建另一新文件时，单击“工艺”菜单中的“输入公共信息”命令，可以将保存的公共信息自动填写到新的卡片中。

系统默认的 .txt 文件是唯一的，其作用类似于 CAXA 电子图板的内部剪贴板，向此文件中写公共信息后，文件中的原内容将被新内容覆盖。从文件中引用的公共信息只能是最新一次写入的公共信息。

注意：各卡片的公共信息内容是双向关联的，修改任意一张卡片的公共信息内容后，整套工艺规程的公共信息也会随之一起改变。

2.2.4　行记录操作

行记录是与工艺卡片表区的填写、操作有关的重要概念，与 Word 表格中的“行”类似。图 2-20 是一个典型的 Word 风格的表格，在其中的某个单元格中填写内容时，各行表格线会随着单元格内容的增减动态调整，当单元格内容增多时，行表格线会自动下移，反之则上移。

工序号	工序名称	工　序　内　容	车间	工段	设备	工艺装备
10	下料	热轧圆钢Ø55×220			锯床GB4028	钢直尺300
20	热处理	正火处理	外协			
30	粗车	三爪卡盘夹Ø55外圆定位，校正夹紧				
		(1) 粗车右端面，见平即可， (2) 钻中心民、孔B3.15 (3) 粗车外圆至尺寸Ø25.5h11 $(^{0}_{-0.13})$ (4) 粗车外圆至尺寸Ø30.3h11 $(^{0}_{-0.16})$ (5) 粗车外圆至尺寸Ø34.5h11 $(^{0}_{-0.16})$ (6) 粗车外圆至尺寸Ø36.9h11 $(^{0}_{-0.16})$			C6140	YT5硬质合金外圆车刀、 中心钻B3.15/11.2 GB/T6078.2-1998 游标卡尺0-150mm/0.02mm

图 2-20　典型的 Word 风格的表格

1．生成工序卡片

按住 Ctrl 键，并单击行记录，可将行记录选定。连续单击行记录，可选中同一页中的多个行记录。此时行记录处于高亮显示状态，右击，弹出快捷菜单，如图 2-21 所示。

工序号	工序名称	工 序 内 容	车间	工段	设备
10	下料	热轧圆钢Ø55×220			锯床GB4028
20	[illegible]	[illegible]			
30	粗车	三爪卡盘夹Ø55外圆定位，校正夹紧 (1) 粗车右端面，见平即可. (2) 钻中心民、孔B3.15 (3) 粗车外圆至尺寸Ø25.5h11 ($^{0}_{-0.13}$) (4) 粗车外圆至尺寸Ø30.3h11 ($^{0}_{-0.16}$) (5) 粗车外圆至尺寸Ø34.5h11 ($^{0}_{-0.16}$) (6) 粗车外圆至尺寸Ø36.9h11 ($^{0}_{-0.16}$) (7) 粗车外圆至尺寸Ø44.3h11 ($^{0}_{-0.16}$)			C6140
40	粗车	倒头，用三爪卡盘装夹外圆Ø44.3h11 ($^{0}_{-0.16}$) 定位			

生成工序卡
添加单行记录
添加多行记录
删除行记录
合并行记录
拆分行记录
剪切行记录
复制行记录
粘贴行记录
行记录上移
知识入库

图 2-21　典型的 Word 表格

行记录生成工序卡片后，利用快捷菜单中的命令就可以实现行记录的编辑操作。

2. 添加与删除行记录

单击右键菜单中的“添加行记录”命令，则在被选中的行记录之前添加一个空行记录，被选中的行记录及后续行记录顺序下移。

单击右键菜单中的“添加多行记录”命令，弹出“插入多个行记录”对话框，在文本框中输入数字，单击“确定”，则在被选中的行记录之前添加指定数目的空行记录，被选中的行记录及后续行记录顺序下移。

对于单行的空行记录(没有填写任何内容)，用鼠标单击此行记录中的单元格，按“回车”键，则自动在此行记录前添加一个行记录。

单击右键菜单中的“删除行记录”命令，可删除被选中的行记录，被选中的行记录及后续行记录顺序上移。

如果被选中的行记录为跨页行记录，那么删除此行记录时，系统会给出提示。

3. 合并与拆分行记录

选中连续的多个行记录，右击并选择右键菜单中的“合并行记录”命令，可将连续的多个行记录合并为一个行记录。

合并行记录时，必须选中多个行记录且几个行记录必须是连续的。合并多个行记录后，系统只保留被合并的第一个行记录的工序号，而将其余行记录的工序号删除。

单击右键菜单中的“拆分行记录”命令，可将一个占用多行单元格的行记录拆分为几个单行的行记录。

4. 剪切、复制、粘贴行记录

单击右键菜单中的“剪切行记录”命令，可将被选中的行记录内容删除并保存到软件剪贴板中，此时可使用“粘贴行记录”命令粘贴到另外的位置。

单击右键菜单中的“复制行记录”命令，可将被选中的行记录内容保存到软件剪贴板中，并可使用“粘贴行记录”命令粘贴到另外的位置，一次可同时复制多个行记录。

单击右键菜单中的“复制行记录”命令，可以用剪切或复制的行记录将被选中的行记录替换掉。

5. 自动生成序号

用户在填写工艺过程卡片时，可直接填写工序名称、工序内容以及刀具、夹具、量具等信息，不用填写工序号。在整个过程卡的填写过程中，或填写完毕后，可以单击“工艺”下拉菜单中的“自动生成工序号”命令，此时将弹出“自动生成工序号”对话框，如图2-22所示。

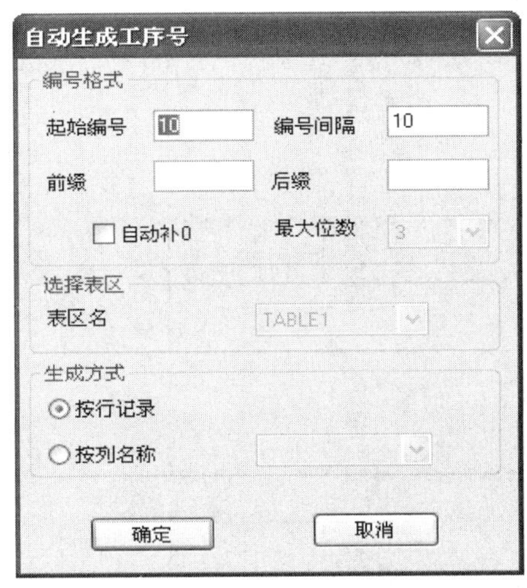

图2-22　“自动生成工序号”对话框

起始编号可以从1开始，间隔也为1(也可以从10开始，间隔10)。但要注意，自动编号操作前，要先填写“工序名称”。

6. 填写工艺过程卡片的一般步骤

填写工艺过程卡片的一般步骤如下：

(1) 新建一张机械加工工艺过程卡片。

(2) 点击“编辑规程”，可打开对话框，进行公共信息的选择。

(3) 填写公共信息或编辑公共信息。

(4) 填写“材料牌号”、“毛坯种类”等其他信息。

(5) 填写卡片首页内容。

(6) 填写卡片标题栏内容。

(7) 自动生成工序号。

(8) 按工序行选取，生成工序卡片。

(9) 完善工序卡片。

✧✧✧✧✧ 实践与思考2.1 ✧✧✧✧✧

按提供的机械加工工艺过程卡(见图2-23和图2-24)，利用CAXA工艺图表创建并填写卡片。在填写过程中记录公共信息的创建与使用、卡片的创建与基本填写方法、特殊字符及公差等的输入、自动序号的创建及使用。

机械加工工艺过程卡片		产品型号	Y90L-2	零件图号	WD301-3	总 2 页	第 1 页
		产品名称	三相异步电动机	零件名称	端盖	共 2 页	第 1 页
材料牌号	45	毛坯种类	圆钢	毛坯外形尺寸	ϕ285×43	每毛坯可制件数	
每台件数		备注					

工序号	工序名称	工序内容	车间	工段	设备	工艺装备	工时 准终	工时 单件
10	下料	热轧圆钢ϕ55×220			锯床GB4028	钢直尺300		
20	热处理	正火处理	外协					
30	粗车	三爪卡盘夹ϕ55外圆定位，校正夹紧。 (1) 粗车端面，见平即可，钻中心孔*B*3.15/10。 (2) 粗车外圆保证ϕ24.9，长度至尺寸23.1。 (3) 粗车外圆至尺寸ϕ31，长度至尺寸33，车退刀槽2×1(2处)。 (4) 粗车外圆至尺寸ϕ33，长度至尺寸 $144.5_{-0.25}^{0}$。 (5) 掉头，车端面，保证总长为275±0.65，钻中心孔*B*3.15/10。 (6) 粗车外圆尺寸ϕ36，长度至尺寸 $40_{-0.16}^{0}$，车退刀槽2×1(2处)。 (7) 粗车外圆至尺寸ϕ41，长度至尺寸68.5	金工		C6140	YT5硬质合金外圆车刀、车槽车刀 中心钻*B*3.15/11.2 GB/T6078.2—1998 游标卡尺0～150 mm/0.02 mm		
40	半精车	床头固定顶尖、床尾浮动顶尖拨杆夹紧。 (1) 车外圆表面至尺寸 ϕ24.2h11($_{-0.13}^{0}$)。 (2) 车外圆表面至尺寸 ϕ30.3h11($_{-0.16}^{0}$)。 (3) 车外圆表面至尺寸 ϕ32.3h11($_{-0.16}^{0}$)。 (4) 车外圆 ϕ42.3h11($_{-0.16}^{0}$)至图样尺寸。 (5) 调头，床头固定顶尖、床尾浮动顶尖拨杆夹紧，粗车外圆至尺寸 ϕ35.3h11($_{-0.16}^{0}$)。 (6) 车外圆表面至尺寸 ϕ40.3h11($_{-0.16}^{0}$)	金工		C6140	YT5硬质合金外圆车刀、 中心钻*B*3.15/11.2 GB/T6078.2—1998 游标卡尺0～150 mm/0.02 mm		

描图	
描校	
底图号	
装订号	

										设计(日期)	审核(日期)	标准化(日期)	会签(日期)
标记	处数	更改文件号	签字	日期	标记	处数	更改文件号	签字	日期	某某某2018-08-08			

图 2-23 机械加工工艺过程卡 1

机械加工工艺过程卡片	产品型号	Y90L-2	零件图号	WD301-3	总 2 页	第 2 页
	产品名称	三相异步电动机	零件名称	端盖	共 2 页	第 2 页

材料牌号		毛坯种类		毛坯外形尺寸		每毛坯可制件数		每台件数		备注	

工序号	工序名称	工序内容	车间	工段	设备	工艺装备	工时 准终	工时 单件
50	铣	以外圆$\phi 42k6(^{+0.018}_{+0.002})$定位，虎钳装夹工件			X5012			
		(1) 铣键槽$12h9(^{0}_{-0.048})$至图样尺寸； (2) 铣键槽$8h9(^{0}_{-0.036})$至图样尺寸				台式虎钳、直柄键槽铣刀 游标卡尺0～150 mm/0.02 mm		
60	磨	以两顶尖定位装夹工件			M1432A	前后顶尖、外径千分尺25～50 mm/0.01 mm		
		(1) 磨削外圆$\phi 32k6(^{+0.018}_{+0.002})$至图样尺寸 (2) 磨削外圆$\phi 35k6(^{+0.018}_{+0.002})$至图样尺寸						
70	检验	按图样尺寸检验(按检验卡片2540检验)				平台、外径千分尺25～50 mm/0.01 mm		
80	入库							

描图	
描校	
底图号	
装订号	

										设计(日期)	审核(日期)	标准化(日期)	会签(日期)	
标记	处数	更改文件号	签字	日期	标记	处数	更改文件号	签字	日期					

图 2-24 机械加工工艺过程卡 2

项目三 CAXA 工艺规程

3.1 工艺规程的管理

工艺规程至少有两种以上卡片，主卡经过填写后，主卡中的工序需要生成工序卡，必要时还要添加卡片首页、子卡等，因此需要对多种卡片进行有效的操作与管理。

3.1.1 卡片树

卡片之间的切换与管理是通过卡片树来实现的，卡片树可用来实现卡片的导航。

1. 卡片树

选项卡共有 6 种功能：图库、特性、知识分类、知识列表、卡片树及幻灯片。卡片树位于经典界面的左侧第三条列式选项卡(或 Fluent 风格界面左侧唯一一条列式)，软件没有给出名称，参见项目二中图 2-1 或图 2-2，它不能关闭。

(1) 当用鼠标单击卡片树选项卡时，就出现了如图 3-1 所示的状态。

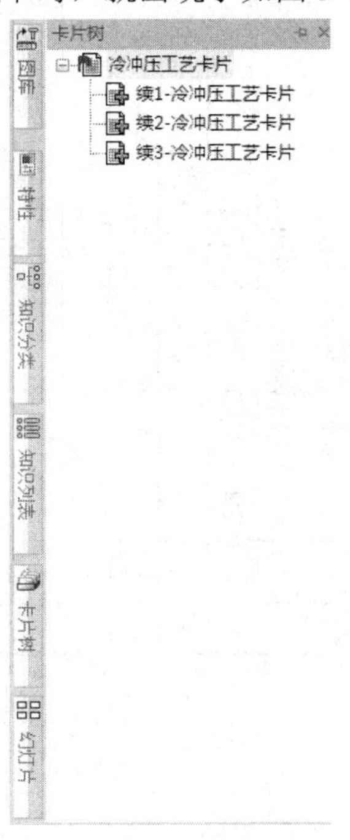

图 3-1 卡片树选项卡

(2) 单击图 3-1 中右上角的“×”左边的按钮可以将卡片树固定住，以便于管理。

(3) 在卡片树中双击某一张卡片，主窗口即切换到这张卡片的填写界面；在卡片树中单击鼠标右键，点击“打开卡片”命令也可切换到此卡片的填写界面。此外，按主工具栏中的⬅➡按钮，可以实现卡片的顺序切换。

(4) 右击卡片树中的卡片，弹出快捷菜单，可添加、删减各种附卡，如图 3-2 所示。

图 3-2 卡片树右键菜单

2．生成工序卡片

通过输入的工艺过程卡片的行记录，可以生成与之关联的工序卡片。

(1) 在过程卡的表区中，按“Ctrl + 左键”选择一个行记录(一般为一道工序)，右击，弹出快捷菜单。

(2) 单击“生成工序卡片”命令，弹出“选择工艺卡片模板”对话框，见图 3-3。

(3) 在列表中选择所需的工序卡片模板，单击“确定”按钮，即为行记录创建了一张工序卡片，并自动切换到工序卡填写界面。

此时，在卡片树中过程卡的下方出现“工序卡( )”，如图 3-4 所示。小括号中的数字为对应的过程卡行记录的工序号，两者是相关联的，当过程卡中行记录的工序号改变时，小括号中的数字会随之改变。

新生成的工序卡片与原行记录保持一种关联关系，在系统默认设置下，过程卡内容与工序卡内容双向关联。生成工序卡时，行记录与工序卡表区外的单元格相关联的内容能够自动填写到工序卡片中。

在过程卡表区中，如果一个行记录已经生成了工序卡片，那么选中此行记录并右击后，将弹出如图 3-5 所示的快捷菜单。

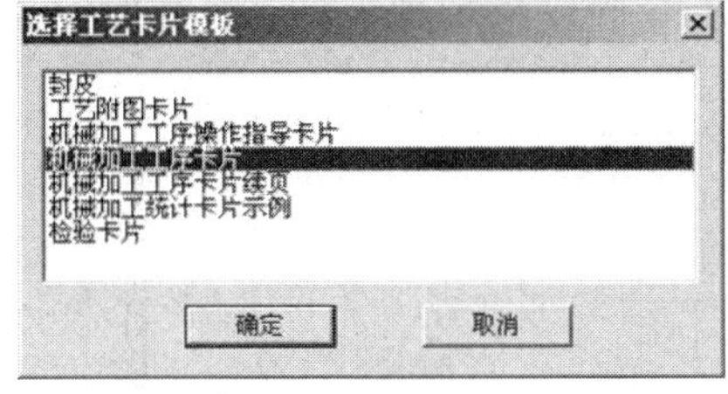

图 3-3 “选择工艺卡片模板”对话框

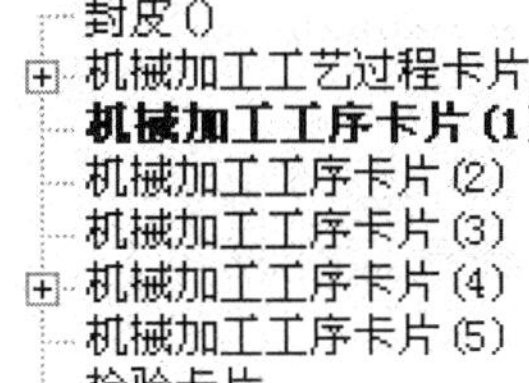

图 3-4 卡片树

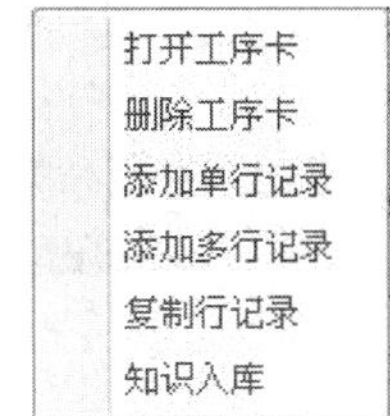

图 3-5 右键菜单

图 3-5 所示的菜单与项目二中图 2-21 所示的菜单有以下不同：

(1) 原“生成工序卡”命令变为“打开工序卡”命令，单击此命令，则切换到对应工序卡片的填写界面。

(2) 不能使用“删除行记录”、“合并行记录”、“拆分行记录”、“剪切行记录”、“粘贴行记录”等命令，否则会破坏行记录与对应工序卡的关联性。只有在删除了对应工序卡后，这些命令才重新有效。

3．打开工艺卡片

通过以下三种方法之一均可以打开卡片：

(1) 在卡片树中右击某一卡片，单击快捷菜单中的“打开”命令。

(2) 在卡片树中双击某一卡片。

(3) 在卡片树中单击某一卡片，单击“回车”键。

4. 删除工艺卡片

在卡片树中右击某一卡片，单击快捷菜单中的“删除卡片”命令，即可将此卡片删除。

注意：以下卡片不允许删除，右键菜单中没有“删除卡片”命令项。

(1) 已生成工序卡的过程卡。过程卡生成工序卡后，不允许直接删除过程卡，只有先将所有工序卡均删除后，才能删除过程卡。

(2) 中间续页。如果一张卡片有多张续页卡片，则有换行记录的中间的续页不允许删除。

5. 工艺卡片的更改与移动

在卡片树中，若要更改某卡片名称，则右击要被更改名称的卡片，单击右键菜单中的“重命名”命令，输入新命名的卡片名称，按“回车”键即可；或者直接双击卡片名称，进入编辑状态。

在卡片树中，右击要移动的卡片，单击右键菜单中的“上移卡片”或“下移卡片”命令，可以改变卡片在卡片树中的位置，卡片的页码会自动作出调整。

注意：

(1) 移动工序卡片时，其续页、子卡片将一起移动。

(2) 子卡片只能在其所在卡片组的范围内移动，不能单独移动。

6. 创建首页卡片与附页卡片

首页卡片一般为工艺规程的封面，而附页卡片一般为附图卡片、检验卡片、统计卡片等。

单击“工艺”主菜单下的“创建首页卡片”与“创建附页卡片”，弹出如图 3-6 所示的“选择工艺卡片模板”对话框。在该对话框中选择需要的模板，确认后即可为工艺规程添加首页和附页。

在卡片树中，首页卡片被添加到规程的最前面，而附页被添加到规程的最后面，如图 3-7 所示。

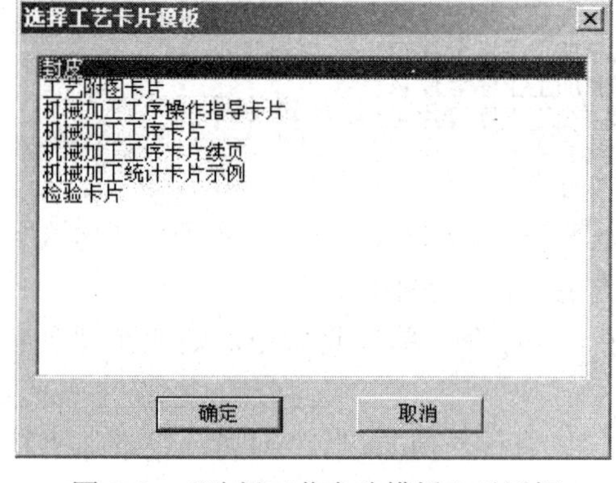

图 3-6 “选择工艺卡片模板”对话框

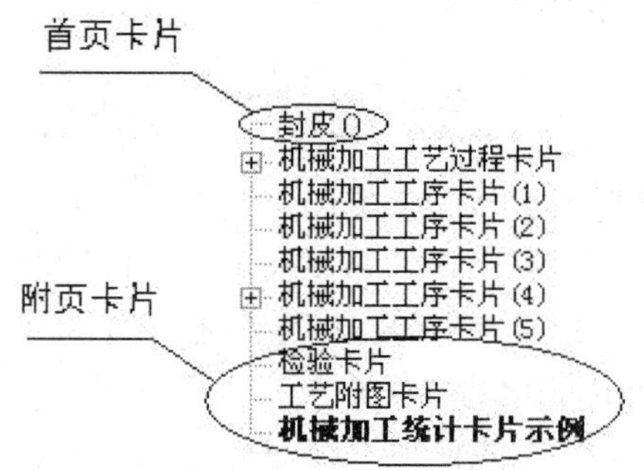

图 3-7 首页卡片与附页卡片

7. 添加续页卡片

选择下列三种方法之一可以为卡片添加续页：

(1) 填写表区中具有“自动换行”属性的列时，如果填写的内容超出了表区范围，则系统会自动以当前卡片模板添加续页。

(2) 单击“工艺”下拉菜单中的“添加续页卡片”命令，弹出“选择工艺卡片模板”对话框。选择所需的续页模板，单击“确定”按钮，即可生成续页，如图 3-8 所示。

注意：过程卡添加卡片续页时，如果添加的续页模板与主页模板不同，那么两者需要有相同结构的表区才能添加成功，否则系统弹出提示对话框，如图 3-9 所示。

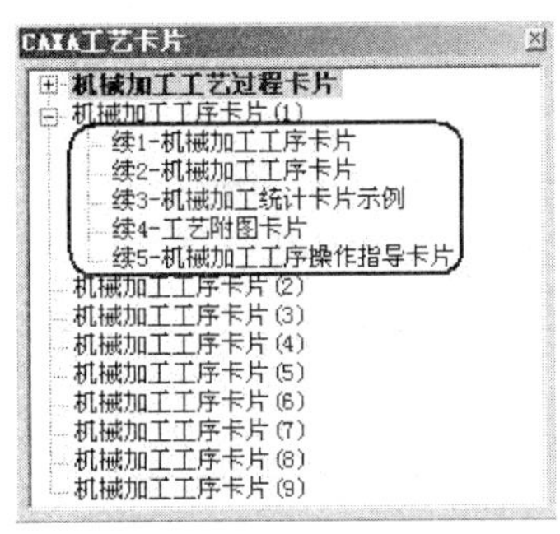

图 3-8　添加续页

图 3-9　提示对话框

(3) 右键单击卡片树对应的卡片，通过右键菜单中的“添加续页”命令，选择所需要的续页模板，单击“确定”按钮，即可生成续页。

注意：通过“添加续页”命令是指在与当前续页卡片表区结构相同的一组续页卡片之后添加一张新的卡片，如没有表区结构相同的卡片，则添加到该组卡片最后的位置，如图 3-10 所示。

图 3-10　添加续页

8. 添加子卡片

在编写工艺规程时，希望在某一张工序卡片之后添加工序附图等卡片，对这一工序的内容作更详细的说明，并且希望能作为此工序所有卡片中的一张，与主页、续页卡片一起排序，根据用户的操作习惯进行移动。这一类卡片既不能使用“添加续页”命令添加，也不能使用“添加附页”命令添加(只能添加到卡片树的最后)，这就用到了“添加子卡”功能。

添加子卡片的步骤如下：

(1) 在卡片树中，右击要添加子卡片的卡片，弹出快捷菜单。

(2) 单击“添加子卡”命令，弹出“选择工艺模板”对话框。

(3) 选择所需的卡片模板，单击“确定”，完成子卡片的添加，如图 3-11 所示，为“机械加工工序卡片(3)”添加了一个子卡片“工艺附图卡片”。从卡片树中可以看到，“工艺附图卡片”与“续 1-机械加工工序卡片”是同级的。打开“工艺附图卡片”，由页码区中的“共 3 页 第 3 页”可知，“工艺附图卡片”作为工序 3 中的一张卡片，与“机械加工工序卡片”、“续 1-机械加工工序卡片”一同排序。

机械加工工艺过程卡片
机械加工工序卡片(1)
机械加工工序卡片(2)
机械加工工序卡片(3)
续1-机械加工工序卡片
工艺附图卡片
机械加工统计卡片示例

总	8	页	第	7	页
共	3	页	第	3	页

图 3-11 添加子卡片

9. 幻灯片界面操作

幻灯片界面以更直观的图示化效果来展现卡片的层次关系，是卡片树的图示化表达效果。

除了上述操作，系统还支持对卡片进行幻灯片浏览、幻灯片放映功能。

(1) 幻灯片浏览：快捷键为 F7，点击“工艺”菜单中“幻灯片浏览”命令，系统会自动进入幻灯片的浏览界面。

(2) 幻灯片放映：快捷键为 F5，点击“工艺”菜单中的“幻灯片放映”命令，系统会自动进入幻灯片的放映界面。如果需要从当前卡片放映，则按快捷键 Shift + F5。在幻灯片的放映界面下，可以通过鼠标左键单击、滚轮滑动的方式，实现卡片的上、下切换。

3.1.2 工艺文件的编号

1. 工艺文件的编号依据

(1) 按标准 JB/T9166—1998，凡正式工艺文件都必须具有独立的编号。

(2) 同一编号只能授予一份工艺文件。

(3) 当同一文件由数页组成时，每页都应填写同一编号。

(4) 引证和借用某一工艺文件时应注明其编号。

(5) 工艺文件应按 JB/T9165.2 和 JB/T9165.3 中规定的位置填写格子。

2. 工艺文件的编号方法

为简化编号，这里规定工艺文件包括工艺文件类型代号和工艺方法代号两部分，每一部分均由两位数字组成。工艺文件类型代号如表 3-1 所示，工艺方法代号如表 3-2 所示。因篇幅影响，这两个表中少部分不常用，特别是工艺方法代号中的部分略掉了。

表 3-1 工艺文件类型代号

工艺文件类型代号	工艺文件类型名称	工艺文件类型代号	工艺文件类型名称
01	工艺文件目录	44	配作件明细表
02	工艺方案	49	配套件明细表
09	工艺路线表	50	消耗定额表
20	工艺规程	51	材料消耗工艺定额明细表
21	工艺过程卡片	52	材料消耗工艺定额汇总表
22	工艺卡片	60	工艺装备明细表
23	工序卡片	61	专用工艺装备明细表
25	检验卡片	62	外购工具明细表
29	工艺守则	63	厂标准(通用)工具明细表
30	工序质量管理文件	64	组合夹具明细表
31	工序质量分析表	69	工位器具明细表
32	操作指导卡片(作业指导书)	90	其他
33	控制图	91	工艺装备设计任务书
40	( )零件明细表	92	专用工艺装配使用说明书
41	工艺关键件明细表	93	工艺装备验证书
42	外协件明细表	96	工艺试验报告
43	外制件明细表	97	工艺总结

表 3-2 工艺方法代号

工艺方法代号	工艺方法名称	工艺方法代号	工艺方法名称	工艺方法代号	工艺方法名称
00	未规定	32	电阻焊	60	热处理
01	下料	36	摩擦焊	61	感应热处理
10	铸造	37	气焊与气割	62	高频热处理
11	砂型铸造	38	钎焊	65	化学热处理
12	压力铸造	40	机械加工	69	工具热处理
13	熔模铸造	44	自动线加工	70	表面处理
14	金属模铸造	45	数控机床加工	71	电镀
18	木模制造	47	光学加工	72	金属喷镀
19	砂、泥芯制造	48	典型加工	73	磷化
20	锻压	49	成组加工	74	发蓝
21	锻造	50	电加工	76	喷丸强化
22	热冲压	51	电火花加工	78	油漆
23	冷冲压	52	电解加工	79	清洗
24	旋压成型	53	线切割加工	90	冷作、装配、包装
26	粉末冶金	54	激光加工	91	冷作
27	塑料零件注射	55	超声波加工	92	装配
28	塑料零件压制	56	电子束加工	95	电气安装
30	焊接	57	离子束加工	97	包装
31	电弧焊与电渣焊	58			

例如，机械加工工艺卡片的卡片类型是“工艺卡片”，查表 3-1，得知为“22”，其工艺方法是“机械加工”，查表 3-2，得知为“40”，所以机械加工工艺卡片的工艺文件编号为“2240”；再如组合夹具明细表，其卡片类型是“组合夹具明细表”，查表 3-1，得知为“64”，其工艺方法没有出现，可以按表 3-2 中的“00”，即未规定来处理，所以组合夹具明细表的工艺文件编号为“6400”。

3.1.3 关联与交换

1．卡片间关联填写设置

在过程卡片中，行记录各列的内容如“工序号”、“工序名称”、“设备名称”、“工时”等可以设置与工序卡片单元格中表区之外的内容相关联，两者通过单元格名称匹配。图 3-12 所示是一张工序卡片表区外的单元格区域，其中的“工序号”、“工序名称”等内容是与过程卡中对应的行记录相关联的。通过设置过程卡与工序卡的关联，可以保持工艺数据的一致性，并方便工艺人员的填写。

工序号	工序名称	材料牌号
	车	HT200
毛坯外形尺寸		每台件数
设备型号	设备编号	同时加工件数

图 3-12 关联填写

单击“工艺”主菜单下的“选项”命令，将弹出“工艺选项”对话框，如图 3-13 所示。图中各选项介绍如下：

(1) 过程卡和工序卡内容不关联：两者内容不相关，可分别更改过程卡与工序卡，彼此不受影响。

(2) 过程卡内容更新到工序卡：修改过程卡内容后，工序卡内容自动更新。

(3) 工序卡内容更新到过程卡：修改工序卡内容后，过程卡内容自动更新。

(4) 过程卡和工序卡双向关联：确保过程卡或工序卡关联内容一致，修改过程卡时，工序卡内容自动更新，反之亦然。

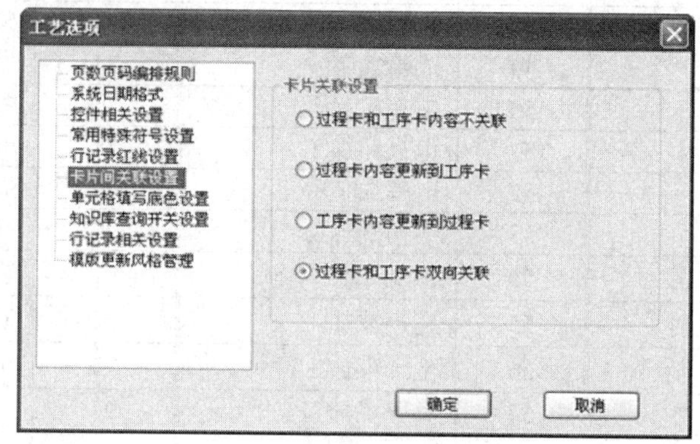

图 3-13 卡片间关联填写设置

2. 软件内数据交换

CAXA 工艺图表提供了“块选择”功能，可以更加灵活地选择、复制、粘贴内容。

操作步骤为：单击“工艺”菜单下的“块选择”命令，将鼠标指针移动到卡片需要输出内容的开始部分，单击鼠标左键确认(第一点)。此时再移动鼠标，会出现一个方框，方框的大小可随鼠标的移动而变化。用该方框选择需要输出的内容，单击鼠标左键确认(第二点)，卡片中的相应内容会变为红色，此时点击鼠标右键，弹出快捷菜单，如图 3-14 所示。

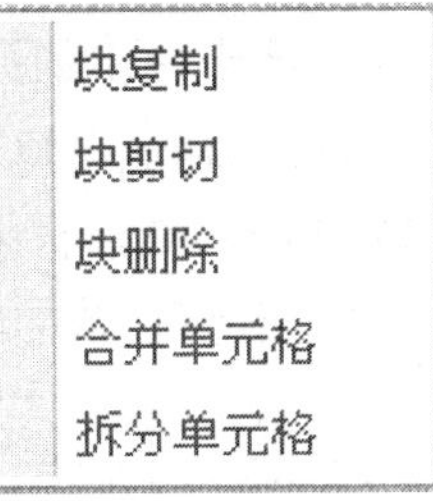

图 3-14 块操作

注意：在使用“块选择”命令框选输出内容时，拾取框的第一点和第二点应该在工艺卡片内。如果第一点或第二点选择在卡片输出内容以外或者是卡片的表头位置，则会造成块选择失败(选取的内容不变为红色)。

3. 与其他软件的交互使用——从 Word 中读入卡片内容

工艺卡片中的内容可以与 Word、Excel 等软件进行交互，外部软件中的表格内容可以输入到工艺卡片中，工艺卡片中的内容也可以输出到外部软件中。Excel 的交互操作与 Word 软件的类似。

通过此功能可以将 Word 工艺表格的内容输入到工艺图表的工艺卡片中，见图 3-15。具体方法如下：

(1) 在 Word 中全选需要输出的数据内容(表头除外)，单击右键菜单中的“复制”命令或使用快捷键“Ctrl + C”复制表格内的数据内容。

工序号	工序名称	工序内容	车间	工段
10	车	车内孔	32	2
20	铣	铣端面	45	4
30	钻	钻内孔	47	9

图 3-15 复制 Word 表格内容

(2) 在卡片填写状态下，单击对应的单元格，此时鼠标的十字形光标将会变为工字形光标，提示软件进入文字输入状态。

(3) 右击并选择快捷菜单中“粘贴”命令或使用快捷键“Ctrl + V”，即可将 Word 表格内的数据内容粘贴到卡片中，如图 3-16 所示。

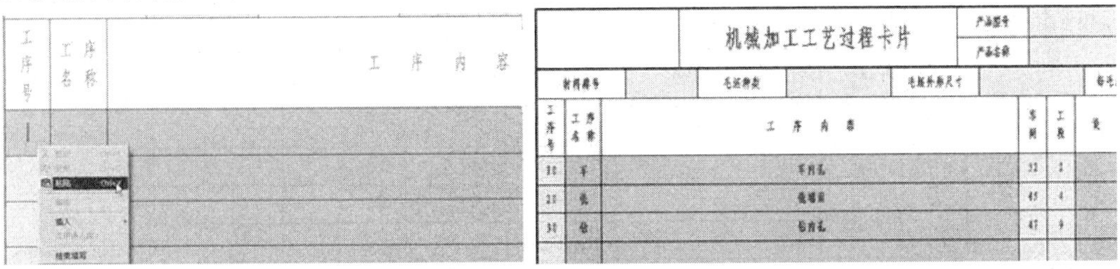

图 3-16 粘贴 Word 表格内容到卡片中与读入 Word 表格内容

注意：Word 表格中的项目符号及某些 CAXA 工艺图表不支持的特殊字符(如上下标)等不会被拷贝到卡片表格中。如果 Word 表格的某一单元格中含有回车符，那么这个单元

格的内容被粘贴到工艺图表中后，会在回车符处被拆分成多个行记录，而不会显示在同一个行记录中。

4. 将卡片中的数据内容输出到Word表格中

通过此功能可将工艺表格中的内容输出到 Word 已有的表格中，或者直接将数据输出到Word中，然后根据数据内容制作表格。

将工艺卡片数据输出到Word中如图3-17所示的已有表格中。

工序号	工序名称	工序内容	车间	工段

图3-17 工艺卡片数据输出到Word

(1) 打开工艺卡片文件，单击“工艺”主菜单下的“块选择”命令，选中数据，右击并单击快捷菜单中的“块复制”命令，如图3-18所示。

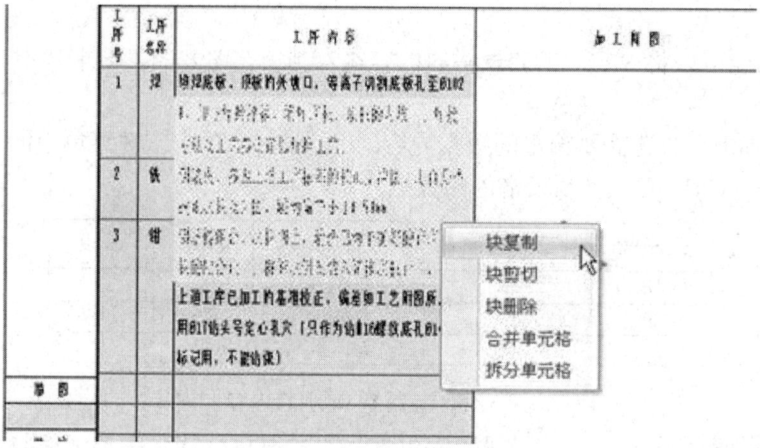

图3-18 复制卡片中的内容

(2) 在Word中全选表格(表头除外)，右击并单击快捷菜单中的“粘贴”命令，或者直接按“Ctrl + V”快捷键，即可将卡片中的内容输出到Word表格中，如图3-19所示，此时可以对表格内的文字作进一步的编辑。

工序号	工序名称	工序内容	车间	工段
10	车	车外圆表面	12	1
20	粗车	粗车外圆表面	47	4
30	细车	细车外圆表面	21	3
40	铣	铣平面	23	8

图3-19 输出到Word表格中

注意： CAXA 工艺图表中的特殊字符(如上下标、粗糙度、焊接符号等)不会粘贴到Word中。

✦✦✦✦✦ 实践与思考 3.1 ✦✦✦✦✦

(1) 新建一工艺规程模板，包括卡片首页、过程卡、工序卡、检验卡及卡片，然后利用该模板新建工艺规程，输入特殊字符并按照本节的操作创建规程首页、附页及子卡。

(2) 填写表 3-3 所示的各工艺文件名称、类型代号与方法代号(未规定的请自行定义并作说明)。

表 3-3 各工艺文件名称、类型代号与方法代号

工艺文件名称	类型代号	方法代号	工艺文件名称	类型代号	方法代号
机械加工工艺过程卡片			专用工艺装备明细表		
机械加工工序卡片			工艺关键件明细表		
操作指导卡			工艺文件目录		
产品零(部)件工艺路线表			外协件明细表		
检验卡片			机械加工通用工艺守则		
工序质量分析表			工位器具明细表		

3.2 工 艺 附 图

3.2.1 直接绘制

无论是工艺卡片还是工艺规程，一般都会有附图，有些卡片含有附图区域(单元格)，如工序卡片，也有一些卡片不含附图区域，但附加一张或多张工艺附图。

1. 利用软件本身直接绘制

CAXA 工艺图表集成了 CAXA 电子图板的所有功能，利用工艺图表的绘图工具，可方便地绘制工艺附图。

1) 在工艺环境下直接绘制附图

在 CAXA 工艺图表的工艺环境下，利用集成的电子图板绘图工具可直接在卡片中绘制工艺附图。

2) 在图形环境下绘制图形

在新建命令下，切换到“工程图模板”选项卡，选择一种系统模板进入 CAXA 电子图板的绘制环境。此外，也可利用外部复制命令将已有的图形粘贴进来。

2. 向卡片添加已有的图形文件

(1) 预处理好要插入的电子图板文件(*.exb)。

(2) 单击“工艺”菜单下的“插入图形文件”，在弹出的对话框中找到该文件。

(3) 单击插入的区域单元格内任意位置。此时软件界面的左下角出现如图 3-20 所示的选项，一般选择“1. 定区域”。因为附图不能出区域，且一般不要求按 1∶1，所以附图会自动调整合适大小到该区域内，见图 3-21。

图 3-20 定点、定区域选择

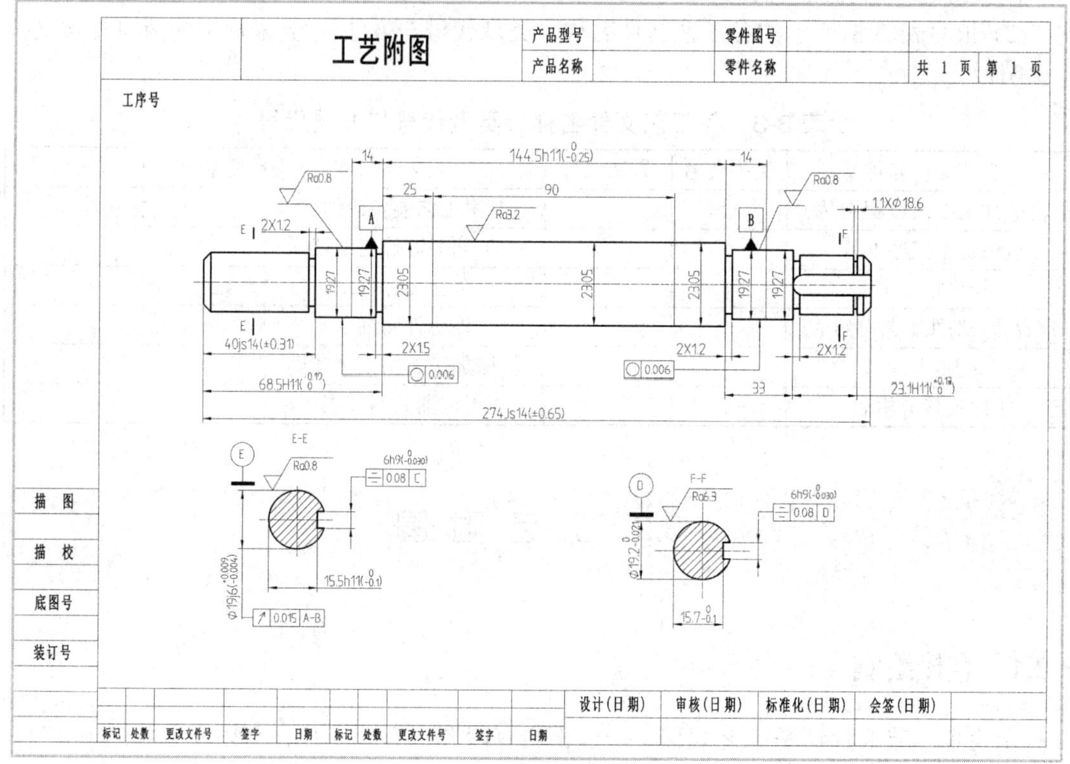

图 3-21 将图形插入到卡片

AutoCAD 文件也可以自动插入到工艺卡片中任意封闭的区域内，其操作方法除文件类型应选择*.dwg 外，其余与 EXB 一样。

3.2.2 其他格式的图片插入

1. 插入 OLE 对象

工艺卡片中可以嵌入 OLE 对象，主要步骤如下：

(1) 单击“常用”选项卡/常用区域下的“并入文件”后面的小三角图标，在下拉菜单中选择“插入对象”图标，弹出“插入对象”对话框，如图 3-22 所示。

(2) 在图 3-22 中选择所需要插入的对象。以插入“画笔图片”为例，选择“新建”方式，并在“对象类型”列表中选择“画笔图片”，单击“确定”按钮后弹出“位图图像”窗口，如图 3-23 所示。

(3) 在图 3-23 中绘制图像。

(4) 绘制完毕后关闭“绘图图像”窗口，绘制的图像已经被插入到当前工艺卡片中(可做必要的调整)。

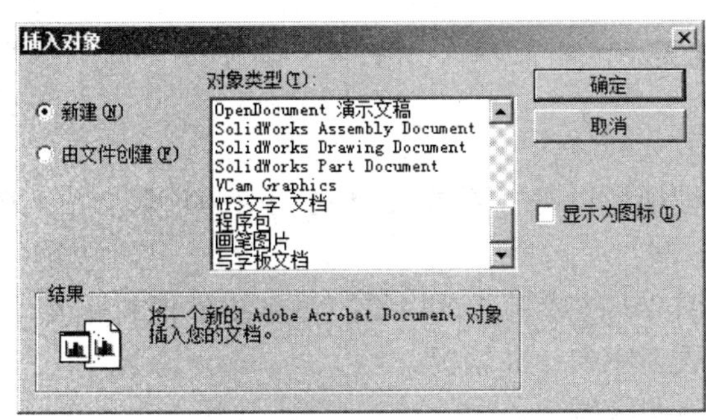

图 3-22 “插入对象”对话框

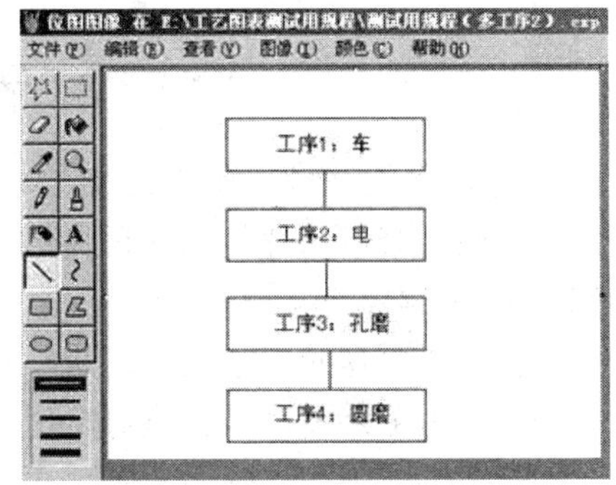

图 3-23 绘制位图

2．插入栅格类图片

单击“常用”选项卡/常用区域下的“并入文件”后面的小三角图标(见图 3-24)，在下拉菜单中选择“插入图片”图标，弹出如图 3-25 所示的对话框。图中：

(1) “名称”显示所选图片文件的名称，单击“浏览”可以重新选择图片文件。

(2) “位置”显示所选图片文件的路径。

(3) “保存路径”显示图片文件附着到当前图形时指定的路径。图片文件的路径类型除了绝对路径外，还可以设置使用相对路径或嵌入到当前文件中。如果使用相对路径，则当前的工艺图表文件必须先存盘。

(4) “插入点”指定选定图像的插入点。默认值是“在屏幕上指定”，默认插入点是(0，0)。

(5) “比例”指定选定图像的比例因子。如果选择“在屏幕上指定”，则可用命令提示或定点设备直接输入；如果没有选择“在屏幕上指定”，则输入比例因子的值，默认比例因子是 1。

(6) “旋转”指定选定图像的旋转角度。如果选择了“在屏幕上指定”，则可以一直等到退出该对话框后再用定点设备旋转对象或在命令提示下输入旋转角度值；如果未选择“在屏幕上指定”选项，则可以在对话框里输入旋转角度值。默认旋转角度为 0。

工艺图表中插入的图片文件支持多种编辑操作，包括特性编辑、实体编辑、图片管理。

图 3-24 “插入图片”选项

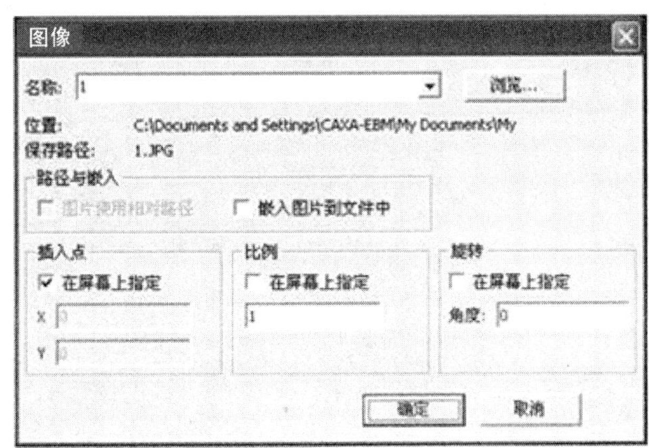

图 3-25 “图像”对话框

✧✧✧✧✧ 实践与思考 3.2 ✧✧✧✧✧

工艺规程的编辑与输出其操作步骤如下：

(1) 通过修改卡片，创建适用的工艺规程模板以符合要求(工艺过程卡为项目二中的图 2-23 和图 2-24)。

(2) 利用新建的工艺规程，将项目二中图 2-1 的成果通过块复制等方法移植到这里。

(3) 利用工艺过程卡片将每一道工序生成工序卡片并编辑。

(4) 提供附图，正确插入到工序卡片的附图区域。

(5) 输出成果。

实践过程操作要求如下：掌握工艺卡片模板与工艺规程模板的区别，掌握工艺规程的管理方法，正确设置与使用公共信息，掌握卡片树的基本操作。

根据具体操作过程写出实践报告。

项目四　轴的工艺设计

4.1　阶梯轴结构、设计与分析

4.1.1　阶梯轴

轴类零件是一种典型的零件，电动机的轴大都为阶梯轴。

1．阶梯轴的功用与分类

轴是组成机器的重要零件之一。它有两个功用：支持回转零件(如齿轮、带轮链轮等)，使其有确定的工作位置；传递运动和转矩，如图 4-1 所示。而电机轴作为负担电机转动部分的一个零件，或传递从原动机到电机的转矩，或将转矩从电机传到被拖动的机件上，其强度和配合精度直接决定了电机正常情况下能否可靠运行。

轴按轴线形状可分为直轴、曲轴和软轴。直轴按其外形不同可分为光轴、阶梯轴、半轴及一些特殊用途的轴(如凸轮轴、花键轴等)。图 4-1 所示为阶梯轴。

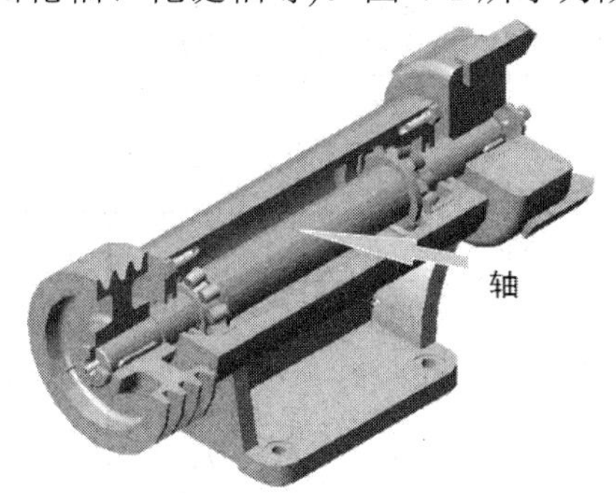

图 4-1　轴的功用示例

阶梯轴各轴段的直径不同，轴上零件的安装、定位比较方便。由于轴上应力分布通常是中间大，两端小，因此阶梯受载比较合理，其外形接近于等强度梁，应用最广。

2．阶梯轴的设计准则

一般轴的设计应该满足如下准则：

(1) 根据轴的工作条件、生产批量和经济性等原则，选取适合的材料、毛坯形式及热处理方法。

(2) 根据轴的受力情况，轴上零件的安装位置、配合尺寸及定位方式，轴的加工方法

等具体要求，确定轴的合理结构形状及尺寸，即进行轴的结构设计。

(3) 进行轴的强度计算或校核。对受力大的细长轴(如蜗杆轴)和对刚度要求高的轴，还要进行刚度计算。高速工作下的轴有共振危险，故应进行振动稳定性计算。

4.1.2 阶梯轴设计说明

1. 轴的常用材料及热处理

轴的材料种类很多，选用时应根据对轴的强度、刚度、耐磨性等要求，以及为实现这些要求而采用的热处理方式，同时考虑制造工艺问题，力求经济合理。

轴的常用材料是优质碳素钢 35、45、50，最常用的是 45 和 40Cr 钢。对于受载较小或不太重要的钢，常用 Q235 或 Q275 等普通碳素钢。对于受力较大的钢，轴的尺寸和重量受到限制，以及有某些特殊要求的轴，可采用合金钢，常用的有 40Cr、40MnB、40CrNi 等。

根据工作条件要求，轴要进行整体热处理，一般是调质，采用正火处理即可。对要求高或要求耐磨的轴或轴段，要进行表面处理，以及表面强化处理(如喷丸、辗压等)和化学处理(如渗碳、渗氮、氮化等)，以提高其强度(尤其疲劳强度)和耐磨、耐腐蚀等性能。轴的常用材料及热处理参见表 4-1。

表 4-1 轴的常用材料及热处理

材料牌号	热处理	毛坯直径/mm	硬度HB/MPa	抗拉强度 σ_b/MPa≥	屈服强度 σ_s/MPa≥	备注
Q235-A	—	—	—	440	240	用于不重要或载荷不大的轴
20	正火	25	≤156	420	250	用于载荷不大、要求韧性较高的场合
	正火	≤100	103～156	400	220	
35	正火	25	≤87	540	320	用于有一定强度要求和加工塑性要求的轴
	正火	≤100	149～187	520	270	
	调质	≤100	156～207	560	300	
45	正火	25	≤241	610	360	应用最广泛
	正火 回火	≤100 ＞100～300 ＞300～500 ＞500～750	170～217 162～217 156～217	600 580 560 540	300 290 280 270	
	调质	≤200	217～255	650	360	
40Cr	调质	25		1000	800	用于载荷较大而无很大冲击的重要轴
		≤100	241～286	750	550	
40CrNi	调质	25		1000	800	用于很重要的轴
1Cr13	调质	≤60	187～217	600	420	用于在腐蚀条件下工作的轴
2Cr13	调质	≤100	197～248	660	450	
1Cr18Ni9Ti	淬火	≤60 ＞60～180	≤192	550 540	220 200	用于在高、低温及强腐蚀条件下工作的轴

2．结构的设计步骤

轴的结构设计必须经过强度计算。已知轴的最小直径以及轴上零件尺寸(主要是毂孔直径及宽度)，轴的结构设计的主要步骤如下：

(1) 确定轴上零件装配方案：轴的结构与轴上零件的位置及从轴的哪一端装配有关。

(2) 确定轴上零件定位方式：根据具体工作情况，对轴上零件的轴向和周向的定位方式进行选择。轴向定位通常是轴肩或轴环与套筒、螺母、挡圈等组合使用，周向定位多采用平键、花键或过盈配合连接。

(3) 确定各轴段直径：轴的结构设计是在初步估算轴径的基础上进行的，为了零件在轴上定位的需要，通常轴设计为阶梯轴。根据作用的不同，轴的轴肩可分为定位轴肩和工艺轴肩(为装配方便而设)。定位轴肩的高度值有一定的要求；工艺轴肩的高度值则较小，无特别要求。所以，直径的确定是在强度计算的基础上，根据轴向定位的要求，定出各轴段的最终直径。

(4) 确定各轴段长度：主要根据轴上配合零件毂孔长度、位置、轴承宽度、轴承端盖的厚度等因素确定。

(5) 确定轴的结构细节：如倒角尺寸、过渡圆角半径、退刀槽尺寸、轴端螺纹孔尺寸、键槽尺寸等。

(6) 确定轴的加工精度、尺寸公差、形位公差、配合、表面粗糙度及技术要求：轴的精度根据配合要求和加工可能性而定。精度越高，成本越高。通用机器中轴的精度多为IT5～IT7。轴应根据装配要求，定出合理的形位公差：配合轴段的直径相对于轴颈(基准)的同轴度及它的圆度、圆柱度；定位轴肩的垂直度；键槽相对于轴心线的平行度和对称度等。

(7) 画出轴的工作图：轴的结构设计常与轴的强度计算和刚度计算、轴承及联轴器尺寸的选择计算、键连接强度的校核计算等交叉进行，反复修改，最后确定最佳结构方案，画出轴的结构图。

3．轴上零件的定位

轴上零件的定位是为了保证传动件在轴上有准确的安装位置；固定则是为了保证轴上零件在运转中保持原位不变。轴的具体结构既起定位作用，又起固定作用。

(1) 轴上零件的轴向定位和固定：轴肩、轴环、套筒、圆螺母和止退垫圈、弹性挡圈、螺钉锁紧挡圈、轴端挡圈以及圆锥面和轴端挡圈等。

(2) 轴上零件的周向固定：销、键、花键、过盈配合和成型连接等，其中以键和花键的连接应用最广。

4．轴上结构设计选值

轴的结构与许多因素有关，如轴上零件的布置和固定方式、轴上作用力的大小和分布情况、轴承类型和位置的加工及装配工艺等。设计轴的结构时应使轴受力合理，避免或减轻应力集中，要求工艺性好，并使轴上零件定位可靠、装拆方便。

(1) 降低轴的应力集中和提高疲劳强度的措施如图 4-2 所示，如在阶梯处添加圆角(圆角半径 r 应满足大于 0.1)、减小直径差(D/d＜1.15～1.2)、加退刀圆角等。

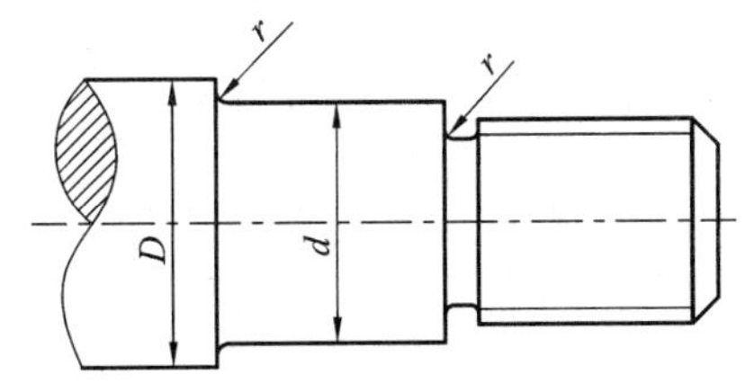

图 4-2　降低轴的应力集中和提高疲劳强度的措施

(2) 轴肩配合表面处的圆角半径和倒角尺寸见表 4-2。

表 4-2　轴肩配合表面处的圆角半径和倒角尺寸(GB/T6403.4—2008)　mm

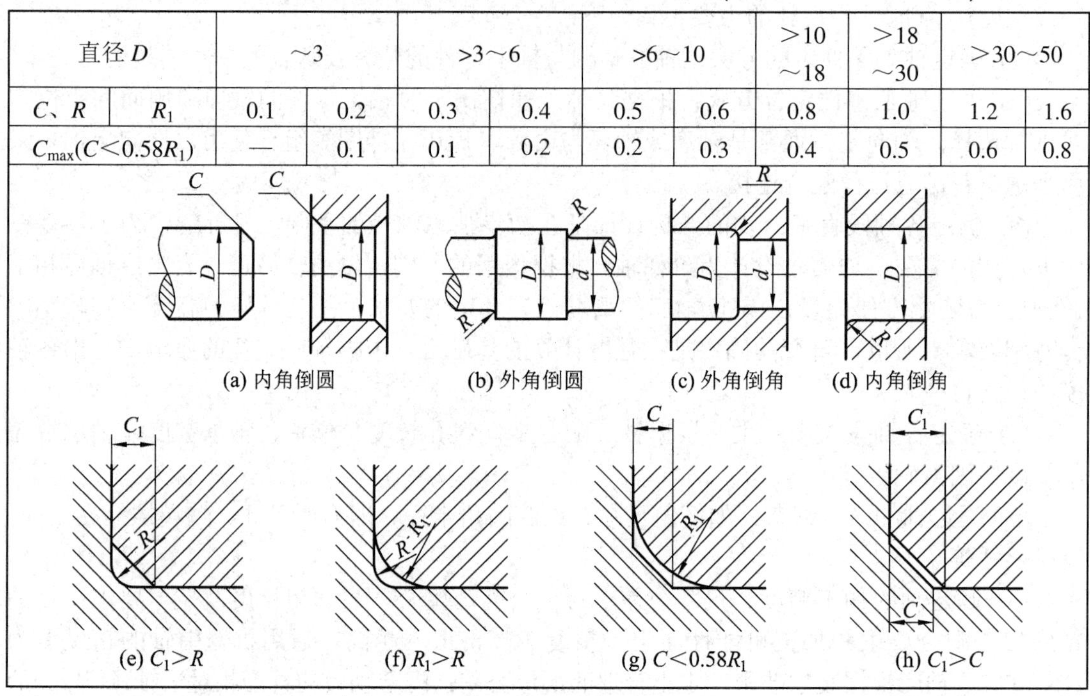

直径 D		～3		＞3～6		＞6～10		＞10～18	＞18～30	＞30～50	
C、R	R_1	0.1	0.2	0.3	0.4	0.5	0.6	0.8	1.0	1.2	1.6
$C_{max}(C<0.58R_1)$		—	0.1	0.1	0.2	0.2	0.3	0.4	0.5	0.6	0.8

(a) 内角倒圆　(b) 外角倒圆　(c) 外角倒角　(d) 内角倒角

(e) $C_1>R$　(f) $R_1>R$　(g) $C<0.58R_1$　(h) $C_1>C$

(3) 回转面及端面砂轮越程槽见表 4-3。

表 4-3　回转面及端面砂轮越程槽(GB/T6403.5—2008)

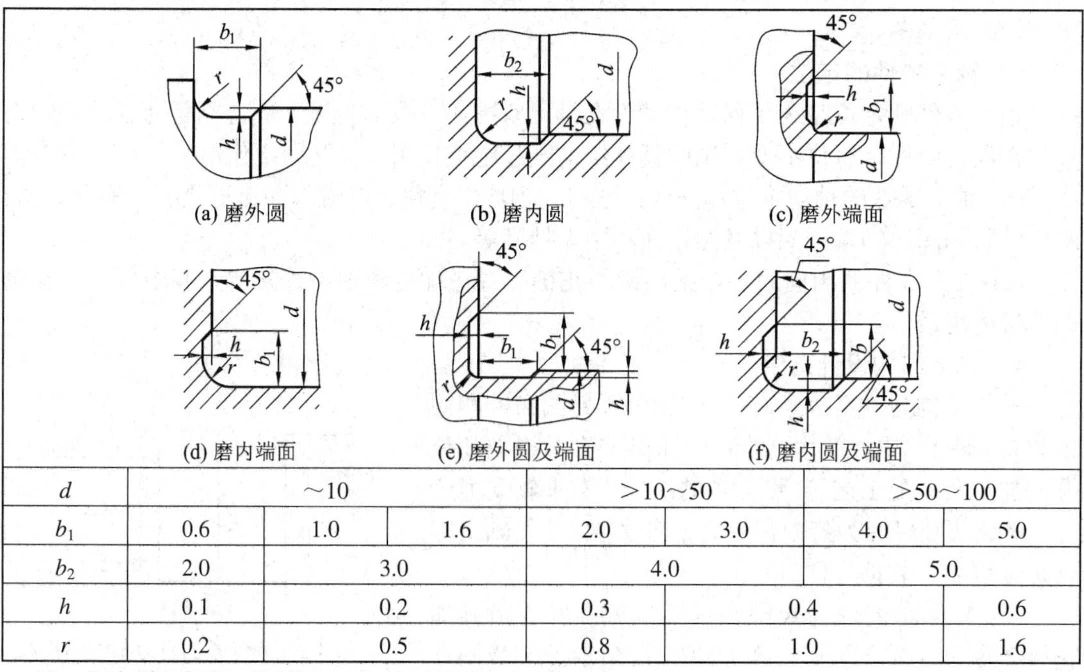

(a) 磨外圆　(b) 磨内圆　(c) 磨外端面

(d) 磨内端面　(e) 磨外圆及端面　(f) 磨内圆及端面

d	～10			＞10～50		＞50～100	
b_1	0.6	1.0	1.6	2.0	3.0	4.0	5.0
b_2	2.0	3.0		4.0		5.0	
h	0.1	0.2		0.3	0.4		0.6
r	0.2	0.5		0.8	1.0		1.6

注：图中倒角角度一般采用 45°，也可采用 30°或 60°。

(4) 轴上配合表面粗糙度的推荐值见表 4-4。

(5) 孔用挡圈和轴用弹性挡圈的尺寸可查阅相关国标(GB/T893.1、GB/T894.1)。

(6) 普通螺纹退刀槽和倒角见表 4-5。

(7) 轴上零件的轴向固定方式见表 4-6。

表 4-4　常用轴表面粗糙度的推荐值

轴的表面	表面粗糙度 Ra/μm
与传动件及联轴器轮毂相配合的表面	1.6～0.4
与普通精度等级滚动轴承配合的表面	0.8(当轴承内径 d≤80 mm 时) 1.6(当轴承内径 d>80 mm 时)
与传动件及联轴器轮毂相配合的轴肩表面 与滚动轴承相配合的轴肩表面	3.2～1.6 6.3
平键键槽	3.2～1.6(工作面)、6.3(非工作面)

表 4-5　普通螺纹退刀槽和倒角

	螺距 P	0.5	0.6	0.7	0.75	0.8	1	1.25	1.5	1.75	2	2.5	3
外螺纹	g_{2max}	1.5	1.8	2.1	2.25	2.4	3	3.75	4.5	5.25	6	7.5	9
	g_{1min}	0.8	0.9	1.1	1.2	1.3	1.6	2	2.5	3	3.4	4.4	5.2
	D_k	d-0.8	d-1	d-1.1	d-1.2	d-1.3	d-1.6	d-2	d-2.3	d-2.6	d-3	d-3.6	d-4.4
	r≈	0.2	0.4	0.4	0.4	0.4	0.6	0.6	0.8	1	1	1.2	1.6
	始端端面倒角一般为 45°，也可采用 60°或 30°；深度应大于或等于螺纹牙型高度；过渡角α 不应小于 30°												
内螺纹	G_1	2	2.4	2.8	3	3.2	4	5	6	7	8	10	12
	D_k	D+0.3					D+0.5						
	R≈	0.2	0.3	0.4	0.4	0.4	0.5	0.6	0.8	0.9	1	1.2	1.5
	入口端面倒角一般为 120°，也可采用 90°；端面倒角直径为(1.05～1)D，其中 D 为螺纹公称直径												

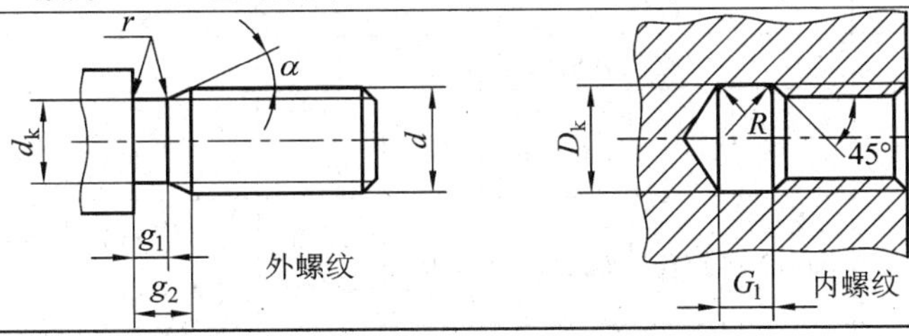

表 4-6　轴上零件的轴向固定方式

	轴　肩	轴　环
轴向固定方式	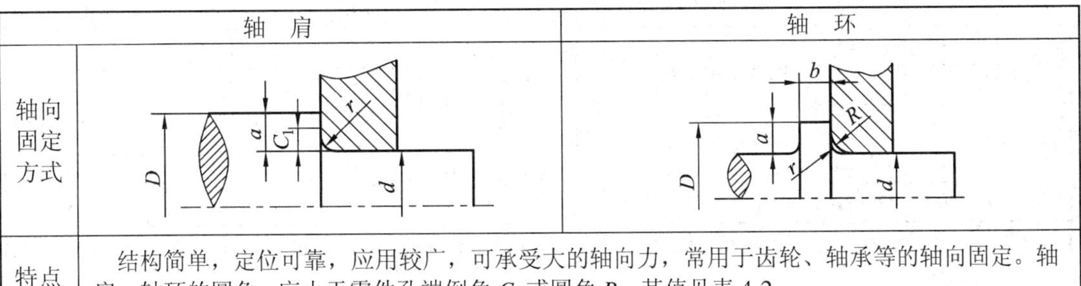	
特点和应用	结构简单，定位可靠，应用较广，可承受大的轴向力，常用于齿轮、轴承等的轴向固定。轴肩、轴环的圆角 r 应小于零件孔端倒角 C_1 或圆角 R，其值见表 4-2。 轴肩、轴环的高度 a 应较 R 或 C_1 略大些，通常取 a=(0.07～0.10)d，轴环宽度 b≈1.4a，或 b=(0.1～0.15)d，固定滚动轴承用的 a 值应根据滚动轴承直径决定	

5．平键和键槽

轴与配合零部件间的传递运动和转矩，一般是通过轴与轮毂设计键槽、安装键来传递的，这里以常见的平键为例。

(1) 平键分为 A 型、B 型及 C 型，其执行国标 GB/T1096—2003。

例如，普通平键(B 型)$b = 16$ mm，$h = 10$ mm，$L = 100$ mm，标注为键 B16×100 GB/T1096—2003。注：A 型不标。

(2) 普通平键键槽尺寸按 GB/T1095—2003 标注，见表 4-7。其尺寸符号见图 4-3。应注意在选择平键长度尺寸时应按 L 系列选值，也可从工艺图表的图库中找到平键的选值系列。

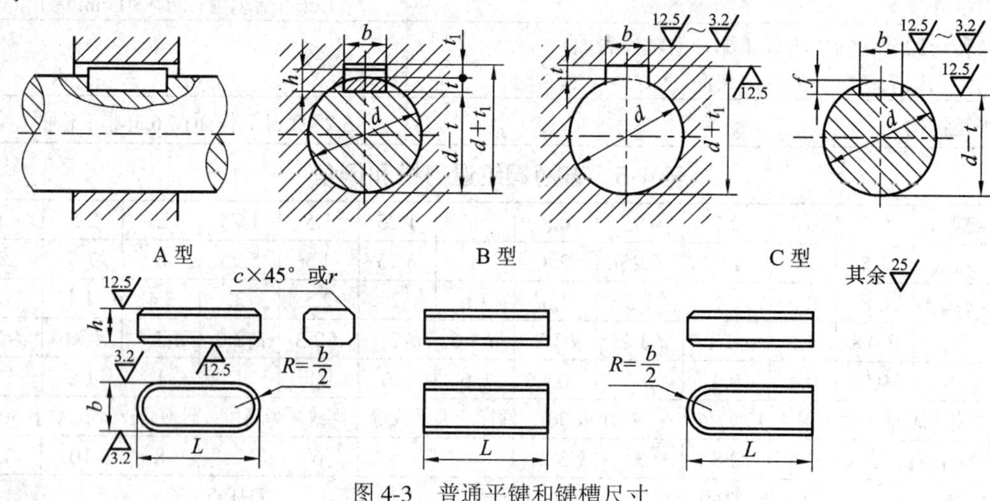

图 4-3 普通平键和键槽尺寸

表 4-7 平键键槽尺寸

轴径	键		键槽										
			宽度 b 的极限偏差					深度				半径 r	
d	$b\times h$	L	轻松连接		一般连接		较紧连接	轴 t_1		毂 t_2			
			轴 H9	毂 D10	轴 N9	毂 JS9	轴和毂 P9	公差尺寸	极限偏差	公差尺寸	极限偏差	最小	最大
6～8	2×2	6～20	+0.025 0	+0.060 +0.020	−0.001 −0.029	±0.0125	−0.006 −0.031	1.2	+0.1 0	1	+0.1 0	0.08	0.16
>8～10	3×3	6～36						1.8		1.4			
>10～12	4×4	8～45	+0.030 0	+0.078 +0.030	0 −0.030	±0.015	−0.012 −0.042	2.5		1.8			
>12～17	5×5	10～56						3.0		2.3		0.16	0.25
>17～22	6×6	14～70						3.5		2.8			
>22～30	8×7	18～90	+0.036 0	+0.098 +0.040	0 −0.036	±0.018	−0.015 −0.051	4.0		3.3			
>30～38	10×8	22～110						5.0		3.3		0.25	0.40
L 系列	6，8，10，12，14，16，18，20，22，25，28，32，36，40，45，50，56，63，70，80，90，100，110，…												

注：(1) 在工作图中，轴槽深用 t 或 $d-t$ 标注，但 $d-t$ 的公差应取负号；轮毂槽深用 t_1 或 $d+t_1$ 标注。

(2) 较松键连接用于导向平键，一般用于载荷不大的场合；较紧键连接用于较大载荷场合

另外，按国标 GB/T2822，直径、长度和高度等也应尽可能采用标准尺寸，见表 4-8。

表 4-8　标准尺寸(直径、长度和高度等)(摘自 GB/T2822—1981)

R_{10}	R_{20}	R_{10}	R_{20}	R_{10}	R_{20}	R_{40}	R_{10}	R_{20}	R_{40}	R_{10}	R_{20}	R_{40}
1.25	1.25	4.00	4.00	12.5	12.5	12.5		22.4	22.4	40.0	40.0	40.0
	1.40		4.50			13.2			23.6			42.5
1.60	1.60	5.00	5.00		14.0	14.0	25.0	25.0	25.0		45.0	45.0
	1.80		5.60			15.0			26.5			47.5
2.00	2.00	6.30	6.30	16.0	16.0	16.0		28.0	28.0	50.0	50.0	50.0
	2.24		7.10			17.0			30.0			53.0
2.50	2.50	8.00	8.00		18.0	18.0	31.5	31.5	31.5		56.0	56.0
	2.80		9.00			19.0			33.5			60.0
3.15	3.15	10.0	10.0	20.0	20.0	20.0		35.5	35.5	63.0	63.0	63.0
	3.55		11.2			21.2			37.5			67.0

6．轴的一般热处理

轴的热处理一般在加工之前，按表 4-9 的要求处理，要求较高的轴类零件在加工中途还要进行热处理。

表 4-9　热处理工艺分类及代号

工艺名称	代号	工艺类型	代号	工艺总称	代号
热处理	5	整体热处理	1	退火	1
				正火	2
				淬火	3
				淬火和回火	4
				调质	5
				稳定化处理	6
				固溶处理：水韧处理	7
				固溶处理 + 时效	8
		表面热处理	2	表面淬火和回火	1
				物理气相沉积	2
				化学气相沉积	3
				等离子增强化学气相沉积	4
				离子注入	5
		化学热处理	3	渗碳	1
				碳氮共渗	2
				渗氮	3
				氮碳共渗	4
				渗其他非金属	5
				渗金属	6
				多元共渗	7

按《GB/T12603—2005》的要求，金属热处理工艺按基础分类和附加分类两个主层次进行划分，每个主层次中还可以进一步细分。

常用热处理工艺的代号见表 4-10。

表 4-10 常用热处理工艺的代号(GB/T12603—2005)

工 艺	代 号	工 艺	代 号	工 艺	代 号
热处理	500	水冷淬火	513-W	可控气氛渗碳	531-01
感应热处理	500-04	盐水淬火	513-B	真空渗碳	531-02
火焰热处理	500-05	盐浴淬火	513-H	盐浴渗碳	531-03
整体热处理	510	淬火和回火	514	碳氮共渗	532
退火	511	调质	515	渗氮	533
去应力退火	511-St	稳定化处理	516	气体渗氮	533-01
球化退火	511-Sp	表面热处理	520	液体渗氮	533-03
正火	512	表面淬火和回火	521	氮碳共渗	534
淬火	513	感应淬火和回火	521-04	渗硼	535(B)
空冷淬火	513-A	火焰淬火和回火	521-05	液体渗硼	535-03(B)
油冷淬火	513-O	渗碳	531	固体渗硼	535-09(B)

7. 中心孔

1) 中心孔的作用

中心孔又称顶尖孔，见图 4-4。中心孔是轴内零件的基准，又是轴内零件的工艺基准，也是轴类零件的测量基准，所以中心孔对轴类零件的作用是非常重要的。中心孔有 60°、75°、90°，其基准是 60°、75°、90°的圆锥面。

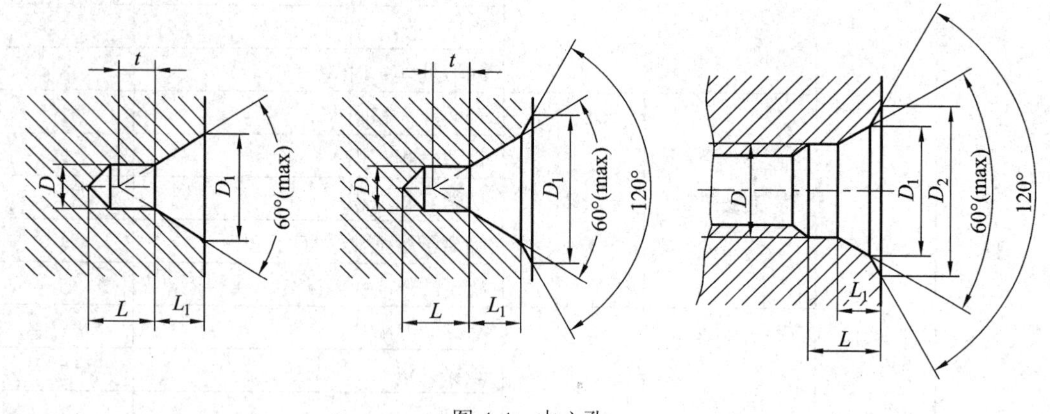

图 4-4 中心孔

2) 中心孔的分类

按国标 GB/T4459—1999，中心孔可分为 A 型不带护锥中心孔、B 型带护锥中心孔、C 型带螺纹中心孔及 R 型带护锥中心孔。在机械图样中完工的零件上是否保留中心孔的要求有四种，表 4-11 列出了其中三种。

表 4-11　中心孔(摘自 GB/T4459.5—1999)　　mm

D	D_1		L_1(参考)		t 参考	D	D_1	D_2	L	L_1 参考	选择中心孔的参考数据		
A，B 型	A 型	B 型	A 型	B 型	A，B 型	C 型					最大直径 D_{max}	端部最小直径	零件最大重量/kg
2.0	4.25	6.3	1.95	2.54	1.8						>10～18	8	120
2.5	5.30	8.0	2.42	3.20	2.2						>18～30	10	200
3.15	6.70	10.00	3.07	4.03	2.8	M3	3.2	5.8	2.6	1.8	>30～50	12	500
4.00	8.50	12.50	3.90	5.05	3.5	M4	4.3	7.4	3.2	2.1	>50～80	15	800
(5.00)	10.60	16.00	4.85	6.41	4.4	M5	5.3	8.8	4.0	2.4	>80～120	20	1000
6.30	13.20	18.00	5.98	7.36	5.5	M6	6.4	10.5	5.0	2.8	>120～180	25	1500
(8.00)	17.00	22.40	7.79	9.36	7.0	M8	8.4	13.2	6.0	3.3	>180～220	30	2000
10.00	21.20	28.00	9.70	11.66	8.7	M10	10.5	16.3	7.5	3.8	>180～220	35	2500

3) 中心孔的选择

通常按设计要求及表 4-12 来确定中心孔的尺寸大小。

表 4-12　中心孔表示法(摘自 GB/T4459.5—1999)

要求	符号	标注示例	解释
在完工的零件上要求保留中心孔	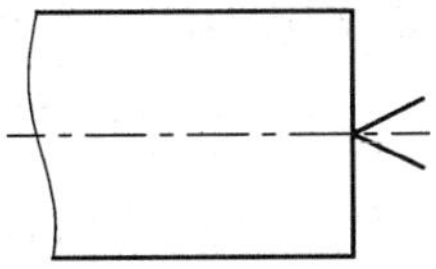	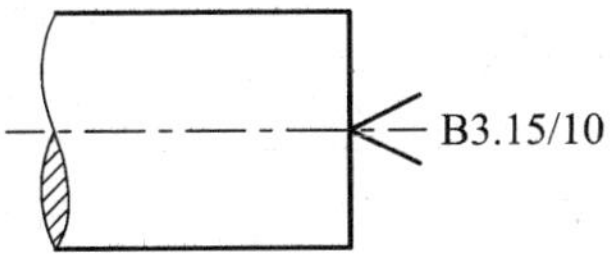 B3.15/10	要求作出 B 型中心孔，$d=3.15$，$D_{max}=10$，在完工零件上要求保留
在完工的零件上可以保留中心孔	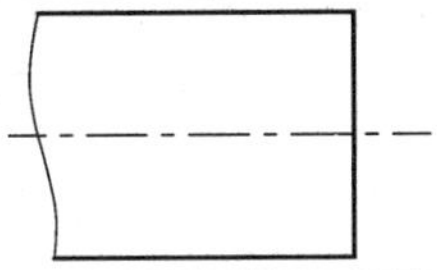	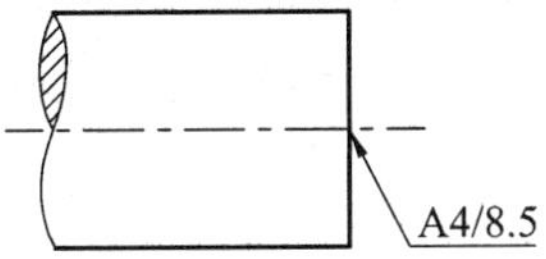 A4/8.5	用 A 型中心孔，$d=4$，$D_{max}=8.5$，在完工的零件上是否保留都可以
在完工的零件上不允许保留中心孔	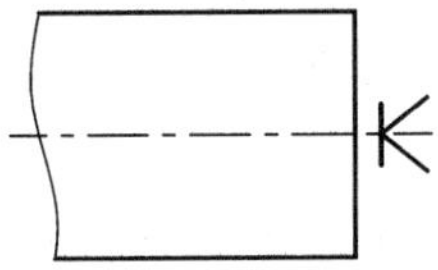	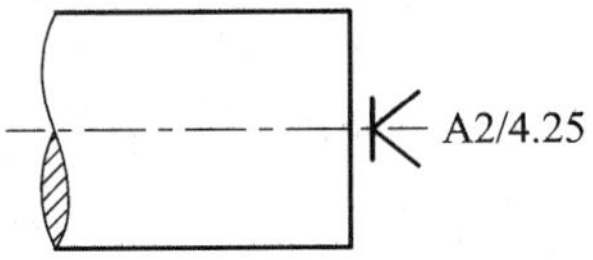 A2/4.25	用 A 型中心孔，$d=2$，$D_{max}=4.25$，在完工的零件上不允许保留
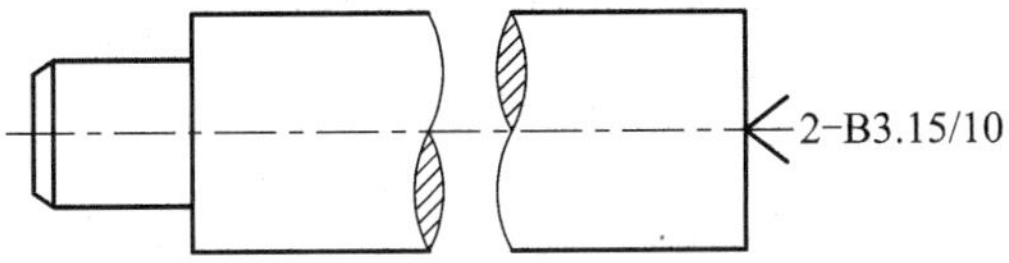 2−B3.15/10			同一轴的两端中心孔相同，可只在其一端标出，但应注出其数量
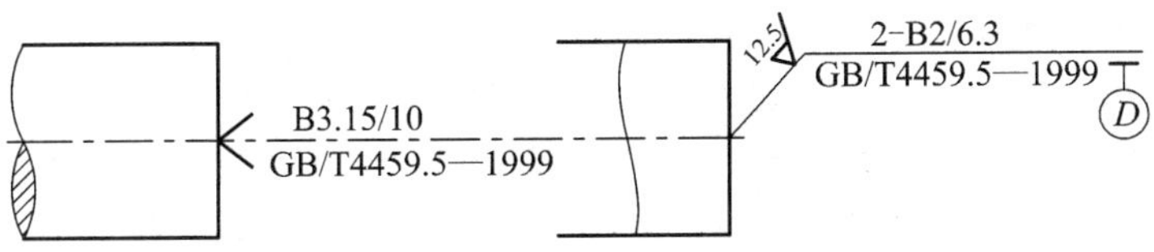 B3.15/10 GB/T4459.5—1999 (a)		12.5 2−B2/6.3 GB/T4459.5—1999 D (b)	如需指明中心孔的标准代号，则可标注在中心孔型号的下方(见图(a)) 中心孔工作表面的粗糙度应在引出线上标出(见图(b))

8．轴与公差等级

1) 公差等级的选用

零件精度的分类及应用如表 4-13 所示。该表还提供了选择尺寸精度与粗糙度 *Ra* 值的大致匹配关系。

表 4-13　零件精度的分类及应用

精度种类	尺寸精度范围	*Ra* 值范围/μm	应用举例
低精度	低于 IT12	*Ra*＞50	用于非配合尺寸
	IT12～IT11	*Ra*50～*Ra*12.5	用于不重复的配合
中等精度	IT10～IT9	*Ra*6.3～*Ra*3.2	用于重要轴上的非配合面、与轴套配合的表面、一般要求的配合、要求较高的键与键槽的配合
	IT8～IT7	*Ra*1.6～*Ra*0.8	用于中等精度要求的配合、通用机械的滑动轴承与轴颈的配合、重型机械与农业机械中较重要的配合
高精度(机械制造业中应用最广)	IT7～IT6	*Ra*0.8～*Ra*0.2	用于较重要的配合、普通机床的重要配合、内燃机曲轴的主轴颈与轴承的配合、与滚动轴承配合的主轴颈孔和轴
特别精密精度	IT5～IT2	*Ra*＜0.2	用于内燃机的活塞与活塞孔的配合、塞规的主要表面，IT5 的轴与 IT6 的孔用于高精度的主要配合

一般地，IT5(孔到 IT6)级公差用于高精度和重要表面的配合尺寸；IT6(孔到 IT7)级公差用于零件较精密的配合尺寸；IT7～IT8 级用于一般精度要求的配合尺寸；IT9～IT10 级常用于一般要求的配合尺寸，以及精度要求较高的与键配合的槽宽尺寸；IT11～IT12 级公差用于不重要的配合尺寸。

2) 公差与配合

对于配合面，要确定配合关系。选择公差与配合的原则是在保证机械产品基本性能的前提下，充分考虑制造的可行性，并使制造成本最低。

应尽可能选用优先配合和常用配合。一般情况下，优先选用基孔制，这样可以减少备用定值刀具、量具的规格和数量，减少加工与测量孔的调整工作量，降低生产成本，提高加工的经济效益。常用配合见表 4-14。

3) 一般公差

一般公差有四个等级：f (精密级)、m (中等级)、c (粗糙级)、v (最粗级)。这 4 个公差等级相当于 IT12、IT14、IT16 和 IT17。

表 4-15 为线性尺寸的一般公差，主要用于低精度的非配合。

当采用一般公差时，在图样上只注基本尺寸，不注极限偏差，但应在图样的技术要求或有关技术文件中，用标准号和公差等级代号作出总的说明。例如，当选用中等 m 时，在技术要求中应注明“未注尺寸公差按 GB/T1804-m”。

表 4-14　基孔制优先、常用配合(GB/T1801—1999)

基准孔	轴																				
	a	b	c	d	e	f	g	h	js	k	m	n	p	r	s	t	u	v	x	y	z
	间隙配合								过渡配合				过盈配合								
H6						H6/f5	H6/g5	H6/h5	H6/js5	H6/k5	H6/m5	H6/n5	H6/p5	H6/r5	H6/s5	H6/t5					
H7						H7/f6	*H7/g6	*H7/h6	H7/js6	*H7/k6	H7/m6	*H7/n6	*H7/p6	H7/r6	*H7/s6	H7/t6	*H7/u6	H7/v6	H7/x6	H7/y6	H7/z6
H8					H8/e7	*H8/f7	H8/g7	*H8/h7	H8/js7	H8/k7	H8/m7	H8/n7	H8/p7	H8/r7	H8/s7	H8/t7	H8/u7				
				H8/d8	H8/e8	H8/f8		H8/h8													
H9			H9/c9	*H9/d9	H9/e9	H9/f9		*H9/h9													
H10			H10/c10	H10/d10				H10/h10													
H11	H11/a11	H11/b11	*H11/c11	H11/d11				*H11/h11													
H12		H12/b12						H12/h12													

注：带*的配合为优先配合。

表 4-15　线性尺寸的一般公差(极限偏差)　　mm

公差等级	基本尺寸分段					
	0.5～3	>3～6	>6～30	>30～120	>120～400	>400～1000
精密 f	±0.05	±0.05	±0.1	±0.15	±0.2	±0.3
中等 m	±0.1	±0.1	±0.2	±0.3	±0.5	±0.8
粗糙 c	±0.2	±0.3	±0.5	±0.8	±1.2	±2
最粗 v	—	±0.5	±1	±1.5	±2.5	±4

9. 形位公差

1) 形位公差的类别

按国家标准 GB1182—80 规定，形位公差共有 10 个项目，见表 4-16。电机制造中常用的形状公差有平面度、圆度、圆柱度和直线度等，位置公差有平行度、垂直度、同轴度、对称度、位置度、圆跳动和全跳动等。

表 4-16　形位公差符号

类　别	名　称	符　号	类　别	名　称	符　号
形位公差	平面度	▱	形位公差	同轴度	◎
	圆　度	○		对称度	⌯
	圆柱度	⌭		位置度	⌖
	直线度	—		圆跳动	↗
	平行度	//		垂直度	⊥

2) 轴的形位公差要求

一般地，在阶梯轴的设计中，采用两端设计基准，重要外圆表面的位置公差用同轴度或圆跳动，形状公差用圆柱度或圆度，键槽用对称度，见图 4-5。

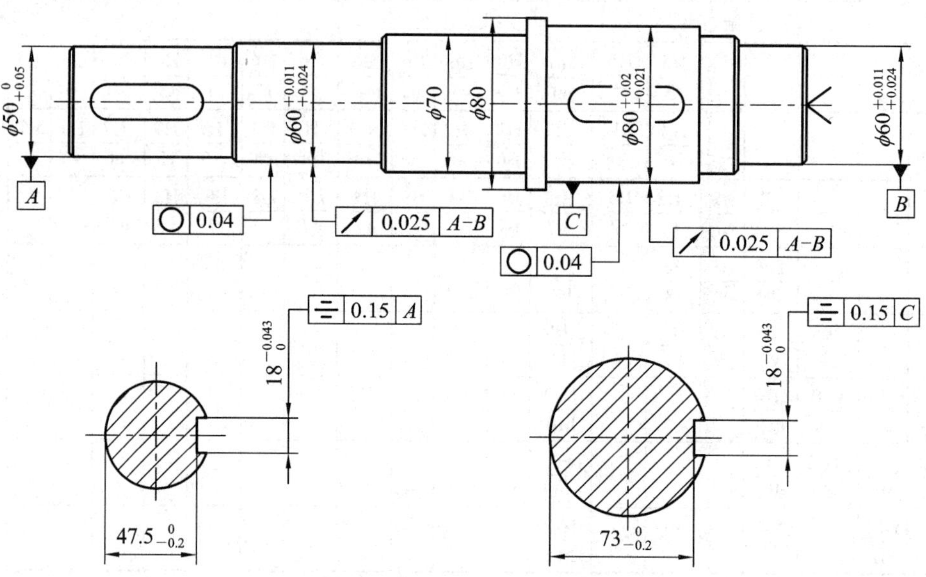

图 4-5 阶梯轴形位公差示例

3) 形位公差的等级选用原则

一般可选高于相应尺寸公差一级，如尺寸公差为 7 级，则形位公差选择为 6 级，也可按行业推荐的来选择形位公差等级，如电机行业对主要零部件的公差规定。表 4-17 是电机行业推荐的轴部分的技术要求，结合标准 GB/T1184—96 可查询形位公差数据的值。标准的部分公差值见表 4-18(平行度、垂直度、倾斜度)、表 4-19(位置系数)和表 4-20(同轴度、对称度、圆跳动、全跳动)。

表 4-17 电机行业推荐的轴部分的技术要求

部 位	配合制	公差代号	表面粗糙度 *Ra*/μm	形位公差要求
全长	—	JS14	—	(1) 轴伸挡外圆(磨削尺寸)对两端轴承挡公共基准轴线的径向圆跳动公差为 7 级。 (2) 轴的两端轴承挡外圆的圆柱度公差为 6 级。 (3) 轴的轴伸端键槽对称度公差为 8 级和 9 级公差值之和的 1/2
铁芯挡直径(热套)	基孔	＞24～50 t7 ＞50～120 t8	3.2	
轴伸挡直径	基孔	≤28 j6 ≤55 m6 ≥32～48 k6	6.3	
轴承挡直径	基孔	k6	0.80	
风扇挡直径	基孔	h7	—	
轴承挡距离	—	h11	6.3	
键槽宽	—	N9	1.6	

表 4-18 平行度、垂直度、倾斜度(摘自 GB/T1184—96)

主参数 L/mm	公差等级											
	1	2	3	4	5	6	7	8	9	10	11	12
	公差值 /μm											
≤10	0.4	0.8	1.5	3	5	8	12	20	30	50	80	120
>10~16	0.5	1	2	4	6	10	15	25	40	60	100	150
>16~25	0.6	1.2	2.5	5	8	12	20	30	50	80	120	200
>25~40	0.8	1.5	3	6	10	15	25	40	60	100	150	250
>40~63	1	2	4	8	12	20	30	50	80	120	200	300
>63~100	1.2	2.5	5	10	15	25	40	60	100	150	250	400
>100~160	1.5	3	6	12	20	30	50	80	120	200	300	500
>160~250	2	4	6	15	25	40	60	100	150	250	400	600

注：L 为被测要素的长度。

表 4-19 位置系数(摘自 GB/T1184—96) μm

1	1.2	1.5	2	2.5	3	4	5	6	8
1×10^n	1.2×10^n	1.5×10^n	2×10^n	2.5×10^n	3×10^n	4×10^n	5×10^n	6×10^n	8×10^n

注：n 为正整数。

4) 未标注的形位公差

图样中未标的形位公差在技术要求中有规定。GB/T1184 规定了三个等级 H、K、L，查各自的表即可得出相应的形位公差值(其中 H 级最高)。当采用一般形位公差时，应在图样的技术要求或有关技术文件中用标准号和形位公差等级代号作出总的说明。例如，当选用 K 级时表示为：未注形位公差按 GB/T1184-K。

表 4-20 同轴度、对称度、圆跳动、全跳动(摘自 GB/T1184—96)

主参数 $d(D)$，B/mm	公差等级											
	1	2	3	4	5	6	7	8	9	10	11	12
	公差值 /μm											
>6~10	0.6	1	1.5	2.5	4	6	10	15	30	60	100	200
>10~18	0.8	1.2	2	3	5	8	12	20	40	80	120	250
>18~30	1	1.5	2.5	4	6	10	15	25	50	100	150	300
>30~50	1.2	2	3	5	8	12	20	30	60	120	200	400
>50~120	1.5	2.5	4	6	10	15	25	40	80	150	250	500
>120~250	2	3	5	8	12	20	30	50	80	120	200	300

注：$d(D)$、B 为被测要素的直径、宽度。

✧✧✧✧✧ 实践与思考 4.1 ✧✧✧✧✧

轴设计分析：提供轴的 DWG 格式图样，按电机行业对轴设计要求加以完善。

(1) 根据图 4-6 所示的图样合理标注基本尺寸，参考表 4-17，并标注尺寸公差。其中，平键键槽尺寸及公差按表 4-7 的要求标注(左侧为轴伸端)。

(2) 添加重要部位的基准、形位公差。

(3) 按表 4-7 的要求添加粗糙度。

(4) 采用 B 型带护锥中心孔，按表 4-12 进行选择，在电机轴上标注中心孔。

(5) 添加图样的技术要求，其中常见热处理工艺代号参见表 4-10，未注尺寸公差与形位公差等分别参见 4.1.2 节。

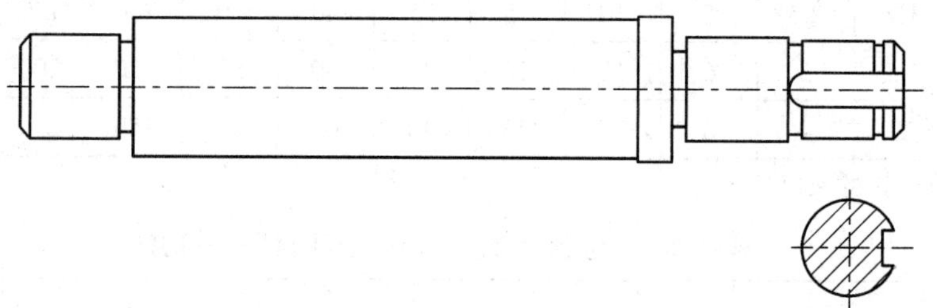

图 4-6　电机轴

4.2　产品结构工艺性简介及轴的结构工艺性审查

4.2.1　结构工艺性及审查

工艺性是指所设计的产品结构(包括零部件及整机)在一定的生产条件(如生产规模、设备等)下制造、维修的可行性和经济性。对于产品与零件，都需要研究结构工艺性。

1. 结构工艺性

(1) 零件的结构工艺性：是指这种结构的零件被加工的难易程度和可能性。

(2) 产品的结构工艺性：是指制造产品的难易程度和经济性。

2. 良好的结构工艺性

(1) 良好的零件结构工艺性：是指所设计的零件在保证使用要求的前提下能够比较经济地、高效地、合格地加工出来。

(2) 良好的产品工艺性：即所设计的产品结构在满足使用要求的前提下，能根据企业的技术条件和对外协作的条件，采用先进合理的工艺方法，以达到最好的技术、经济效果。

产品设计必须具备良好的工艺性，才能投入生产，才会取得好的经济效益。

3. 产品设计工艺性审查的原因

不同生产规模和生产类型的企业，对产品设计结构的要求不尽相同。同样的产品结构，

对某种生产规模和生产类型的企业是适用的，但不一定适用于另一种生产规模和生产类型的企业。当制造的产品从单件、小批生产过渡到大量、大批生产时，产品及其零件结构应该有显著的改变，才能取得较好的经济效益。当然，如果批量情况发生相反的变化，则产品及其零件结构也应有相应的改变。

4. 产品设计工艺性审查的研究目的

在产品开发与设计中，理想的情况是产品设计人员在从事设计工作时，同时考虑到产品结构的工艺性问题。但是，由于工艺技术的发展，要求产品设计人员同时精通工艺方面的知识是不现实的。

因此，在新产品设计过程中，企业就有必要设置专门的人员来进行产品设计的工艺性审查，以确保产品的生产工艺先进合理。

(1) 零件结构工艺性对加工影响很大，设计结构时要充分予以考虑。

(2) 碰到结构工艺性不好时会做一般处理，即与设计者协商修改原设计，不能修改时会在工艺上想办法。

(3) 结构工艺性随科技发展而变化，要经常学习国内外新技术、新工艺。

工艺技术员进行产品工艺性审查时，必须确保新设计的产品在满足技术要求的前提下符合一定的工艺性要求，尽可能在现有生产条件下采用比较经济、合理的方法制造出来，并且要求便于检测、使用和维修。

当现有生产条件尚不能满足设计要求时，工艺技术员在进行产品设计工艺性审查时，就应及时提出新的工艺方案，设备、工装设计要求或外协加工的工艺性要求，提出技术改造的建议与内容。

5. 提高零件结构工艺性的常用措施

(1) 采用标准化：如螺钉、垫圈、销子、轴承等采用标准件，孔径、锥度、螺距、模数等采用标准参数。

(2) 便于装夹：能够装夹，装夹可靠，减少装夹次数，尽可能“一刀活”。

(3) 便于加工：应有足够刚度，避免内表面加工；减少加工面积，减少机床调整；减少刀具种类，便于进刀退刀；减少加工困难。

(4) 便于测量：应便于尺寸误差与形位公差的测量。

(5) 便于装配：配合零件端部要倒角，轴肩与孔端应能贴紧，配合零件只能有一对配合面，螺钉连接应有扳手活动空间，螺钉连接应便于螺钉的安装，应有正确装配基面，应有合适的调整补偿环，结构最好为独立装配单元。

(6) 便于维修：滚动轴承要便于拆卸。

4.2.2 产品设计各阶段的工艺性审查验证

产品设计的工艺性审查验证由工艺技术员负责，在产品设计定型前对每一张设计图纸(包括所有新设计或改进设计的产品)进行工艺性审查，以保证生产和批量生产的顺利进行。

产品设计各阶段均应进行工艺性审查。工艺性审查阶段的划分要与产品设计阶段的划

分相一致，一般按照初步设计、技术设计和工作图设计三个阶段进行。

1. 产品初步设计阶段工艺性审查的内容

(1) 用制造观点分析设计方案的合理性、可行性和可靠性时，除了一般工艺性审查外，应该特别注意产品的安全性设计(如预防机械、电力、燃烧等危害的结构和材料)、热设计、减振缓冲结构设计、电磁兼容设计的工艺性审查。

(2) 分析、比较设计方案中的系统图、电路图、结构图以及主要技术性能、参数的经济性和可行性。

(3) 分析主要原材料、配套元器件及外购件的选用是否合理。

(4) 分析重要部件、关键部件在本企业或外协加工的可行性。

(5) 分析产品各组成部分是否便于安装、连接、检测、调整和维修。

(6) 分析产品可靠性设计文件中有关工艺失效的比率是否合理、可行。

2. 产品技术设计阶段工艺性审查的内容

(1) 分析产品各组成部分进行装配和检测的可行性。

(2) 分析产品进行总装配的可行性。

(3) 分析在机械装配时避免或减少切削加工的可行性。

(4) 分析在电器安装、连接、调试时避免或减少更换元器件、零部件和整件的可行性。

(5) 分析高精度、复杂零件在本企业或外协加工的可行性。

(6) 分析结构件主要参数的可检测性和装配精度的合理性，以及电器线路关键参数调试和检测的可行性。

(7) 分析特殊零部件和专用元器件外协加工或自制的可行性。

3. 产品工作图设计阶段工艺性审查内容的要求

(1) 分析各零件是否具有合理的装配基准和调整环节。

(2) 分析各大装配单元分解成平行小装配单元的可行性。

(3) 分析各电路单元分别调试、检测或联机调试、检测的可行性。

(4) 分析产品零件的铸造、焊接、热处理、切削加工，钣金、冲压加工，表面处理及塑件加工，机械装配加工的工艺性。

(5) 分析部件、整件或整机的电气装配连接和印刷电路板制造的工艺性。

(6) 分析产品在安装、调试、使用、维护、保养方面是否方便、安全。

4.2.3 产品结构工艺性审查记录

产品结构工艺性审查记录是记录产品结构工艺性审查情况的一种工艺文件。国家标准GB/T24738—2009《机械制造工艺文件完整性》中规定，无论是单件小批生产还是大批大量生产，无论是简单产品还是复杂产品，产品结构工艺性审查记录这种工艺文件卡片必须具备。

产品结构工艺性审查记录工艺文件的格式按标准 JB/T9165.3—1998《管理用工艺文件格式》中格式 3 尺寸的要求绘制，如图 4-7 所示，主要单元格填写方法见图中(1)～(5)，其他单元格填写方法参见 JB/T9166。

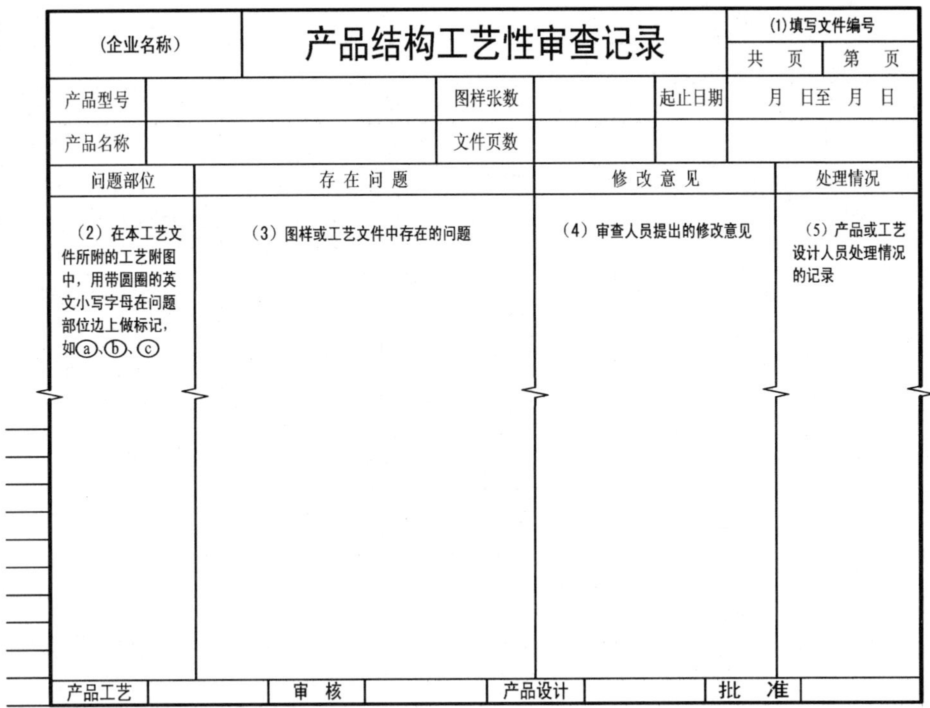

(企业名称)	产品结构工艺性审查记录			(1)填写文件编号	
				共　页	第　页
产品型号		图样张数		起止日期	月　日至　月　日
产品名称		文件页数			
问题部位	存在问题	修改意见	处理情况		
(2)在本工艺文件所附的工艺附图中，用带圆圈的英文小写字母在问题部位边上做标记，如ⓐ、ⓑ、ⓒ	(3)图样或工艺文件中存在的问题	(4)审查人员提出的修改意见	(5)产品或工艺设计人员处理情况的记录		
产品工艺	审　核	产品设计	批　准		

图 4-7　产品结构工艺性审查记录文件的格式及主要空格的填写方法

4.2.4　轴的结构工艺性

轴的结构工艺性是指轴的结构形式应便于加工和装配轴上零件，并且生产率高，成本低。一般来说，轴的结构越简单，工艺性越好。因此，在满足使用要求的前提下，轴的结构形式应尽量简化。

为了便于装配零件并去掉毛刺，轴端应制出 45°的倒角；需要磨削加工的轴段，应留有砂轮越程槽；需要切制螺纹的轴段，应留有退刀槽。它们的尺寸可参看标准或手册。

为了减少加工刀具种类，提高劳动生产率，轴上直径相近的圆角、倒角、键槽宽度、砂轮越程槽宽度和退刀槽宽度等应尽可能采用相同的尺寸。

表 4-21 为轴类零件常见不合理结构与改进后的对比。

表 4-21　轴常见不合理结构与改进图例的对比

图例		说　明
改进前	改进后	
2　2.5　3	2.5　2.5　2.5	轴的退刀槽或键槽的形状与宽度尽量一致
6　8	6　6	

续表

图例		说明
改进前	改进后	
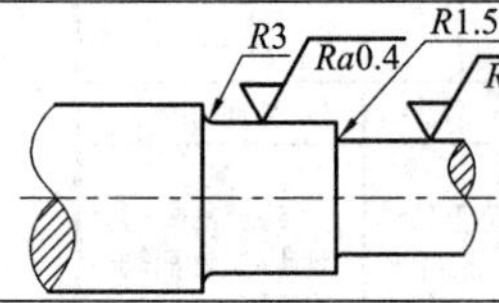 R3 Ra0.4 R1.5 Ra0.4	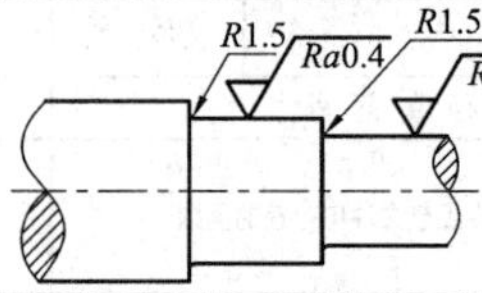 R1.5 Ra0.4 R1.5 Ra0.4	磨削或精车时，轴上的过渡圆角应尽量一致
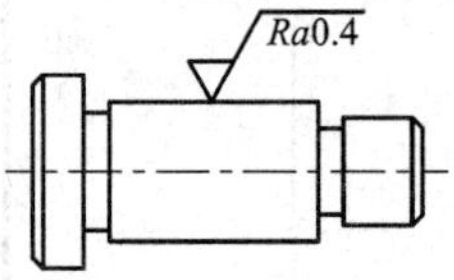 Ra0.4	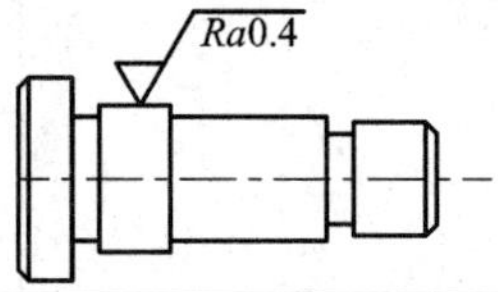 Ra0.4	若轴上仅一部分直径有较高的精度要求，则应将轴设计成阶梯状，以减少磨削加工量
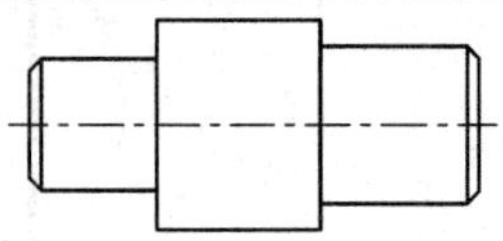	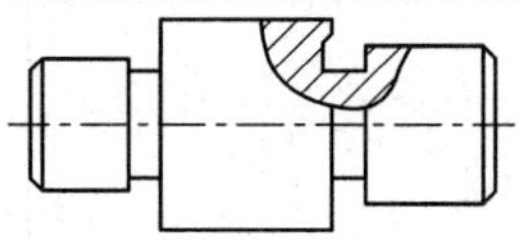	应留有越程槽
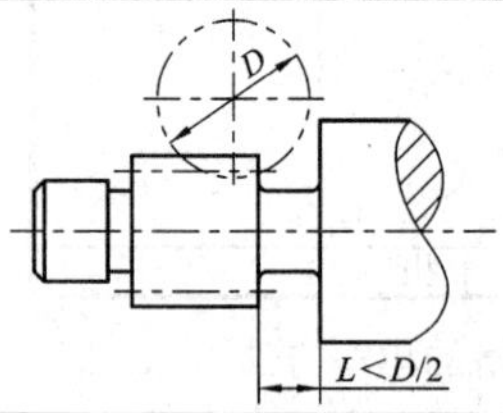 D L<D/2	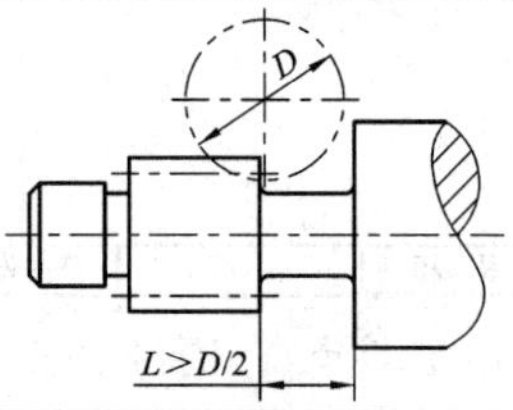 D L>D/2	退刀槽长度 *L* 应大于铣刀半径的1/2，即 *D*/2
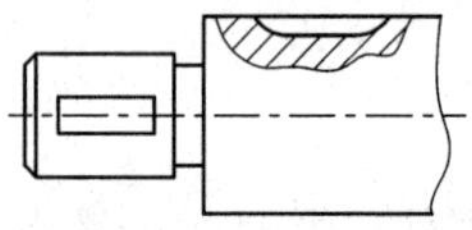	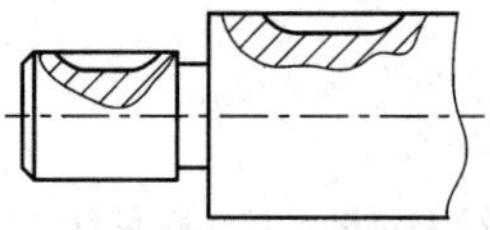	键槽方位一致

除此之外，结构工艺性审查还应该考虑产品设计的不同阶段、零件的材料、热处理、是否作为外购件或外协件、能否采用先进的工艺等，具体参见GBT24737.3—2009《工艺管理导则　第3部分：产品结构工艺性审查》。

✦✦✦✦✦ 实践与思考4.2 ✦✦✦✦✦

对图4-8所示的零件结构进行工艺性分析，指出理由并改正。

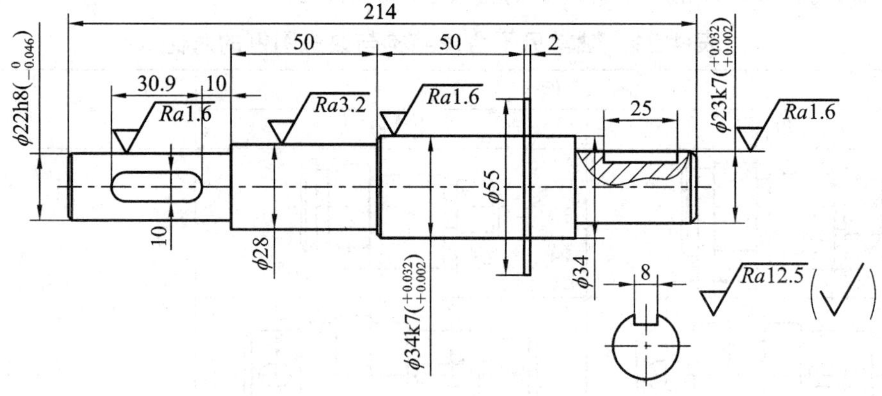

图4-8　阶梯轴的基本工艺

4.3 工艺路线与加工设备

4.3.1 加工经济精度

1. 加工经济精度的定义

加工经济精度是指在正常的加工条件下(采用符合质量标准的设备和工艺装备，使用标准技术等级的工人，不延长加工时间)，一种加工方法所能保证的加工精度和表面粗糙度。

零件的成本与加工精度密切相关。通常7级精度是比较高的精度(三相异步电动机中最高精度是转轴上轴承挡的尺寸精度k6)，6级、5级是更高的精度，每增加一个精度等级，加工的难度呈几何级增长，对加工机床和工具的要求会更高，也要求工人有较高的加工水平。例如，7级精度用一般的机床和工具就可以达到，但6级就要用磨床，而5级就要用数控机床和精磨。每增加一个精度等级，可能会多几个工序，多用好几台更好的机床，多用很多技术工人，从而零件的成本就会增加很多。

这样就提出了一个加工经济精度的问题，即这个精度的零件在某个场合下使用既合适又经济。例如，电机轴风扇挡直径尺寸精度只需要“h7”，车削就能达到，但若设计成“h6”，则此处需要采用磨削为终加工，设备、工序需要改变，成本也将提高，对企业来说是不利的。所以说，所谓经济精度，就是在满足使用要求的条件下精度最低，成本最低，从而达到追求利益最大化的目的。

所以，工艺规程要根据经济精度来制定。

2. 加工精度与成本的关系曲线

图4-9为加工精度与成本的关系，加工精度一般是一个范围，而不是一个值。图中，*A*点左侧曲线其加工误差减少一点，加工成本会上升很多；在*B*点右侧，即使加工误差增大许多，但成本下降很少；曲线*AB*段，加工成本随着加工误差的减小而上升的比率相对稳定。

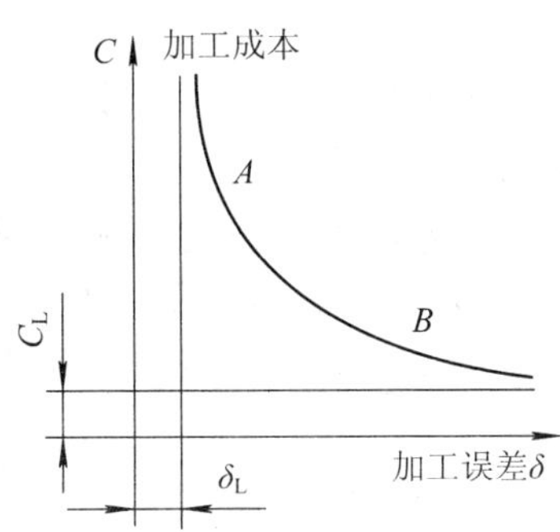

图4-9 加工精度与成本的关系

可见，只有当加工误差等于曲线*AB*段对应的误差值时，采用相应的加工方法加工才是经济的。该误差值所对应的精度即为该加工方法的经济精度。

表 4-22 为各种加工方法的经济精度，它是确定机械加工工艺路线时选择经济上合理的工艺方案的主要依据。应根据工件的精度要求来选择与经济精度相适应的加工方法，尤其是现代的加工行业已经进入微利时代，更应如此。

表 4-22　各种加工方法能达到的精度等级

加工方法	公差等级																	
	IT01	IT0	IT1	IT2	IT3	IT4	IT5	IT6	IT7	IT8	IT9	IT10	IT11	IT12	IT13	IT14	IT15	IT16
平磨							○	○	○	○								
铰孔								○	○	○	○	○						
车									○	○	○	○	○					
镗									○	○	○	○	○					
铣										○	○	○	○					
刨、插												○	○					
钻削												○	○	○	○			
冲压												○	○	○	○	○		
压铸													○	○	○	○		

注：“○”表示选取。

4.3.2　热处理和表面处理工序的安排

1. 热处理工序的安排

(1) 为了改善工件材料切削性能而进行的热处理工序(如退火、正火等)，应安排在切削加工之前进行。

(2) 为了消除内应力而进行的热处理工序(如退火、人工时效等)，最好安排在粗加工之后、精加工之前进行；有时也可安排在切削加工之前进行。

(3) 为了改善工件材料的力学物理性质而进行的热处理工序(如调质、淬火等)通常安排在粗加工后、精加工前进行。

(4) 为了提高零件表面耐磨性或耐蚀性而进行的热处理工序一般放在工艺过程的最后。

2. 表面处理工序的安排

表面处理的内容相当丰富，光表面工程就有三大技术，包括表面改性转化技术、薄膜技术和涂镀层技术。下面仅列举部分进行简要说明。

表面改性转化技术包括六大类：表面形变强化(如喷丸强化)、表面相变强化(如电子束表面淬火)、离子注入(如非金属离子注入、金属离子注入)、表面扩散渗入(如渗锌、渗锡、渗铝铬等)、化学转化(如化学氧化、钝化、磷化、着色、钢件发蓝、抛光等)和电化学转化(如耐蚀阳极氧化)。

涂镀层技术分为五大类：电化学沉积(如防腐蚀镀层、耐磨镀层)、有机涂层(如通用防腐蚀镀层、专用防腐蚀镀层、工业专用涂层)、无机涂层(如抗高温氧化涂层、耐磨涂层)、热浸镀层(如热浸镀金属)、防锈剂(如防锈水剂、防锈油脂等)。

这些以装饰、保护为目的的表面处理一般放在工艺过程的最后。

4.3.3 辅助工序的安排

1．辅助工序

辅助工序的种类很多，如检验、去毛刺、清洗、平衡、去磁等，它们也是工艺过程的重要组成部分。

2．检验工序的安排

检验工序是保证零件加工质量合格的关键工序之一。在工艺规程中，应在下列情况下安排常规检验工序：

(1) 重要工序的加工前后。

(2) 不同加工阶段的前后，如粗加工结束、精加工前，精加工后、精密加工前。

(3) 工件从一个车间转到另一个车间前后。

(4) 零件全部加工结束以后。

4.3.4 加工顺序的安排原则

1．先基准面后其他

(1) 应首先安排被选作精基准的表面的加工，再以加工出的精基准为定位基准，安排其他表面的加工。

(2) 在精加工阶段开始时，应先对基准面进行精加工，以提高定位精度，然后安排其他表面的精加工，如精度要求高的轴类零件的中心孔研磨。

2．先粗后精

先粗后精指先安排各表面粗加工，后安排精加工。对于精度要求高的零件，粗、精加工应分成两个阶段。

3．先主后次

先主后次是指先安排主要表面(如设计基准和重要表面)加工，再安排次要表面(如退刀槽、倒角、低精度表面)加工。

4．先面后孔

箱体和支架类零件既有平面，又有孔或孔系，这时应先将平面(通常是装配基准)加工出来，再以平面为基准加工孔或孔系。

此外，在毛坯面上钻孔或镗孔，容易使钻头引偏或打刀。此时也应先加工面，再加工孔，以避免上述情况的发生。

例如，对于主要表面为两端轴径及装传动件的$\phi35$ 圆柱面，应先安排这些表面的加工顺序，即粗车外圆—精车外圆—磨外圆，退刀槽、倒角、键槽等次要表面的加工从便于加工的角度出发，穿插在其中进行。

4.3.5 加工路线的确定

加工方法的选择既要保证零件的加工质量，又要使加工成本最低。为此，必须熟悉各种加工方法所能达到的经济精度及表面粗糙度。

1. 根据加工表面的精度和粗糙度确定表面的加工路线

如图 4-10(未考虑形位公差)所示，仔细分析零件图样，根据各加工表面的尺寸精度与粗糙度的要求，依据外圆表面加工路线(见表 4-23)，选择与之相符合的加工经济精度对应的加工方法(满足要求的加工方法可能有多种，这时再结合其他条件，如各方法间的成本比较、企业设备、操作人员等方面综合考虑后，选择合适的一种)，列出各主要表面的加工路线，如表 4-24 所示。

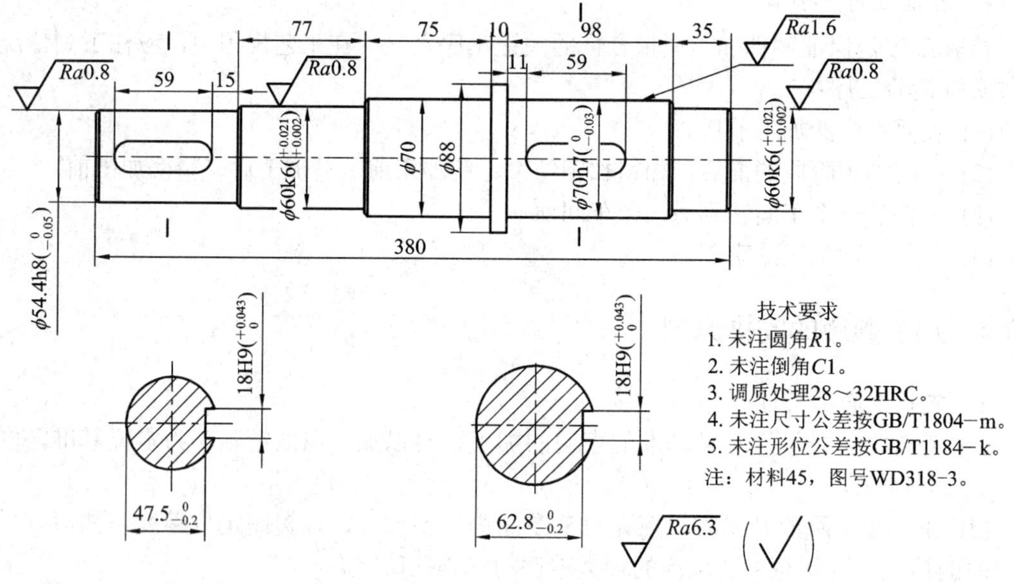

图 4-10　用于工艺路线分析的阶梯轴

表 4-23　外圆表面加工路线

序号	加工方案	经济精度等级	表面粗糙度 Ra 值/μm	适用范围
1	粗车	IT11 以下	50～12.5	适用于淬火钢以外的各种金属
2	粗车—半精车	IT8～10	6.3～3.2	
3	粗车—半精车—精车	IT7～8	1.6～0.8	
4	粗车—半精车—精车—滚压(或抛光)	IT7～8	0.2～0.025	
5	粗车—半精车—磨削	IT7～8	0.8～0.4	主要用于淬火钢
6	粗车—半精车—粗磨—精磨	IT6～7	0.4～0.1	

表 4-24　阶梯轴各表面加工路线列表

加工面类型	尺　寸	公差等级	对应 Ra 值/μm	加工路线
外圆	$\phi54.4\text{h}8(^{0}_{-0.05})$	IT8	0.8	粗车—半精车—精车
外圆	$\phi60\text{k}6(^{+0.021}_{+0.002})$ (2 处)	IT6	0.8	粗车—半精车—粗磨—精磨
外圆	$\phi70\text{h}7(^{0}_{-0.03})$	IT7	1.6	粗车—半精车—精车 或粗车—半精车—磨削
键槽	$18\text{H}9(^{+0.043}_{0})$	IT9	6.3	铣削
外圆	$\phi70$、$\phi80\pm0.3$ (未注公差 1804-m)	IT13～14	6.3	粗车—半精车
端面	长度 380	IT13～14	6.3	粗车—钻中心孔

2．综合各加工表面确定零件基本加工路线

依据表 4-23，将加工面每一种类型都列出来：

(1) 外圆有：① 粗车—半精车—精车(或粗车—半精车—磨削)；② 粗车—半精车—粗磨—精磨；③ 粗车—半精车。其中，③包含在①或②里，并入。该路线在“粗车—半精车”之后有磨削与精车两个路线之分，从经济角度考虑，用磨削代替精车，这样外圆的总加工路线为：粗车—半精车—粗磨—精磨。

(2) 端面只有一种，即粗车—钻中心孔。

(3) 键槽只有一种，即铣削。

这样可以把端面的粗车并到外圆中，键槽的铣削插入到磨削中，因为精加工往往要放在最后，所以零件基本加工路线为粗车—钻中心孔—半精车—铣削—粗磨—精磨。

3．合理安排热处理到加工路线中

结合零件的材料为 45 钢可以确定材料的热处理为正火。根据 4.3.2 节，可以将此工序安排在切削加工之前。例如，有色金属精加工，因材料过软，容易堵塞砂轮，故不宜采用磨削；而一般淬火钢只能采用磨削。

4．辅助工序的安排

轴加工的辅助工序主要是指铣键槽后的去毛刺，以及检查。结合 4.3.4 节所涉及的原则，以及材料的备料、入库，可以确定该轴的完整加工路线如下：

下料、正火—粗车—钻中心孔—半精车—铣削—去毛刺—粗磨—精磨—检验—入库

工艺路线的实际安排中，还要考虑到许多其他因素。

(1) 零件的生产类型。选择的加工方法应与生产类型相适应。大批大量生产应采用高生产率的加工方法；当批量不大时，采用一般的钻、铰、镗、插等方法。

若为大批大量生产类型，则将采用平端面、打中心孔来处理两端，此时该轴的完整加工路线如下：

下料、正火—平端面、打中心孔—粗车—钻中心孔—半精车—铣削—去毛刺—粗磨—精磨—检验—入库。

(2) 企业现有技术水平、生产条件等。技术人员应对本单位的设备种类和数量、加工范围、精度水平以及工人的技术水平有充分的了解，应尽量利用本企业资源。

4.3.6 工艺路线的工艺文件

GB/T4863—2008《机械制造工艺基本术语》中定义，工艺路线是指产品或零部件在生产过程中，由毛坯准备到成品入库的全部工艺过程的先后顺序。

工艺路线的工艺文件分为工艺路线图与工艺路线表两种。电机制造行业习惯采用工艺路线表，即用表格的方式来表示，它可以对工艺路线的过程顺序及相互作用等进行详细的文字描述。

1．工艺路线表的格式

产品零、部件工艺路线表是产品全部零(部)件(设计部门提出外购件的除外)在生产过程中所经过部门(科室、车间、工段、小组或工种)的工艺流程，供工艺部门、生产计划调度

部门使用。其格式的主要部分见图 4-11。

	产品零（部）件工艺路线表	产品型号		零件图号		(11)	
		产品名称		零件名称		共　页	第　页

序号	零（部）件图号	零（部）件名称	材料	每台件数		(1)			备注
				(9)	(2)		(3)	(3)	
(5)	(6)	(7)	(8)	(10)	(4)				

图 4-11　产品零、部件工艺路线表的格式

主要单元格的填写说明如下：

单元格(1)填写了该产品所有零(部)件从备料到入库过程中经历的全部工艺过程工作地。

单元格(2)、(3)填写了该产品所有零(部)件从备料到入库过程中经历的全部工序。其中，(3)填写检验与入库。

单元格(4)分别用阿拉伯数字填写了本行零件涉及的工序，数字的顺序(如第 1 个零件从第 1 道工序“剪板”到第 2 道工序“下料”，一直到最后检验、入库)就是该零件的完整工艺路线，注意数字从小到大为其加工顺序。

图 4-12 为真空电磁起动器的产品零(部)件工艺路线表。

XX防爆电器有限公司	产品零（部）件工艺路线表	产品型号	QBZ-200/660(380)	0900	
		产品名称	真空电磁起动器	共 3 页	第 1

序号	零（部）件图号	零（部）件名称	材料	每台件数		制件				金工				理化				电焊				其他				检验		仓库			
						下料	剪板	冲床	滚钢	车床	钻床	攻丝	铣床	电镀	磷化	喷涂		电焊	风割			打砂轮	抛光	去毛刺		成品检验		材料库	零件库	成品库	
1	底架	QBZ200-01	Q235	1		2	1	3			4			7	8									5		6			9		
2	闭锁杆	QBZ200-00-1	Q235	1		1				2	3	4		5												6			7		

图 4-12　产品零(部)件工艺路线表填写示例

2．工艺路线表的填写方法

产品零、部件工艺路线表的填写说明如表 4-25 所示。

表 4-25　产品零、部件工艺路线表的填写说明

单元格序号	填写方法或要求
(1)	生产部门名称，如一车间、铸造车间
(2)	填写各生产部门所包括的工段、班组或工种的名称，如大件工段、刻度组、冲压、电镀、油漆等(可根据本厂情况印刷在空格内)
(3)	外协件(可根据本厂情况印刷在空格内)
(4)	按零(部)件工艺过程的先后顺序，在该工种下面的空格中用阿拉伯数字填写。如遇一个生产部门的同一工种两次或两次以上出现，则可在下面的空格中填写
(5)	用阿拉伯数字填写顺序号，如 1、2、3 等

续表

单元格序号	填写方法或要求
(6)～(8)	按设计文件分别填写零(部)件的图号、名称和材料的牌号
(9)	考虑零件的借用范围，在填写时，产品型号相同则填写规格，产品型号不同则填写型号，无借用产品时不填，格数不够时可增加
(10)	填写每台产品所需该零件的数量
(11)	填写产品零、部件工艺路线表的文件编号

注：单元格(1)、(2)不够用时，幅面允许向翻开方向按 1/2 的倍数加长，表头也相应加长，但只加长文件名称栏，表尾相应地向右位移；单元格(9)、(10)可根据本企业产品情况增减。

4.3.7 轴的加工设备

轴的加工设备主要有车床、铣床、磨床及下料的锯床等。

1．车床、刀具及附件

1) 车床概述

卧式车床是应用最广泛的车床。其加工尺寸公差等级可达 IT8～IT7，表面粗糙度 *Ra* 值可达 1.6 μm。

机床主轴的旋转为主运动，刀架的直线或曲线移动为进给运动，床身上最大回转直径为主参数。卧式车床主要用于加工轴、套和盘类零件上的回转表面，还可以车削端面、沟槽，切断及车削各种回转的成型表面(如螺纹等)，其工艺范围如图 4-13 所示。

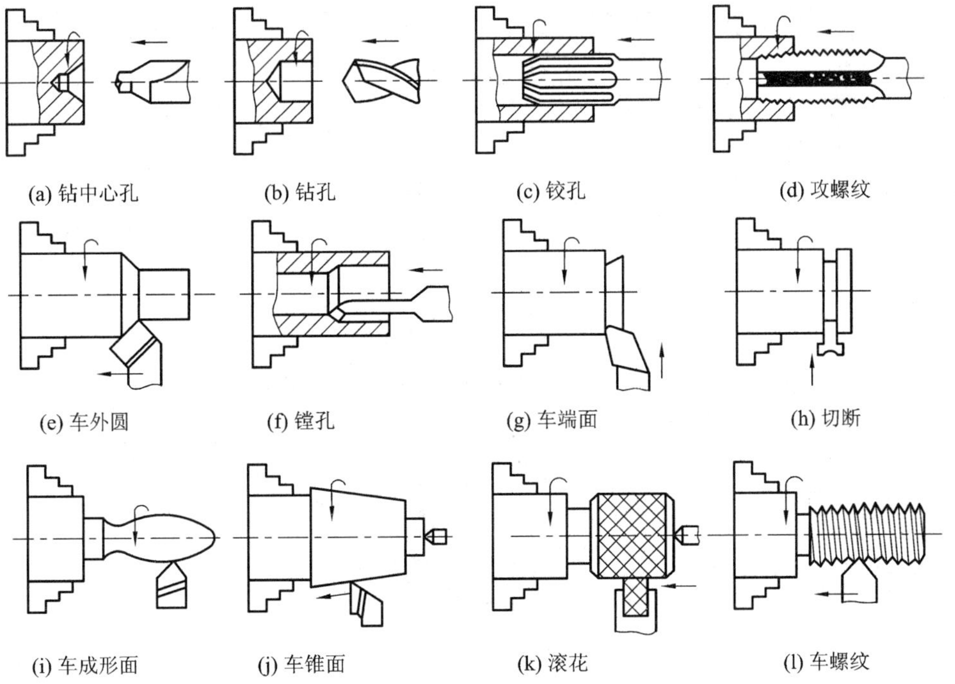

图 4-13　卧式车床的工艺范围

2) 车刀

常见车刀的种类如图 4-14 所示。其中，90° 偏车刀用于车削工件的外圆、台阶和外圆锥面；75° 外圆车刀多用于工件外圆的粗车；45° 外圆车刀用于车削工件的外圆、端面及倒角。

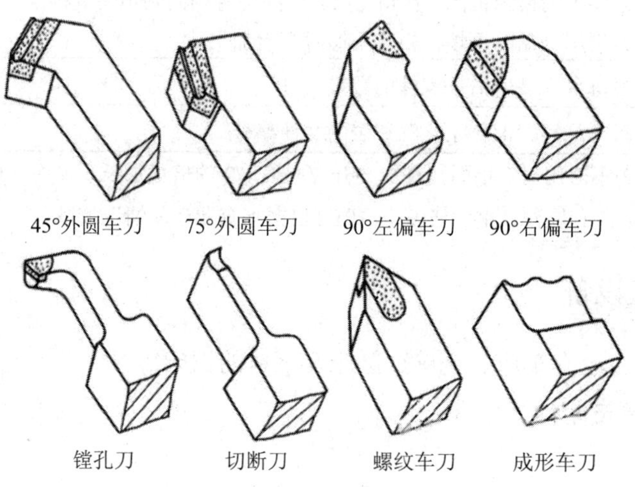

图 4-14　常见车刀的种类

常见的车刀材料为硬质合金，硬度高，热硬性好，耐磨性好，切削速度快，刀具寿命长。但硬质合金脆性大，不能进行切削加工，难以制成形状复杂的整体刀具，因而常制成不同形状的刀片，采用焊接、粘接、机械夹持等方法安装在刀体或模具体上使用。

硬质合金车刀有三类：钨钴类硬质合金 YG、钨钛钴类硬质合金 YT、钨钛钽(铌)类硬质合金 YW。部分硬质合金的牌号与用途见表 4-26。

表 4-26　部分硬质合金的牌号与用途

牌号	用　途
YG3X	适于铸铁、有色金属及合金、非合金材料等连续切削时的精车、半精车
YG6A	适于硬铸铁、有色金属及其合金的半精加工，也适于高锰钢、淬火钢、合金钢的半精加工及精加工
YG6X	冷硬合金铸铁与耐热合金钢可获得良好的效果，也适于普通铸铁的精加工
YG6	铸铁、有色金属及合金非金属材料中等切削速度下的半精加工
YG8	适于铸铁、有色金属及其合金与非金属材料的加工，不平整断面和间断切削时的粗车、粗刨、粗铣，一般孔和深孔的钻孔、扩孔
YT15	适用于碳素钢与合金钢的加工，连续切削时的粗车、半精车及精车，间断切削时的小断面精车，连续面的半精铣与精铣，孔的粗扩与精扩
YW1	适用于耐热钢、高锰钢、不锈钢等难加工钢材及普通钢和铸铁的加工
YW2	适用于耐热钢、高锰钢、不锈钢及高级合金钢等特殊难加工钢材的精加工、半精加工，普通钢材和铸铁的加工

3) 中心钻

中心钻用于轴类等零件端面上的中心孔加工。在阶梯轴加工中常用 A 型与 B 型中心钻，如表 4-27 所示。其中，A 型为不带护锥的中心钻，B 型为带护锥的中心钻。B 型中心钻用于工序较长、精度要求较高的轴的中心孔加工时，可避免定心锥被损坏。

表 4-27　A 型与 B 型中心钻部分规格

A 型中心钻		B 型中心钻	
d, d_1, l_1, l, 60°, 120°		d_2, d, d_1, l_1, l, 60°, 120°, 120°	
公称直径 d	柄部直径 d_1	公称直径 d	柄部直径 d_1
1.60	4.0	1.60	6.3
2.00	5.0	2.00	8.0
2.50	6.3	2.50	10.0
3.15	8.0	3.15	11.2
4.00	10.0	4.00	14.0
6.30	16.0	6.30	20.0
10.00	25.0	10.00	31.5

中心钻根据中心孔的公称直径来选择，中心钻的标记参考 GB/T6078。例如：

公称直径为 4 mm、柄部直径为 10 mm、直槽右切的 A 型中心钻标记如下：

中心钻　A4/10　GB/T6078—2016

公称直径为 2.5 mm、柄部直径为 10 mm、斜槽右切的 B 型中心钻标记如下：

斜槽中心钻　B2.5/10　GB/T6078—2016

4) 车床附件

常见的车床附件有三爪卡盘、四爪单动卡盘、顶尖等。另外，与一般阶梯轴加工有关的还有鸡心夹等，如图 4-15 所示。

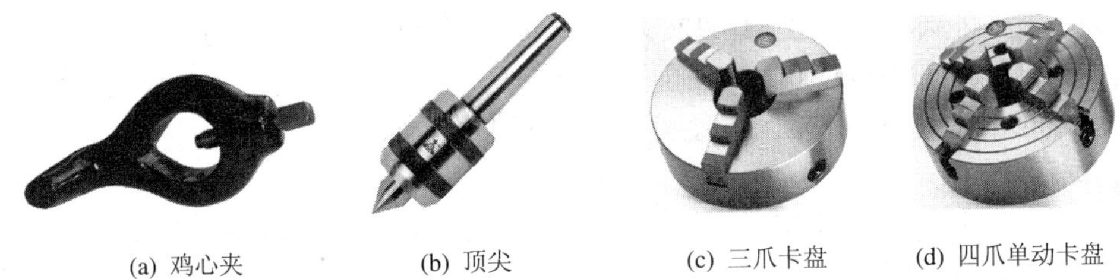

(a) 鸡心夹　(b) 顶尖　(c) 三爪卡盘　(d) 四爪单动卡盘

图 4-15　车床附件

(1) 鸡心夹是加工轴类零件使用的夹具，主要通过主轴头上安装的卡盘拨动鸡心夹转动。由于鸡心夹紧紧地夹在工件上，限制了轴的回转自由度，因此工件自然随着工件转动。

(2) 三爪卡盘是利用均布在卡盘体上的三个活动卡爪的径向移动把工件夹紧和定位的机床附件。将三个卡爪换成三个反爪，可用来安装直径较大的工件。

(3) 顶尖有固定顶尖和活动顶尖两种。固定顶尖可对端面复杂的零件和不允许打中心孔的零件进行支承。

(4) 机床用手动四爪单动卡盘简称四爪单动卡盘，它由一个盘体、四个丝杆、一副卡爪组成。工作时用四个丝杠分别带动四爪，因此四爪单动卡盘没有自动定心的作用。

5) 装夹方式

阶梯轴在车床加工时，装夹方式可以是床头三爪卡盘夹轴、床尾顶尖(一顶一夹)；但在粗加工之后，一般都采用床头鸡心夹头与拨盘定位、床尾顶尖的方法装夹，如图 4-16 所示。

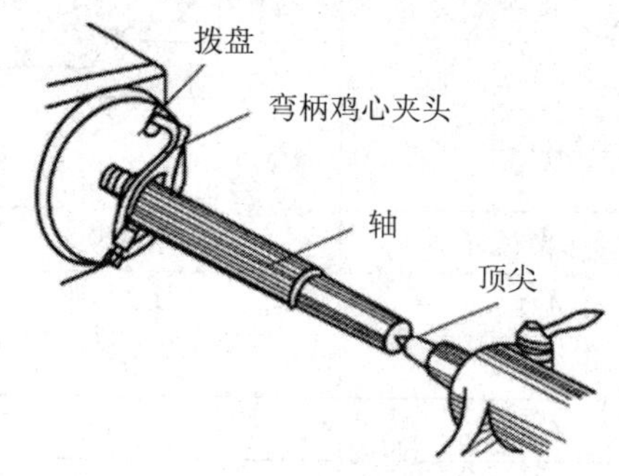

图 4-16　床头鸡心夹头与拨盘定位、床尾顶尖的装夹方式

2．铣床

以万能升降台铣床为例，其主轴的旋转为主运动，工作台移动为进给运动，主要用于铣削中小型零件上的平面、沟槽，尤其是螺旋槽和多齿零件。在轴类零件加工中，主要用于立铣或卧铣键槽等。例如 X6132，X 表示铣床，6 表示组别(5 为立式铣床，6 为卧式铣床)，1 表示型别(万能升降台铣床型)，32 指主参数(工作台宽度为 320 mm)。

根据轴的设计要求，铣床有立铣刀的立铣和三面刃铣刀的卧铣两种，见图 4-17。

3．磨床

在轴加工中，常用万能外圆磨床，其砂轮的旋转为主运动，工作台、砂轮架的移动和头架的旋转为进给运动，最大磨削直径为主参数，主要用于磨削 IT6～IT7 级精度的圆柱形或圆锥形外圆和内孔，表面粗糙度为 1.25～0.08 μm。此外，还可以磨削阶梯轴的轴肩、端平面、圆角等。

例如，万能外圆磨床型号 M1432C，其中 M 表示磨床，14 表示万能外圆，32 表示最大磨削外圆直径为 320 mm，C 表示工厂进行改进的序号(经过第三次重大改进)。图 4-18 为夹头和拨杆配合主轴顶尖和尾座顶尖装夹方式磨削轴外圆。

4．锯床

在轴类零件准备毛坯(下料)时，需要使用锯床等设备锯下圆钢型材以准备毛坯。一般采用带锯床，如晨龙牌(浙江晨龙锯床股份有限公司是目前最大的锯床生产厂家之一)金属带锯床 G4028。

带锯床主要用于锯切各种黑色金属和有色金属，型号有 GB4040、GB4035、GB4025 等。其中，末尾的两位数是最大切割直径的 1/10。

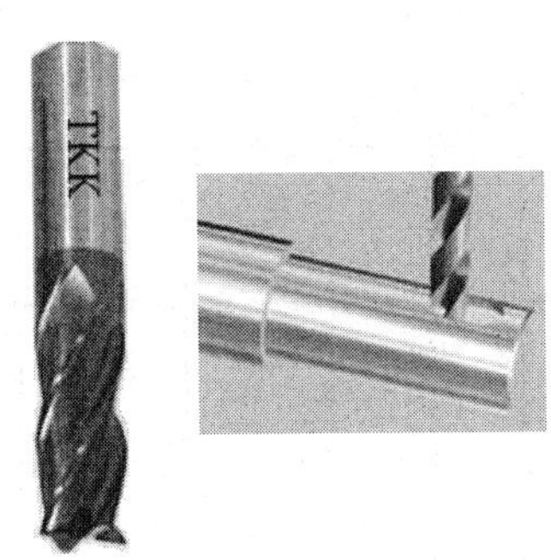

图 4-17 轴键槽用铣刀及立铣

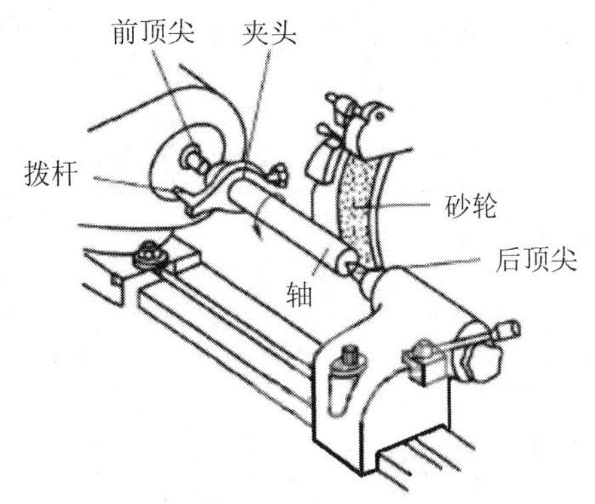

图 4-18 夹头和拨杆配合主轴顶尖和尾座顶尖装夹方式磨削轴外圆

5. 其他说明

(1) 在电机加工中，还有其他设备。表 4-28 为各类机床的类、组划分表。通过该表，可以查阅到机床的具体名称。

表 4-28 机床的类、组划分表(部分)

类别 \ 组别	0	1	2	3	4	5	6	7	8	9
车床 C	仪表车床	单轴自动车床	多轴自动、半自动车床	回轮、转塔车床	曲轴及凸轮轴车床	立式车床	落地及卧式车床	仿形及多刀车床	轮、轴、辊、锭及铲齿车床	其他车床
钻床 Z		坐标镗钻床	深孔钻床	摇臂钻床	台式钻床	立式钻床	卧式钻床	铣钻床	中心孔钻床	其他钻床
镗床 T			深孔镗床		坐标镗床	立式镗床	卧式铣镗床	精镗床	汽车、拖拉机修理用镗床	其他镗床
磨床 M	仪表磨床	外圆磨床	内圆磨床	砂轮机	坐标磨床	导轨磨床	刀具刃磨床	平面及端面磨床	曲轴、凸轮轴、花键轴及轧辊磨床	工具磨床
螺纹加工机床				套丝机	攻丝机		螺纹铣床	螺纹磨床	螺纹车床	
铣床 X	仪表铣床	悬臂及滑枕铣床	龙门铣床	平面铣床	仿形铣床	立式升降台铣床	卧式升降台铣床	床身铣床	工具铣床	其他铣床
刨插床 B		悬臂刨床	龙门刨床			插床	牛头刨床		边缘及模具刨床	其他刨床
拉床 L			侧拉床	卧式外拉床	连续拉床	立式内拉床	卧式内拉床	立式外拉床	键槽、轴瓦及螺纹拉床	其他拉床
锯床 G			砂轮片锯床		卧式带锯床	立式带锯床	圆锯床	弓锯床	锉锯床	

(2) 刀具编号：作为工艺装备，刀具的编号是以“2”开头的，如表 4-29 所示。例如，车刀的类组号为“21”。

表 4-29　刀具(用于机械加工)的类、组、分组

类、组 \ 分组	0	1	2	3	4	5	6	7	8	9
20	200	201	202	203	204	205	206	207	208	209
21 切刀	210 外圆车刀	211 镗孔车刀	212 成型车刀	213 其他车刀	214 刨刀	215 插刀	216	217	218	219 其他
22 铣刀	220 圆柱形铣刀	221 盘铣刀和圆铣刀	222 立铣刀	223	224 片铣刀	225 槽铣刀	226 成型铣刀	227	228 角度铣刀	229 其他
23 孔加工刀具	230 钻头	231 扩孔钻	232 锪钻	233 镗刀	234 铰刀	235 深孔刀具	236 组合刀具	237	238	239 其他
24 拉刀和推刀	240 圆孔拉刀	241 平面拉刀	242 键槽拉刀	243 花键拉刀	244 特形拉刀	245 推刀	246	247	248	249 其他
25 齿形加工刀具	250 铣齿刀	251 滚刀	252 刨齿刀	253 插齿刀	254 刨齿刀	255 其他齿形加工刀具	256	257	258	259 其他
26 螺纹加工工具	260 丝锥	261	262	263	264	265 滚丝轮	266 板牙	267 搓丝板	268 螺纹梳刀	269 其他
27 光整加工用	270	271	272 研磨工具	273	274 珩磨工具	275 磨头	276	277 压光工具	278 抛光工具	279 其他
28	280	281	282	283	284	285	286	287	288	289
29 其他	290 滚压轮	291 刻字工具	292 电加工用工具	293	294	295	296	297	298	299

4.3.8 基准与定位基准、定位夹紧与工序附图

零件的尺寸基准是指零件装配到机器上或在加工、装夹、测量和检验时，用以确定其位置的一些面、线或点。工件在加工时必须在机床上正确定位并夹紧。每道工序一般需要绘制附图。

1. 基准

根据基准的作用不同，一般将基准分为设计基准和工艺基准。

(1) 设计基准是指在零件图上用以确定其他点、线、面位置的基准。简单地说，设计基准是指设计图样上所采用的基准，如图 4-5 中的“A”、“B”、“C”即为设计基准。

(2) 工艺基准是在工艺过程中所采用的基准，它又可分为工序基准、定位基准、装配基准和检测基准。

① 工序基准：在工序图上用来确定本工序所加工表面加工后的尺寸、形状、位置的基准，其所标注的加工面位置尺寸称为工序尺寸。图 4-19 所示为某零件钻孔工序简图。工序基准不同，工序尺寸也不同。

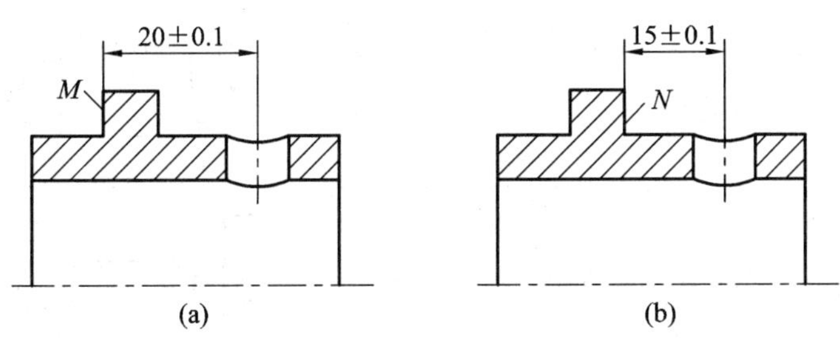

图 4-19　工序尺寸与工序基准

② 定位基准：在加工中用作定位的基准。图 4-20(a)所示为零件加工 B 面的工序简图，采用弹性心轴作定位元件装夹工件；图(b)以内孔和 A 面为定位基准，图(c)以内孔和 C 面为定位基准。

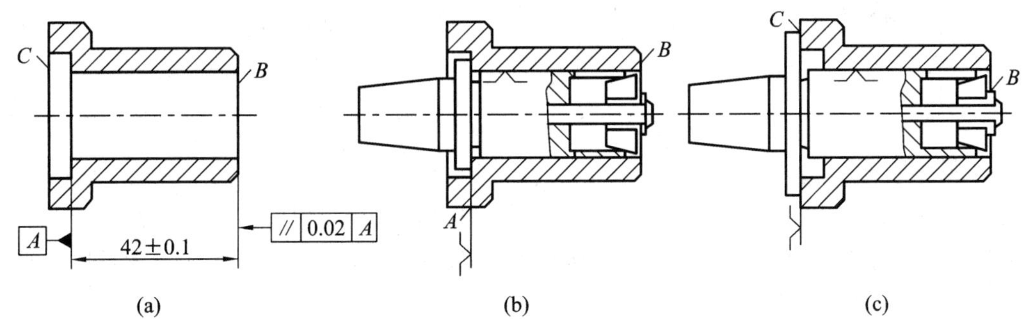

图 4-20　定位基准

③ 装配基准：装配时用来确定零件或部件在产品中的相对位置所采用的基准。

④ 检测基准：用以检验已加工表面的尺寸及位置的基准，也称为测量基准。

第一道工序中只能选择未加工的毛坯表面，这种定位表面称为粗基准。在以后的各个工序中就可采用已加工表面作为定位基准，这种定位表面称为精基准。

拟定工艺路线时，要将零件在加工过程中作为定位基准的表面首先加工出来，以便尽快为后续工序的加工提供精基准，称为“基准先行”。

2. 定位与夹紧

(1) 定位：确定工件在机床上或夹具中占有正确位置的过程。

(2) 夹紧：工件定位后将其固定，使其在加工过程中保持定位位置不变的操作。

JB/T5061—2006《机械加工定位、夹紧符号》中规定了定位、夹紧符号与装置符号综合标注示例，如表 4-30 所示。编写工艺文件时，工序附图可按此标准绘制。

表 4-30　定位、夹紧符号与装置符号综合标注示例

序号	说　明	装置符号标注与定位、夹紧符号综合标注示例
1	三爪卡盘定位夹紧	
2	床头固定顶尖、床尾固定顶尖定位拨杆夹紧	
3	床头固定顶尖、床尾浮动顶尖定位拨杆夹紧	
4	止口盘定位 螺栓压板夹紧	

3. 工序附图

编写工艺文件时，一般需要工序附图，如工艺过程卡片可以配用工艺附图，而工序卡片里就有工序附图区域。JB/T9165.2－1998《工艺规程格式》对工序或工步示意图的要求如下：

(1) 根据零件加工或装配情况可画×向视图、剖视图、局部视图，允许不按比例绘制。

(2) 加工面用粗实线表示，非加工面用细实线表示。

(3) 应标明定位基面、加工部位、精度要求、表面粗糙度、测量基准等。

(4) 定位和夹紧符号按 JB/T5061 的规定选用。

图 4-21 是某工件的一工序附图，根据零件加工需要，视图只绘制了主视图，且没有按 1∶1 绘制；本工序加工的外圆及端面用粗实线，其余非加工面均用细实线表示；用三爪定位了加工基准并标注了尺寸要求、表面粗糙度及要求，其中定位和夹紧符号按标准要求标注。

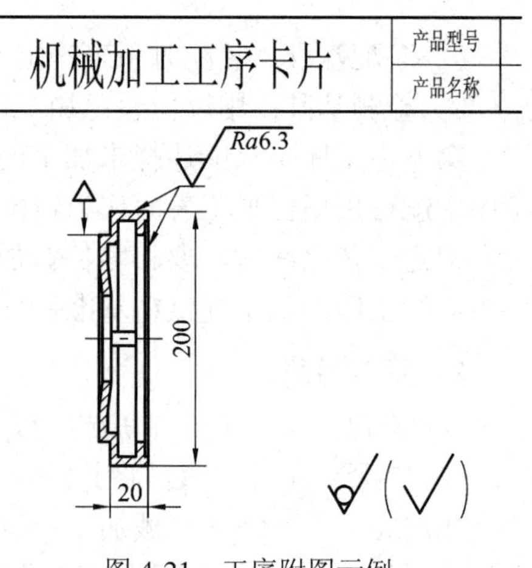

图 4-21　工序附图示例

✧✧✧✧✧ 实践与思考 4.3 ✧✧✧✧✧

(1) 阶梯轴作为典型零件，其工艺安排已经很成熟，基本工艺安排可参照图 4-22。请在实践与思考 4.1 的基础上，按 4.3.5 节的步骤，写出该轴的完整工艺路线。

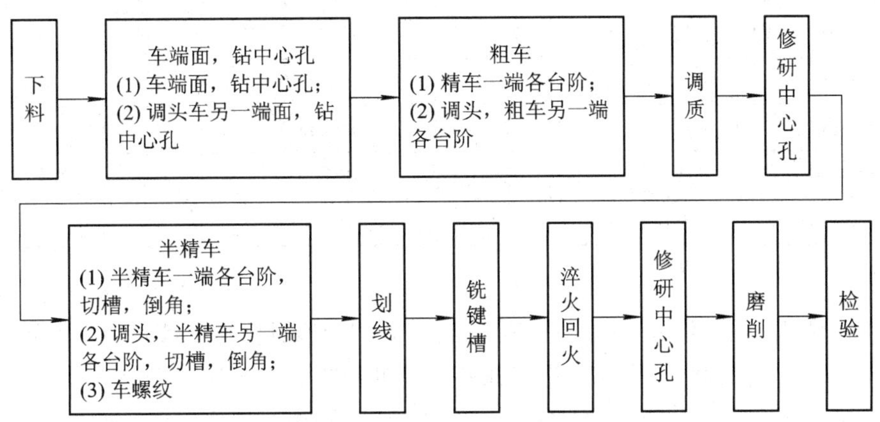

图 4-22 阶梯轴的基本工艺

(2) 写出加工阶梯轴时所需要的设备型号及含义、刀具及编号、车床附件等。

(3) 绘制该轴加工第一道工序的工序附图。

4.4 量具与检测

4.4.1 通用量具

通用量具是指那些测量范围和测量对象较广的量具，一般可直接得出精确的实际测量值。其制造技术和要求较复杂，一般成系列、规范化地由专业生产企业制造。

1. 平板

平板也称平台，是机械测量中最常用的基准定位器具，常见的为铸铁平台，可以用于检验机械零件平面度、平行度、直线度等形位公差的测量基准，也可用于精密零件的画线和测量、实验、铆焊、焊接、基础、工作台等，其工作面采用刮研工艺，见图 4-23。

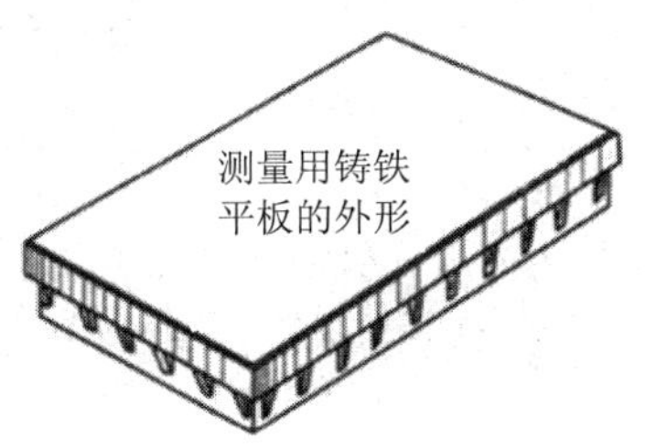

图 4-23 平板

精度指工件表面的不平整度，分为 4 级，即 0、1、2 和 3 级，数值越小，精度越高。电机机械测量一般用 1 级和 2 级。

平板的常见规格见表 4-31。

表 4-31 常见平板的规格及精度等级

平板规格 (长 × 宽)/(mm × mm)	平面度公差值/μm			平板规格 (长 × 宽)/(mm × mm)	平面度公差值/μm		
	0 级	1 级	2 级		0 级	1 级	2 级
250 × 250	5.5	11	22	630 × 630	8.0	16	30
400 × 250	6.0	12	24	800 × 800	9.0	17	34
400 × 400	6.5	13	25	1000 × 630	9.0	18	35
630 × 400	7.0	14	28	1000 × 1000	10	20	39

2. 方箱

方箱用于测量工件的平行度、垂直度，还可以在画线时用作支撑工件，方箱一般为边长相同的正方体或长方体。图 4-24 为磁性方箱电机轴伸端键槽对称度的示例。

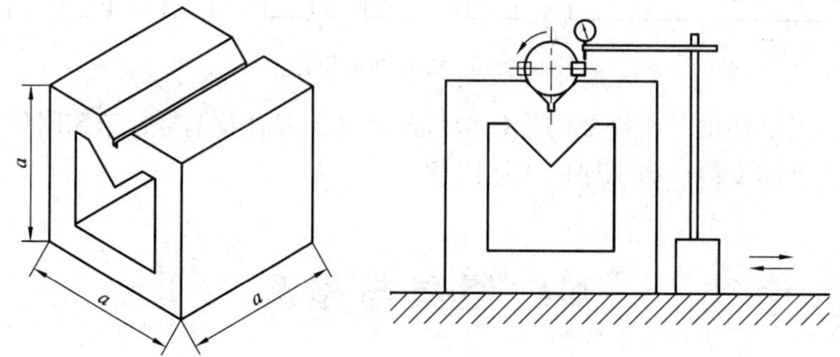

图 4-24 方箱及应用示例

常见的方箱精度分为 3 级，即 1、2 和 3 级；磁性方箱规格常见的有 100 mm、150 mm、200 mm、250 mm 及 300 mm(长、宽、高均等)。

3. 偏摆仪

偏摆仪主要用于测量轴类零件径向跳动误差，即利用两顶尖定位轴类零件，转动被测零件，测头在被测零件径向方向上直接测量零件的径向跳动误差，如图 4-25 所示。

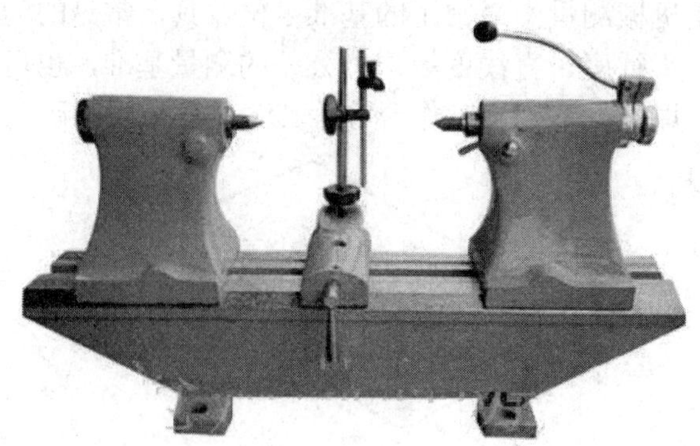

图 4-25 偏摆仪

4．游标卡尺

游标卡尺是一种测量长度、内外径、深度的量具，见图 4-26。

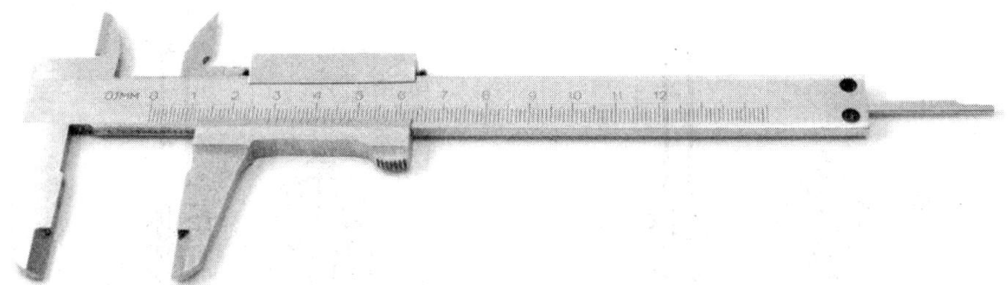

图 4-26　游标卡尺

游标卡尺的主尺和游标上有两副活动量爪，分别是内测量爪和外测量爪。内测量爪通常用来测量内径，外测量爪通常用来测量长度和外径。

按其读数方式，游标卡尺分为传统式的读格式(卡尺)、带表式和电子数显式(简称数显卡尺)三大类。一般地，读格式(卡尺)与带表式的精度为 0.02 mm(分度值)，而电子数显式的精度为 0.01 mm。按规格量程，游标卡尺有 150 mm、200 mm、300 mm、500 mm 等，见表 4-32。

表 4-32　游标卡尺常见规格

测量范围/mm	分度值/mm	测量范围/mm	分度值/mm
0～150	0.02	0～300	0.02
0～200	0.02	0～500	0.02

在工艺文件中，使用游标卡尺需要标示出量程与精度，如游标卡尺 0～150 mm/0.02 mm。

5．深度游标卡尺

普通游标卡尺主尺功能受限，一般测量凹槽或孔的深度、梯形工件的梯层高度和长度等尺寸时，采用深度游标卡尺，简称深度尺，如图 4-27 所示。深度尺的精度与读格式(卡尺)的相似。

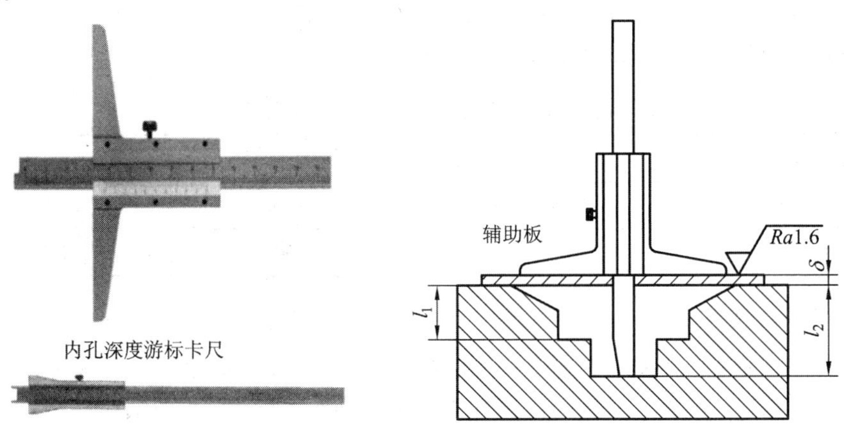

图 4-27　深度游标卡尺及测量示例

6．高度游标卡尺

高度游标卡尺广泛用于机械加工中的高度测量、画线，它由底座、尺身和尺框三大部

分组成，尺身固定在底座上并垂直于底座的底面。

高度游标卡尺还可与杠杆百分表等联合精密测量高度(见图 4-28)、工件的平行度等(见图 4-29)。

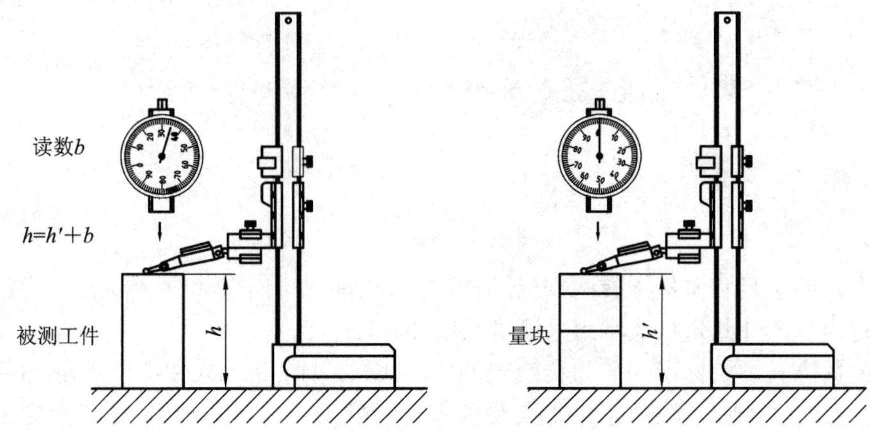

图 4-28 利用比较法测量高度

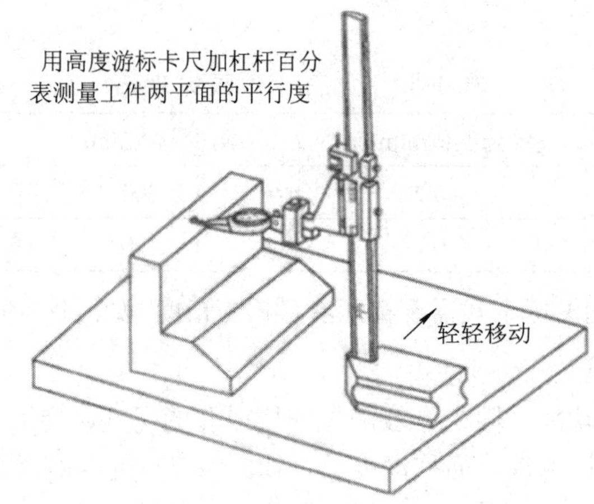

图 4-29 联合杠杆百分表测量工件的平行度

高度游标卡尺常见规格参见表 4-33。

表 4-33 高度游标卡尺常见规格

测量范围/mm	分度值/mm	测量范围/mm	分度值/mm
0～200	0.02	0～300	0.02
0～500	0.02	0～600	0.02

7. 外径千分尺

外径千分尺简称千分尺，它根据螺旋传动原理制造，使用千分尺可以准确读出 0.01 mm 的数值，即百分之一毫米，因此又将其称为百分尺，“千分尺”是习惯称呼。

外径千分尺主要用于测量工件的外径，也可测量长度等尺寸。外径千分尺的分度值是 0.01 mm，外径千分尺 500 mm 以内的规格为每隔 25 mm 一档，如 0～25、25～50、75～100 等。工艺文件中使用千分尺需要标示出量程与精度(分度值)，如“外径千分尺 50～75 mm/0.01 mm”。

外径千分尺也有普通式、带表式和电子数显式三种。

8．内径千分尺

内径千分尺可测量孔径、槽宽、两个内端面之间的距离等尺寸，但主要用于测量大孔径。为适应不同孔径尺寸的测量，可以接上接长杆，所以又被称为接杆千分尺，见图 4-30。

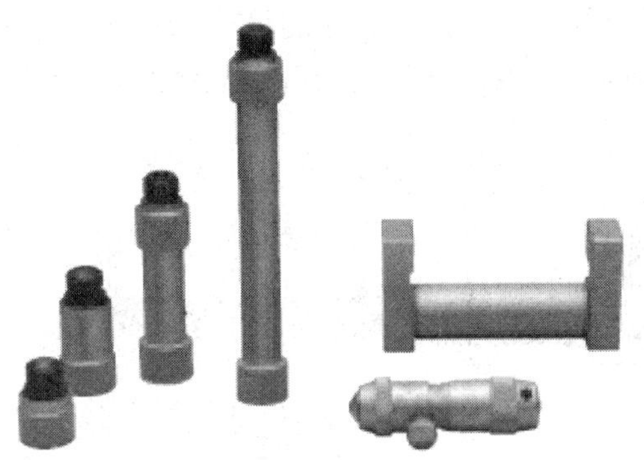

图 4-30　内径千分尺

内径千分尺的测量范围最大可达到 5000 mm。内径千分尺与接长杆是成套供应的。目前，内径千分尺的测量范围较常用的有 50～250 mm、50～600 mm、100～1225 mm、150～1250 mm、250～2000 mm 等，分度值为 0.01 mm。

内径千分尺测微头示值误差的最大值与其量程有关，当量程下限至 100 mm 时为 ±0.006 mm，量程下限大于 100 mm 时为 ±0.008 mm。

注意：当深度游标卡尺的测量精度不够时，可以采用深度千分尺。

9．内测千分尺

内测千分尺用于测量小尺寸内径和内侧面槽的宽度，如图 4-31 所示。常用的规格为 5～30 mm、25～50 mm 两种，但现在企业也生产其他型号规格，如表 4-34 所示。

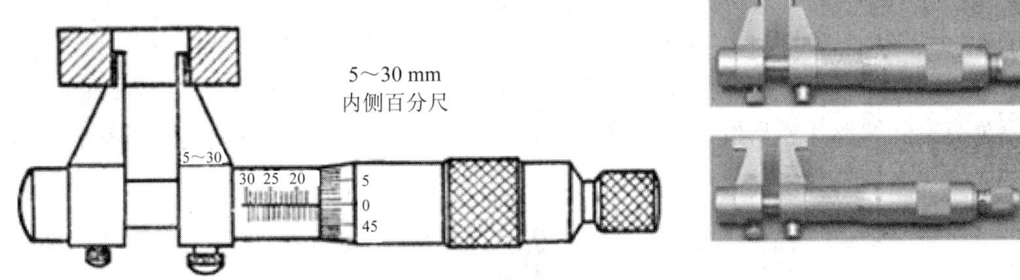

图 4-31　内测千分尺

表 4-34　内测千分尺的测量范围及分度值　　mm

测量范围	分度值	测量范围	分度值
5～30	0.01	100～125	0.01
25～50		125～150	
50～75		150～175	
75～100		175～200	

10．指示式量具

1) 内径百分表

内径百分表属于指示式量具，是内量杠杆式测量架和百分表的组合，用以测量或检验零件的内孔、深孔直径及其形状精度。

内径百分表活动测量头的移动量，小尺寸的只有 0～1 mm，大尺寸的有 0～3 mm，它的测量范围是通过更换或调整可换测量头的长度来达到的。因此，每个内径百分表都附有成套的可换测头，见图 4-32。

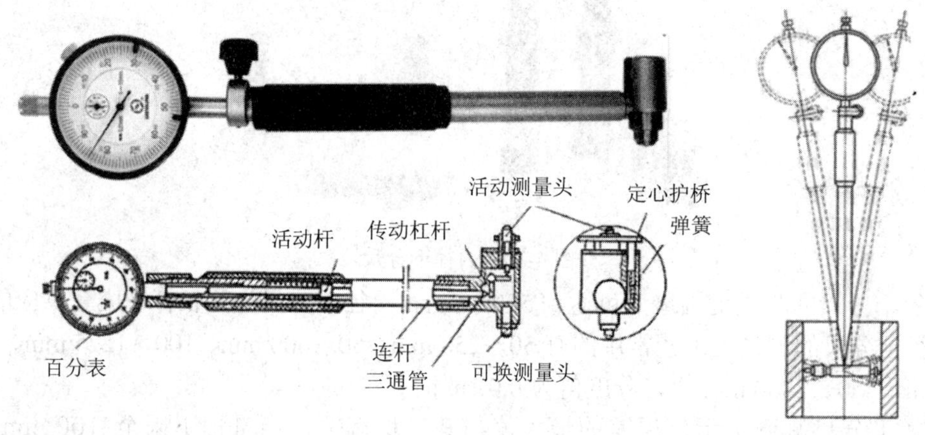

图 4-32　内径百分表外观、结构与测量

内径百分表的测量范围有 10～18 mm、18～35 mm、35～50 mm、50～100 mm、100～160 mm、160～250 mm、250～450 mm。

2) 百分表与千分表

百分表是利用机械传动装置将线位移转变为角位移的精密量具，主要用于测量各种工件的直线尺寸形状及位置公差。千分表的读数精度比百分表高，所以百分表适用于尺寸精度为 IT6～IT8 级的零件的校正和检验，千分表则适用于尺寸精度为 IT5～IT7 级的零件的校正和检验。百分表和千分表按其制造精度可分为 0、1 和 2 级三种，0 级精度较高。使用时，应按照零件的形状和精度要求，选用合适的百分表或千分表的精度等级和测量范围。百分表与千分表见图 4-33(a)、(b)。

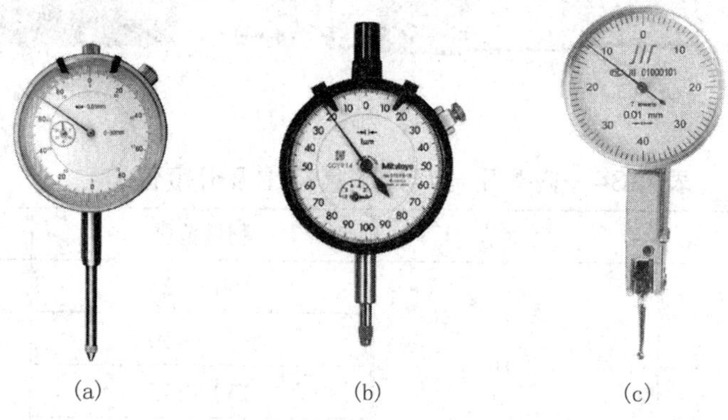

图 4-33　百分表、千分表与杠杆百分表

百分表与千分表的测量范围为 0～3 mm、0～5 mm、0～10 mm，使用时一般需要表架或高度游标卡尺，可参看高度游标卡尺。

3) 杠杆千分表

杠杆千分表的杠杆测量头的位移通过机械传动系统转变为指针在表盘上的角位移，沿表盘圆周上有均匀的刻度。杠杆百分表和杠杆千分表的分度值分别为 0.01 mm、0.002 mm，杠杆百分表的量值范围一般为 0～0.8 mm。

杠杆百分表(千分表)体积小，测量头可回转 180°，适于测量一般测微仪表难以达到的工件，如内孔径向跳动、端面跳动、键槽、导轨的相互位置误差等。

11．量块

量块(见图 4-34)又称块规，是由两个相互平行的测量面之间的距离来确定其工作长度的高精度量具，其长度为计量器具的长度标准，通过对计量仪器、量具和量规等示值误差的检定等，使机械加工中各种制成品的尺寸能够溯源到长度基准。按 JJG2056—90《长度计量器具(量块部分)检定系统》的规定，量块分为 1、2、3、4、5、6 等和 00、0、K、1、2、3 级。

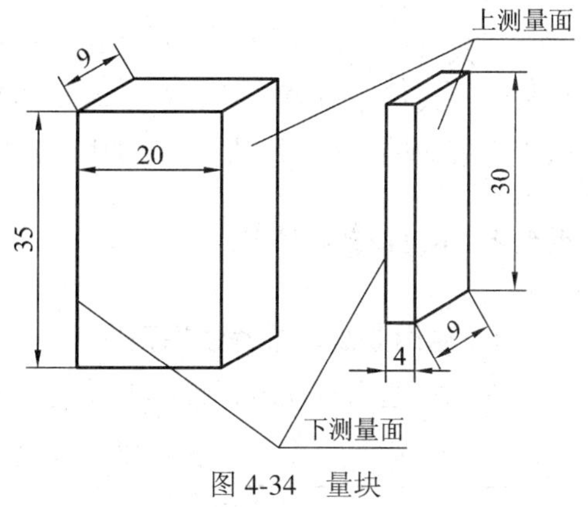

图 4-34　量块

00 级量块的精度最高，工作尺寸和平面平行度等都做得很准确，只有零点几个微米的误差，一般仅用于省市计量单位作为检定或校准精密仪器使用。比 00 级精度低的依次为 0 级、1 级、2 级和 3 级。3 级量块(见图 4-34)的精度最低，一般作为工厂或车间计量站使用的量块，用来检定或校准车间常用的精密量具。

量块是成套供应的，每套装成一盒。每盒中有各种不同尺寸的量块，其尺寸编组有一定的规定，如表 4-35 所示。

表 4-35　部分常用成套量块的编组

套别	总块数	精度级别	尺寸系列/mm	间隔/mm	块数
1	91	00，0，1	0.5，1 1.001，1.002，…，1.009 1.01，1.02，…，1.49 1.5，1.6，…，1.9 2.0，2.5，…，9.5 10，20，…，100	— 0.001 0.01 0.1 0.5 10	2 9 49 5 16 10
2	83	00，0，1 2，(3)	0.5，1，1.005 1.01，1.02，…，1.49 1.5，1.6，…，1.9 2.0，2.5，…，9.5 10，20，…，100	— 0.01 0.1 0.5 10	3 49 5 16 10
3	38	0，1，2 (3)	1，1.005 1.01，1.02，…，1.09 1.1，1.2，…，1.9 2，3，…，9 10，20，…，100	— 0.01 0.1 1 10	2 9 9 8 10

每块量块只有一个工作尺寸，但由于量块的两个测量面做得十分准确而光滑，具有可黏合的特性，利用量块的可黏合性就可组成各种不同尺寸的量块组，大大扩大了量块的应用。为了减少误差，希望组成量块组的块数不超过 4～5 块。图 4-34 为测量应用实例。

为了使量块组的块数为最小值，在组合时就要根据一定的原则来选取量块的尺寸，即首先选择能去除最小位数的尺寸的量块。例如，若要组成 87.545 mm 的量块组，其量块尺寸的选择方法如下：

(1) 选用的第一块量块尺寸为 1.005 mm，剩下 86.54 mm。

(2) 选用的第二块量块尺寸为 1.04 mm，剩下 85.5 mm。

(3) 选用的第三块量块尺寸为 5.5 mm，剩下 80 mm。可直接作为第四块量块。

12. 平尺

平尺分为检验平尺、平行平尺、桥型平尺、角度平尺等。平尺是具有精确平面的尺形量规。平尺用于以着色法、指示表法检验平板、长导轨等的平面度，也常用于以光隙法检验工件棱边的直线度。平尺一般用优质铸铁制造。

4.4.2 量具检测应用

1. 通用量规的推荐使用范围

在选择通用量规时，推荐的使用范围如表 4-36 所示。

表 4-36 常见通用量规的合理使用范围

名称	单刻度值	量具精确度	工作的公差等级									
			IT5	IT6	IT7	IT8	IT9	IT10	IT11	IT12	IT13	IT14
千分表	0.001		——	——	——							
	0.005		——	——	——	——						
	0.01	0 级		——	——	——						
		1 级		——	——	——	——					
		2 级			——	——	——	——				
千分尺	0.01	0 级		——	——	——						
		1 级			——	——	——					
		2 级					——	——	——			
游标卡尺	0.02								——	——	——	——

2. 尺寸与形位公差检测应用

除尺寸外，轴类零件的形位公差主要有圆度、圆柱度、跳动、对称度等。

(1) 用百分表进行绝对测量，见图 4-35。因百分表的量程较小，故能够测量的绝对尺寸也小，一般在 10 mm 以下。

(2) 利用偏摆仪、杠杆百分表可测量工件的径向和端面轴向圆跳动，如图 4-36 所示。

(3) 可利用量块、百分表比较法测量高度，见图 4-28。

(4) 可用如图 4-24 所示的方法对电机轴伸端键槽的对称度进行检验。

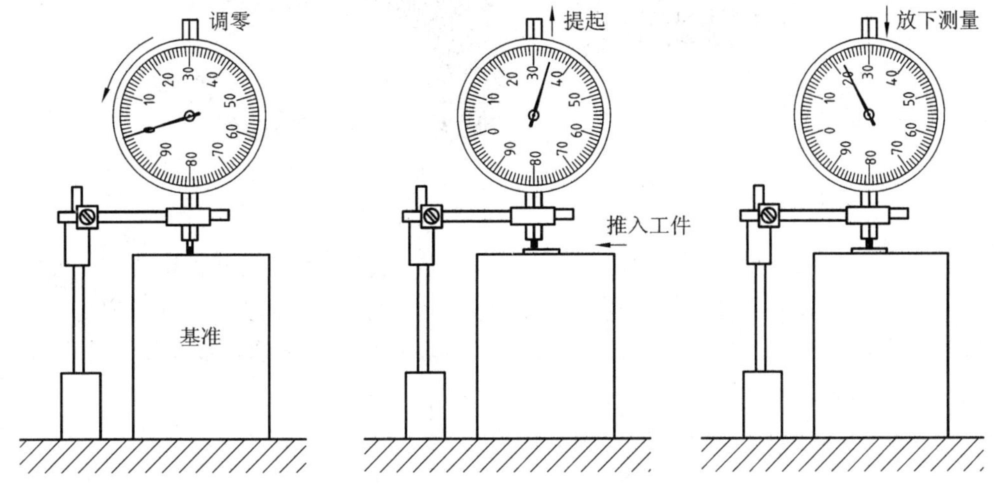

图 4-35　用百分表进行绝对测量

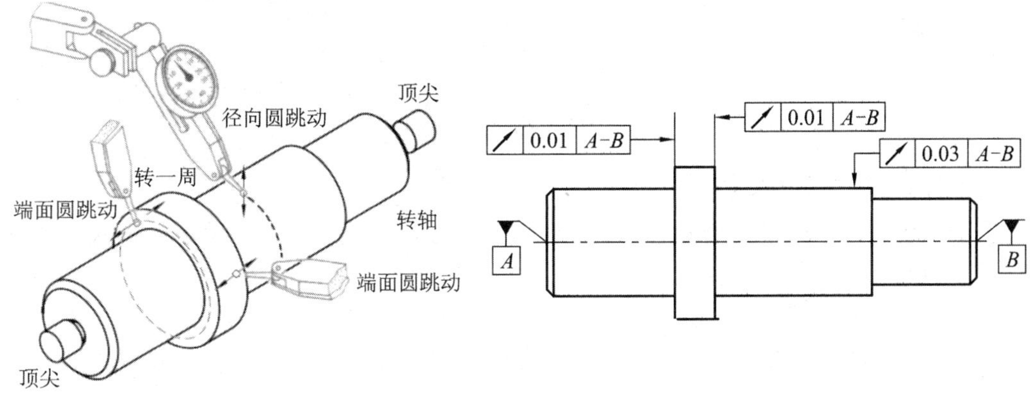

图 4-36　在车床或偏摆仪上用杠杆百分表测量工件的径向和端面轴向圆跳动

4.4.3　检具

检具是量具的一种，是非标的量具，也可称为专用量具，是指那些只能测量一个或几个(一般为一个)量值，并且只能适用于一个或几个(一般为一个)测量对象的量具。由于其结构较简单，所以制造技术和要求也较简单，不一定成系列和规范化，可由专业生产企业制造，使用单位在有能力时也常常自行制造。

1. 光滑极限量规的定义与分类

专用量具中，有很大一部分被称为量规。根据被检验工件的特点不同，还可将量规分为光滑极限量规、直线尺寸量规、圆锥量规、同轴度量规、孔位置度量规、螺纹量规等。

光滑极限量规包括卡规、塞规两大类，见图 4-37。国家标准《光滑极限量规》(GB/T1957—81)和《光滑工件的检验》(GB/T3177—82)规定了光滑极限量规的制作标准和用于检验的相关要求。

(a) 塞规　　(b) 卡规

图 4-37　光滑极限量规

专用量具不是用来得到准确的测量值的，而是用来检查相关量是否符合有关要求的。例如，对于工件的长度尺寸，主要检查其是否在公差允许的范围之内，或者说是否在允许的极限尺寸之内。因此，这种类型的通用量具又常被称为极限量规，如检查外尺寸的卡规，检查内尺寸的塞规、杆规(又称为量棒)、键规等。

另外，检测螺纹的量规有螺纹环规与螺纹塞规，如图 4-38 所示。

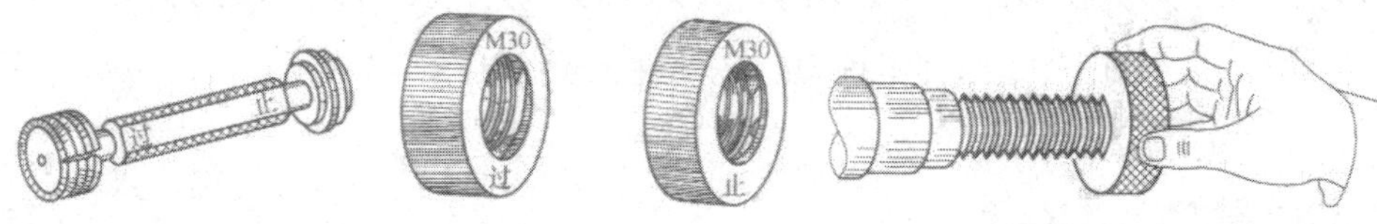

(a) 双头螺纹塞规　　(b) 单头螺纹环规　　(c) 用螺纹环规检查外螺纹

图 4-38　螺纹环规与螺纹塞规

2. 光滑极限量规的使用

用于检查外尺寸的量规的两对测量面一般设置在同一块骨架上；用于检查内尺寸的量规的两对测量面一般分别设置在一个骨架上，组成一副。

在检查尺寸时，遵循一个判定被检尺寸合格的原则，即“过端过，止端止”。反之，若“过端不过或止端不止”或“过端过，止端也过”，则说明被检尺寸不合格，即超出了下极限或上极限。

专用量具结构简单，造价低，不易损坏，使用方便，并且不易出现人为读数错误等问题。

✧✧✧✧✧ **实践与思考 4.4** ✧✧✧✧✧

为图 4-10 所示阶梯轴的各尺寸选择合理的量具，包括范围及分度值，并尝试为形位公差给定检测方案。

4.5　阶梯轴的检验卡片

4.5.1　检验卡片

检验卡片是根据产品标准、图样、技术要求和工艺规范，对产品及其零、部件的质量

特性的检测内容、要求、手段作出规定的指导性文件。

检验卡片的格式同标准 JB/T9165.2—1998 中的格式 28，如表 4-37 所示。

表 4-37 检验卡片的主要内容填写示例

	检验卡片		产品型号		零件图号		
			产品名称		零件名称	共 1 页	第 1 页
工序号	工序名称	车间	检验项目	技术要求	检验手段	检验方案	检验操作要求
(1)	(2)	(3)	(4)	(5)	(6)	(7)	(8)

										设计(日期)	审核(日期)	标准化(日期)	会签(日期)	
标记	处数	更改文件号	签字	日期	标记	处数	更改文件号	签字	日期					

表头的填写方法与工艺路线表相似，其他 8 项的填写内容如表 4-38 所示。

表 4-38 检验卡片主要填写内容

空格号	填 写 内 容
(1)、(2)	该工序号、工序名称按工艺规程填写
(3)	填写执行该工序的车间名称
(4)	填写该工序被检项目，如轴径、孔径、形位公差、表面粗糙度等
(5)	填写该工序被检验项目的尺寸公差及工艺要求的数值
(6)	填写执行该工序检验所需的检验设备、工装等
(7)	填写执行该工序检验的方法，指抽检或频次检验
(8)	填写检查操作要求

1. 内容填写示例

根据提供的图样，填写表头部分的信息。检验卡片主要有以下四项，填写示例参见表4-39。

表 4-39 检验卡片主要内容填写示例

检验项目	技术要求	检验手段	检验方案
1～2. 尺寸	110max(两处)	游标卡尺寸 0～150/0.02 mm	AQL=1.5，IL=Ⅱ
3～4. 表面粗糙度	$\sqrt{Ra6.3}$ (两处)	比较法	AQL=1.5，IL=Ⅱ
5. 尺寸	$35_{0}^{+0.025}$	外径千分尺 25～50/0.01 mm	AQL=1.5，IL=Ⅱ
6. 尺寸	37max	游标卡尺 0～150/0.02 mm	AQL=1.5，IL=Ⅱ
7. 绝缘电阻	≥500 MΩ	兆欧表	AQL=0.65，IL=Ⅱ
8. 对地耐电压	1760 V、1 min	耐压试验台	全检
9. 匝间耐压	2000 V(对地)	匝间试验仪	全检

(1) 检验项目：包括编号与名称，其编号根据检验项目的多少给出，如尺寸 110max 有两处，则检验项目中，编号写“1～2”，项目写“尺寸”。

(2) 技术要求：根据检验项目的内容填写，如尺寸(包括公差)、粗糙度、检测指标要求等。

(3) 检验手段：对于尺寸，应填写使用的器具及规格。如果是粗糙度，则其检验手段使用粗糙度比较样块，一般采用比较法。也有填写检测设备的。对于形位公差，一般是在平板上进行的，还需要填写平板。形位公差的填写依据《GB/T1958—2004 产品几何量技术规范(GPS)形状和位置公差检测规定》。

(4) 检验方案：填写全检还是抽样检验，如果是抽样检验，要填写检查水平 IL 及接收质量限 AQL。

2. 检查水平(IL)

在 GB/T2828.1 中，检验水平有两类：一般检验水平和特殊检验水平。

一般检验包括Ⅰ、Ⅱ、Ⅲ三个检验水平，无特殊要求时均采用一般检验水平Ⅱ。

特殊检验水平(又称小样本检验水平)规定了 S-1、S-2、S-3、S-4 四个检验水平，一般用于检验费用较高并允许有较高风险的场合。对于不同的检验水平，样本量也不同，GB/T2828.1 中，检验水平Ⅰ、Ⅱ、Ⅲ的样本量比例为 0.4∶1∶1.6。

可见，检验水平Ⅰ比检验水平Ⅱ判别能力低，而检验水平Ⅲ比检验水平Ⅱ判别能力高，检验水平Ⅲ能给予使用方较高的质量保证。另外，不同的检验水平对使用方风险的影响远远大于对生产方风险的影响。

3. 接收质量限(AQL)

企业在实施统计抽样检验时，应以过程平均作为确定 AQL 制的依据。具体确定的总原则是：既要考虑需求的必要性，又要考虑生产的可能性。一般从以下几个方面考虑：

(1) 检验项目的多少：单项检验要严，多项检验要宽。这是由于多项检验出现不合格

的概率大。

(2) 不合格严重程度：对重不合格要严，对轻不合格要宽，见表4-40。

表4-40　轻、重不合格品与AQL值的参考值

轻不合格品		重不合格品	
检验项目	AQL(%)	检验项目	AQL(%)
1	0.65	1～2	0.25
2	1.0	3～4	0.40
3～4	1.5	5～7	0.65
5～7	2.5	8～11	1.0
8～18	4	12～19	1.5
19以上	6.5	20～48	2.5
		49以上	4.0

(3) 进货检验与出厂检验：对进货检验要严，对出厂检验要宽。这是由于成品是多种原材料、元器件、零部件组成的，越是复杂的产品，这种差异越大，见表4-41。

表4-41　不合格品种类与AQL值的参考值

企业	检验类别	不合格品种类	AQL值(%)
一般工厂	进货检验	A、B类不合格品	0.65、1.5、2.5
		C类不合格品	4.0、6.5
	成品出厂检验	A、B类不合格品	1.5、2.5
		C类不合格品	4.0、6.5

(4) 产品性能类别：对电气性能要严(0.4～0.65)，对机械性能次之(1.0～1.5)，对外观性能要宽(2.5～4.0)。

(5) 产品类型：对航天产品要特别严，对军工产品要很严，对工业产品次之，对民用产品要宽，见表4-42。

表4-42　不同产品与AQL值的参考值

使用要求	特高	高	中	低
AQL(%)	≤0.1	≤0.65	≤2.5	≤4.0
适用范围	卫星、导弹宇航	飞机、舰艇、重要工业产品、军工产品	一般工、农业产品，一般军需产品	民用产品、一般工农业用品

在实际确定时还应强调供需双方的协商一致。

批量数指的是总的数量，样本指的是抽样数量。例如，1500个产品作为一批，那么依照AQL 0.4选择样本数就应该是125，查GB/T2828，即可得判定标准1Ac 2Re。

如果不良数量小于等于1，则本批合格；如果不良数量大于或者等于2，则本批物料就超过了允许的质量水准，无法顺利通过了。

4.5.2 检验卡片附图

若检验卡片的绘图区域绘制的插图不够清晰，一般可以给检验卡片添加工艺附图，此时在原附图区域加以说明：见工艺附图×。

无论是检验卡片的附图还是添加工艺附图，其绘制要求都可以参照工序附图的标准规定：根据零件检验情况可画×向视图、剖视图、局部视图，且允许不按比例绘制；应标明检验项目及部位、精度要求、表面粗糙度等。

✧✧✧✧✧ **实践与思考 4.5** ✧✧✧✧✧

编写电机轴的检验卡片，绘制附图，并打印输出。

4.6 阶梯轴的工艺过程卡片

4.6.1 表头部分填写

机械加工工艺过程卡参见图 2-23 和图 2-24。表头部分的左边第 1 格为制造企业名称。通常为了方便，可以修改模板，字体为 5 号。另外，最右上的格子，可以把原来的页码等删除并修改为工艺文件编号。

1．毛坯的选择

表头第三行包括材料及毛坯之类的信息。

(1) 材料牌号按产品图样要求填写。

(2) 毛坯种类填写铸件、锻件、条钢、板钢等。当然，毛坯种类还有冲压件、型材、焊接件、工程塑料、粉末冶金等。阶梯轴外形简单，一般无需铸造，选择圆钢类型材，然后加工成成品，见图 4-39。对于要求较高的轴，或者台阶相差较大的，可以采用锻件。

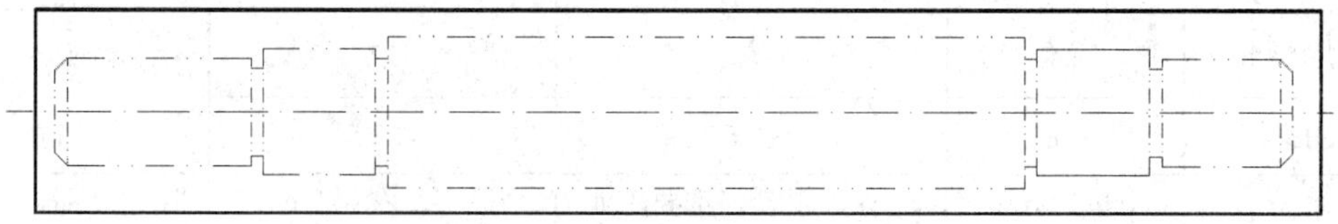

图 4-39　阶梯轴用毛坯——圆钢(型材)

(3) 毛坯外形尺寸指加工的毛坯外形尺寸。若毛坯不是型材，则不必填写。

(4) 每毛坯可制件数大多数情况下为“1”，每台件数依据产品明细表填写。

2．加工余量

粗车及半精车外圆加工余量及精度见表 4-43，半精车后磨外圆余量及精度见表 4-44，半精车轴端面的加工余量及公差见表 4-45，磨削轴端面的加工余量及公差见表 4-46。

表 4-43　粗车及半精车外圆加工余量及精度

零件基本尺寸	直径余量				直径公差	
	粗车		半精车		粗车前	半精车前
	长度					
	≤200	>200～400	≤200	>200～400		
≤10	1.5	1.7	0.8	1.0	IT14	IT12～13
>10～18	1.5	1.7	1.0	1.3		
>18～30	2.0	2.2	1.3	1.3		
>30～50	2.0	2.2	1.4	1.5		
>50～80	2.3	2.5	1.5	1.8		
>80～120	2.5	2.8	1.5	1.8		

表 4-44　半精车后磨外圆余量及精度

零件基本尺寸	直径余量		直径公差	
	粗磨	半精磨	半粗车	粗磨
≤10	0.2	0.1	IT11	IT9
>10～18	0.2	0.1		
>18～30	0.2	0.1		
>30～50	0.25	0.15		
>50～80	0.3	0.2		
>80～120	0.5	0.3		
>120～180	0.5	0.3		
>180～250	0.5	0.3		

表 4-45　半精车轴端面的加工余量及公差

工件长度	端面半精车余量				粗车端面后的尺寸公差
	端面最大直径				
	≤30	>30～120	>120～260	>260～500	
≤10	0.5	0.6	1.0	1.2	IT12～13
>10～18	0.5	0.7	1.0	1.2	
>18～30	0.6	1.0	1.2	1.3	
>30～50	0.6	1.0	1.2	1.3	
>50～80	0.7	1.0	1.3	1.5	
>80～120	1.0	1.0	1.3	1.5	
>120～180	1.0	1.3	1.5	1.7	
>180～250	1.0	1.3	1.5	1.7	

表 4-46 磨削轴端面的加工余量及公差

工件长度	端面半精车余量				半精车端面后的尺寸公差
	端面最大直径				
	≤30	>30～120	>120～260	>260～500	
≤10	0.2	0.2	0.3	0.4	IT11
>10～18	0.2	0.3	0.3	0.4	
>18～30	0.2	0.2	0.3	0.4	
>30～50	0.2	0.3	0.3	0.4	
>50～80	0.3	0.3	0.4	0.5	
>80～120	0.3	0.3	0.5	0.5	
>120～180	0.3	0.4	0.5	0.6	
>180～250	0.3	0.4	0.5	0.6	

4.6.2 工艺装备与工序附图

1．阶梯轴的工艺装备

(1) 设备与刀具在设备部分已加以说明。

(2) 量具与检具的问题参见 4.4 节。

(3) 工位器具往往较简单，这里可以用转子架或零件箱，不必关注结构，只需通过查表提供编号即可。

2．工序附图

在定位与夹紧部分已经初步解决了夹具的问题，车床加工过程的定位夹紧可参考表 4-30，磨削定位夹紧装置同车削。

4.6.3 加工阶段的划分

为了保证零件的加工质量、生产效率和经济性，通常在安排工艺路线时，将加工阶段划分成几个阶段。

对于一般精度零件，可划分成粗加工、半精加工和精加工三个阶段。

1．各阶段的主要任务

(1) 粗加工阶段：主要去除各加工表面的大部分余量，并加工出精基准。

(2) 半精加工阶段：减少粗加工阶段留下的误差，使加工面达到一定的精度，为精加工做好准备，并完成一些精度要求不高的表面的加工。

(3) 精加工阶段：主要是保证零件的尺寸、形状、位置精度及表面粗糙度，这是相当关键的加工阶段。大多数表面至此加工完毕。

2．划分加工阶段的好处

(1) 有利于保证零件的加工质量。粗加工时，夹紧力大，切削厚度大，切削力大，切

削热多，零件因受力变形、受热变形及残余应力引起的加工误差大，如无后续的精加工加以纠正，将难以保证加工精度。此外，粗精加工分开进行，可以避免精加工表面少受损伤。

(2) 可以及时发现毛坯的缺陷。粗加工时，切除的余量大，容易发现毛坯的缺陷，此时实施报废，可以避免以后精加工的经济损失。

(3) 粗、精加工对设备的要求不同，划分能更合理地利用加工设备，还能提高加工效率。

(4) 便于组织生产。粗、精加工对生产环境条件的要求不同，精加工和精密加工要求环境清洁、恒温，划分加工阶段后，可以为精加工创造所要求的环境条件。此外，划分加工阶段便于热处理工序的插入。

3．划分加工阶段需考虑的因素

一般需要考虑以下因素：

(1) 零件的技术要求。

(2) 生产纲领和生产条件。

(3) 毛坯的情况。

4.6.4　工序内容编写说明

1．工序名称

(1) 以设备的方式命名，如采用车床则为车，如采用铣床则为铣。

(2) 加工阶段若还有细分(如车削分几道工序加工)，则加上"粗"、"半精"、"精"，即"粗车"、"半精车"、"精车"等。同理，磨削加工则为"粗磨"、"精磨"等。

2．轴的工序划分

(1) 描述工序内容时，应先说明定位与夹紧，如"三爪定位，校正夹紧，按工艺附图一"。注意：定位与夹紧不算工序。

(2) 根据工序的定义，在确定了工艺路线的基础上，就能正确确定各道工序。

(3) 弄清楚每道工序所含工步，一般一个工步一行，并加上带括号的序号，如"(1) 车外圆，保持至尺寸 $\phi35\text{H8}\left(^{+0.033}_{0}\right)$"、"(1) 车外圆，至尺寸 $\phi35\text{H8}\left(^{+0.033}_{0}\right)$"或"(2) 车端面，保证总长 325"、"车端面至图样尺寸要求"等。

(4) 对于相邻表面不会引起误解的两个工步，可合并描述。

(5) 注意在工步描述时要用行业习惯措词，如保持尺寸、保证尺寸、至尺寸等。

(6) 若产品图样标有配作、配钻，或根据工艺需要装配时配作、配钻，则应在配作前的最后工序另起一行注明"××孔与××件装配时配钻"、"××部位与××件装配后加工"等。

(7) 工序中的外协加工部分也要填写，但只需写出工序名称和主要技术要求，如热处理的硬度和变形要求、电镀层的厚度等。

4.6.5　表尾编写与其他说明

表尾部分比较简单，左侧部分用于工艺管理，编写时不用考虑；左侧部分是签名与时

间，要按规范输入。这里工艺人员只需输入设计(日期)下面的格子，采用的格式为“名字”+“YY-MM-DD”。

过程卡里还有“工时”一栏，忽略不填写。

注意：考虑到本课程以学习方法为主，所以工序卡片中的机床速度、进给速度等都将忽略或作为机动，感兴趣的读者可自行查阅相关资料。

✧✧✧✧✧ 实践与思考 4.6 ✧✧✧✧✧

根据附录 G 提供的电动机轴，编写阶梯轴工艺过程卡片，不要求填写机床速度、进给速度等有关参数，至少绘制一道工序的附图(建议第一道工序为下料，设备为带锯床)，输入工艺图表并打印输出。

4.7 阶梯轴的工序卡片

要编制工序卡片，有必要研究工艺尺寸链的问题。

4.7.1 尺寸链

一个零件或一个装配体都有由若干彼此连接的尺寸组成的一个封闭的尺寸组，称为尺寸链。

1. 工艺尺寸链

工艺尺寸链是利用工艺过程中相互关联的尺寸相互连接形成的封闭尺寸链图。它是在零件加工过程中所遇到的问题。

图 4-40(a)所示为一联轴器工件图样，图中注有尺寸 A_1 和 A_2。

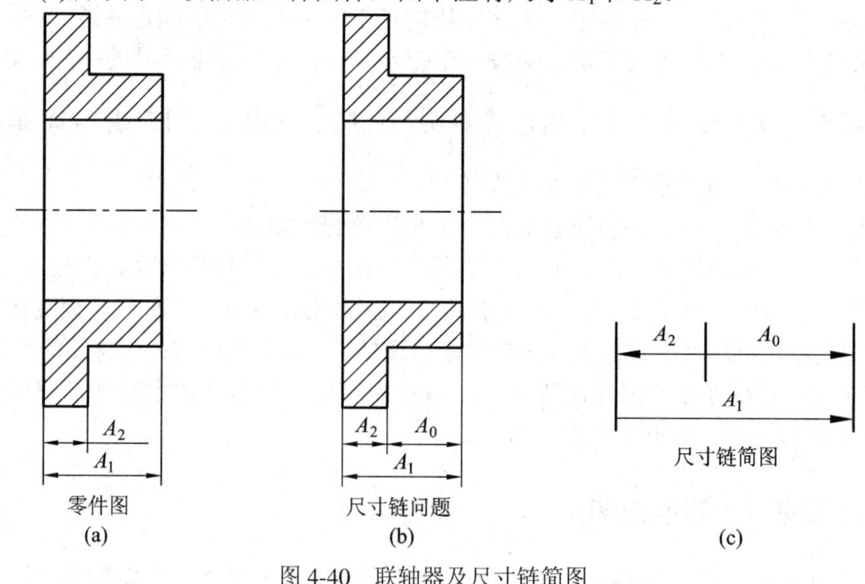

图 4-40 联轴器及尺寸链简图

图 4-40(b)是为了研究 A_0 这个尺寸而标注的。图(a)不能同时标注 A_0 与 A_2，否则尺寸封闭会出现矛盾。一般情况下标注 A_2，是考虑到 A_2 比 A_0 重要，或者 A_0 不能直接测量。

图 4-40(c)去除了视图部分，只留下了尺寸，并且尺寸线成了单向箭头。此时每一个尺寸被称为一个环。在这个环内，原尺寸的箭头沿着回路的一个方向，而要研究的尺寸的箭头方向则相反。

2．尺寸链简图

尺寸链中，间接得到的尺寸称为封闭环，它依附于其他尺寸而最后形成尺寸。

通过直接加工得到的尺寸称为组成环(除封闭环外的其他各个尺寸)。组成环按其对封闭环的影响又可分为增环和减环。

(1) 增环：当某个组成环增大时会引起封闭环增大。

(2) 减环：当某个组成环增大时会引起封闭环减小。

3．环的判断

下面以图 4-41 为例介绍尺寸链各环的判断。

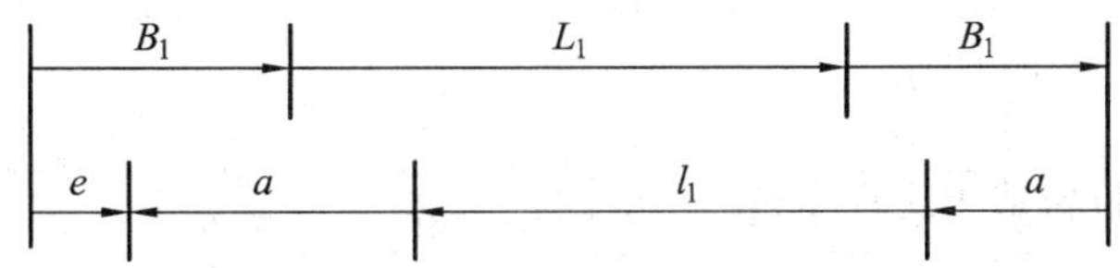

图 4-41　环的判断

首先判断封闭环。根据封闭环的定义，找出在环内箭头走向唯一相反的环，如图中的环“e”(也可以这样判断：在其同一排中，其箭头与其他环的箭头均相反，而与上排的“B_1”则尾尾相连)，其余各环均为组成环。

组成环：按定义判断增环与减环，如当“B_1”增加时，而其他尺寸均不变，则会导致封闭环“e”变大，所以“B_1”为增环。

4．工艺尺寸链的计算

研究工艺尺寸链主要是计算封闭环的尺寸，这是从工艺角度来校核计算，即正计算。

封闭环的基本尺寸：尺寸链中全部增环的基本尺寸减去全部减环的基本尺寸。

封闭环的最大极限尺寸：全部增环的最大极限尺寸与全部减环的最小极限尺寸之差。

封闭环的最小极限尺寸：全部增环的最小极限尺寸与全部减环的最大极限尺寸之差。

例如，图 4-40 所示结构中，已知各零件的尺寸：$A_1 = 22_{0}^{+0.12}$，$A_2 = 8_{0}^{+0.09}$，设计要求 A_0 为 14±0.13。试进行校核计算。

解　(1) 确定封闭环及其技术要求。

由于 A_2 是要验证的尺寸，所以确定其为封闭环。设计要求 A_0 为(14±0.13) mm。

(2) 寻找全部组成环，画尺寸链图，并判断增、减环。

除 A_2 外，其余均为组成环，根据定义可以判断出 A_1 为增环，A_2 为减环。

(3) 按式计算(校核)封闭环的基本尺寸。

封闭环的基本尺寸：$A_0 = A_1 - A_2 = 22\ \text{mm} - 8\ \text{mm} = 14\ \text{mm}$。

封闭环的最大极限尺寸：$+0.13 - 0 = 0.13\ \text{mm}$。

封闭环的最小极限尺寸：0 – 0.09 = – 0.09 mm。

封闭环的尺寸为 $A_0 = 14^{+0.13}_{-0.09}$，说明各组成环的基本尺寸满足 $A_0 = (14 \pm 0.13)$ mm 的设计要求。

5．其他说明

尺寸链的计算过程简单，但在实际工程应用中还会涉及很多问题，在尺寸链的计算中还有很多参数是未知的，如工序余量的确定、公差的分配、增减环的判断等。这些不确定的因素需要技术人员具有一定的工程实际经验。

从设计角度，封闭环的尺寸要求正是设计的目的，作为尺寸链的反计算，设计人员需要合理地将公差分配到各组成环上。

4.7.2 工序卡片的编制

1．工序卡片的格式与填写

工序卡片是在工艺过程卡片或工艺卡片的基础上，按每道工序所编制的一种工艺文件。工序卡片的格式如图 4-42 所示。

	机械加工工序卡片	产品型号	Y90L-2	零件图号	WD301-3	总 4 页	第 4 页
		产品名称	三相异步电动机	零件名称	端盖	共 1 页	第 1 页

车间	工序号	工序名称	材料牌号
(1)	(2)	(3)	(4)
毛坯种类	毛坯外形尺寸		每台件数
(5)	(6)		(8)
设备名称	设备型号	设备编号	同时加工件数
(9)	(10)	(11)	(12)
夹具编号	夹具名称	切削液	
(13)	(14)		
工位器具编号	工位器具名称	工序工时 准终	工序工时 单件
(16)	(17)	(18)	(19)

工步号	工步内容	工艺设备	主轴转速 r/min	切削速度 m/min	进给量 mm/r	切削深度 /mm	进给次数	工步工时 机动	工步工时 辅助
(20)	(21)	(22)							

图 4-42 工序卡片的格式

工序卡片的填写如下：

(1) 工序卡片的表头和表尾部分与工艺过程卡片一样，除工艺文件编号外，如果设置了公共信息，则不用填写就已经共享了。

(2) 最大的单元格是工序附图区域，一般都需要绘制或插入工序附图。

(3) 图 4-42 中有序号的单元格的填写方法见表 4-47。

这里忽略了一些切削参数等内容，即不必填写在工序卡片中，这些具体内容不作要求，有兴趣者可以查询工艺标准以及机械手册等获得。

表 4-47 工序卡片主要空格的填写内容

空格号	填写内容	空格号	填写内容
(1)	执行该工序的车间名称或代号	(16)、(17)	该工序需使用的各种工位器具的名称和编号
(2)～(8)	按工艺过程卡的相应项目填写，其中(7)因工艺图表格式与标准格式有出入，省略不注	(18)、(19)	工序工时的准终、单件时间
(9)～(11)	该工序所用的设备，一般填写设备的型号或名称，必要时还应填写设备编号	(20)	工步号
(12)	在机床上同时加工的件数	(21)	各工步的名称、加工内容和主要技术要求
(13)、(14)	该工序需使用的各种夹具名称和编号	(22)	各工步所需用的模具、辅具、刀具、量具(“工艺装备”栏填写各工序(或工步)所使用的夹具、模具、辅具、刀具、量具。其中属专用的，按专用工艺装备的编号(名称)填写；属标准的，填写名称、规格和精度，有编号的也可填写编号)

注意事项：

(1) 填写内容应简要、明确。

(2) “工步内容”栏内，对一些难以用文字说明的工步内容，应绘制示意图。

2. 工序卡片的具体填写步骤

工序卡片是通过过程卡的生成方法创建的，在创建之前要对工序卡片作预处理。工序卡片的具体填写步骤如下：

(1) 模板预处理。

① 在工序卡片模板编辑模式下，定义好企业名称单元格。因文件编号单元格被“总×页，第×页”占据，故可将此内容删除、合并，然后定义为文件编号。

② 过程卡与工序卡是紧密相连的，在规程编辑模式下，合理设置公共信息对填写表格的工作量与正确性都有明显的帮助作用。例如，材料与毛坯信息都可以设置为公共信息，表尾甚至车间等都可以考虑设置。

注意：模板修改应该在创建工艺规程前操作，而模板集操作则在输入内容前设置即可。

(2) 生成工序卡。工艺图表输入轴的机械加工工艺过程卡片后，按住 Ctrl 键，用鼠标单击选择一道工序，右击弹出快捷菜单，点击“生成工序卡”。

(3) 在填写工步时，定位与夹紧部分不计入工步中，所以可在第 1 行单独填写，从第 2 行开始工步号从 1 开始填写。另外，简单的两个工步也可以合并，如在工步号内填写“2～3”。

(4) 轴加工没有特殊的夹具，可将拨杆、鸡心夹、顶尖等填入，若工装编号查不到，则可忽略不填。

(5) 轴加工后，不能落地，所以需要工位器具。轴的工位器具较简单，钻好孔的平板搁在木架上即可使用，如转轴架，感兴趣的可以设计该工装。

(6) 工步的分解严格按其定义确定，每一工步可写一行，不够可添加续页，填写时要注意行业习惯的措词。

(7) 填写工艺装备列时不必区分工步，按本道工序的要求填写，注意与工艺过程卡的对应工序保持一致。

3. 工序卡片附图

关于工序卡片的附图要求，请参考过程卡的附图要求，务必注意每道工序零件的放置方向，所需加工部位的线条、尺寸、精度、粗糙度等，且需要绘制定位与夹紧符号。

当附图较大时，在附图区域视图不够清晰，此时可以给工序卡片添加工艺附图子卡片，但要在工序附图中加以说明，如标注：“见工艺附图×”。

✦✦✦✦✦ 实践与思考 4.7 ✦✦✦✦✦

在 4.6 节的电机轴机械加工工艺过程卡的基础上，进一步编写工序卡片，注意模板修改与公共信息的合理设置。另外，工序附图至少绘制两道，如第一道工序与最后一道工序。

项目五　端 盖 工 艺

5.1　端盖技术分析

电动机端盖属于盘盖类零件，其基本形状是扁平的盘状，由回转体、盖板等组成，且直径 D 大于长度 L，有一个端面与其他零件相靠的重要接触面。端盖常设有螺孔、轴承孔、凸台等结构，起密封、支承等作用。

主视图一般按加工位置水平放置，需要两个以上基本视图，以采用两个基本视图居多(如主视图与左视图、主视图与俯视图)，不过像主视图加上左视图、右视图也很常见。

端盖的机加工以车削为主，其上的孔加工需要钻削，螺孔先钻后攻丝，攻丝一般在攻丝机上完成。

1. 毛坯

电动机端盖相对于轴来说，形状较复杂，所以零件的毛坯需要制作模具才能铸造出来，铸造的成品就是铸件。小微电机有用铸铝毛坯的，一般以铸铁为主，材料选择 HT150、HT200 等，要求较高时选择 HT250 甚至铸钢。

2. 铸件设计要求

铸件设计要从多个角度考虑，如结构形状上应易于脱模，壁厚要均匀，厚度要合理，要有铸造圆角，圆角大小选取要合理等。

不同的制造方法的最小壁厚不同，见表 5-1。

表 5-1　各种铸造方法的最小壁厚

铸件的表面积/cm^2	铸件最小壁厚/mm					
	砂型铸造			金属型铸造		
	铝硅合金	ZL201 ZL301	铸铁	铝硅合金	ZL201 ZL301	铸铁
～25	2	3	2	2	3	2.5
25～100	2.5	3.5	2.5	2.5	3	3
100～225	3	4	3	3	4	3.5
225～400	3.5	4.5	4	4	5	4
400～1000	4	5	5	4	6	4.5

端盖毛坯一般采用金属型或砂型铸造，设计时对圆角的设计选择见表 5-2。

表 5-2　铸 造 圆 角

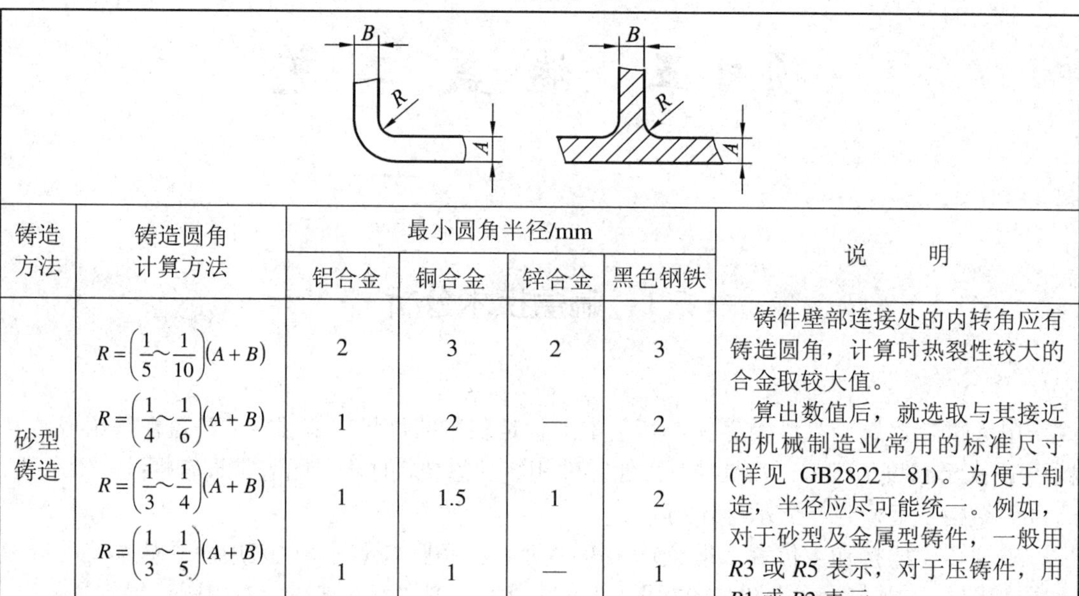

铸造方法	铸造圆角计算方法	最小圆角半径/mm				说　　明
		铝合金	铜合金	锌合金	黑色钢铁	
砂型铸造	$R=\left(\frac{1}{5}\sim\frac{1}{10}\right)(A+B)$	2	3	2	3	铸件壁部连接处的内转角应有铸造圆角，计算时热裂性较大的合金取较大值。 算出数值后，就选取与其接近的机械制造业常用的标准尺寸(详见 GB2822—81)。为便于制造，半径应尽可能统一。例如，对于砂型及金属型铸件，一般用 $R3$ 或 $R5$ 表示，对于压铸件，用 $R1$ 或 $R2$ 表示
	$R=\left(\frac{1}{4}\sim\frac{1}{6}\right)(A+B)$	1	2	—	2	
	$R=\left(\frac{1}{3}\sim\frac{1}{4}\right)(A+B)$	1	1.5	1	2	
	$R=\left(\frac{1}{3}\sim\frac{1}{5}\right)(A+B)$	1	1	—	1	

3．轴承孔的尺寸

中小型电动机轴与端盖之间一般用一对滚动轴承连接，用于支承转动的轴及轴上零件，并保持轴的正常工作位置和旋转精度。滚动轴承使用维护方便，工作可靠，起动性能好，在中等速度下承载能力较强。

滚动轴承是将运转的轴与轴座之间的滑动摩擦变为滚动摩擦，从而减少摩擦损失的一种精密的机械元件。

三相异步电动机一般采用深沟球轴承，是最常用的滚动轴承，见图 5-1。

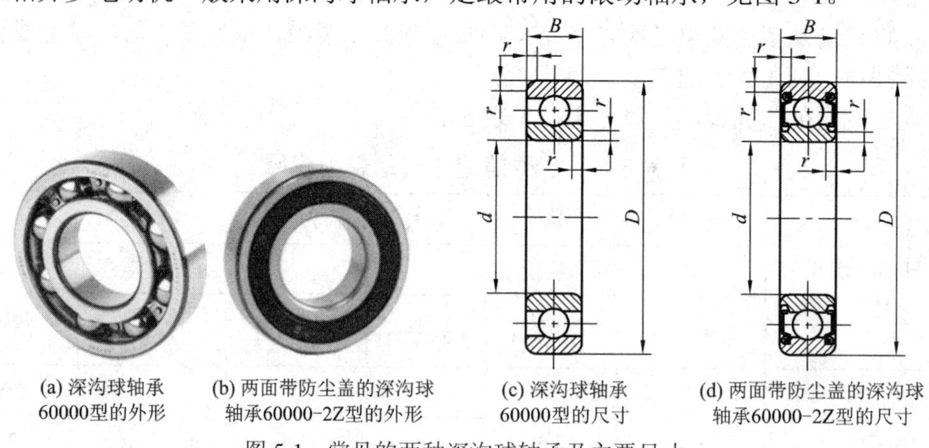

(a) 深沟球轴承60000型的外形　(b) 两面带防尘盖的深沟球轴承60000-2Z型的外形　(c) 深沟球轴承60000型的尺寸　(d) 两面带防尘盖的深沟球轴承60000-2Z型的尺寸

图 5-1　常见的两种深沟球轴承及主要尺寸

深沟球轴承的摩擦系数小，极限转速高，结构简单，制造成本低，是最具代表性的滚动轴承，是机械工业中使用最为广泛的一类轴承，主要承受径向负荷，也可承受一定量的轴向负荷，而且非常耐用，无需经常维护。

深沟球轴承的尺寸可查询国标 GB/T276—94《深沟球轴承外形尺寸》。表 5-3 为 02 系列部分轴承的外形尺寸。

轴承游隙采用过盈配合会导致轴承游隙减小，应检验安装后轴承的游隙是否满足使用要求，以便正确选择配合及轴承游隙。

表 5-3　02 系列部分轴承的外形尺寸

轴承型号		外形尺寸/mm			安装尺寸/mm		
60000 型	60000-2Z 型	d	D	B	D_1	D_2	r
6201	6201-2Z	12	32	10	17	28	0.6
6202	6202-2Z	15	35	11	20	31	0.6
6203	6203-2Z	17	40	12	22	35	1
6204	6204-2Z	20	47	14	26	42	1
6205	6205-2Z	25	52	15	31	47	1
6206	6206-2Z	30	62	16	36	52	1

4. 与轴承配合面的设计要求

与轴承配合的设计要求包括公差等级、形位公差及粗糙度的选择。

1) 公差等级

与轴承配合的轴或外壳孔的公差等级一般为 IT6，外壳孔一般为 IT7。

对旋转精度和运转平稳性有较高要求的场合，在提高轴承公差等级的同时，轴承配合部位也应按相应精度提高。

深沟球轴承和轴的配合、轴公差带代号按表 5-4 选择；深沟球轴承和外壳的配合、孔公差带代号按表 5-5 选择。

表 5-4　深沟球轴承和轴的配合、轴公差带代号

运转状态		负荷状态	轴尺寸	公差带
说明	举例			
旋转的内圈负荷及摆动负荷	一般通用机械、电动机、机床主轴、泵、内燃机等	轻负荷	≤18 ＞18～100 ＞100～200	h5 j6 k6
		正常负荷	≤18 ＞18～100 ＞100～140	j5、js5 k6 m5
仅有轴向负荷		所有尺寸		j6、js6

表 5-5　深沟球轴承和外壳的配合、孔公差带代号

运转状态		负荷状态	球轴承公差带
说明	举　例		
固定的外圈负荷	一般机械、铁路机车车辆轴箱、电动机、泵、曲轴主轴承	轻、正常、重	H7、G7
		冲击、轻、正常	J7、Js7
摆动负荷		正常、重	K7
		冲击	M7
旋转的外圈负荷	张紧滑轮、轮毂轴承	轻	J7
		正常	K7、M7

2) 配合面及端面的形状和位置公差

对于采用滚动轴承的机械设计，其配合尺寸及形位公差应参考 GB/T275—2015《滚动轴承与轴和外壳的配合》的要求。

图 5-2 所示为轴颈和外壳孔表面的圆柱度公差；轴肩及外壳孔肩的端面圆跳动按表 5-6 选取。

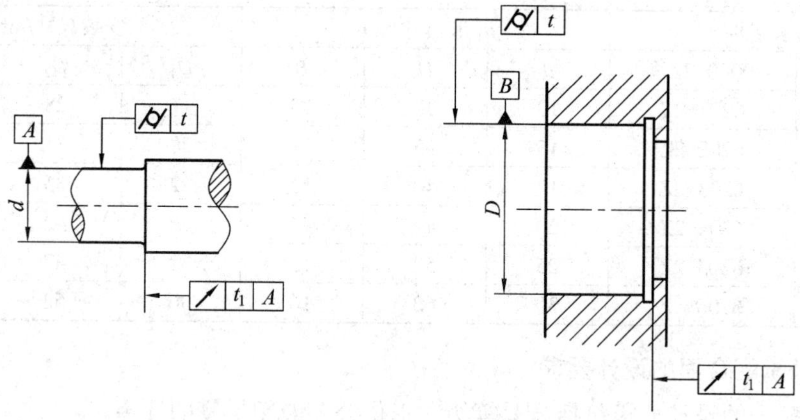

图 5-2 轴颈和外壳孔表面的圆柱度公差

表 5-6 轴和外壳的形位公差

基本尺寸/mm		圆柱度 t				端面圆跳动 t_1			
		轴颈		外壳孔		轴肩		外壳孔肩	
		轴承公差等级							
		0	6(6×)	0	6(6×)	0	6(6×)	0	6(6×)
		公差值/μm							
	6	2.5	1.5	4	2.5	5	3	8	5
6	10	2.5	1.5	4	2.5	6	4	10	6
10	18	3.0	2.0	5	3.0	8	5	12	8
18	30	4.0	2.5	6	4.0	10	6	15	10
30	50	4.0	2.5	7	4.0	12	8	20	12
50	80	5.0	3.0	8	5.0	15	10	25	15
80	120	6.0	4.0	10	6.0	15	10	25	15
120	180	8.0	5.0	12	8.0	20	12	30	20
180	250	10.0	7.0	14	10.0	20	12	30	20

注：滚动轴承的精度分为尺寸精度与旋转精度。精度等级已标准化，分为 0 级、6×级、6 级、5 级、4 级、2 级六个等级。精度从 0 级起依次提高，对于一般用途，0 级已足够，但在用于其他条件或场合时，需要 5 级或更高的精度。

3) 配合表面及端面的粗糙度

轴颈和外壳孔的配合表面的粗糙度如表 5-7 所示。

表 5-7　轴颈和外壳孔的配合表面的粗糙度

轴或轴承直径/mm		轴或外壳配合表面直径公差等级								
		IT7			IT6			IT5		
		表面粗糙度/μm								
超过	到	*Rz*	*Ra*		*Rz*	*Ra*		*Rz*	*Ra*	
			磨	车		磨	车		磨	车
	80	10	1.6	3.2	6.3	0.8	1.6	4	0.4	0.8
80	500	16	1.6	3.2	10	1.6	3.2	6.3	0.8	1.6
端面		25	3.2	6.3	25	3.2	6.3	10	1.6	3.2

5．轴承室及轴的设计要求

轴承安装时的设计结构见图 5-3，对应的设计尺寸见表 5-3。

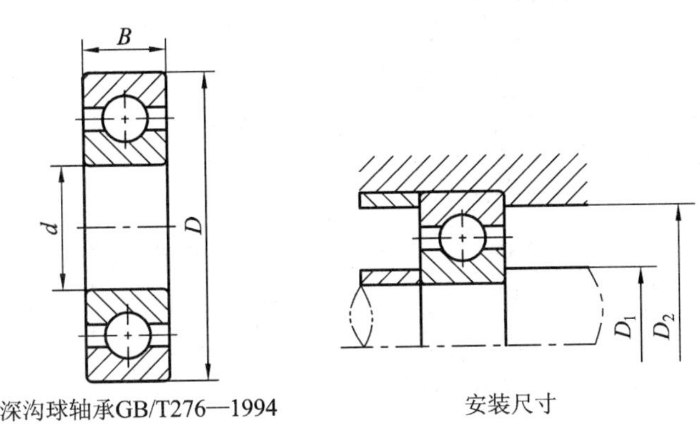

图 5-3　轴肩、轴承安装时的设计结构

为防止轴承的轴向游动，轴承室的设计往往还要设计挡圈孔，挡圈孔的设计尺寸一般通过查阅手册来确定，表 5-8 为以 B 型挡圈为例的部分规格尺寸。

6．端盖技术要求

(1) 在图样技术要求里，对铸造缺陷做了一些必要的说明，如铸件不得有气孔、砂眼、胀砂、冷隔、浇不足、缩松、缩孔、肉瘤等缺陷，这些可作为毛坯的检验依据。

(2) 在铸造方面，主要有圆角铸造、脱模斜度及粗糙度等，可借助机械设计手册适当验证。

(3) 铸件由于制造工艺的特殊性，表面容易锈蚀，生锈后很难处理。技术要求里还涉及对表面的处理，即对铸件表面做涂铁红防锈漆。防锈漆没有具体的国家标准，只有很多分类的行业标准。例如，H06 铁红环氧酯防锈漆，该漆干燥快，附着力强，漆膜坚韧，可喷可刷，施工方便。铁红防锈漆是一种可保护金属表面免受大气、海水等的化学或电化学腐蚀的涂料，由改性醇酸树脂、防锈颜料、体质颜料、催干剂、有机溶剂等组成。

另外，有些企业对端盖有时效处理要求。

表 5-8 B 型挡圈轴承室设计的尺寸(部分)

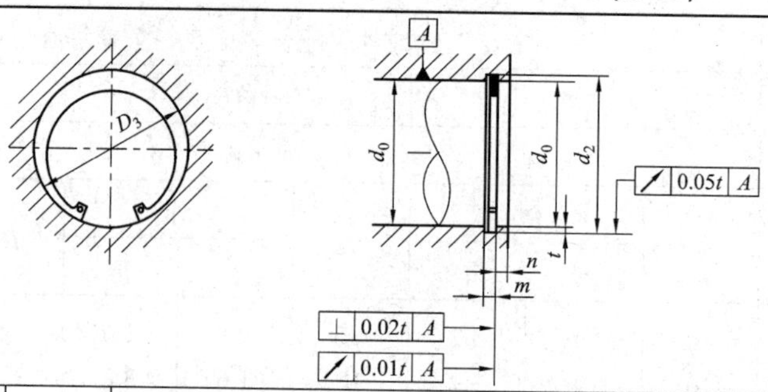

孔径 d_0	D	S	d_1	沟槽(推荐)					轴 $d_2 \leqslant$
				d_2		m		$n \geqslant$	
				基本尺寸	极限偏差	基本尺寸	极限偏差		
35	37.8	1.5	2.5	37	+0.25 0	1.7	+0.14 0	3	23
40	43.5			42				3.8	27
42	45.5		3	44.5					29
45	48.5			47.5					31
47	50.5			49.5					32
48	51.5			50.5					33
50	54.2	2		53	+0.30 0	2.2		4.5	36
52	56.2			55					38
55	59.2			58					40
56	60.2			59					41
58	62.2			61					43
60	64.2			63					44
62	66.2			65					45

7．行业要求

异步电动机技术成熟，行业方面有专门的推荐技术要求，如表 5-9 为端盖的行业推荐设计要求。

表 5-9 端盖的行业推荐设计要求

加工部位	配合制	公差代号	表面粗糙度 Ra/μm	形位公差
止口直径	基孔	js7	6.3 3.2	轴承室内圆的圆柱度公差为 7 级
轴承室内径	基轴	30～$50_0^{+0.020}$ ＞50～$80_0^{+0.022}$	1.60	轴承室内圆对止口基准轴线的径向圆跳动公差为 8 级
轴承室深度	—	h11	6.3	与机座配合的止口平面对轴承室内圆基准轴线的端面圆跳动公差为 8 级和 9 级，公差之和的 1/2
止口平面至轴承室内平面距离	基孔	H11	6.3	凸缘端盖的凸缘止口对端盖止口的径向圆跳动公差为 8 级和 9 级公差之和的 1/2

(1) 与机座配合的止口(形状像“止”)外圆与平面分别是指ϕ112js7 与基准平面 N。

(2) 轴承室尺寸推荐的值的公差为$^{+0.020}_{0}$，但 112H6 的公差为$^{+0.016}_{0}$，较小，考虑到孔的 6 级公差加工难度大，所以这里选择了 7 级(H7)。

(3) 轴承室深度的公差 h11 在设计图样中没有标注，原因是该端盖属于小型电动机，没有轴承盖。

✧✧✧✧✧ 实践与思考 5.1 ✧✧✧✧✧

对图 5-4 的无凸缘端盖按端盖的设计要求(包括行业要求)进行技术分析，编写端盖设计验证分析报告。

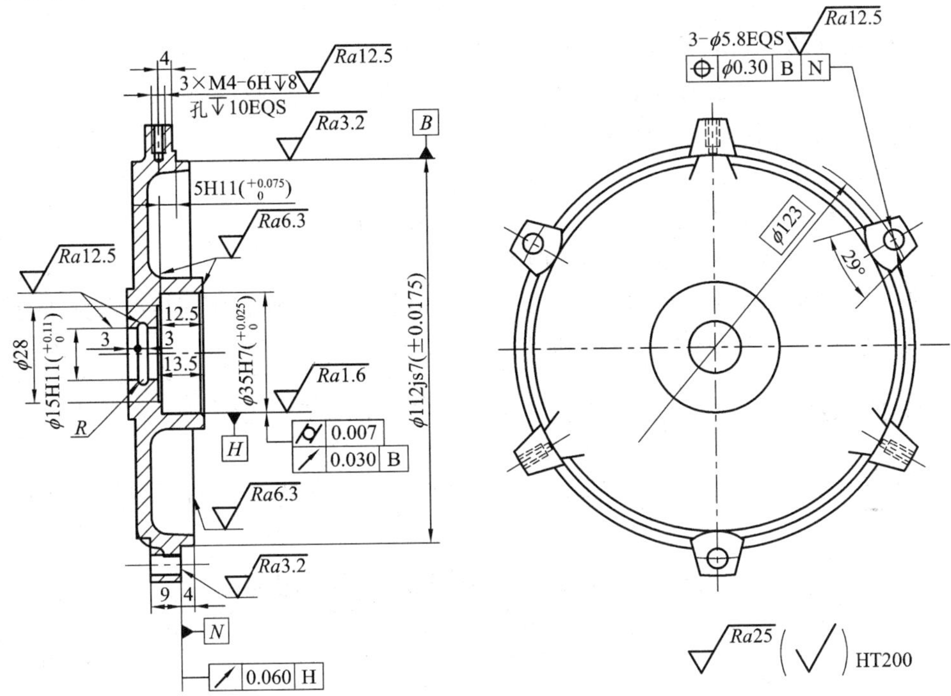

技术要求：

1. 铸件表面不得有气孔、砂眼、缩松、肉瘤等缺陷。
2. 未注倒角C0.5。
3. 未注尺寸公差按GB/T1804-m。

图 5-4　无凸缘端盖

5.2　端盖结构分析

5.2.1　零件结构的铸造工艺性

零件结构工艺性是指设计的零件能否在现有的条件下被经济、方便地制造出来。它涉

及零件结构设计、尺寸标注、技术要求、材质等多方面内容。

国标 GB/T24737.3—2009《工艺管理导则 第 3 部分 产品结构工艺性审查》中的以下两部分与端盖铸件有关：

1．铸造工艺性

(1) 铸件的壁厚应合适、均匀，不得有突然变化。

(2) 铸件圆角要合理，并不得有尖角。

(3) 铸件的结构要尽量简化，并有合理的起模斜度，以减少分型面、型芯，便于起模。

(4) 加强肋的厚度和分布要合理，以避免冷却时铸件变形或产生裂纹。

(5) 铸件的选材要合理。

2．零件结构的切削加工工艺性

(1) 尺寸公差、形位公差和表面粗糙度的要求应经济、合理。

(2) 各加工表面几何形状应尽量简单。

(3) 有相互位置要求的表面应能尽量在一次装夹中加工。

(4) 零件应有合理的工艺基准并尽量与设计基准一致。

(5) 零件的结构应便于装夹、加工和检查。

(6) 零件的结构要素应尽可能统一，并使其能尽量使用普通设备和标准刀具进行加工。

(7) 零件的结构应尽量便于多件同时加工。

5.2.2 零件结构工艺性示例

按 5.2.1 节对零件结构工艺性的要求，下面给出一些工件不合理的结构及改进方法示例，见表 5-10。

表 5-10 不合理的结构及改进方法图例

结构类型	说明图例		说明
	改进前	改进后	
有利于改善刀具切削条件与延长刀具寿命			避免在斜面上钻孔，避免钻头单刃切削，以防止刀具损坏和造成加工误差
工件应便于在机床或夹具上装夹	A A—A A	A A—A A	将圆弧面改成平面，便于装夹和钻孔

续表一

结构类型	说明图例		说 明
	改 进 前	改 进 后	
工件应便于在机床或夹具上装夹	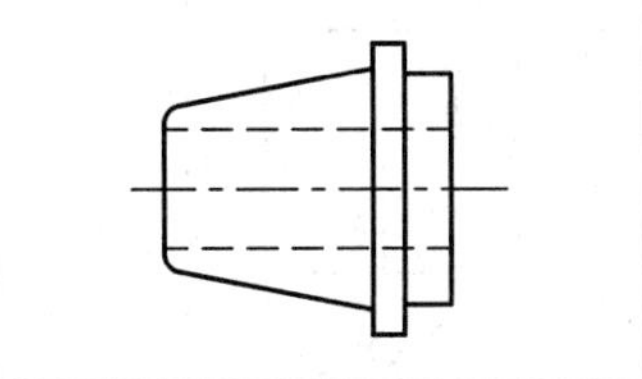	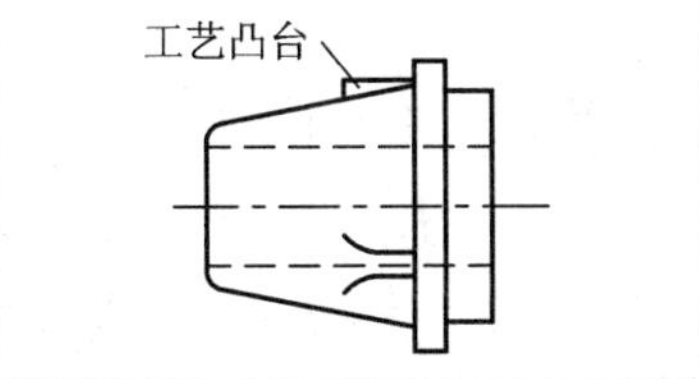	改进后增加工艺凸台，易于定位夹紧
	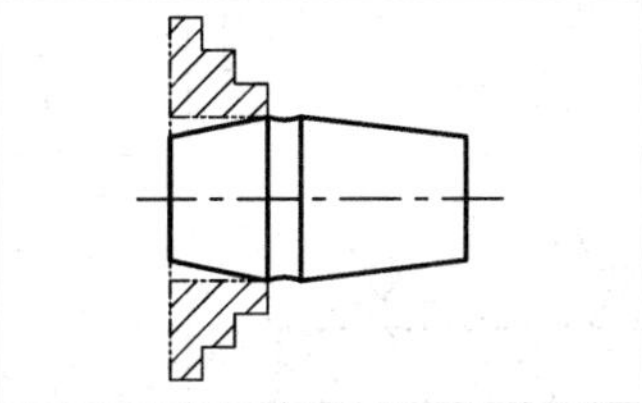	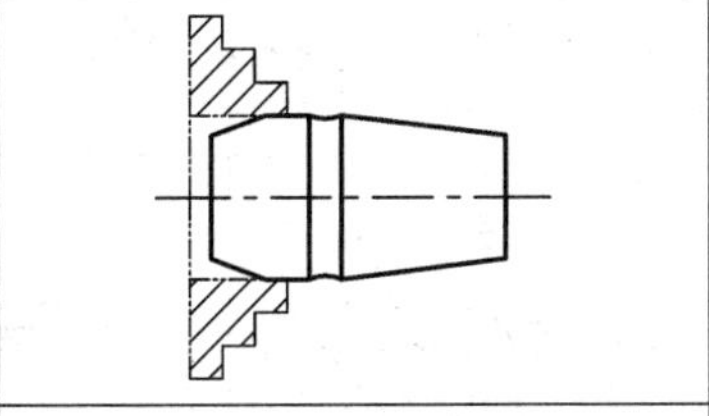	改进后的圆柱面易于定位夹紧
工件应尽量减少装夹次数	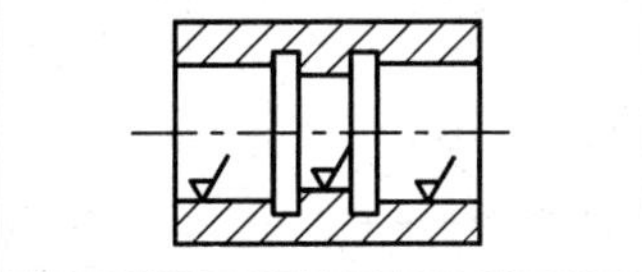	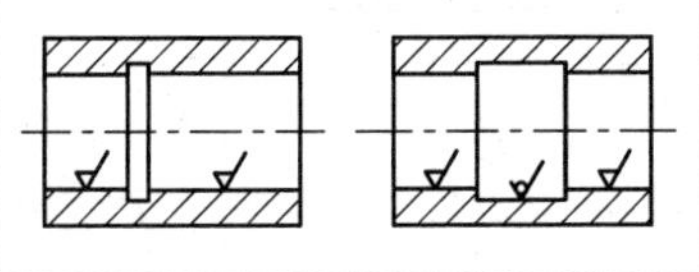	原设计需从两端进行加工，改进后只需一次装夹
工件在加工时应便于进刀、退刀和测量	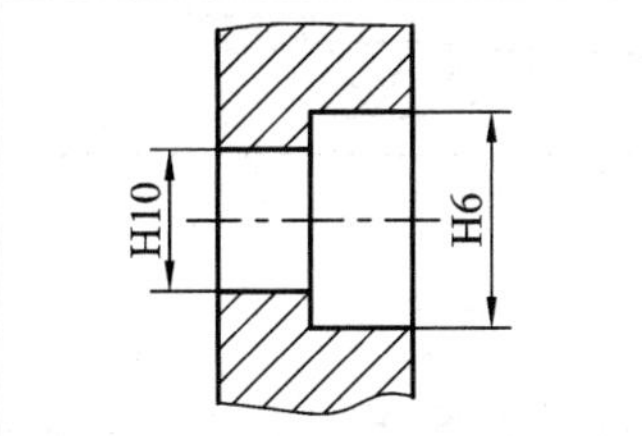	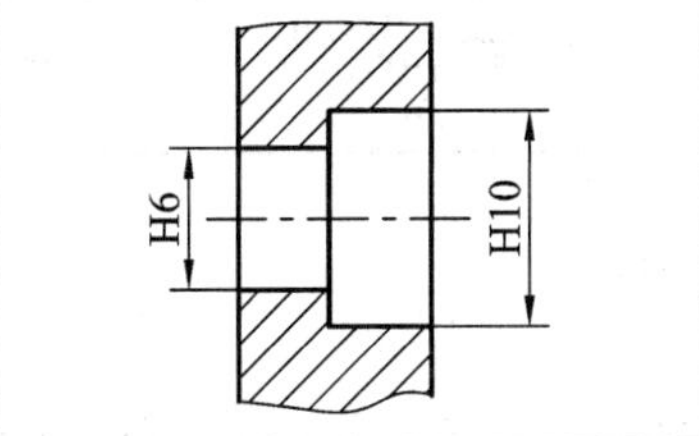	将加工精度要求高的孔设计成开通的，便于加工与测量
	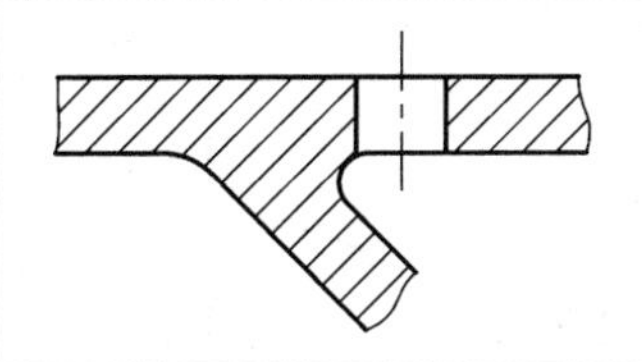	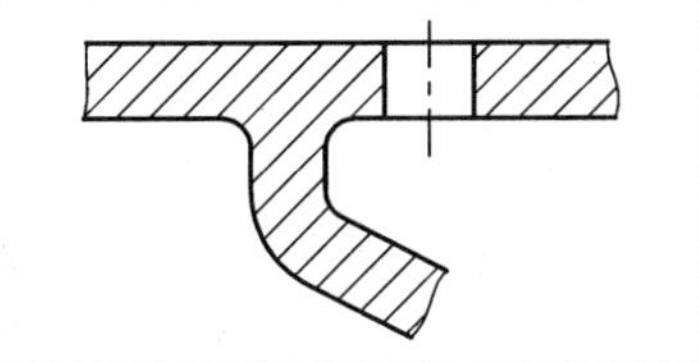	留有较大的空间，以保证钻削顺利
	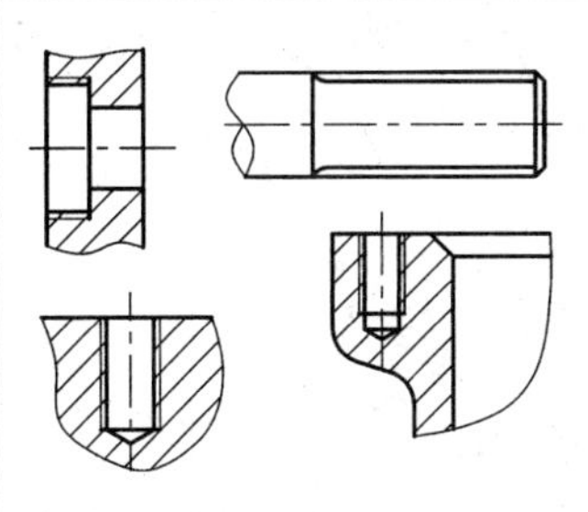	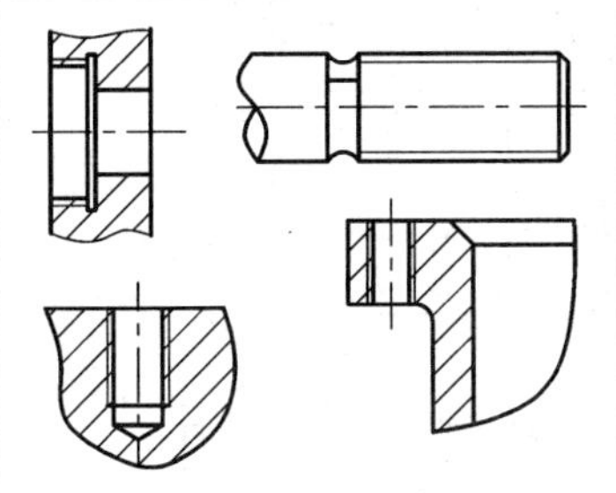	加工螺纹时，应留有退刀槽，不通的螺孔应具有退刀槽或螺纹，最好改成开通
应尽量减小加工量	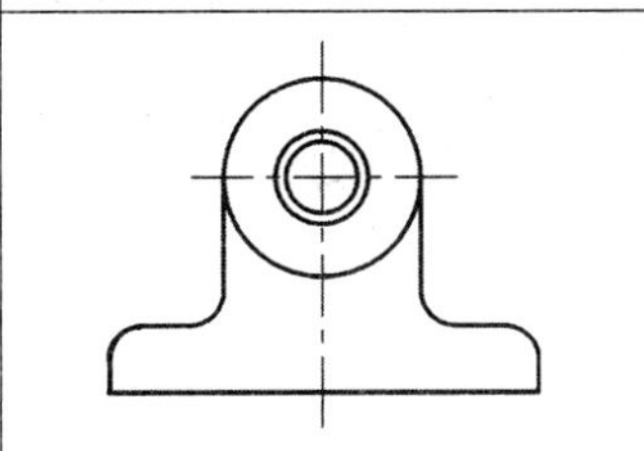	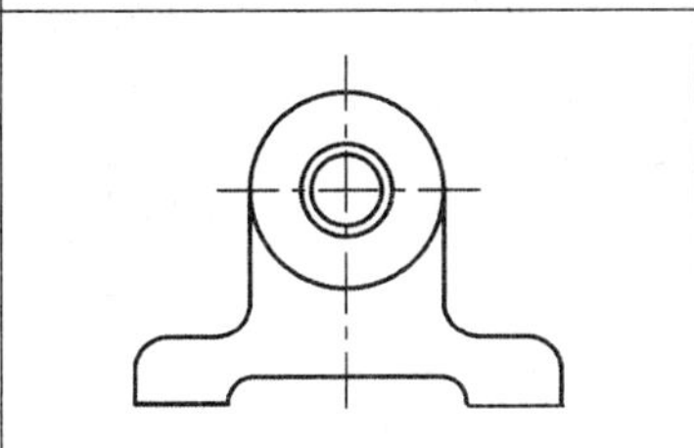	将整个支承面改成台阶支承面，减少了加工面积

续表二

结构类型	说明图例		说明
	改进前	改进后	
工件应尽量采用标准刀具，以减少刀具种类	3×M8 ↧12；4×M10 ↧18；4×M12 ↧32；3×M6 ↧12	8×M12 ↧24；6×M8 ↧12	箱体上的螺孔应尽量一致或减少种类
工件应尽量减少刀具调整与走刀次数	1；2；h		被加工表面(1、2面)尽量设计在同一平面上，可一次走刀加工，缩短调整时间，保证加工面的相对位置精度
	8°；6°；Ra0.4	6°；6°；Ra0.4	锥度相同，只需作一次调整

5.2.3 端盖结构分析

电动机端盖有两种形式：无凸缘端盖和有凸缘端盖。图 5-5 是有凸缘端盖，用于立式或立卧式安装形式的电动机。

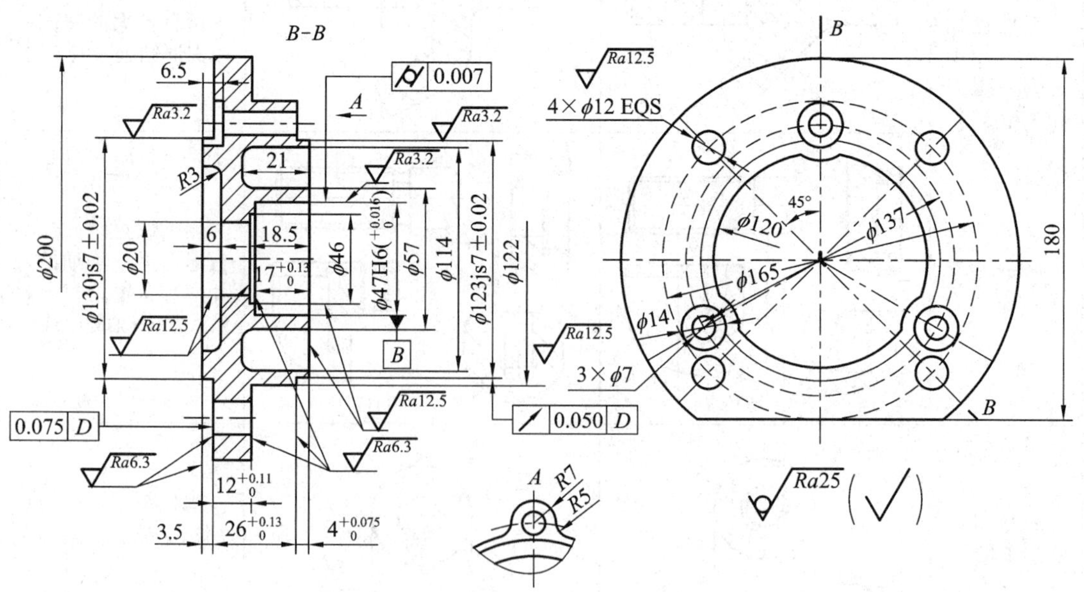

图 5-5 有凸缘端盖

1. 结构特点

(1) 端盖是连接转子和机座的结构零件，而凸缘端盖还连接被驱动的装置。

(2) 结构简单，加工容易，检修方便，采用外轴承盖以防止润滑脂外流。

(3) 止口、轴承孔等为主要配合面，其尺寸精度及形位公差有较高的制造要求。

2. 工艺要点分析

(1) 径向基准：回转轴成为基准。

(2) 轴向基准：与机座接触的端面为基准。

(3) 对于圆或圆弧形轮盘类零件上的均布孔，一般采用“$n\times\phi$、EQS”的形式标注，在轴线上的角度定位尺寸可省略。

(4) 对圆周上的定位孔，一般有位置度要求。

(5) 重要尺寸及形位公差要求：一般可按行业要求查询并核对尺寸公差。形位公差主要有内外圆的同轴要求、端面的垂直度、圆跳动要求以及外圆、内孔的圆度或圆柱要求等。

(6) 表面粗糙度(表面结构)：配合的内、外表面及轴向定位端面的表面有较高的表面粗糙度要求，不去除材料表面为直接铸造，一般为 *Ra*50 或 *Ra*25。

✧✧✧✧✧ 实践与思考 5.2 ✧✧✧✧✧

选一种端盖，从铸造与切削加工两方面对其结构进行工艺性分析，写出分析过程。

5.3 专用工装设计任务书

三相异步电动机一般属于大批大量生产，所以按其工艺特征，工艺设计中需要较多专用工艺装备。专用工艺装备设计应具备完整的设计文件，包括专用工装设计任务书、装配图、零件图、零件明细表、使用说明书(简单的专用工装可在装配图中说明)。

1. 专用工装设计任务书格式

专用工艺装备设计文件的格式遵循《JB/T9165.4－1998 专用工艺装备设计图样及设计文件格式》，其大小为一般工艺文件 A4 的一半。图 5-6 所示为专用工艺装备设计文件的一个示例。

(1) 表头部分：按设计文件填写使用该工装的产品型号、名称和零件的图号、名称，以及使用该工装的零件在每台产品中的数量和生产批量。

(2) 工装编号、工装名称及制造数量：工装编号按《JB/T9164 工艺装备编号方法》查询；工装名称按规定填写，并提出第一次制造数量。

(3) 工装等级：表示工装的复杂程度，由其成本、件数、精度以及保证产品尺寸要求的计算尺寸数目和总体尺寸等诸因素来确定。一般可依据复杂系数划分为 A、B、C 级等，这里省略不展开。

(4) 使用车间：该工装在哪个车间使用。

(5) 使用设备：该工装在哪个设备上使用，一般只填设备型号的名称，如工艺有特殊要求，还要填写企业设备编号。

(6) 工序号：表明该工装在此工序中使用。

(7) 工序内容：表明使用该工装在此工序中需加工的内容。

(8) 设计理由：写出工装的设计原因。

(9) 工序简图和技术要求：绘制工序简图，说明定位基准和装夹方法。

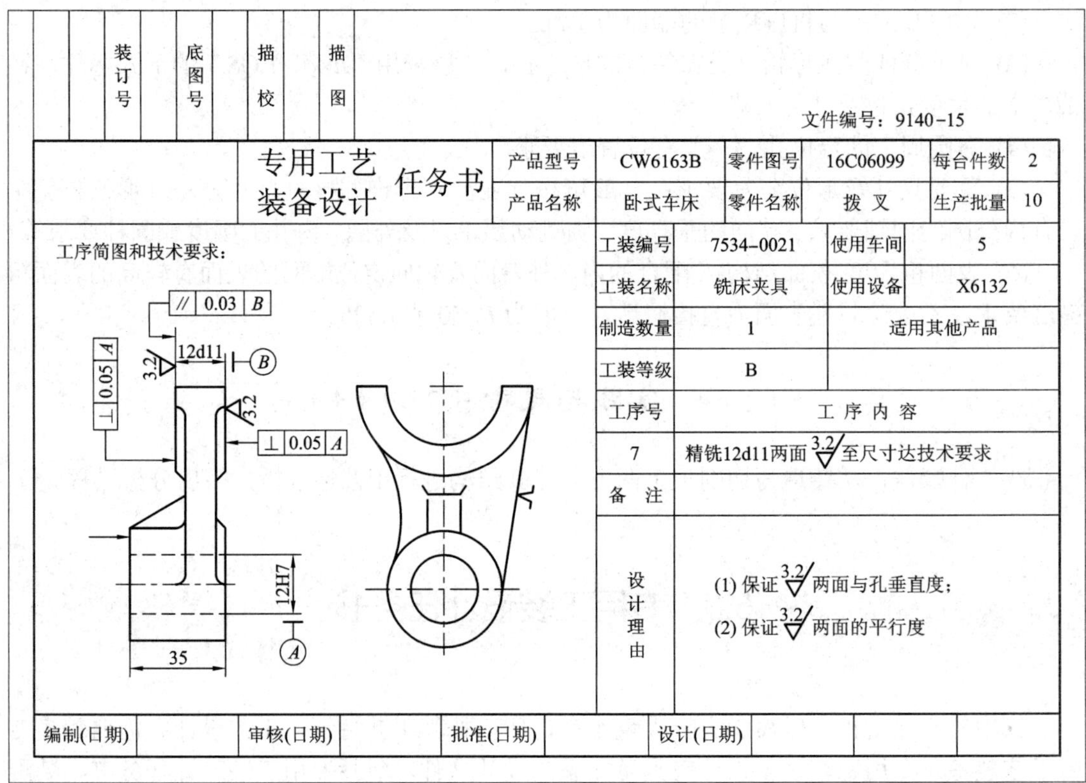

装订号	底图号	描校	描图

文件编号：9140-15

专用工艺装备设计任务书	产品型号	CW6163B	零件图号	16C06099	每台件数	2
	产品名称	卧式车床	零件名称	拨 叉	生产批量	10

工序简图和技术要求：

工装编号	7534-0021	使用车间	5
工装名称	铣床夹具	使用设备	X6132
制造数量	1	适用其他产品	
工装等级	B		
工序号	工 序 内 容		
7	精铣12d11两面 3.2 至尺寸达技术要求		
备 注			
设计理由	(1) 保证 3.2 两面与孔垂直度； (2) 保证 3.2 两面的平行度		

编制(日期)		审核(日期)		批准(日期)		设计(日期)			

图 5-6 专用工装设计任务书填写示例

2. 专用工装设计任务书填写示例

以下结合图 5-6，说明专用工装设计任务书的填写。

(1) 文件编号：卡片类型的代号查表 3-1 (或工艺标准)；卡片方法的代号一般为机械加工，即“40”；后面的“15”为登记顺序号，可忽略。

(2) 对于工序内容，依据该工艺装备在过程卡中属哪一道工序，只需写出使用该夹具在此工序中需加工的内容即可。例如，示例中作为铣床夹具只写出了它在铣削加工中的要求。

(3) 设计理由应该从零件加工的技术要求方面描述。一般从保证该道工序的加工精度要求方面来说明，也有的从提高加工效率、检验效率及准确度等方面说明。

(4) 编制工装任务书时需要绘制工序简图，简图描述与工艺装备有关的技术要求，无关的部分不必绘制在内。如示例中，只把第 7 道工序的工序内容填入。端盖工艺中，如设计钻模，则可以填写利用钻模加工的钻削加工工序；为了检测轴承孔，可以把使用塞规的检验工序填入。

✦✦✦✦✦ 实践与思考 5.3 ✦✦✦✦✦

(1) 编写图 5-5 所示的有凸缘端盖 4×ϕ12 所需要的钻模的工艺装备设计任务书。

(2) 编写图 5-4 所示的无凸缘端盖的轴承孔检具工艺装备设计任务书。

注：其中工序号及其他信息可待后面编制了端盖工艺过程卡后再补上。

5.4　端盖钻模设计

5.4.1　钻模概述

钻模是辅助钻孔的一种工装夹具。钻模是用于引导刀具在工件上钻孔或铰孔的机床夹具，能有效提高和保证各孔的相对位置精度。值得注意的是，钻模不是模具，而是夹具。

1．钻模的结构与分类

钻模的结构特点是除工件的定位、夹紧装置外，还有根据被加工孔的位置分布而设置的钻套和钻模板，用以确定刀具的位置，并防止刀具在加工过程中倾斜，从而保证被加工孔的位置精度。

常用的钻模有固定式、回转式、翻转式和盖板式四种。

2．钻模的加工与使用方法

设计时，应根据工件的形状、大小、加工要求和生产批量以及所使用机床的类型、规格，合理地选择相应的结构形式。

如根据端盖的形状，可以选择盖板式，如图 5-7 所示。

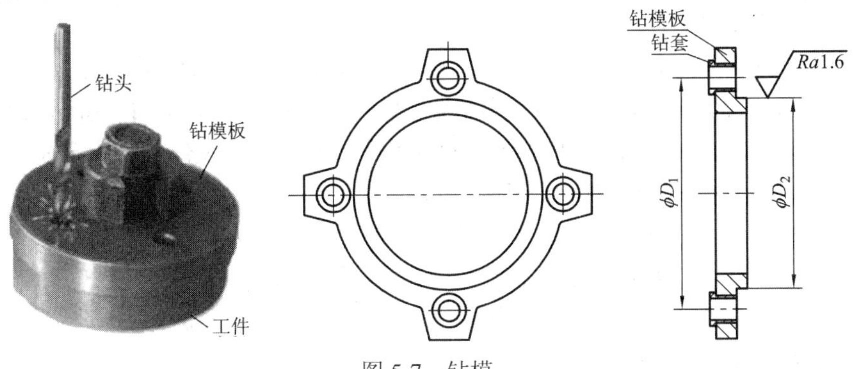

图 5-7　钻模

盖板式钻模的使用方法较简单：钻完第一孔后应及时插入销钉，使钻模与端盖不致发生相对移动，然后再钻其他孔。

5.4.2　盖板式钻模的设计

盖板式钻模只有钻模板而无夹具体。使用时把钻模板直接安装在工件的定位基准面上，

适用于在较大的工件上钻小孔。

1．钻模的组成

盖板式钻模由专供导引刀具的钻套和安装钻套的钻模板两部分组成。

(1) 钻模板：用于定位、固定钻套。

(2) 钻套(固定钻套)：直接装在钻模板的相应孔中，一般选择固定钻套，磨损后不能更换。

2．固定钻套设计

按标准 JB/T8045.1—1999《机床夹具零件及部件 固定钻套》，固定钻套有两种结构：无肩的(A 型)与带肩的(B 型)，如图 5-8 所示。

例如，$d=18$ mm、$H=16$ mm 的 A 型固定钻套标记为：钻套 A18×16 JB/T8045.1—1999。

(1) 钻套选择：一般选择带肩的，主要用于钻模板较薄时用以保持钻套必需的引导长度。

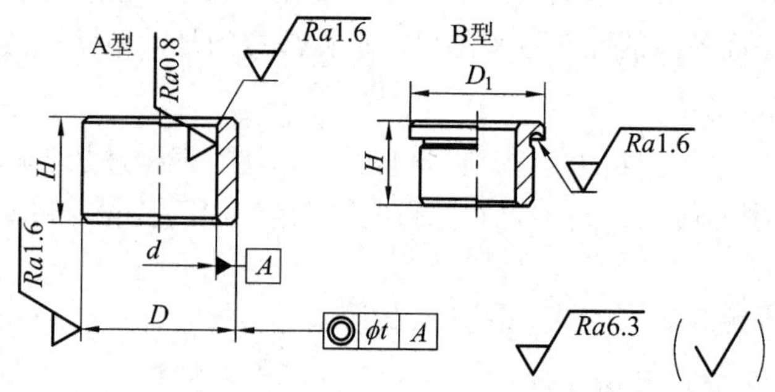

图 5-8 固定钻套的两种结构

(2) 尺寸及公差：钻套的尺寸及公差可通过查阅标准直接获得，必要时结合加工零件对某些尺寸(如高度等)做一定的修正。

(3) 钻套材料及热处理：

① $d<26$ mm、T10A 按 GB/T1298 的规定，热处理为 58～64 HRC；

② $d>26$ mm、20 钢按 GB/T699 的规定，热处理为渗碳深度 0.8～1.2 mm，58～64 HRC。

(4) 其他技术条件：参考 JB/T8044—1999《机床夹具零件及部件技术要求的规定》。

① B 型砂轮越程槽按 GB/T6403.5 的规定。

② 加工面未注公差的尺寸其尺寸公差按 GB/T1804 中 m 级的规定。

③ 未注形位公差的加工面应按 GB/T1184—H 级的规定。

④ 热处理后应清除氧化皮、脏物和油污，不允许有裂纹或龟裂等缺陷。

3．钻模板设计

(1) 钻模板外形：一般可以把外轮廓设计成与零件差不多，这样便于准确定位(见图 5-7)。如果工件的外轮廓是圆形的，也可以将其外轮廓设计成圆形的。为了区分首个引导孔，可将首孔的外形作特殊设计，比如为搭子状，其余圆形予以简化。在保证钻模板有足够刚度的前提下，应尽量去除材料以减轻其重量。

(2) 钻模板材料：一般可选用 HT200 铸造或 Q235 直接切削成型，其厚度按钻套的高度来确定，一般在 10～30 mm 之间。考虑到太重，钻套附近要保证其厚度。

(3) 尺寸公差要求：钻套与钻模板孔的配合采用 H7/n6 或 H7/r6 配合(直接压入钻模板上的钻套底孔内)，而工件止口与钻模止口间用 H8/f8(间隙配合)。

4. 钻模装配图技术要求

钻模装配图技术要求按标准 JB/T8044—1999 中 4 的规定编写。钻模装配质量要求如下：

(1) 装配时各零件均应清洗干净，不得残留铁屑和其他各种杂物，移动和转动部件时应加油润滑。

(2) 固定连接部位，不得松动、脱落；活动连接部位中的各种运动部件应动作灵活、平稳，无阻涩现象。

(3) 铸件不允许有裂纹、气孔、砂眼、缩松、夹渣、浇口、冒口、飞边，毛刺应铲平，结疤、黏砂应清除干净。

(4) 加工面未注公差的尺寸，其尺寸公差按 GB/T1804-m 级的规定标注。

5. 其他说明

(1) 设计的钻模板结构简单，使用方便，制造容易；钻模板上安装钻套的底孔与定位元件间的位置精度直接影响工件孔的位置精度，因此至关重要。

(2) 小型端盖采用立式钻床或台式钻床钻孔，中大型端盖采用摇臂钻床钻孔。

(3) 设计工艺装备时所用的装配图、零件图按 JB/T9165.4－1998《专用工艺装备设计图样及设计文件格式》的格式设计。图 5-9 为专用工艺装备装配图样标题栏、附加栏及代号栏。

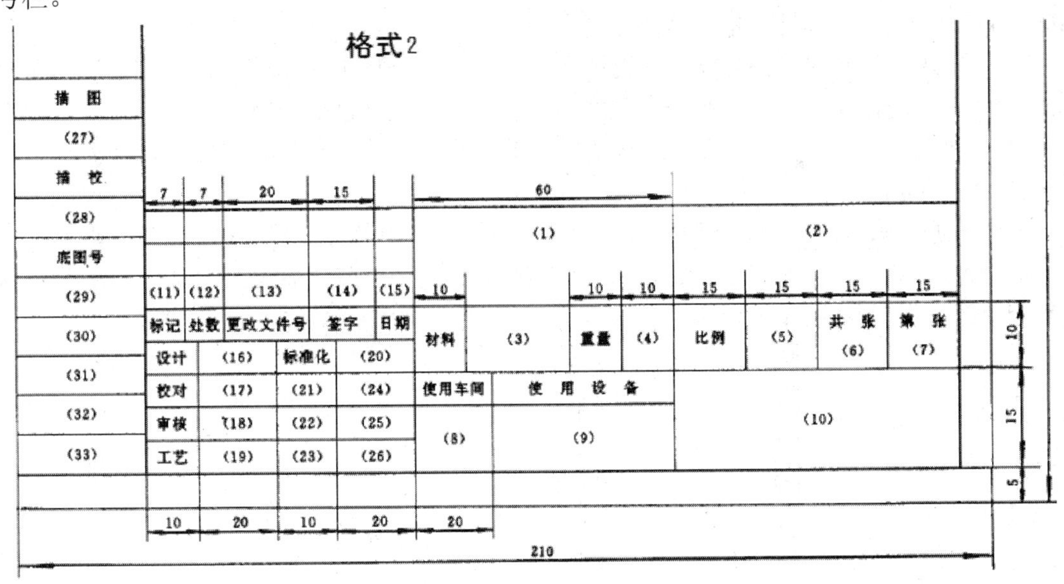

图 5-9　专用工艺装备装配图样标题栏、附加栏及代号栏

✧✧✧✧✧ 实践与思考 5.4 ✧✧✧✧✧

请设计图 5-5 所示的有凸缘端盖加工孔 4×ϕ12 所需钻模。

提示：① 可在工艺图表的提取图符中(在机床夹具的衬套、钻套和镗套下)直接获得钻套图；② 钻套尺寸较小时图样比例可取 2∶1 或 5∶1。

5.5 端盖的检验卡片

5.5.1 端盖的检测方案

以无凸缘端盖为例，一般编写时忽略无公差尺寸、位置度等检测项目及不去除材料的表面粗糙度，主要的测量尺寸如表 5-11 所示。

表 5-11 无凸缘端盖测量项目

序号	检测项目	序号	检测项目
1	止口外圆尺寸ϕ112js7	5	圆跳动 0.030
2	轴承室内径尺寸ϕ35H7	6	圆跳动 0.060
3	通孔内径尺寸ϕ15H11	7	圆柱度 0.007
4	长度尺寸 5H11	8	粗糙度 Ra12.5～Ra1.6

1. 尺寸类

尺寸部分有外圆的 7 级公差和内径的 7 级公差，内径加工比外圆难；长度部分有两个 11 级的公差，长度要达到精度要求更加不易。

(1) 止口外圆尺寸ϕ112js7：7 级精度外圆，单件小批下采用千分尺，即外径千分尺 100～125/0.01 mm，大批大量下需要专用卡规。

(2) 轴承室内径尺寸ϕ35H7：7 级精度内圆，单件小批下采用千分尺，即内测千分尺 25～50/0.01 mm，也可以用外径千分尺加内径量表；大批大量下采用专用塞规。

(3) 通孔内径尺寸ϕ15H11：11 级精度，单件小批下采用游标卡尺即可，即游标卡尺 0～150/0.02 mm。

(4) 长度尺寸 5H11：11 级精度，单件小批下可以使用游标卡尺，但不能直接测量，所以通过深度游标卡尺 0～200/0.02、平尺间接测量(其尺寸公差应通过工艺尺寸链计算)；深度游标卡尺与平尺联合使用测量深度尺寸示意图如图 5-10 所示。

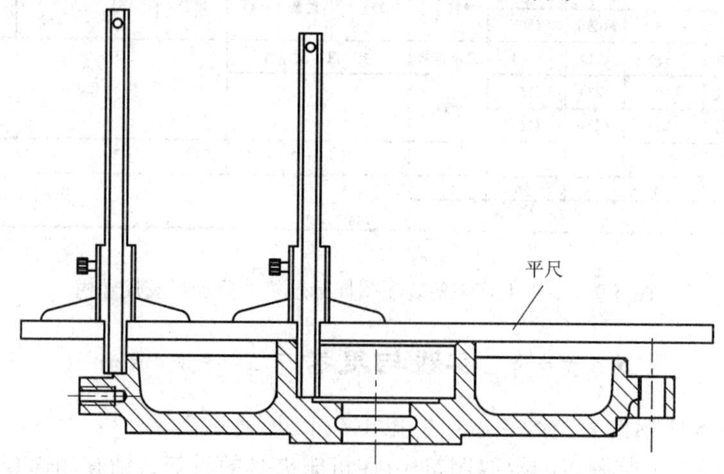

图 5-10 深度游标卡尺与平尺联合使用测量深度尺寸

大批大量下需要设计专用的测量器具用以测量。

2．形状公差类

形状和位置公差的检测方法应依据 GB/T1958—2004《产品几何量技术规范(GPS)形状和位置公差检测规定》。

在该标准的附录 A 里提供了各种形状与位置公差的测量方法、装置及设备，结合工件图样对形状位置公差的要求，可以找出适用的测量方案。由于形位公差的检测较繁琐，特别是位置公差的检测更甚，因此检验方案中的检验水平往往选择特殊检验水平。

下面以轴承室的圆柱度检测为例进行介绍。

(1) 选用量具：无凸缘端盖的轴承室直径尺寸为 $\phi 35H7(^{+0.025}_{\ 0})$，所以选用精度等级为 1 级、测量范围为 25～50 mm、精度可达±0.003 的电子内测千分尺。

(2) 测量方法：用内径千分尺或内径百分表在距两端 3～5 mm 处的截面上进行测量，分别在互成 90°处各测量一次。假设一处测量值为 ϕ35.003 和 ϕ35.015，另一端为 ϕ35.009 和 ϕ35.021。

(3) 测量结果的判定：取每端两个测量点读数的平均值作为该端的测量结果。本例分别为 ϕ35.009 和 ϕ35.015，均符合图纸要求，因此该项尺寸合格。

取各截面内所测得的数值中最大值与最小值之差的一半作为圆柱度的测量结果。

本例为(35.015−35.009)/2=0.003，符合图纸标注的 0.007 的要求，因此该项尺寸合格。

如果测量圆度，则只需要选择一个截面进行测量，判断方法相同。

3．位置公差类

这里有两处圆跳动，以端盖轴承室内圆对止口基准轴线的径向圆跳动的测量为例，在加工时，两端止口、铁芯挡的同轴度一般要求从工艺设计与加工方面给予保障。

(1) 检测依据：依据 GB/T1958 并结合端盖图样(只有一个基准)，在标准附录 A 中找到 4-7 检测方案。该方案需要设计一个止口胎，即当要求测量时，应准备一个可做到无间隙配合的止口胎(即将端盖止口拍入止口胎的止口后，两个止口的配合面之间应无间隙)，要求其最大过盈量不大于 0.02 mm。

(2) 测量方案：测量本项数据需用一个专用的止口胎和带回转机械的测量架(一般使用加工该产品的卧式车床)。根据所选用的回转机械装卡方式不同，止口胎的外形也不同，所使用的止口胎及装卡方式如图 5-11 所示。

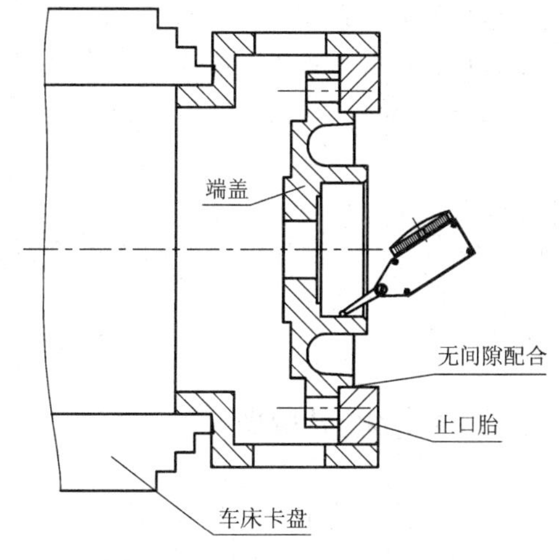

图 5-11　借助卧式车床结合止口胎检验径向圆跳动

为保证止口胎装卡部分的外圆(或内圆)和其工作止口(与被检测端盖相配合的止口)的同轴度达到最理想的精度，两部分应在该工件毛坯一次装卡下加工成型。另外，其工作止口的厚度要足够，以防止装配时受力变形而影响测量的准确性。

(3) 测量器具：分度值为 0.002 mm 的杠杆千分表和磁性表座。

4．粗糙度检验

在要求不高的情况下，检验粗糙度一般用对比法。同轴的检验其检测要求较高，在条件许可的情况下，也可以采用粗糙度测试仪。注意，不同的 *Ra* 值的表面要分开填写与检测。

5.5.2 端盖的检验卡片

确定了检测方法后，按检验卡片的要求，还需要确定检验方案、试验操作要求及附图绘制。

1．检验方案

(1) 检验水平：对于尺寸，一般可按 IL=Ⅱ；对于形位公差，一般检验都比较少，可取小样本检验水平(特殊水平)；一般电机的粗糙度很少检验，也可按小样本检验水平。

(2) 接收质量限：对于尺寸，一般按重不合格品情况处理，AQL 可取 1.5、2.5、4.0；对于形位公差与粗糙度，也按重不合格品情况处理，AQL 可取更小一些，如 1.0、0.65 等。

当然，检验方案还要按企业、行业及协作单位的具体情况来选取。

2．试验操作要求

(1) 一般项目的试验操作要求比较简单，可省略不写。

(2) 对于形位公差，关于圆跳动的检测应该描述为“按 GB/T1958 的 4-7 操作”，圆柱度形状公差可按前面的操作方法精简描述。

3．附图绘制

检验附图同样不需要按比例绘制，同时可以将不需要的视图及要求(包括标题栏及技术要求)去掉，只需要提供检验项目所需要的即可。

✦✦✦✦✦ 实践与思考 5.5 ✦✦✦✦✦

(1) 按本节叙述，以单件小批生产类型编制无凸缘端盖的检验卡片。

(2) 按大批大量生产类型编制有凸缘端盖的检验卡片。

注意：采用专用量规时，请查询标准并写出其工装编号。

5.6 端盖专用量规设计

5.6.1 光滑极限量规

光滑极限量规(见图 5-12)是一种无刻度的专用检验工具。它不能确定工件的实际尺寸，只能确定工件尺寸是否处于极限尺寸范围内。

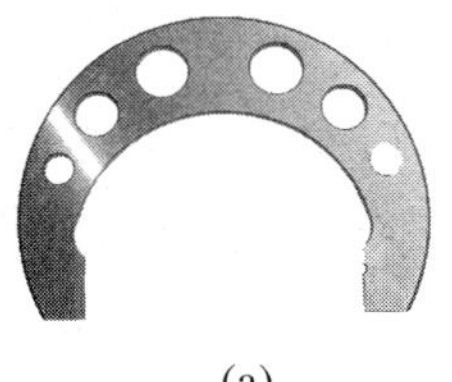

(a)

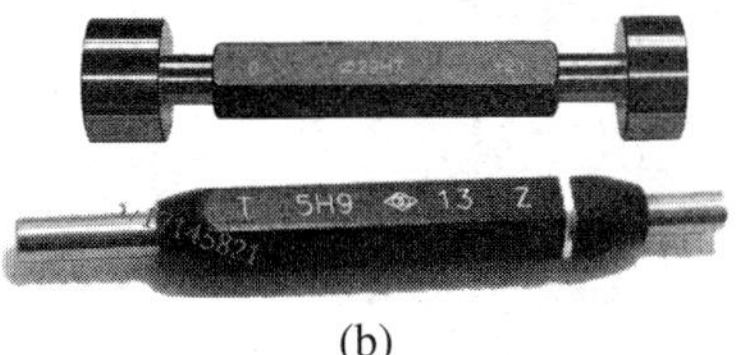

(b)

图 5-12 光滑极限量规

1. 塞规与卡规

1) 塞规

检验孔的光滑极限量规称为塞规。塞规分为单头塞规与双头塞规(也有的分开两部分制造)。双头塞规中，一端按被测孔的最大实体尺寸(孔的最小极限尺寸)制造，称为通规或过端；另一端按被测孔的最小实体尺寸(孔的最大极限尺寸)制造，称为止规或止端。图 5-13(a)为塞规直径与孔径的关系。

2) 环规或卡规

检验轴的光滑极限量规称为环规或卡规。以双头卡规为例，卡规的一端按被测轴的最大实体尺寸(轴的最大极限尺寸)制造，称为通规；另一端按被测轴的最小实体尺寸(轴的最小极限尺寸)制造，称为止规。图 5-13(b)为卡规尺寸与轴径的关系。

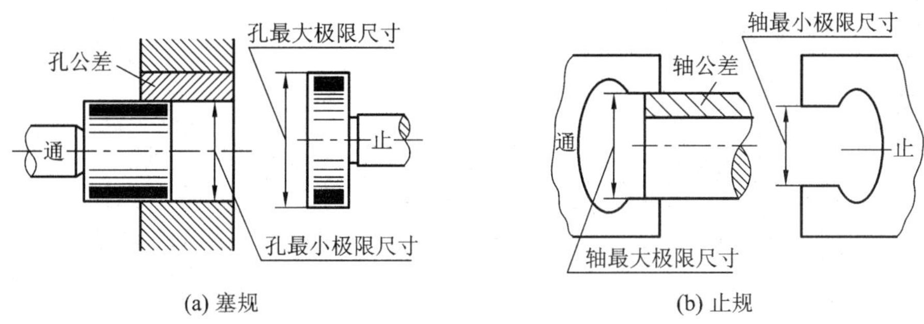

(a) 塞规　　(b) 止规

图 5-13 塞规直径与孔径的关系及卡规尺寸与轴径的关系

测量时必须把通规和止规联合使用，只有当通规能够通过被测孔或轴，且止规不能通过被测孔或轴时，该孔或轴才是合格品。

2. 量规选型与计算

光滑极限量规的设计需遵循标准 GB/T1957—2006《光滑极限量规技术条件》和 GB/T10920—2008《螺纹量规和光滑极限量规形式与尺寸》。这两个标准适用于孔与轴基本尺寸至 500 mm、公差等级 IT6 级至 IT16 级的光滑极限量规。

1) 量规形式的选择

由于被测量的零件尺寸相差较大，因此量规的外观形式及其余尺寸也有相应的规定。例如，当孔的尺寸大时，若塞规做成全形，则显得十分笨重，使用不便，还浪费材料，所以往往设计成不全形塞规，甚至片状塞规。图 5-14 为国标推荐的量规形式及应用尺寸范围，GB/T10920—2008 进一步明确了基本尺寸与量规形式的关系。设计时要先按尺寸范围确定量规的形式。

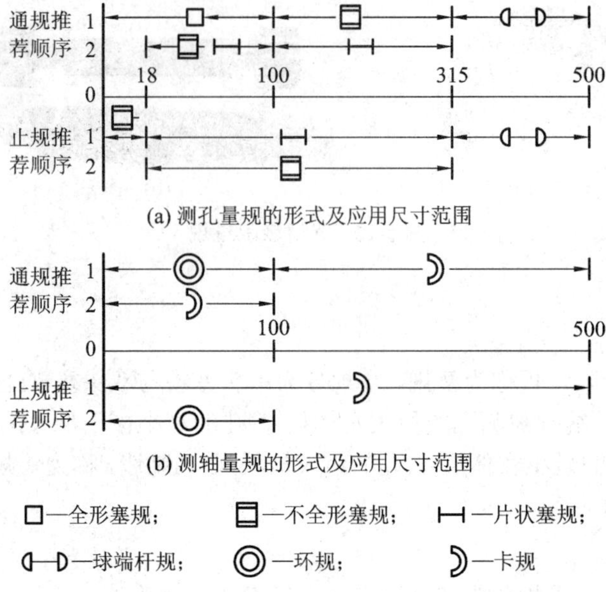

图 5-14 国标推荐的量规形式及应用尺寸范围

GB/T10920 中塞规只有组合式，但实际上也经常被设计与制作成整体式的。图 5-15 所示为整体式双头塞规设计图及单头卡规设计图。其中，“*T*”与“*Z*”分别代表“通”与“止”(请仔细察看一下通端与止端的异同)。

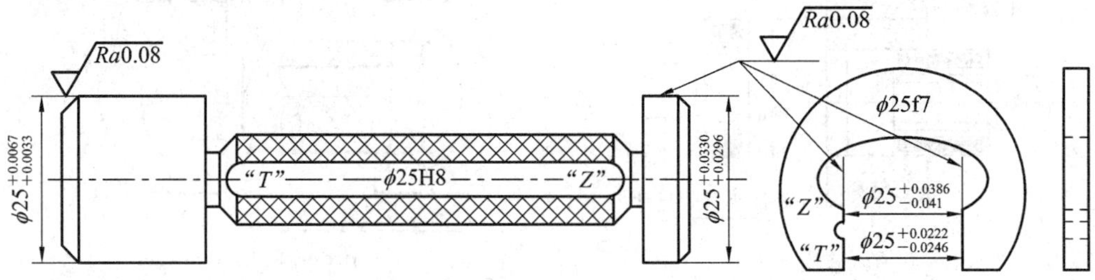

图 5-15 整体式塞规设计图及单头卡规设计图

2) 量规尺寸公差带及其位置

量规尺寸公差带及其位置如图 5-16 所示。其中，尺寸公差 *T* 与位置要素 *Z* 的值由表 5-12 查得(注意单位)。

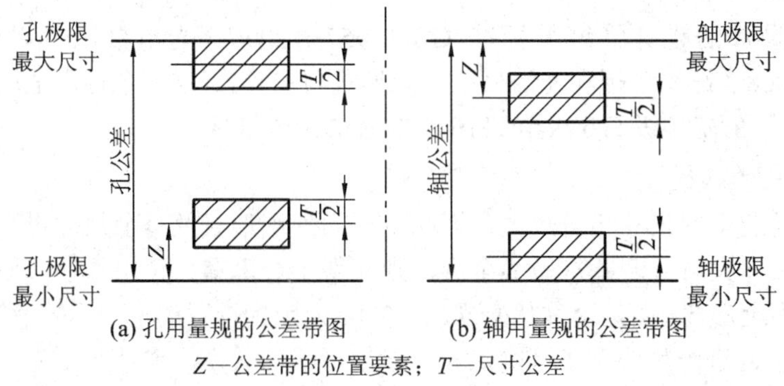

图 5-16 国标确定的光滑极限量规公差带

3) 通端与止端计算

以塞规设计为例，通过给定的孔尺寸及等级(如ϕ35H7)，查表 5-12 得 T=3 μm，Z=4 μm。然后利用图 5-16 进行计算就能得到结果。按图 5-14，该塞规应设计成全形。

表 5-12 工作量规的尺寸公差 T 值和位置要素 Z 值(摘要)

工件基本尺寸/mm	公差 T 值和位置要素 Z 值/μm																	
	IT		IT7		IT8		IT9		IT10		IT11		IT12		IT13		IT14	
	T	Z	T	Z	T	Z	T	Z	T	Z	T	Z	T	Z	T	Z	T	Z
3	1	1	1.2	1.6	1.6	2	2	3	2.4	4	3	6	4	9	6	14	9	20
>3～6	1.2	1.4	1.4	2	2	2.6	2.4	4	3	5	4	8	5	11	7	16	11	25
>6～10	1.4	1.6	1.8	2.4	2.4	3.2	3.8	5	3.6	6	5	9	6	13	8	20	13	30
>10～18	1.6	2	2	2.8	2.8	4	3.4	6	4	8	6	11	7	15	10	24	15	35
>18～30	2	2.4	2.4	3.4	3.4	5	4	7	5	9	7	13	8	18	12	28	18	40
>30～50	2.4	2.8	3	4	4	6	5	8	6	11	8	16	10	22	14	34	22	50
>50～80	2.8	3.4	3.6	4.6	4.6	7	6	9	7	13	9	19	12	26	16	40	26	60
>80～120	3.2	3.8	4.2	5.4	5.4	8	7	10	8	15	10	22	14	30	20	46	30	70
>120～180	3.8	4.4	4.8	5	6	9	8	12	9	18	12	25	16	35	22	52	35	80

3. 量规的材料处理与粗糙度

量规可用淬硬钢(合金工具钢、碳素工具钢等)和硬质合金材料；也可在测量面上镀耐磨材料(镀铬、氮化等)，测量面的硬度应为 HRC 58～65。量规的材料名称、材料特性、硬度及适用范围见表 5-13。

表 5-13 量规的材料名称、材料特性、硬度及适用范围

材料名称及标准号	牌号	硬度 HRC	材 料 特 性	适用范围
优质中碳结构钢 GB699	45	35～40	强度较高，韧性较好，切削性能好，一般在正火或淬火、回火后使用	用于量规上不含工作面的非磨损连接结构件
高碳工具钢 GB1298	T7、T8	50～56	加工周期短，对粗加工所留余量(与碳素钢比)要求不严格，耐磨性较优质碳钢好；但不便于局部淬火，热处理后材料组织内部有较多残余奥氏体，导致量规在使用过程中易变形，尺寸稳定性差	小尺寸的塞规、塞尺、衬套和形状量规
	T10、T12	60～66		
优质高碳工具钢	T7A、T8A	58～65		
	T10A、T12A	60～66		
硬质合金钢 YB849	YT15 YG6 YG8	73～78	耐磨性较好，但冲压韧性差	提高量规寿命，镶在铜基体量规上

测量面的粗糙度要求比被检查工件的粗糙度要求严格一些，如 IT6 级孔的量规其 *Ra* 值高达 0.04，所以加工要求高。测量面的粗糙度选值参照表 5-14。非工作面粗糙度 *Ra* 值可为 3.2～6.3 μm。

表 5-14　量规的表面粗糙度

工作量规	工件基本尺寸/mm		
	不大于 120	大于 120～305	大于 315～500
	表面粗糙度 *Ra* 最大允许值/μm		
IT6 级孔用量规	0.04	0.08	0.16
IT6～IT9 级轴用量规 IT7～IT9 级孔用量规	0.08	0.16	0.32
IT10～IT12 级孔用量规	0.16	0.32	0.63
IT13～IT16 级孔、轴用量规	0.32	0.63	0.63

4．技术要求

(1) 量规的测量面不应有锈蚀、毛刺、黑斑、划痕等明显影响外观使用质量的缺陷，其他表面不应有锈蚀和裂纹。

(2) 塞规的测头与手柄的连接应牢固可靠，在使用过程中不应松动。

(3) 钢制量规测量面的硬度不应小于 60HRC。

5.6.2　量规的设计实例

以配合尺寸为 ϕ20H8/f7 的量规为例，分别计算含孔尺寸 ϕ20H8 的零件的塞规尺寸，以及与之配合的含轴尺寸 ϕ20Hf7 的零件的卡规尺寸。

1．量规的设计计算过程

(1) 按公差与配合的国标确定孔、轴的上、下偏差：

ϕ20H8(塞规)：IT8 = 0.033 mm，EI = 0 mm，ES = 0 + 0.033 mm = 0.033 mm。

ϕ20f7(卡规)：IT7 = 0.021 mm，es = − 0.020 mm，ei = − 0.020 − 0.021 mm = − 0.041 mm。

(2) 借助表 5-12，查工作量规制造公差 *T* 值和位置要素 *Z* 值。

塞规：$T = 3.4$ μm；$Z = 5$ μm。

卡规：$T = 2.4$ μm；$Z = 3.4$ μm。

(3) 计算各种量规的上、下偏差，画出公差带图。

① 孔的量规(塞规)的极限尺寸：

$$\text{通规} = 20 + Z + T/2 = 20 + 0.005 + 0.0034/2 = 20.0067$$

$$\text{止规} = 20 + \text{ES} = 20 + 0.033 = 20.033$$

习惯表达上，轴类尺寸公差为“h”，上偏差为 0，所以通规改写为 $20.0067^{0}_{-0.0034}$，止规改写为 $20.033^{0}_{-0.0034}$。

② 轴的量规(环规)的极限尺寸：

$$\text{通规} = 20 + \text{es} - (Z + T/2) = 20 - 0.020 - (0.0034 + 0.0012) = 19.9754$$

止规 = 20 + ei = 20 − 0.041 = 19.9590

习惯表达上，孔类尺寸为“H”，下偏差为 0，所以通规改写为$19.9754_{0}^{+0.0024}$，止规改写为$19.9590_{0}^{+0.0024}$。

2. 量规的工作图

将量规的极限尺寸计算结果汇总到表 5-15 中，据此绘制工作图，见图 5-17 和图 5-18。

表 5-15　20H8/f7 用的量规尺寸

被检验工件/mm	量规种类	量规极限偏差/mm		量规极限偏差/mm		量规图样标注尺寸/mm
		上偏差	下偏差	最大	最小	
孔 $\phi20H8(_{0}^{+0.033})$	通规	+0.0067	+0.003	ϕ20.0067	ϕ20.0033	$20.0067_{-0.0034}^{0}$
	止规	+0.0330	+0.0296	ϕ20.0330	ϕ20.0296	$20.033_{-0.0034}^{0}$
轴 $\phi20f7(_{-0.041}^{-0.020})$	通规	−0.0222	−0.0246	ϕ19.9778	ϕ19.9754	$19.9754_{0}^{+0.0024}$
	止规	−0.0386	−0.0410	ϕ19.9614	ϕ19.9590	$19.9590_{0}^{+0.0024}$

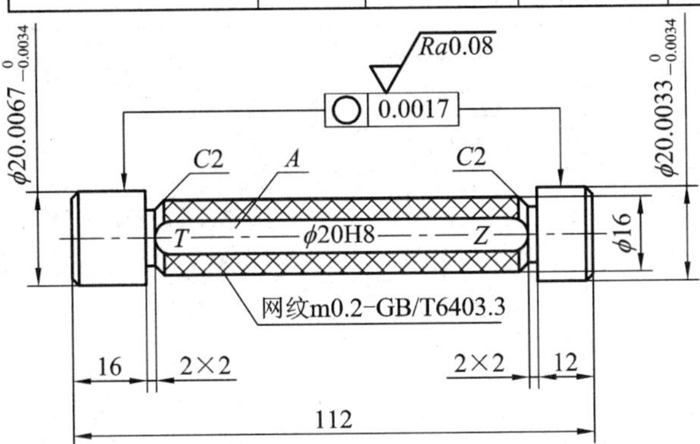

技术要求：
1. 未注倒角C1.5.
2. HRC50～56.
3. 量规的测量面不应有锈蚀、毛刺、黑斑、划痕等明显影响外观使用质量的缺陷，其他表面不应有锈蚀和裂纹。
4. A面用铣刀铣平，宽约6.5～7 mm，上面用金属刻字笔刻图示文字，采用5号钢字。

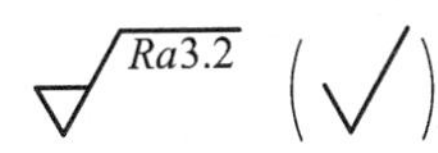

图 5-17　ϕ20H8 的塞规工作图

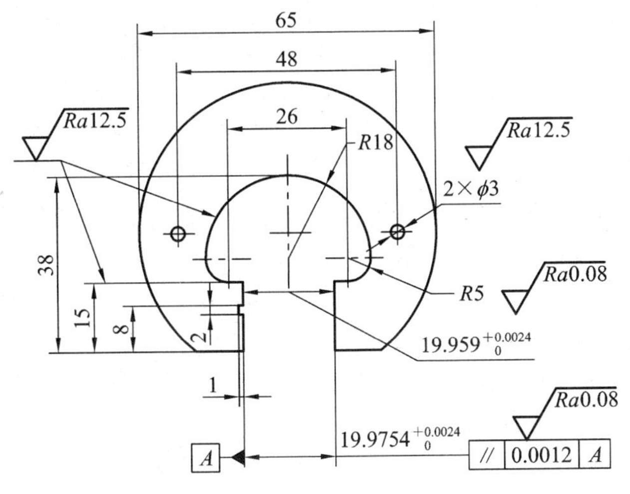

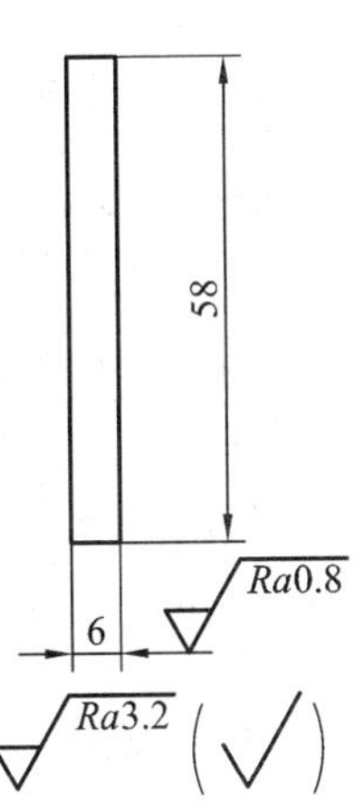

图 5-18　ϕ20f7 的卡规工作图

✧✧✧✧✧ 实践与思考 5.6 ✧✧✧✧✧

根据量规的工装设计任务书的要求，查询相关数据，并通过计算，设计端盖止口量规，计算通、止规公差，选择合适的量规形式，绘制量规的工作图草图(注意用工装图格式)。

5.7 端盖工艺路线及过程卡

5.7.1 工艺路线

端盖从铸造开始到检验入库，要通过查阅加工经济精度来确定其工艺线路。表 5-16 仅列出了部分铸件外圆、孔及平面的车削加工方案。需要注意的是，端盖一般采用铸铁件，强度较低，与轴类零件不同，不能采用磨削加工。

表 5-16 外圆、孔及平面的车削加工方案(部分)

序号	加工方案	经济精度级	表面粗糙度*Ra*值/μm	适用范围
1	粗车	IT11以下	50～12.5	适用于淬火钢以外的各种金属
2	粗车—半精车	IT8～10	6.3～3.2	
3	粗车—半精车—精车	IT7～8	1.6～0.8	
4	粗车—半精车—精车—滚压(或抛光)	IT7～8	0.2～0.025	
5	钻	IT11～13	12.5	铸铁及有色金属实心毛坯(加工孔ϕ15～ϕ20)
6	钻—铰	IT9～10	6.3～3.2	
7	粗车	IT11～13	12.5～50	回转体端面
8	粗车—半精车	IT8～10	3.2～6.3	
9	粗车—半精车—精车	IT7～8	0.8～1.6	

1. 确定零件的基本工艺路线

先将零件的每一个加工表面的精度及粗糙度列出，确定该表面加工路线，然后综合全部加工面，确定零件的基本工艺路线。下面以无凸缘端盖为例：

(1) 主要加工面：轴承孔ϕ35H7，为 7 级公差，粗糙度为 *Ra*1.6；外圆止口ϕ112H7，为 7 级公差，粗糙度为 *Ra*3.2。查表 5-16，其加工路线均为粗车—半精车—精车。

(2) ϕ15H11 的孔可在车床上用钻头打孔(属车削工序)。

(3) 孔 3×ϕ5、*Ra*12.5 利用钻模夹具在钻床上钻削。

(4) 螺孔 3×M4、*Ra*12.5 先利用钻模夹具在钻床上钻孔ϕ3，再利用攻丝机及丝锥加工出螺孔。

无凸缘端盖的各加工面工艺方案如表5-17所示。经综合考虑，端盖零件的基本工艺路线为：粗车—半精车—精车—钻1—钻2—攻。粗车、半精车、精车也可写成车1、车2、车3。

表5-17 无凸缘端盖各加表面的加工方案

加工面类型	尺寸	公差等级	粗糙度 Ra /μm	加工路线
内圆	轴承孔ϕ35H7	IT7	1.6	粗车—半精车—精车
外圆	外圆止口ϕ112H7	IT7	3.2	粗车—半精车—精车
内圆孔	ϕ15H11	IT11	12.5	车床上钻孔
端面	长度5H11	IT11	3.2	粗车—半精车
端面	长度4、11等 (未注公差1804-m)	IT13～14 实际上有尺寸链	6.3	粗车—半精车
小孔	孔3×ϕ5	IT13～14	12.5	钻
螺孔	螺孔3×M4		12.5	钻—攻

2．确定零件的完整加工路线表

除基本加工外，还需要将热处理、表面处理、检验等工序加入到基本工艺路线中。

(1) 按照4.3.2节“热处理和表面处理工序的安排”，为了改善工件材料切削性能而进行的热处理工序(如退火、正火等)，应安排在切削加工之前进行。所以需要时应先安排退火。

(2) 按照4.3.3节“辅助工序的安排”，毛坯需要涂防锈漆，应放在退火之后、加工之前，而毛坯检验应放在最前面，零件终检安排在终加工之后、入库之前。

(3) 按照4.3.4节“加工顺序的安排原则”，应该：① 先主后次，所以钻孔、螺孔最后安排比较合理；② 先确定粗基准，所以先夹住ϕ112的毛坯，把作为粗基准的三个工艺搭子先加工出来。

综上最终确定凸缘端盖加工的完整工艺路线为：退火(非必要)—毛坯检验—涂防锈漆—粗车—半精车—精车—钻1—钻2—攻螺纹—终检—入库。

5.7.2 工艺过程卡

电动机属于大批大量生产，加工路线分为粗加工与精加工。其实对于端盖，因为其壁厚较薄，所以分粗、精加工还有另一层意思：粗加工精度低，夹紧力可大一些(当然变形也大一些)，切削量就能大一些，进给速度就能高一些，所配置的车床精度也可低一些；而精加工则使用较高精度的车床，夹紧力小，切削量小，并可消除粗加工所引起的变形误差。

1．定位与夹紧

定位与夹紧的总体原则是：定位工件主要考虑零件图上的设计基准所要传达的设计意图能否通过工艺过程得到保障，为此，应尽量保证精加工时设计基准与工艺基准重合。

(1) 无凸缘端盖：精加工时，采用的是定位工艺搭子，在一次车削中完成止口与轴承

室的加工，达到了设计基准与工艺基准重合。

(2) 有凸缘端盖：精加工时，虽然也能像无凸缘端盖那样定位夹紧，但为了减少安装时间，往往配置一个止口盘，定位方法参见表4-30所示。通过止口盘，保证了设计基准与工艺基准的一致性。

至于端盖上的孔，利用钻模夹具在加工工艺上能保证位置度基准。

关于止口盘，感兴趣的读者可尝试设计，这里不再展开。

2．卡片填写说明

(1) 端盖的毛坯是铸件，所以不需要填写外形尺寸。

(2) 无凸缘端盖的工序名称根据其工艺路线确定。其中，毛坯铸造为第一道工序，加工车间填写为“外协”；后面若有热处理工序，一般也填写为“外协”。

(3) 毛坯检验依据的是图样要求，零件检验依据的是检验卡的要求。

(4) 粗车工序分为两道，先加工出工艺搭子的基准；调头后的粗车、半精车在两台车床上加工；两种孔的加工分为两道工序，这是因为加工过程是不连续的；最后加工螺纹。设备为攻丝机，请自行上网查找一种合适的型号。

3．加工余量

选取加工余量时，除了查阅手册外，还可借助工艺图表软件，步骤如下：

(1) 将光标点击到工艺装备栏下(注意不是工序内容栏下)。

(2) 点击导航栏的“知识分类”选项卡，找“余量库”节点的“外圆余量”或“内孔余量”，并确定是粗车或半精车等，将自动切换到“知识列表”选项卡，如图5-19所示。

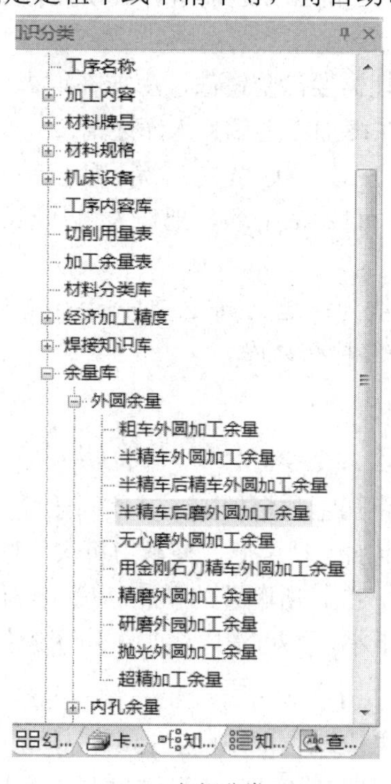

(a) 知识分类

知识列表

基本尺寸	折算长度	直径余量
>6～18	≤200	0.15
>3～6	>200...	0.20
>6～10	≤200	0.20
>6～10	>200...	0.30
>6～10	>400	0.40
>10～18	≤200	0.20
>10～18	>200...	0.30
>10～18	>400	0.30
>18～30	≤200	0.20
>18～30	>200...	0.30
>18～30	>400	0.40
>30～50	≤200	0.30
>30～50	>200...	0.40
>30～50	>400	0.50
>50～80	≤200	0.40
>50～80	>200...	0.50
>50～80	>400	0.60
>80～120	≤200	0.40
>80～120	>200...	0.50
>80～120	>400	0.60
>120～1...	≤200	0.50
>120～1...	>200...	0.70

幻... 卡... 知... 知... 查...

(b) 知识列表

图5-19 余量查询方法

(3) 根据端盖的内、外圆尺寸及长度尺寸，找到“知识列表”选项卡中的“基本尺寸”和“折算长度”，根据这两项即可确定直径余量。

(4) 若要重新选择，只需要点击下方的“知识分类”选项卡即可。

4．设备与工艺装备

端盖加工所需设备前已叙述，端盖工艺装备主要有夹具、量具检具类及刀具等。

(1) 夹具主要为车床的三爪卡盘及所需要的钻模和止口盘，三爪卡盘属机床附件，不需要填写，其余工装请查阅标准后填写其编号。

(2) 量具、检具参考检验卡片部分，车刀请参阅轴加工的有关部分。

(3) 钻床用刀具：

① 普通孔采用麻花钻(GB/T6135—1996)，麻花钻规格很多，钻孔可直接采用相同直径的麻花钻。

② 小螺孔的加工是先钻孔，再用丝锥攻螺纹。以粗牙为例，孔的直径选取方法可查JB/T9987—1999《攻丝前钻孔用麻花钻直径》，如表5-18所示。实践中也有近似取值法，如M6($d = 6$ mm)，$0.85d = 5.1$ mm。另外，还可以通过手册查阅螺纹小径，如螺纹M6为4.917，取值比螺纹小径稍大，取5 mm。当然，具体取值与工件的材质也有关系。

③ 对于精度要求较高的孔，还需要铰刀进行精加工。

注意：刀具及设备类参数的选择可查询《机械加工工艺手册》。

表5-18　粗牙普通螺纹攻丝前钻孔用麻花钻直径(部分)

公称直径	螺距	内螺纹小径 D_1				麻花钻直径
		5H	6H	7H	5H、6H、7H	
D	P	max	max	max	min	d
2.2	0.45	1.813	1.838	—	1.713	1.75
2.5		2.113	2.138		2.013	2.05
3.0	0.5	2.571	2.599	2.639	2.459	2.50
3.5	0.6	2.975	3.010	3.050	2.850	2.90
4.0	0.7	3.382	3.422	3.466	3.242	3.30
4.5	0.75	3.838	3.878	3.924	3.688	3.70
5.0	0.8	4.294	4.334	4.384	4.134	4.20
6.0	1	5.107	5.153	5.217	4.917	5.00
7.0		6.107	6.153	6.217	5.917	6.00
8.0	1.25	6.859	6.912	6.982	6.647	6.80
9.0		7.859	7.912	7.982	7.647	7.80
10.0	1.5	8.612	8.676	8.751	8.376	8.50

(4) 攻丝机攻螺纹的刀具采用丝锥，单件小批生产，可能采用手工用丝锥，批量生产则在攻丝机上加工。

(5) 经加工的工件不能直接放在地面上，应置于工位器具中，如一般可盛放在较牢固的塑料框或定制的零件箱、零件架中。工位器具是企业在生产现场(加工过程)中用以存放端盖的周转器具，编号请自行查询。

5.7.3 工序卡片

1. 总体说明

工序卡片是在工艺过程卡片或工艺卡片的基础上，将每道工序(外协除外)进一步编制而形成的操作性强的具有详细工艺过程的文件，如工序每个工步的加工内容、工艺参数、操作要求以及所用的设备和工艺装备等。

考虑到课时及课程特点，这里可略去工艺参数的填写。

2. 工序简图

每道工序卡片一般配有工序简图。

(1) 标注尺寸时要注意每一道工序的加工余量、精度要求、表面粗糙度。

(2) 非终加工表面不必标注尺寸公差。

(3) 应标明本道工序定位基准面、加工部位，绘制时一定要注意工件的摆放方向应该是零件加工时的方向(按右手习惯，如车床的装夹位于左侧)。

✧✧✧✧✧ 实践与思考 5.7 ✧✧✧✧✧

(1) 写出有凸缘端盖的工艺路线，并与轴、无凸缘端盖的工艺路线合并编制为电机的工艺路线表，用工艺图表打印输出。

(2) 编制无凸缘端盖的机械加工工艺过程卡，并绘制终加工工序附图。

(3) 在已编制的端盖过程卡中，选择有代表性的三道工序编制工序卡片，并按要求绘制工序简图(附图)，用工艺图表编辑、打印输出。

项目六 电动机装配与工艺综述

6.1 异步电动机概述与机座制造工艺

6.1.1 三相异步电动机

电机是一种利用电和磁的相互作用实现能量转换和传递的电磁机械装置。广义的电机包括电动机和发电机。通常情况下，电机即为电动机的简称。

1. 电动机概述

交流电机占整个电机行业产量的绝大部分，交流电机的发展水平和增长速度基本可以代表整个电机行业的发展水平和增长速度。2001—2013 年期间我国交流电机总产量从 6263.27 万千瓦/年提高到 27 914.60 万千瓦/年，年复合增长率为 13.26%。产量居前三位的省份为浙江省、江苏省和山东省，占交流电机行业全国总产量的比重分别为 17.49%、15.80%、9.64%。

电机按照能效的不同可以分为高效电机和普通电机。2008 年国际电工技术委员会(IEC)制定了全球统一的电机能效分级标准(见表 6-1)，并统一了测试方法；美国从 1997 年开始强制推行高效电机，2011 年又强制推行超高效电机；欧洲于 2011 年也开始强制推行高效电机。我国在 2006 年发布了电机能效标准(GB18613—2006)，近年来参照 IEC 标准组织进行了修订，新标准(GB18613—2012)于 2012 年 9 月 1 日正式实施。按照国家新标准，高效电机是指达到或优于 GB18613—2012 标准中节能评价值的电机。

表 6-1 全球统一的电机能效分级标准

IEC60034-30 (国际标准)	GB18613—2012 (我国 2012 版标准)	GB18613—2006 (我国 2006 版标准)
IE4	能效一级	
IE3	能效二级	能效一级
IE2	能效三级	能效二级
IE1		能效三级

我国电动机能效标准仅对低压三相笼型异步电动机能效提出了要求。另外，按照 2012 版新标准，高效电机仅指达到能效二级(相对于 IE3 能效标准)及以上的电机。

2. 电动机的发展

从结构上来看，尽管不同类型电机其结构不同，但通常都是由三大部分组成的，即固定部分、转动部分和辅助部分。固定部分主要由机座、机架、定子铁芯、定子绕组、端盖及底板等导磁、导电和支撑固定的结构部件组合而成，如图 6-1 所示。

图 6-1 三相异步电动机概述

在电机产品中，中小型交流异步电动机所占的比例最大，产品使用的覆盖面也最广泛。我国中小型交流异步电动机产品的技术发展大致可分为两个阶段。

1) 第一个阶段

1952 年我国首个中小型三相异步电动机 J、JO 系列产品诞生，统一了我国中小型电机工业的技术体系，彻底改变了旧中国遗留的电机产品的混乱局面。通过开展电机的标准化、系列化、通用化工作，使产品达到统一并成系列化发展，为中国电机工业的迅速发展奠定了坚实的基础。1958 年开始组织进行 J2、JO2 系列全国统一设计，并在全国进行推广应用。1985 年国家发布公告正式宣布淘汰。

2) 第二个阶段

随着我国改革开放政策的实施，我国原有的标准体系已不能适应我国国民经济发展和对外开放的需要，为此，中小型电机行业开始转入采用国际电工委员会组织 IEC 标准体系。该阶段的主要代表产品有 Y、Y2 和 Y3 系列，YX3、YE2 系列高效率，YE3 系列超高效率(高效能)三相异步电动机产品。其中，YX3 系列高效率电机是在 Y3 系列电机的基础上设计的，它符合当时的 EFF1 的指标要求，比三级能效的电机指标平均高了 2.66%。

1982 年我国首个符合 IEC 标准的 Y 系列三相异步电动机通过鉴定，并在随后的几年间开发，形成了我国中小型电机行业新的产品与标准体系。自 1985 年起，国家发布公告淘汰 J、JO 和 J2、JO2 系列产品，并在全国范围内推广采用 Y 系列及其派生系列产品。

为了进一步提高我国中小型异步电动机在国际市场上的竞争能力，20 世纪 90 年代初开始组织 Y2 系列三相异步电动机的研制，于 1996 年通过鉴定，Y2 系列电机投入市场后赢得了国外用户市场的欢迎，成为电机出口市场的主要产品。

自 2002 年 1 月起，根据国家开展淘汰热轧硅钢片、推广采用冷轧硅钢片的需要，完成了 Y3 系列三相异步电动机的研制。Y3 系列电动机是国内第一个全系列采用冷轧硅钢片设计的系列电动机，其效率指标达到了国标(GB18613—2006)《中小型三相异步电动机能效限定值和节能评价值》中能效限定值的规定，同时达到了欧洲 eff2 效率标准。随后又完成了 YX3 系列高效率三相异步电动机的开发，其效率指标满足 GB18613 中的节能评价要求，同时符合欧洲 eff1 标准。

3. Y 系列电动机

1) Y系列

Y 系列在 20 世纪 80 年代初期全国统一设计的产品，功率范围为 0.55～250 kW，机座中心高 80～315 mm，共 12 个机座号，见图 6-2。

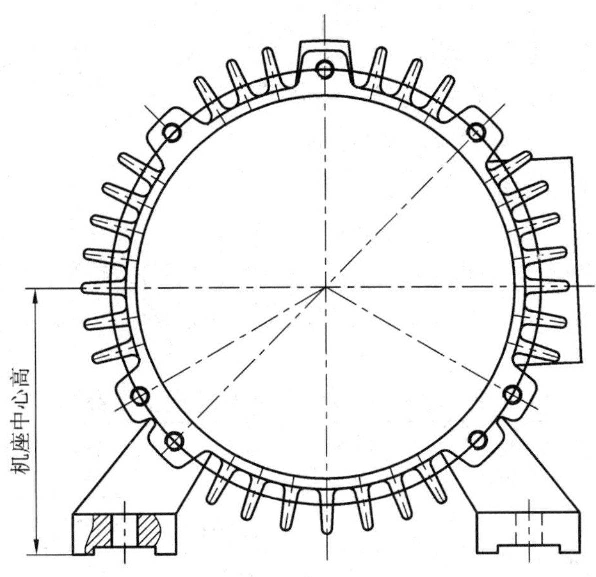

图 6-2　机座的中心高

2) Y2系列

Y2 系列是 Y 系列电机的更新换代产品，是一般用途的全封闭自扇冷式鼠笼型三相异步电动机。Y2 系列是我国 20 世纪 90 年代的最新产品，其整体水平已达到国外同类产品 90 年代初的水平。20 世纪 90 年代中期，Y2 系列电机的功率范围为 0.12～315 kW，机座中心高为 63～355 mm，共 15 个机座号。

Y2 系列电机的安装尺寸和功率等级符合 IEC 标准，与德国 DIN42673 标准一致，也与 Y 系列电机一样，其外壳防护等级为 IP54，冷却方法为 IC411，采用连续工作制(S1)，绝缘等级为 F 级，温升按 B 级考核，并要求考核负载噪声指标。

Y2 系列电动机的额定电压为 380 V，额定频率为 50 Hz。功率 3 kW 以下为 Y 接法，其他均为△接法。

3) Y3系列

Y3 系列是为贯彻国家“以冷代热”产业政策而开发的，全系列采用冷轧硅钢片为导磁材料。

Y3 系列电动机是一般用途的全封闭自扇冷式鼠笼型三相异步电动机。Y3 系列电动机的基本防护等级为 IP55，绝缘等级为 F 级，电机温升按 B 级考核。Y3 系列三相异步电动

机具有设计新颖、造型美观、效率高、噪声低、转矩高、起动性能好、结构紧凑、使用维护方便等优点，其功能等级和安装尺寸符合 IEC 标准。

4．电动机中心高与极数

(1) 中心高即机座号，指由电机轴心到机座底脚平面的高度。根据中心高的不同可以将电机分为大型、中型、小型和微型四种。中心高 H 为 45～71 mm 的属于微型电动机；中心高为 80～315 mm 的属于小型电动机；中心高为 355～630 mm 的属于中型电动机；中心高为 630 mm 以上的属于大型电动机。

中型电机和小型电机在生产工艺和终端客户方面具有较大的相似性，因此行业内通常将中型电机和小型电机合并称为中小型电机。

(2) 机座长度用国际通用字母表示：S—短机座；M—中机座；L—长机座。

(3) 铁芯长度由长到短用数字 1、2、3、4 等表示。

(4) 极数分为 2 极、4 极、6 极、8 极等。

5．电动机型号规格说明

(1) 表 6-2 为部分 Y 系列电动机型号及主要参数。以 Y160M2-4 为例，其中：① Y 是机型，表示异步电动机；② 160 是中心高，表示轴心到机座底脚平面的高度；③ M2 是机座长度规格，M 表示中型，2 表示 M 型铁芯的第二种规格，2 型比 1 型铁芯长；④ 4 是极数，4 极电动机。

表 6-2　部分 Y 系列电机型号及主要参数

型　号	功率/kW	额定电流 I_N/A	额定转速/(r/min)	型　号	功率/kW	额定电流 I_N/A	额定转速/(r/min)
Y80M1-2	0.75	1.8	2830	Y80M1-4	0.55	1.5	1390
Y80M2-2	1.1	2.5		Y80M2-4	0.75	2.0	
Y90S-2	1.5	3.4	2840	Y90S-4	1.1	2.8	1400
Y90L-2	2.2	4.7		Y90L-4	1.5	3.7	
Y100L-2	3	6.4	2870	Y100L1-4	2.2	5.0	1430
Y112M-2	4	8.2	2890	Y100L2-4	3	6.8	
Y132S1-2	5.5	11	2900	Y112M-4	4	8.8	1440
Y132S2-2	7.5	15		Y132S-4	5.5	12	
Y160M1-2	11	22	2930	Y132M-4	7.5	15	
Y160M2-2	15	29		Y160M-4	11	23	1460
Y160L-2	18.5	36		Y160L-2	18.5	36	

(2) Y2 系列电动机有两种设计。第一种设计适用于一般机械配套和出口需要，在轻载时有较高效率，在实际运行中有较佳的节能效果，且具有较高的堵转转矩，此设计称为 Y2-Y 系列，其中心高为 63～355 mm，功率为 0.12～315 kW。

例如，Y2-200L1-2Y 电动机：第一个“2”表示第一次改型设计，“200”表示中心高，

“L”表示机座长短号，“1”表示铁芯长度序号，最后一个“2”表示极数，“Y”表示第一种设计(可省略)。

第二种设计是满载时有较高效率，更适用于长期运行和负载率较高的使用场合，如水泵、风机配套，此设计称为 Y2-E 系列，其中心高为 80～280 mm，功率为 0.55～90 kW。例如，Y2-200L2-6E：“E”表示第二种设计，其他意义与第一种设计相同。

(3) Y3 系列电动机有两种设计。第一种设计适用于一般机械配套和出口需要，在轻载时有较高效率，在实际运行中有较佳的节能效果，且具有较高堵转转矩，此设计称为 Y3-Y 系列，其中心高为 63～355 mm，功率为 0.12～315 kW。该系列电动机符合 JB/T8680.1—1998 Y2 系列(1P54)三相异步电动机(机座号 63～355)技术条件。

例如，Y3-200L1-2Y：“3”表示第二次改型设计，“200”表示中心高，“L”表示机座长短号，“1”表示铁芯长度序号，“2”表示极数，“Y”表示第一种设计(可省略)。

第二种设计在满载时有较高效率，更适用于长期运行和负载率较高的使用场合，如水泵、风机配套，此设计称为 Y3-E 系列，其中心高为 80～280 mm，功率为 0.55～90 kW。例如，Y3-200L2-6E：“E”表示第二种设计，其他意义与第一种设计相同。

6.1.2　机座的制造工艺

电动机机座的作用是支撑和固定定子铁芯，间接支撑转子和保护电机绕组。图 6-3 所示的 B3 安装形式即为内止口机座的立式安装，其止口是连接机座与端盖的配合面。

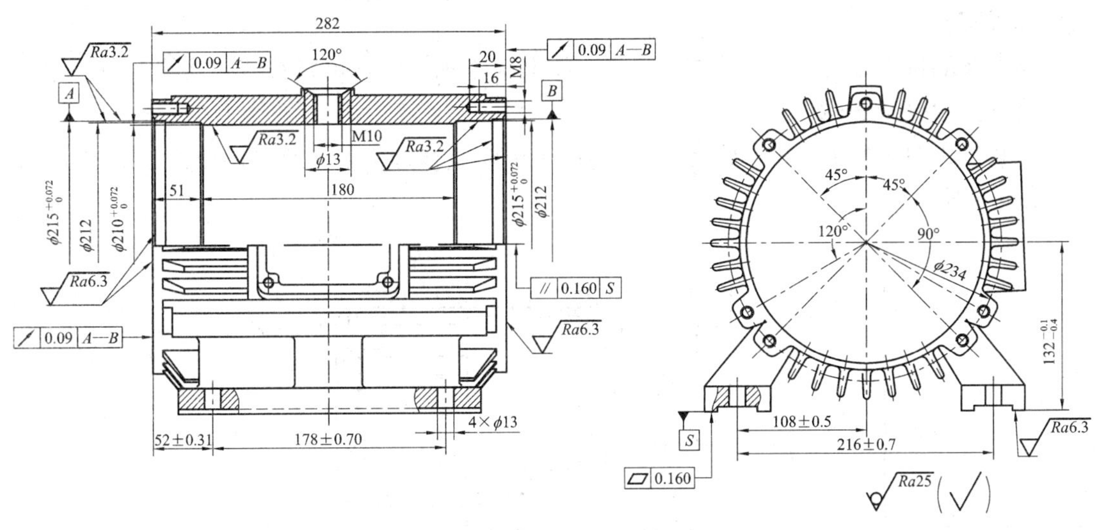

图 6-3　机座

1．加工部位

(1) 两端止口、铁芯挡内圆：这两处的加工精度与粗糙度要求是最高的，且还有形位公差的要求，以同心要求为最高，所以需要特制的夹具。

(2) 底脚平面：需要铣削或刨削加工。

(3) 底脚孔：孔间距的相对要求较高，为了准确度与效率，需要配置钻模夹具。

(4) 固定端盖的螺孔、接线盒的螺孔：先钻、后攻，需要配置钻模夹具。

(5) 吊环用的螺栓孔：先钻、后攻。

2. 主要技术要求

(1) 尺寸精度：机座止口和铁芯挡内圆均属配合面，其尺寸公差常取 H8；电动机中心高是一个重要的安装尺寸，需要保证；长度上还有两处尺寸 52 ± 0.31 及 178 ± 0.70 需要注意。

(2) 形状公差：主要有平面度与铁芯挡内圆柱面的圆柱度。

(3) 位置公差：包括同轴度、端面跳动、径向跳动、平行度及位置度。

(4) 粗糙度：主要是止口圆周面和铁芯挡内圆表面的粗糙度，最小为 *Ra*3.2。

3. 机座加工的工艺方案

机座因结构特殊，其结构工艺性分析可忽略。这里主要说明机座加工的同轴度保证与底脚平面的加工问题。

1) 同轴度的保证

机座加工最重要的是保证两止口与内圆表面的同轴度，为此可考虑采用如下两种方案：

方案一：止口定位(采用止口盘定位方式，类似于有凸缘端盖的夹具)。以加工过的一端止口为定位基准，轴向夹紧，加工另一端止口和内圆，并以止口或内圆定位，加工底脚平面。

本方案能保证电机中心高的尺寸精度，但需调头精车止口。

方案二：底脚平面定位。以加工过的底脚平面为定位基准，一次装夹，加工两端止口、端面和内圆。

本方案的特点是两端止口和内圆是在一次装夹下加工的，可减小装夹误差。

2) 底脚平面的加工

一般以止口定位来加工，如采用牛头刨床刨削，批量较大的小型机座可采用铣床加工，如图 6-4 所示。

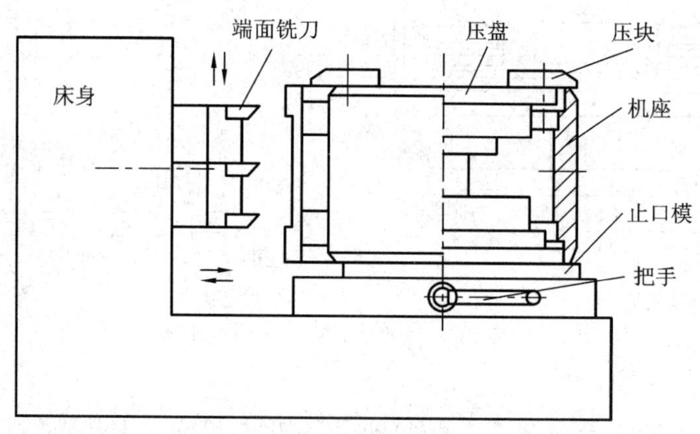

图 6-4 在铣床上铣削底脚平面

3) 中小型机座的钻孔与攻螺纹

(1) 采用立式钻床钻孔。

(2) 采用攻丝机攻螺纹(攻丝)。

✧✧✧✧✧ 实践与思考 6.1 ✧✧✧✧✧

(1) 结合 Y、Y2、Y3 系列电动机的一种型号说明各参数的含义，并说明这三类电动机的不同之处。

(2) 根据图 6-3，查询图示电动机的可能的功率型号，写出该机座的工艺路线，有能力的可尝试编写机座的工艺过程卡。

6.2 工艺守则

6.2.1 工艺守则

工艺守则是某一专业工种所通用的一种基本操作规程(现行工艺的总结性文件，起着指导生产的作用)，所以通用是它的重要特点。对于对产品质量影响较大的工艺方法，在不宜用卡片形式表达时，可编制工艺守则。

1. 格式与填写说明

工艺守则的格式可查阅工艺文件标准格式之 30，如图 6-5 所示。

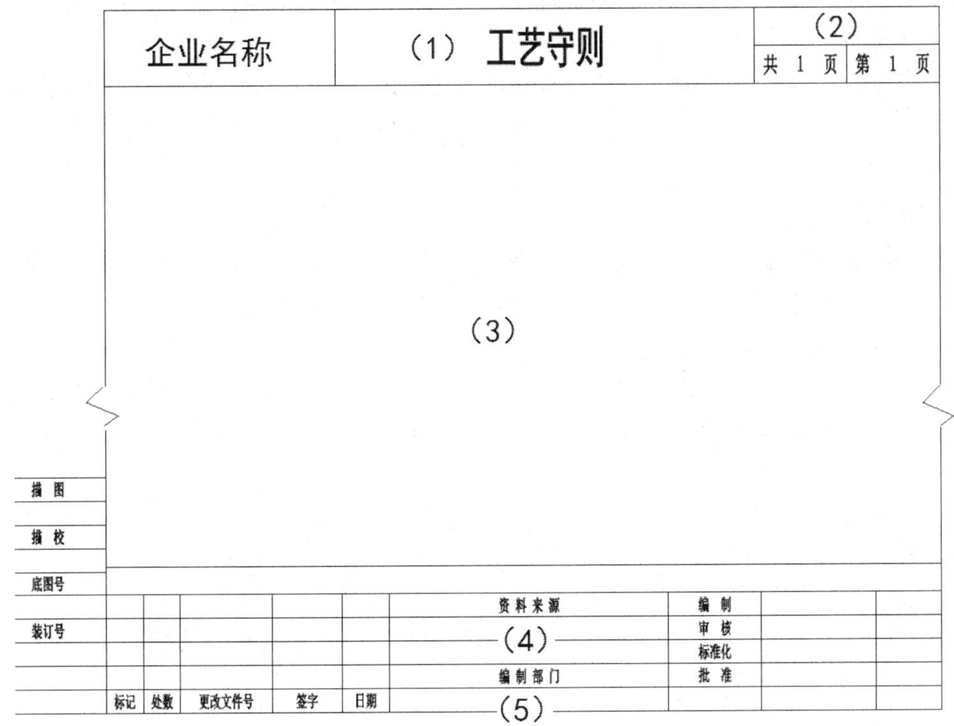

图 6-5　工艺守则的格式示意及主要填写说明

填写说明如下：

(1) 表头的工艺守则是有名称的，也就是说要在前面加名称，如加“热处理”、“电镀”、“焊接”等后就成了“热处理工艺守则”、“电镀工艺守则”、“焊接工艺守则”。

(2) 填写工艺守则的文件编号时，若缺少方法编号，则需要自定义未用的编号。

(3) 主体部分的填写见下面。

(4) 表尾部分的资料来源指的是编制该守则时参考的技术资料的来源。

2. 内容

工艺守则一般含有如下内容：适用范围、规范性引用文件、材料、工具与设备、施工准备、工艺过程、检查与验收、安全技术与设备维护等。可根据实际情况作适当增减，如增加包装、运输和储存内容。我们把这一级别定义为章，各章说明如下：

(1) 适用范围：说明本守则的用途范围。

(2) 材料：列举本守则所需主要及辅助材料的名称和牌号、尺寸规格及标准编号。

(3) 工具与设备：列举本守则所需生产和试验用的工具与设备的名称、规格等，但不列出工具和设备的编号。

(4) 施工准备：应叙述实现本守则工艺过程所需要的工艺准备工作，包括材料及工装方面的准备。

(5) 工艺过程：这部分是守则的主体。工艺过程应按生产中必须遵守的操作方法来编写，文字叙述应用肯定语气，工序间的检查如有必要，规定在本部分工序之后。

(6) 检查与验收：如果工艺过程中不宜写出技术检查及验收规则，则应单独列出这一部分，详细规定检查对象及工序间的技术要求，试验方法，试验用工具、仪器和设备，验收规则及检查标记的标定方法等。

(7) 安全技术与设备维护：必要时在本部分着重指出保证人身设备安全的操作规程，在工艺过程中每一细节应注意的事项也可在该过程中附加说明。当某些设备另有安全操作规程时引用该部分即可。

3. 编写注意事项

(1) 内容安排：按照前面所述 7 章的要求确定各自的内容，必要时可做适当的增减。如果相邻部分内容偏少又适于合并，则可考虑标题(章)内容合并；如果某部分内容偏多，则可以考虑拆分标题(章)与内容。

(2) 章、条与段：主体部分的输入要严格遵照国标 GB/T1.1 的格式要求，一级用章，章级的编号定义为阿拉伯数字，如 1、2、3 等，而 3.1、3.2 及 3.2.1 或 3.2.2 均称为“条”级，没有编号称为段。

(3) 格式要求：① 条不能只出现一个，至少两个以上，否则取消，降为段；② 章、条必须顶格，且标题之间空一格，不能用“、”、“.”等符号代替空格；③ 段首需要缩进两个汉字；④ 在工艺守则内容最后，绘制一条长 45 mm 的居中直线以示结束。注：标准条文或附录结束后，在版面的中间画一条粗实线作为终结线，其长度约为版面宽度的 1/4。

4. 其他说明

(1) 工艺守则中技术要求应确切，内容既先进又切实可行。

(2) 工艺守则更多地体现为实际操作的先进经验的总结。

6.2.2　中小型异步电动机定子铁芯制造工艺

1．定子冲片

定子冲片的材料，对于 Y、Y2 系列一般选用 DR510−50(意为电工用热轧、铁损 5.1 W/kg，厚度为 0.5 mm)，Y3 系列采用冷轧的，如 50W470(意为冷轧无取向、铁损 4.7 W/kg，厚度为 0.5 mm)。

定子冲片轮廓见图 6-6。叠压时注意：

(1) 外圆上的鸠尾槽，在压装时安放扣片以紧固铁芯。

(2) 在定子冲片外圆上冲有记号槽，其作用是保证叠压时按冲制方向叠片，使毛刺方向一致，并保证将同号槽叠在一起。

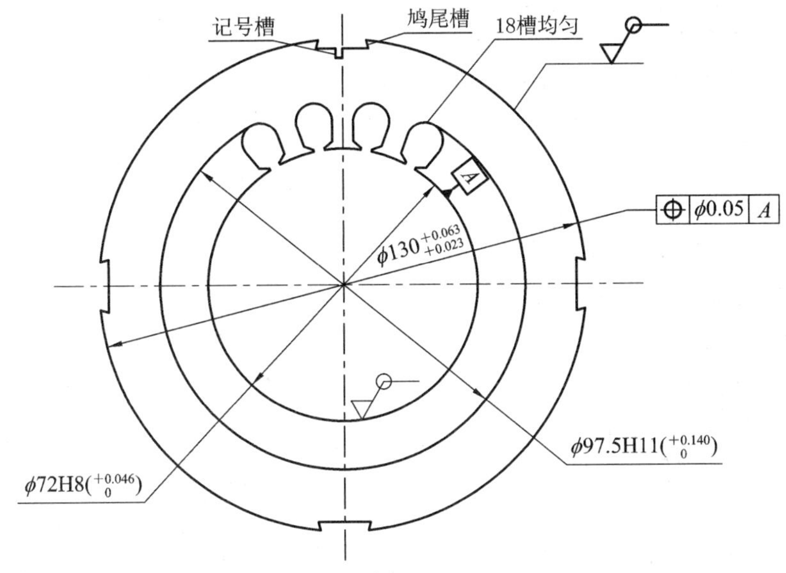

图 6-6　定子冲片

冲片质量对电机性能的影响很大，冲片的技术要求如下：

(1) 冲片的外径、内径、轴孔、槽形以及槽底直径等尺寸应符合图纸要求。

(2) 定子冲片毛刺不大于 0.05 mm(复式冲压冲片毛刺不大于 0.1 mm)。

(3) 冲片应保证内、外圆和槽底直径同轴，不产生椭圆度。

(4) 槽形不得歪斜，以保证铁芯压装后槽形整齐。

(5) 冲片冲制后应平整而无波浪形。

下面介绍冲片的质量检查。

(1) 冲片的内圆、外圆、槽底直径和槽形尺寸：均采用带千分表的游标卡尺进行测量。

(2) 毛刺：用千分尺测量或用样品比较法检查。

(3) 同轴度：测量定子冲片内外圆的同轴度及定子冲片外圆与槽底圆周的同轴度。

(4) 大小齿：在定转子冲片相对中心的四个部位，用卡尺测量每个齿宽，每个部位连续测量四个齿，允许差为 0.20 mm。

(5) 槽形：检查槽形是否歪斜，槽形是否整齐。

2. 定子冲片的理片及扣片工艺流程

1) 理片工艺部分

(1) 确定冲片数量、质量。

(2) 检查规格、型号、高度是否一致。

(3) 注意冲片的正反面。

(4) 理好后堆放。

(5) 完工后清理。

2) 扣片工艺部分

(1) 检查压机设备，开机试运行。

(2) 冲片叠压。

(3) 上压板、扣片后按技术要求压制。

(4) 进行定子铁芯检验。

(5) 关闭设备电源，清理工作台，成品入库。

3. 定子铁芯压装(以外压装为例)

铁芯技术要求如下：

(1) 冲片间压力为(6.69～9.8)×10^5 Pa。

(2) 重量要符合图纸要求。

(3) 应保证铁芯长度(允许为±1 mm)。

(4) 尽可能减少齿部弹开。

(5) 槽形应光洁整齐。

(6) 铁芯内外圆光洁、整齐，标记孔对齐。

(7) 扣片不得高于铁芯外圆。

(8) 电机生产过程、运行中应紧固可靠。

在工艺上应保证定子铁芯压装具有紧密度、准确度和牢固性。

定子冲片按统一毛刺方向及冲压模重叠位置进行理片叠压后，将扣片通过压板在压机上进行压紧，如图 6-7 所示。

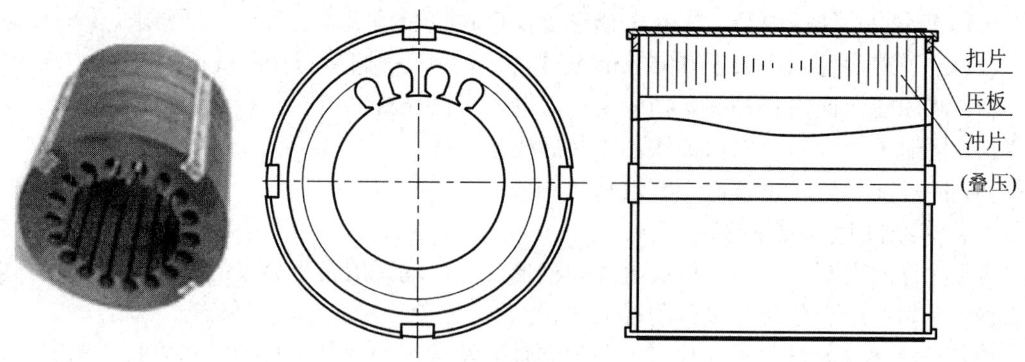

图 6-7 定子铁芯叠压

图 6-8 为定子铁芯外压装工艺守则。由于未定义工艺文件的类型，因此这里自定义为“05”。

<table>
<tr><td rowspan="2">AA电机有限公司</td><td rowspan="2">定子铁芯外压装工艺守则</td><td colspan="2">2905</td></tr>
<tr><td>共 2 页</td><td>第 1 页</td></tr>
</table>

1 适用范围

本守则适用于Y2系列三相异步电动机及其派生系列电动机定子铁芯外压装。

2 材料

2.1 定子冲片。

2.2 定子压圈(用于中心高112及以上电动机)。

2.3 定子扣片。

2.4 定子端板。

3 设备及工具

3.1 理片机。

3.2 油压机或铁芯叠压专用机。

3.3 定子铁芯压装工具(包括上、下压胎，心轴，涨套)。

3.4 槽样棒。

3.5 台秤。

3.6 钢直尺、卡尺、内径千分尺、角尺、塞尺。

3.7 压扣片工具：手锤。

3.8 电焊机。

4 工艺准备

4.1 根据工作指令，核实冲片、扣片、压圈、端板的型号及规格。

4.2 理片时要求冲片毛刺方向必须一致，不允许有乱片及缺角，将标记槽对齐后，用细铁丝捆好。

4.3 检查压装工具是否齐全，心轴与涨套是否有油污，槽样棒和槽形塞规等是否有变形及磨损现象。

4.4 检查机床工作是否正常。

5 工艺过程

5.1 将下压胎、心轴、涨套固定好(心轴与涨套处于自由状态)，然后套入定子压圈或定子端板。

5.2 将理好的冲片按图样要求称好重量，首先把大约20～25 mm一叠的冲片套入涨套上，插入两根槽样棒，再把称好的冲片全部套入涨套上。

5.3 涨紧铁芯，如果长度超过250 mm，则必须分两次涨紧。

5.4 放上定子压圈或定子端板及上压胎。

5.5 将定子冲片按规定的压力加压(单位压力为3～4 MPa)。

5.6 将扣片放在扣片槽内，用压扣片工具(滚轮)将扣片压平、撑紧，然后打弯上、下两端，使其紧密扣紧。

5.7 松去压力，取上下压胎、槽样棒，再取出铁芯。

5.8 对H160及以上机座，需在两端将扣片与定子压圈用电焊焊牢。

5.9 敲上操作者标记，送检并放下道工具。

6 质量检验

6.1 铁芯长度L的公差检查(在扣片处测量)：当$L<160$ mm时，公差为±1.0；当$L\geq160$ mm时，公差为$^{+2.0}_{-1.0}$。

6.2 铁芯外圆最大尺寸不得超过图样规定，铁芯必须垂直不得歪斜。

6.3 铁芯内圆要求整齐，尺寸公差应符合图样规定。

6.4 叠压后，槽形要求整齐，允许比冲片槽形基本尺寸小0.2 mm，齿部弹开度：铁芯长度≤100 mm,公差为+4；铁芯长度在100～200 mm,公差为+5。

6.5 铁芯重量应符合图样的规定。

7 注意事项

7.1 操作者在操作时应戴上手套，专心操作，注意安全。

7.2 铁芯要竖直堆放，搬运时不允许在地上滚动。

图 6-8 定子铁芯外压装工艺守则

6.2.3 中小型三相异步电动机定子制造工艺简介

1. 绕组

绕组是电动机的心脏。电动机的寿命和运行可靠性主要取决于绕组的制造质量和运行中电磁作用、机械振动及环境因素的影响。而绝缘材料与结构的选择、绕组制造过程中的绝缘缺陷和绝缘处理的质量是影响绕组制造质量的关键因素。

中小型三相异步电动机属于散嵌绕组。Y 系列电磁线采用高强度聚酯漆包圆铜线(耐热等级为 B 级)；Y2 系列电磁线采用高强度聚酯亚胺漆包圆铜线(耐热等级为 F 级)，薄绝缘 QZY-1 和厚绝缘 QZY-2 允许采用 QZY/155。

2. 绕组绝缘

1) 定义

按国家标准 GB2900.5 的规定，绝缘材料的定义为：用来使器件在电气上绝缘的材料，即能够阻止电流通过的材料。绝缘材料的电阻率很高，通常为 10^9～10^{22} Ω•m。实际上，电阻率大于 10^7 Ω•m 的材料，其流过的电流可忽略。在电动机中，导体周围的绝缘材料将匝间隔离并与接地的定子铁芯隔离开来，以保证电动机的安全运行。

绝缘材料的用途是将带电的部分与不带电的部分或带不同电位的部分相互隔离开来，使电流能够按人们指定的路线去流动。此外，绝缘材料往往还起着储能、散热、冷却、灭弧、防潮、防霉、防腐蚀、防辐照、机械支承和固定、保护导体等作用。

按照国家统计局关于国民经济的分类标准，绝缘材料行业属于绝缘制品制造业，包括电器绝缘子、电机或电气设备用的绝缘零件，以及带有绝缘材料的金属制电导管及接头的制造，但不包括玻璃、陶瓷绝缘体、气体绝缘等的制造。绝缘材料产品按大类、小类、温度指数及品种的差异分类。中国电器工业年鉴将绝缘材料分为油漆树脂、浸渍纤维制品、层压制品、云母制品、电工塑料、薄膜、复合材料、其他类材料共八大类。

2) 耐热等级

绝缘材料的极限工作温度称为耐热定额。绝缘材料的寿命就是电机的寿命(一般是 20 年)。若绝缘材料的工作温度低于耐热定额，则正常工作，使用寿命为数万小时；若绝缘材料工作温度高于耐热定额，则使用寿命将明显缩短，导致材料的化学结构出现裂解，材料发脆，进一步导致机械强度和电气绝缘性能下降，严重影响使用寿命。

绝缘材料分为 Y、A、E、B、F、H、C 等七个等级，如表 6-3 所示。在耐热等级对应的最高工作温度以下工作能保证绝缘材料长期使用而不影响其性能。

表 6-3 绝缘材料的耐热等级和极限温度

耐热等级	最高工作温度/℃	耐热等级	最高工作温度/℃
Y	90	F	155
A	105	H	180
E	120	C	>180
B	130		

3. 绝缘材料简介

绝缘材料是决定电机、电器技术经济指标的关键因素之一。电机的重要技术经济指标之一是重量功率比，即 kg/kW。减少该比值对电机产品具有重要意义。

从 1900 年到 1967 年，0.75 kW 的电机重量由 40 kg 减少到 10 kg，目前已降低到 6 kg/kW 水平，导致此变化的重要原因是采用了耐热性好的绝缘材料。

因此，降低 kg/kW 具有重要的经济意义，可节约大量金属材料，降低电机成本。例如，一台 A 级(105℃)电动机采用 H 级(180℃)绝缘之后，可缩小体积 30%～50%，节约铜 20%、硅钢片 30%～50%、铸铁 25%。采用同一机座号，用耐温指数更高的绝缘材料，可以提高功率或延长电机的使用寿命。从电机、电器产品的造价情况来看，绝缘材料所占费用约在 50%，这充分说明了绝缘材料在电机、电器工业中所占的地位和作用。

1) 绝缘材料的四位数编号方法

绝缘材料的编号方法一般采用 JB/T2197—1996《电气绝缘材料产品分类、命名及型号编制方法》，电气绝缘材料的编号由大类、小类、温度指数及品种的差异分类等四位阿拉伯数字组成，如表 6-4 和表 6-5 所示。

表 6-4　绝缘材料的编号方法(前两位)(部分)

大类(第一位)		小类(第二位)		大类(第一位)		小类(第二位)	
代号	大类名称	代号	小类名称	代号	大类名称	代号	小类名称
1	漆、可聚合树脂和胶类	0	有溶剂漆	4	模塑料类	0	木粉填料为主的模塑料
		1	无溶剂可聚合树脂			1	其他有机填料为主的模塑料
		2	覆盖漆、防晕漆、半导体漆			2	石棉填料为主的模塑料
		3	硬质覆盖漆、瓷漆			3	玻璃纤维填料为主的模塑料
		4	胶粘漆、树脂	5	云母制品类	0	云母纸
		6	硅钢片漆			1	柔软云母板
		7	漆包线漆、丝包线漆	6	薄膜、粘带和柔软复合材料类	0	薄膜
2	树脂浸渍纤维制品类	0	棉纤维漆布			1	薄膜上胶带
		2	漆绸			2	薄膜粘带
		3	合成纤维漆布、上胶布			3	织物粘带
		4	玻璃纤维漆布、上胶布			4	树脂浸渍柔软复合材料
		5	混织纤维漆布、上胶布			5	薄膜绝缘纸柔软复合材料、薄膜漆布柔软复合材料
		7	漆管	7	纤维制品类	0	非织布
		8	树脂浸渍无纬绑扎带			1	合成纤维纸
3	层压制品、卷绕制品、真空压力浸胶制品等类	0	有机底材层压板			2	绝缘纸
		1	真空压力浸胶制品			3	绝缘纸板
		2	无机底材层压板			4	玻璃纤维制品
		5	有机底材层压管	8	绝缘液体类	0	合成芳香烃绝缘液体
		6	无机底材层压管			1	有机硅绝缘液体

表 6-5 绝缘材料的编号方法(后两位)

温度指数(第三位)		品种的差异分类(第四位)
代号	温度指数(耐热等级)	
1	不低于 105(A 级)	用一位阿拉伯数字来表示
2	不低于 120(E 级)	
3	不低于 130(B 级)	
4	不低于 155(F 级)	
5	不低于 180(H 级)	
6	不低于 200(C 级)	
7	不低于 220(C 级)	

例如，1032 三聚氰胺醇酸漆：第一位数字“1”表示该产品归属第 1 大类“漆、可聚合树脂和胶类”；第二位数字“0”表示该产品归属第 1 大类中的第 0 小类“有溶剂漆”；第三位数字“3”表示该产品的温度指数不低于 130(即 B 级绝缘)；第四位数字“2”为该类产品的品种代号。

又如，6520(聚酯薄膜绝缘纸复合箔)：“6、5”表示“薄膜、粘带和柔软复合材料类”大类中的“薄膜绝缘纸柔软复合材料、薄膜漆布柔软复合材料”小类， 温度指数不低于 120，品种代号为 0。

2) IEC 标准命名

绝缘材料常采用 IEC 标准命令，产品名称由材料、工艺、属性组成。例如，常用的环氧玻璃布层压板，环氧玻璃布是其材料组成，层压是生产工艺，板是属性。代码由材料+序列号组成，如 EPGC201，其中 EP 指环氧树脂，GC 指玻璃布，201 是这个产品的序列号。常用的绝缘材料代码有 EP(环氧树脂)、PF(酚醛树脂)、MF(三聚氰胺树脂)、UP(不饱和聚酯树脂)、SI(有机硅树脂)、PI(聚酰亚胺树脂)、CC(棉布)、CP(纤维素纸)、GC(玻璃布)、GM(玻璃毡)等。

4．电动机的绝缘制品

(1) 纤维制品：包括布、绸、纸等。纤维制品常用于包扎线圈，或经浸渍处理后制成漆布(绸)等用于衬垫绝缘。例如，玻璃纤维是由熔融的玻璃快速拉成的极细(5～7 μm)的丝，玻璃固有的脆性变柔软，具有不燃性、高耐热性。纤维制品浸渍不同的黏合剂，其绝缘等级也不同，有 E 级、B 级，甚至高达 H 级绝缘。

(2) 薄膜与复合薄膜制品：如常用的聚酯薄膜聚酯纤维非织布柔软复合箔 DMD(其中“D”为聚酯纤维无纺布，“M”为聚酯薄膜)，分为 B 级和 F 级两种。中国市场上 B 级产品为白色，F 级产品通常为蓝色或粉色，以示区分。DMD 产品适用于电机的槽绝缘和衬垫绝缘。

(3) 绝缘漆(浸渍漆)：由漆基和溶剂漆组成。

漆基作为绝缘漆的基本成分，能使工件形成一牢固的漆膜，如环氧树脂、酚醛树脂、聚酯树脂等。

溶剂使漆的黏度降低，流动性和渗透性提高，通过烘焙处理又会挥发掉，不成为漆膜的成分，也不影响漆的性能。

1032三聚氰胺醇酸浸渍漆是由油改性醇酸树脂与丁醇改性三聚氰胺树脂复合而成的有溶剂浸渍漆。溶剂为甲苯、二甲苯及丁醇。它具有较好的干燥性、耐热性和较好的电气性能，适用于电机、电器绕组浸渍绝缘处理，其耐热等级为B级。

1038三聚氰胺醇酸浸渍漆由油改性醇酸树脂与丁醇改性三聚氰胺树脂复合而成，是调整了1032醇酸的组分和氨基树脂的反应程度，加入催化剂制成的，它提高了固化速度(烘干时间缩短50%)。1038具有良好的厚层干透性、耐油性，其抗潮性、抗化学气体腐蚀性优于1032。1038主要用于发电机、电动机、变压器、电器绕组的抗潮绝缘，耐热等级也为B级，详见表6-6。

表6-6 1038三聚氰胺醇酸浸渍漆的性能指标

序号	指标名称		单位	指 标
1	外观		—	溶解均匀，漆膜光滑
2	黏度，4号杯，(23±1)℃		s	40±8
3	干燥时间，(105±2)℃，1/10 mm		h	≤2
4	固体含量，(105±2)℃，2 h		%	50±2
5	电气强度	常态时	MV/m	≥80
		浸水24 h后		≥70
		(130±2)℃时		≥30
6	酸值		mgKOH/g	≤10
7	体积电阻率	常态时	Ω·m	$\geq 5.0\times10^{12}$
		(130±2)℃时		$\geq 5.0\times10^{7}$
		浸水7d后		$\geq 5.0\times10^{8}$
8	耐溶剂蒸汽法(苯、丙酮、甲醇、己烷、二硫化碳)		—	附着情况无变化，不剥落，不起泡，不发黏，五种溶剂试验至少有两种通过
9	长期耐热性，温度指数		—	≥130

(4) Y系列、Y2系列主要绝缘材料见表6-7。

表6-7 Y系列、Y2系列主要绝缘材料

绝缘材料	Y系列	Y2系列
电磁线	QZ-2型高强度聚酯漆包圆铜线	QZY-2/180聚酯亚胺漆包圆铜线 QZ(G)-2/155改性聚酯漆包圆铜线
槽绝缘、盖槽绝缘、相间绝缘	聚酯薄膜玻璃漆布复合箔(6530) 聚酯薄膜聚酯纤维纸复合箔(DMD、DMDM)	聚酯薄膜芳香族聚酰胺纤维纸复合箔(NMN) 聚酯薄膜芳香族聚砜胺纤维纸复合箔(SMS)
引接线	橡胶绝缘丁腈护套引接线(JBQ-500) 丁腈聚氯乙烯复合绝缘引接线(JBF-500)	硅橡胶绝缘引接线(JHXG-500) 乙丙橡胶绝缘引接线(JFEH-500)
槽楔	MDB或3240板	环氧酚醛层压玻璃布板(3240) MDB复合槽楔
端部绑扎	聚酯玻璃丝无纬带(B-17)	环氧玻璃无纬带(F-17)
绝缘漆(浸烘处理)	有溶剂漆：1032漆(二次沉浸) 无溶剂漆：EIU、319-2等环氧聚酯类(一次沉浸)	1140-U型不饱和聚酯无溶剂浸渍树脂 1140-E型环氧无溶剂浸渍树脂

槽绝缘材料目前使用 NHN、NMN、DMD 或 F 级 DMD 等几种混合物制成。复合材料一般用于传统电动机的槽绝缘。

现在 NHN、NMN 或 F 级 DMD 和薄膜组成的组合绝缘非常普及。表面贴有聚酯绒布的产品应优先选用，而通常需要的是浸渍处理后全部为 F 级的材料。因此，两层聚酯绒布间夹一层聚酯薄膜的绝缘材料是一种良好的材料。同其他材料相比，它在吸收树脂方面占有优势。这就意味着，漆或树脂流出的危险性减少，可以实现与导线更好地粘接。

5．绕组绝缘处理

定子由定子铁芯与定子绕组组成，根据定子绕组的制造特点，其工艺文件的类型为工艺守则，如定子绕线工艺守则、嵌线工艺守则等。

加工完成的定子，其绕组需要绝缘处理，目的是驱除绝缘中所含的潮气，用漆或胶填满绝缘中所有空隙并覆盖表面，以提高绕组的电气性能、耐潮性能、导热和耐热性能、力学性能、化学稳定性。

绕组的绝缘处理有浸漆处理、浇注绝缘和特殊绝缘处理等。其中，浸漆处理是最主要的绝缘处理方式。表 6-8 所示为浸漆处理的分类、特点及适用范围。

表 6-8　浸漆处理的分类、特点及适用范围

浸漆处理分类		特　点	适用范围
沉浸	常压沉浸	设备简单，操作容易，但浸烘周期长	普通中小型电机
	真空浸渍	去除潮气，空气效果好，浸渍质量高，设备复杂	绝缘质量要求高的中大型电机
	真空压力浸渍		
滴浸	滴浸	浸烘周期短，生产效率高，浸漆质量好，易实现机械化和自动化生产	小型和微型电机的绕组浸渍

目前国内浸渍漆绝缘等级有 B、F、H 级。其中，B 级浸渍漆一般用于小功率电机，F 级浸渍漆一般用于 Y、Y2 系列电机，H 级浸渍漆一般用于冶金、防爆、矿山和铁道牵引电机等特种电机。

浸渍漆分为有溶剂漆和无溶剂漆。

(1) 有溶剂漆：渗透性好，储存期长；但浸渍和烘干时间长，固化慢，溶剂易挥发，造成浪费，还会污染环境。

传统的有溶剂浸渍漆含有约 50%的溶剂，在烘焙过程中溶剂大量挥发，固化后，仅有 45%的固体含量，绕组间含有大量气隙。其溶剂一般为苯系的芳香族化合物，存在一定的毒性，在固化烘焙中会污染环境。

(2) 无溶剂漆：具有环境污染小、填充率高、绝缘层无气隙、便于自动化浸渍等优点，且经济环保。因此，无溶剂浸渍漆已成为浸渍漆领域的主流发展方向。大部分浸渍漆只能适用一种浸渍方式，因而限制了其广泛应用。

低挥发聚酯型无溶剂树脂是国际上第三代浸渍树脂，其固化速度快，固化过程中挥发物小于 5%，采用适当的浸渍工艺，基本上可以形成无气隙绝缘。

6．浸漆设备

传统的浸漆设备为烘房、浸漆槽和滴漆架等。现在企业普遍采用如下较先进的设备：

(1) 真空(压力)浸漆烘干机：采用“热气流—真空—热气流”干燥工艺，使线圈在同一浸烘漆缸内连续完成，全过程为白坯预烘—真空低温除潮—真空(压力)浸渍—回漆滴漆—缸底清洗—低温干燥—真空辅助回收溶剂—高温固化。整个处理周期从过去的几十个小时缩短到6～8小时，极大地减轻了工人的劳动强度，改善了劳动环境，节省了大量绝缘漆。

(2) VPI真空压力浸渍设备：是高压电机、变压器、电力电容器和纸绝缘高压电力电缆等电器和电工材料生产过程中重要的工艺设备，经VPI工艺处理后，绝缘性能好，温升降低，并提高了效率，增加了机械强度，解决了运行过程中的松动现象，防止了短路等绝缘故障，提高了防潮能力，延长了使用寿命。

(3) 连续沉浸烘干机：普通连续沉浸烘干机是目前电机、电器行业特别是家用电器行业采用的较为普通的自动浸漆烘干线，对于一般电器线圈，工作在常压下按设定的工艺技术参数自动连续完成预热(去潮)冷却、浸漆、滴干、漆膜的胶化和固化。产品品质稳定，生产效率是普通沉浸、烘箱烘干的5～6倍。采用快干绝缘漆，铁芯表面覆有均匀漆膜，厚度不超过0.02 mm，防锈性能好。

7．浸漆处理工艺

定子绕组浸漆处理工艺过程为：预烘、浸渍及烘干。

(1) 预烘的目的是驱除绕组中的潮气和挥发物，获得适当的温度，以利于绝缘漆的渗透与填充，并提高绕组浸漆的质量。

(2) 浸渍分为常压沉浸法沉浸与真空压力浸渍和滴浸。常压沉浸法沉浸分为：

第一次浸渍：漆充分渗透，填满所有的微孔和间隙。

第二次浸漆：把绝缘与导线粘牢，并填充第一次浸漆烘干时溶剂挥发后所造成的微孔，在表面形成一层光滑的漆膜，防止潮气侵入。

中小型电机绕组均采用普通沉浸工艺，即将一批电机绕组沉入浸漆槽中，漆液表面至少要高出工件200 mm以上，使绝缘漆渗透到绝缘孔隙内，填满绕组和槽内所有孔隙。表6-9分别为有溶剂漆与无溶剂漆的沉浸工艺对比。

表6-9　普通沉浸典型工艺

工件与参数／工序名称	Y系列电机浸1032有溶剂漆			低压电机浸5152-2无溶剂漆		
	温度/℃	时间/h	绝缘电阻/MΩ	温度/℃	时间/h	绝缘电阻/MΩ
预烘	120±5	5～7(H80～160) 9～11(H180～280)	＞50 ＞50	130±5	6	＞50
第一次浸漆	60～80	＞15 min		50～60	＞30 min	
滴干	室温	＞30 min		室温	＞30 min	
第一次烘干	130±5	6～8(H80～160) 14～16(H180～280)	＞10 ＞2	130±5	6	＞8
第二次浸漆	60～80	10～15 min		50～60	＞15 min	
滴干	室温	＞30 min		室温	＞30 min	
第二次烘干	130±5	8～10(H80～160) 16～18(H180～280)	＞1.5 ＞1.5	130±5	12	＞2

(3) 烘干的作用是促进漆基的聚合和氧化作用，使漆固化，并使其表面形成光滑漆膜。烘干过程分为两个阶段：第一阶段主要是溶剂挥发；第二阶段是漆基的聚合固化，并在工作表面形成坚硬的漆膜。

✦✦✦✦✦ 实践与思考 6.2 ✦✦✦✦✦

(1) 写出三相异步电机定子无溶剂漆浸渍的工艺过程。

(2) 编写中小型三相电动机定子绕组浸漆工艺守则。

6.3 电动机装配工艺

6.3.1 装配工艺规程概述与异步电动机结构

1. 电机装配与装配工艺规程

按照技术要求和一定的精度标准，将若干零部件组装成电机产品的过程，称为电动机装配。电动机产品的质量取决于零部件的加工质量与装配质量。

装配工艺规程就是将装配工艺过程用文件形式规定下来，它是指导装配工作的技术文件，也是进行装配生产计划及技术准备的主要依据。企业应严格按照装配的技术要求和装配工艺规程进行，以确保电机的装配质量。

2. 装配工艺规程的制订

制订装配工艺规程的基本原则是：有先进的技术性、合理的经济性，保证技术要求和改善劳动条件，有利于促进新技术的发展和技术水平的提高。

这里技术要求应确保并力求提高产品装配质量，合理安排装配工序，提高装配工作效率。

装配工艺规程的内容包括：

(1) 规定最合理的装配顺序，确定电机产品和部件的装配方法。

(2) 确定各单元的装配工序内容和装配规范。

(3) 选择所需工具、夹具和设备。

(4) 规定各部件装配和总装配工序的技术条件。

(5) 选择装配质量检验的方法与工具。

(6) 规定和计算各装配工序的时间定额。

(7) 规定运输半成品及产品的途径与方法，选择运输工具等。

制订装配工艺规程的具体步骤是：研究产品的装配图及验收技术条件，包括审查和修改图纸甚至对产品的结构工艺性进行分析，明确各零部件之间的装配关系；审核技术要求，检查验收方法，掌握技术关键；制订技术保证措施书；进行必要的装配尺寸链的分析与计算。

3. 三相异步电动机结构

三相异步电动机结构组成见图 6-9，这是一台 Y3 系列的电动机。如果从装配工艺角度来考虑，研究 Y 系列、Y2 系列或 Y3 系列相差不大。

三相异步电动机的安装形式分为卧式 B3、立式 B5、立卧 B35 三种。B3 为机座带底脚，端盖无凸缘(图 6-9 采用前端盖)；B5 为机座无底脚，端盖带凸缘；B35 为机座带底脚，端盖带凸缘(图 6-9 采用 B5 法兰)。

中小型三相异步电动机因功率、极数不同，主要在端盖上有差异：功率大、极对数多(转速低)的端盖，在轴承室前后不仅有内盖，还有外盖；而小功率的 2 极电机则只有独立端盖。

图 6-9 中的零件 12 为波形垫圈，电机轴承加波浪垫圈作为调整垫片，主要是为了给轴承预加轴向载荷，提高轴承刚性，防止电机发生共振，轴承打滑；同时，也补偿由于温升导致的转子膨胀伸长量，防止轴向窜动。

零部件 20～30 属于接线盒内的零部件，其中包括接线板部分、接线盒密封件。

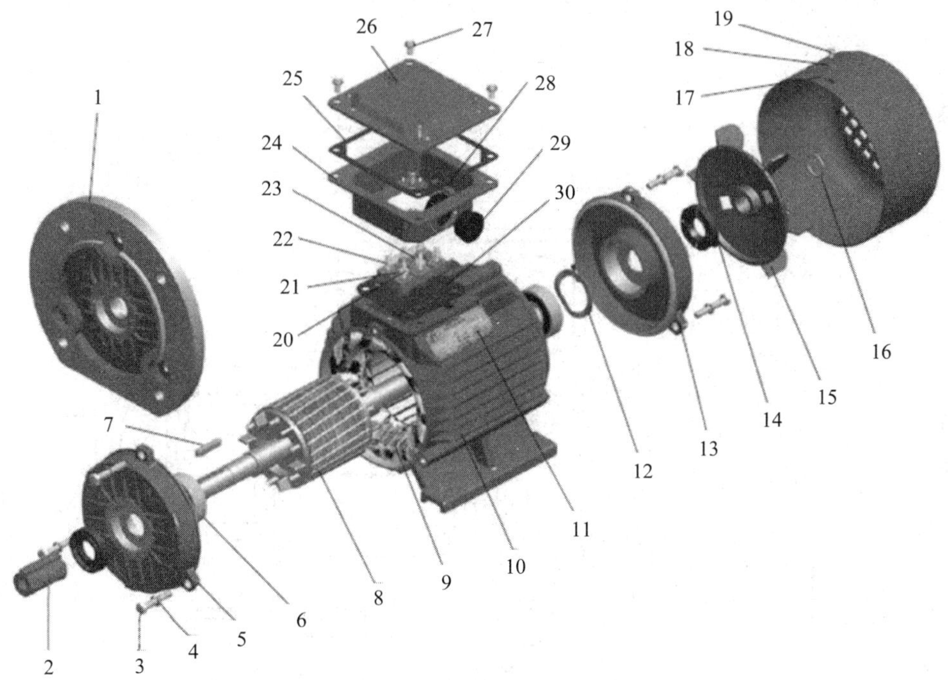

1—B5法兰；2—轴套；3—螺栓；4—弹簧垫圈；5—前端盖；6—轴承；7—键；8—转子；9—定子；10—机座；11—铭牌；12—波形垫圈；13—后端盖；14—密封垫；15—风叶；16—风叶卡簧；17—风罩；18—垫圈；19—风罩螺丝；20—铜螺帽；21—铜垫片；22—铜连接片；23—连接板；24—连接盒座；25—密封垫；26—连接盒盖；27—螺丝；28—接地标志；29—护套；30—皮垫

图 6-9　Y3 系列铸铝转子三相异步电动机(IP55、B35)的结构和部件名称

6.3.2　三相异步电动机装配工艺规程分析

限于篇幅与条件，这里仅研究 6.3.1 节中制订装配工艺规程的部分步骤。

1. 产品结构工艺性分析

根据 GB/T24737.3—2009，对产品各阶段都需要进行结构工艺性审查，如在批量生产

后，需要对工作图设计阶段进行审查，包括：① 审查各部件是否具有装配基准，是否便于装拆；② 审查各大部件拆成平行装配的小部件的可行性；③ 审查零部件报废后，进行回收再利用的可行性；④ 审查零件的铸造、锻造、冲压、焊接、热处理、切削加工、特种加工及装配等的工艺性；⑤ 审查零部件制造过程中可能产生的有害环境影响或安全隐患，并审查该影响或隐患能否避免或减小。

产品需要良好的工艺性，在装配阶段，所设计的产品结构在满足使用要求的前提下，能根据企业的技术条件和对外协作的条件，便于采用先进合理的工艺方法，以求达到最好的技术、经济效果。简单地说，就是在保持产品质量的前提下，结合企业条件，做到好装、好修，降低成本。

图 6-10 为 Y2-132S1-2 三相异步电动机装配图的主视图。图中，主要部件定子压入机座，转子通过轴承、端盖与机座固定，都具有装配基准；过盈配合部分如轴承与转轴间、定子与机座的装配是不常拆卸的，端盖与转轴的轴承间属过渡配合，端盖与机座间留有拆卸缝隙，其他零部件间的结构均便于拆卸。各大部件包括定子、转子、风罩、接线盒等部分容易拆成平行装配的小部件。

12. 垫圈5 13. 弹性垫圈5 14. 螺钉M5×8
16. 风罩
18. 挡圈38
9. 转子
10. 接线盒
11. 挡圈90
15. 后端盖
17. 风扇
8. 定子
7. 垫圈8
6. 螺栓M8×30
5. 前端盖
4. 深沟球轴承
3. 波形弹簧片
2. 骨架密封圈
1. 键B10×56
$10_{-0.036}^{0}$
$33_{-0.2}^{0}$
$\phi38k6(_{+0.002}^{+0.018})$
$\phi25$
$\phi47$
$\phi0.55$
80±0.37
89±2.0
140
190
470

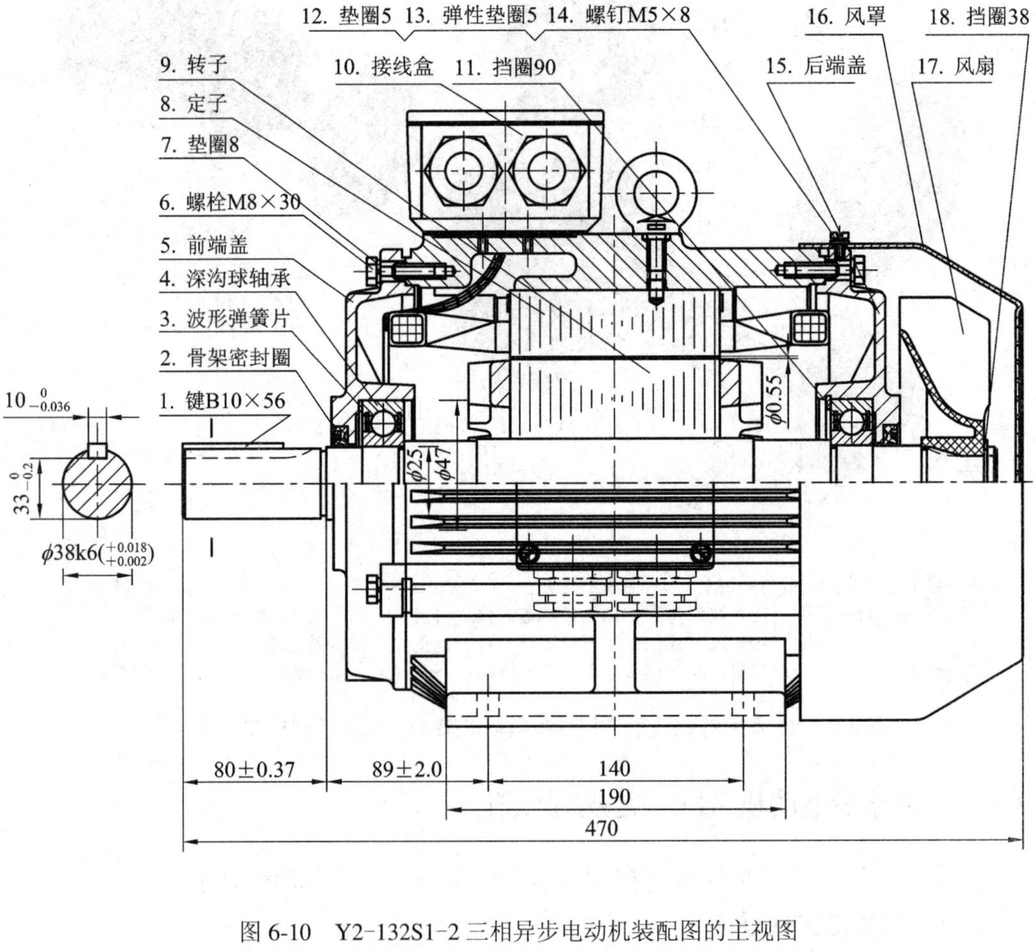

图 6-10 Y2-132S1-2 三相异步电动机装配图的主视图

2. 技术要求与检查验收方法

图 6-11 为该电动机在装配图中列出的技术要求。以下分析各要求：

(1) 电动机应符合 Y2 系列三相异步电动机的技术条件，据此查找标准 JB/T8680—2008《Y2 系列(IP54)三相异步电动机技术条件(机座号 63～355)》，从标准的第 4 章中可以获得该产品的所有技术条件，逐条审查、分析，对检验要求与装配图中的技术参数进行对比、核实，并纳入到该产品的检验(检验卡)中，如 4.4、4.7～4.20(当然具体的检验要求见第 5 章)。标准中的 4.23 指出了接线盒的一部分安装要求，需要体现在装配工艺规程中。

(2) 轴承的清洗及安装要求依据《轴承清洗及安装技术条件》(详见附录 D)，其中第 2 章规定了普通轴承首先必须采用热油煮法用防锈剂去除轴承包封，然后放在清净的汽油中清洗，安装轴承时应将外圆上打有轴承牌号的一端朝外。这样就确定了轴承的安装方法、安装过程中的注意事项、需要的辅料以及过程检验等。

(3) 电动机外表面(除轴伸及底脚平面外)喷快干灰色醇酸磁漆，并应符合《油漆涂饰技术条件》的规定(详见附录 D)。这部分规定了成品喷漆工艺的油漆涂饰的技术要求、检验方法及其所用的材料、工具、辅料等。这就充实了装配工序的内容。

(4) 第(4)、(5)条规定了成品特定部位的处理，第(6)条给出了骨架密封的安装说明。这些会直接在工艺过程中表示出来。

(5) 第(7)条则是旋转方向的要求，它既是安装要求，也是检验要求，在各自的工艺文件中加以提示或规定。

技术要求：

1. 电动机应符合《Y2系列(IP55)三相异步电动机技术条件》的规定。
2. 轴承清洗及安装按行业低压异步电机《轴承清洗及安装技术条件》的规定。
3. 电动机外表面(除轴伸及底脚平面外)喷快干灰色醇酸磁漆，并应符合行业低压异步电机《油漆涂饰技术条件》的规定。
4. 轴伸表面防锈涂封用204-1防锈油。
5. 电机装配时所有配合面均涂603密封胶油。
6. 骨架密封圈先装入端盖，油封内弹簧涂少许润滑脂，然后将端盖装上转子。
7. 当出线端标志字母与三相电源的电压相序方向相同时，从主轴伸端视之，电动机应为顺时针方向旋转。

图 6-11　Y2-132S1-2 三相异步电动机装配图中的技术要求

3. 装配尺寸链

在分析总装配图时，其中的装配尺寸是需要认真分析的。比如，在电机装配过程中，电机轴承加波浪垫圈作为调整垫片，轴承与轴承室内平面需要合理控制间隙，多个零部件的相关尺寸影响了这个间隙值，这里就产生了装配尺寸链的问题。

图 6-12 为轴承室波形垫圈的预压尺寸，图 6-13 为轴承室间隙工艺尺寸链简图。图中，B 为端盖止口平面至轴承室内的平面距离(参见图 5-4 中无凸缘端盖尺寸 5H11)；L 为机座总长度；a 为角接接触球 6308 的宽度；l 为转轴的二轴承挡轴肩的间距；e 为所要控制的间隙。可见，在装配尺寸链里，每一个环相当于一个零部件。

为了清晰起见，图 6-13 中的尺寸长度做了一些处理。易判断 e 为封装环，增环为 B、L，减环为 a、l。若 $B=26_{-0.13}^{\ 0}$，$L=230\text{h11}(_{-0.29}^{\ 0})$，$a=23\text{H11}(_{\ 0}^{+0.13})$，$l=234\text{h11}(_{-0.29}^{\ 0})$，则 e 的基本尺寸为

$$L+B+B-(l+a+a)=230+26+26-(234+23+23)=2\ \text{mm}$$

e 的上偏差为

$$\sum 增环^{上偏差} - \sum 减环_{下偏差} = (0+0+0)-(-0.29+0+0) = 0.29$$

e 的下偏差为

$$\sum 增环_{下偏差} - \sum 减环^{上偏差} = (-0.13-0.13-0.29)-(-0.13+0.13+0) = -0.81$$

$$e = 2^{+0.29}_{-0.81} = 1.19 \sim 2.29\ \text{mm}$$

即间隙尺寸被控制在 1.19～2.29 mm 之间变化，而配套的波形垫圈为 D90(厚度 0.6 mm)，自由高度为 4 mm，工作高度为(2±0.3) mm，所以装配后波形垫圈是预先受到压缩的，设计符合要求。

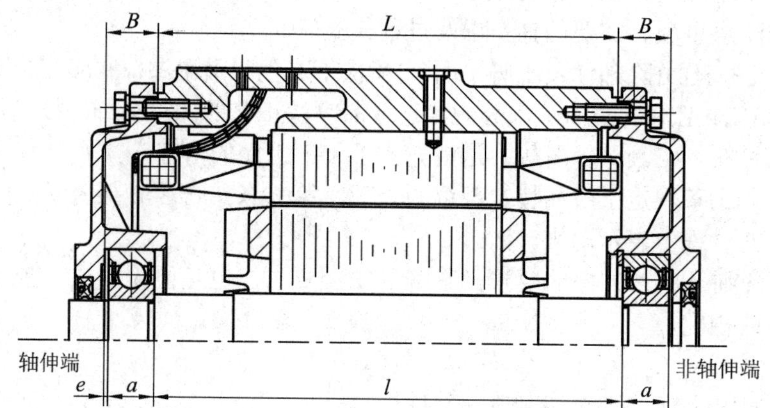

图 6-12　轴承室波形垫圈的预压尺寸

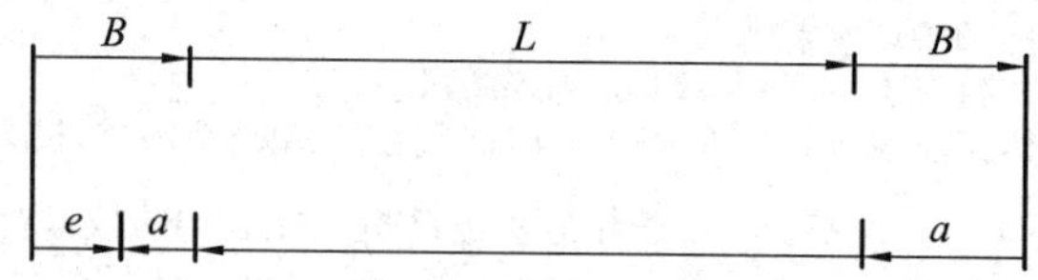

图 6-13　轴承室间隙工艺尺寸链简图

除了上述间隙外，电动机还需要控制其他尺寸，如非轴伸端的轴承盖必须把轴承外圈压死，其间隙值不能为负。另外，自轴伸端伸出的轴肩至邻近的底脚螺栓通孔轴线的距离为重要的安装尺寸，也需要通过尺寸链计算验证。

4．装配方法与组织形式

装配方法有互换法、选配法、修配法、调整法等。电动机装配一般采用的是完全互换法，即合格的零部件都是可以互换装配的。

根据产品的结构特点和生产批量的大小，装配工作可以采用不同的组织形式，一般有固定式和移动式两种。

1) 固定式装配

固定式装配是指全部装配工作在一固定地点完成，多用于单件、小批量生产，或质量重、体积大的批量生产中。

2) 移动式装配

移动式装配是指装配工人和工作地点固定不变，装配对象不断地通过每个工作地点，在一个工作地点完成一个或几个工序，在最后一个工作地点完成装配工作。这种装配方式的特点是装配时间重合或部分重合，因而装配周期短，工人专业化程度高，工作地点固定，降低了劳动强度。移动式装配又分为连续移动、间歇移动和变节奏移动。移动式装配在大批大量生产时采用，如自动装配线。

5．装配工序的工时

在装配工艺中，前面的工序不得影响后面工序的进行。在流水线的装配中，工序应与装配节奏相协调，完成每一工序所需的时间要与装配节奏大致相同，或者为装配节奏的倍数。此外，还要确定每个工序的工时。一般大型部件工序的工时不超过 30 min，大型部件在大批量生产时工序的工时不超过 5 min。工时和工序的多少主要考虑日产量的生产周期。

6.3.3 装配系统图

确定装配组织形式后，接下来分解产品为装配单元(零件、组件和部件)，并编制装配系统图。装配系统图也称为装配单元系统图或装配工艺系统图。

产品装配系统图用于复杂产品的装配，与装配工艺过程卡片或装配工序卡片配合使用。装配系统图能反映装配的基本过程和顺序，以及各部件、组件和零件的从属关系，从而研究出各工序之间的关系和采用的装配工艺。

1．分解为装配单元

机电产品是由零件、部件和组件等组成的，为保证有效地进行装配工作，通常将机电产品划分为若干个能进行独立装配的部分，称为装配单元。

将产品划分为组件及部件等装配单元是制订装配工艺规程最重要的一个步骤。任何装配单元都要选定某一零件或比它低一级的装配单元作为装配基准。装配基准件应是产品的基体或主干零件、部件，应有较大的体积和重量，有足够的支撑面和较多的公共结合面。

通过分析总装配图与各零部件的结构及制造可知，电动机各部分装配相对较独立，单元分解比较容易，在总装配之前，装配单元分解为定子装配、转子装配、机座装配，然后定子部分与转子部分合成装配，后期为风罩装配及接线盒装配等单元。

2．编制装配系统图

1) 装配系统图的定义

表示产品零、部件间相互装配关系及其装配流程的示意图称为装配系统图。每一个零件或部件用一个小方格来表示，方格上表明零部件名称、编号及件数，如图 6-14 所示。

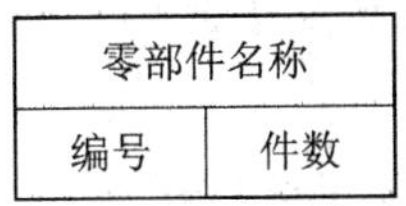

零部件名称	
编号	件数

图 6-14　装配系统图中的零部件表示法

2) 装配系统图的画法

装配系统图如图 6-15 和图 6-16 所示，左端是基准零件或部件，右端是装配目标部件或产品，其间画一条带箭头粗横线，横线上方放置装配单元里的零件，下方放置装配单元里的部件。

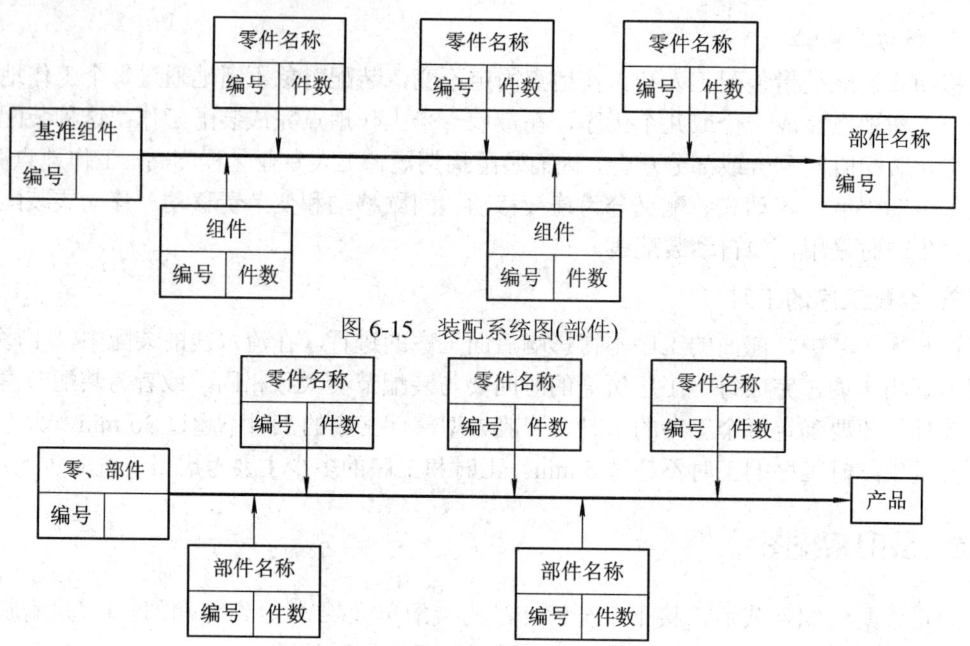

图 6-15 装配系统图(部件)

图 6-16 装配系统图(产品)

装配系统图中，箭头指向自左至右的顺序表示零、部件的装配顺序。一般习惯于将零件放在带箭头粗线的上方，而将组件、部件放在粗横线的下方。

3．确定装配顺序

划分装配单元、确定装配基准零件以后，即可安排装配顺序。正确的装配顺序对装配精度和装配效率有着重要的影响。

装配顺序以装配系统图的形式表示，即按先难后易、先内后外、先下后上、预处理工序在前的原则进行。

先进行可能破坏后续工序装配质量的工序；集中安排使用相同工装、设备以及具有共同特殊装配环境的工序，以避免工装设备的重复使用和产品在装配场地迂回；集中连续安排处于基准件同方位的装配工序，以防止基准件多次转位和翻身，及时安排检验工序等。

6.3.4 编制装配工艺文件

装配工艺规程一般有装配工艺卡片、装配工序卡片、装配路线卡、作业指导书、作业要领、操作规程、工艺守则等工艺文件。

电动机装配工艺相对简单，通常采用文字配工序图的方式，可以选择装配工艺卡与工艺附图的组合，或者装配工艺过程卡与装配工序卡的组合，然后外加检验卡片。

1．装配工艺过程卡片

装配工艺过程卡片的格式如图 6-17 所示。

填写说明为：表头部分只需要填写产品型号(1)、产品名称(2)与装配工艺过程卡的编号(3)，不填写零件图号与零件名称；工序号(4)一般从“1”开始填写；工序名称(5)根据内容不同，可以填写“定子压装”、“转子装配”等，也可以填写“部装”、“上漆”、“检验”、“入

库”等；工序内容(6)的填写需要注意，因为装配图中零部件的名称有可能一样，所以在引用零部件时需要将其序号写上，这样填写还有一个好处就是很容易从装配图的明细栏上找到该零部件；设备及工艺装备(7)填写各工序所使用的设备及工艺装备；辅助材料(8)填写在各工序所需使用的辅助材料，如前面提到的轴承装配所用的 ZL3 锂基润滑脂(SY1412-1975)、汽油等；“工时定额”不填。

装配的设备及工艺装备一般较为简单，如电机装配里一般为扳手、木榔头、铁榔头、压装胎具等。

	装配工艺过程卡片	产品型号	(1)	零件图号		(3)
		产品名称	(2)	零件名称		共 1 页 第 1 页
工序号	工序名称	工序内容	装配部门	设备及工艺装备	辅助材料	工时定额 min
(4)	(5)	(6)		(7)	(8)	

描图	描校	底图号	装订号

标记	处数	更改文件号	签字	日期	标记	处数	更改文件号	签字	日期	设计(日期)	审核(日期)	标准化(日期)	会签(日期)

图 6-17 装配工艺过程卡片的格式

2. 装配工序内容填写示例

编写了装配系统图后，每一条装配系统图如工作地相同，则可视为一道装配工序，但图 6-18 所示的定子装配系统图中，因为钉铭牌与压定子的设备不一样，所以视为两道工序。另外，为了编写方便，特将零部件的序号也附上。

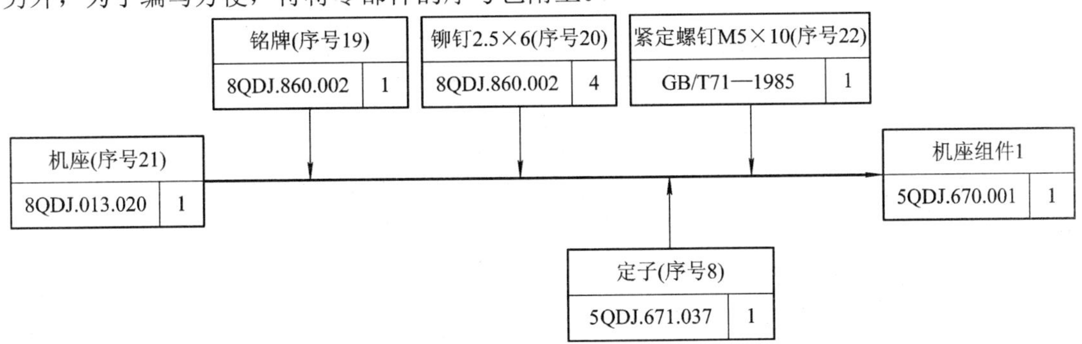

图 6-18 装配系统图示例

图 6-19 为本装配系统图的工序内容，这里特别强调要将零部件的序号填上。

装配工艺过程卡片		产品型号	Y2-132S1-2	零件图号	2192
		产品名称	三相异步电动机	零件名称	共 1 页 第 1
工序号	工序名称	工序内容	装配部门	设备及工艺装备	辅助材料
1	铭牌装配	将序号9的铭牌在序号21的机座铭牌固定处正确摆放，在台钻上钻4孔ϕ2.5，深约7左右，依次将序号20的4颗铆钉放在孔上，用铁榔头敲入固定	装配车间	台钻Z4116、麻花钻2.5 铁榔头	
2	定子装配	将序号21的铭牌按正确方向预先摆放在压床工作台上；将序号8定子引出线塞到绕组内侧，小心放入机座内，套入压装胎具，开启压机将定子压入到机座规定位置上，并取出压装胎具；将序号22紧定螺钉旋入序号21的机座位置上，注意要旋紧		四柱通用液压机(1000 kN) 定子压装胎具 一字螺丝刀3×125	

图 6-19　电机装配工艺过程卡片主要内容填写示例

3. 三相异步电动机的主要装配内容

1) 定子装配

小型电机大多采用外压装工艺。定子铁芯压入机座时必须保证轴向位置符合图纸要求，一般由压装胎具予以保证。控制压帽上的尺寸使压装后铁芯的位置符合图纸要求，如图 6-20 所示。

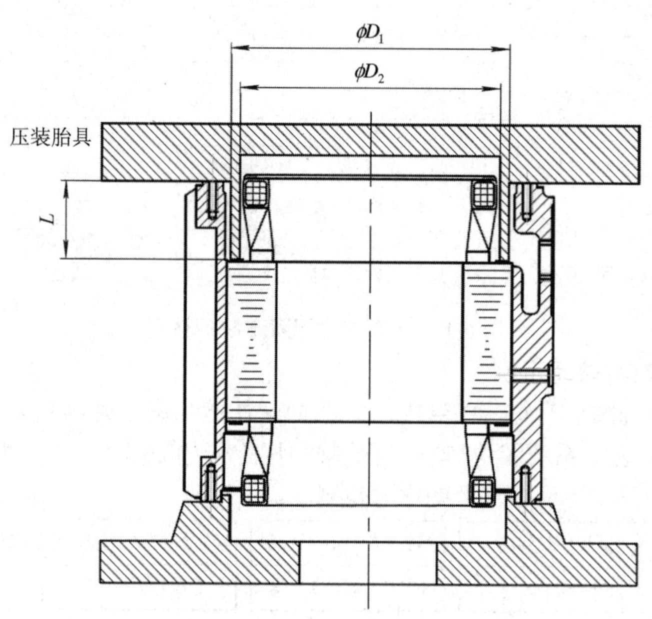

图 6-20　定子铁芯压入机座胎具

压装完毕，装止动螺钉，加上机座内圆与定子铁芯外圆的接触就能保证定子铁芯在机座内不转动。

2) 轴承装配(装入转子)

轴承质量对电机的振动和噪声影响很大。H132 及以下的中小型电机轴承选用一般 Z1 型单列向心球轴承(Z1 型为电动机专用，轴承沟道经过二次超精研加工，轴承振动与噪声比普通级轴承小)。在中小型异步电动机中，广泛采用滚动轴承结构。运行中不需要经常维护，耗用润滑油脂不多。同时，滚动轴承径向间隙小，对于气隙较小的异步电动机更加适用。轴承的安装方法有敲入法、冷压法和热套法，具体操作应该按装配的技术要求来选择。

3) 定转子装配

(1) 将转子套入定子是关键工序之一。操作时应防止绕组撞伤。

(2) 安装非轴伸端。装配止口面涂机油以防生锈(端盖装入止口后，用木榔头轻敲端盖四周，使其紧贴，对角轮流拧紧螺栓)。

(3) 装第二个端盖时，把端盖止口敲合，旋紧螺栓。

如果两头端盖装得不同轴，或端面不平行，则转子就可能转动不灵活，需用锤子轻敲端盖四周，以消除不同轴、不平行现象，使转子转动灵活。

4) 安装接线盒

安装接线盒时应注意接线板的接法。另外，还有风罩安装等后续装配及上漆等辅助工序、检验试验等。图 6-21 为 Y2 系列三相鼠笼铸铝转子异步电动机生产工艺参考流程图。

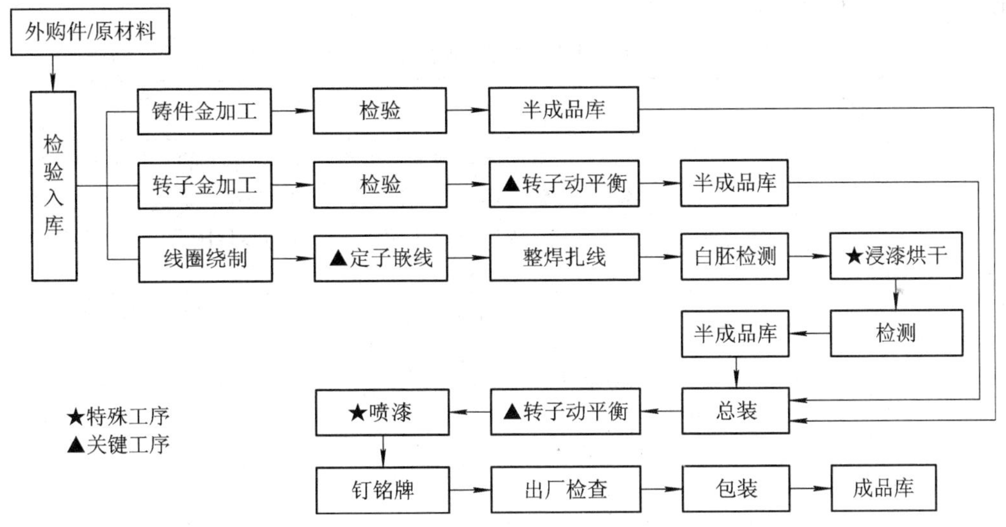

图 6-21　Y2 系列异步电动机生产工艺流程图

4. 工艺图表的装配规程

启动工艺图表软件，新建时选择“工艺规程”选项卡中的“装配工艺规程”即可创建装配规程。与机械加工工序卡片的生成方法类似，对每一道装配工序，按住 Ctrl 并用鼠标左击，然后用鼠标右击，选择快捷菜单中对应的选项即可生成装配工序卡片。

装配工艺过程卡片也可以不配置装配工序卡，可以直接为各道工序的配置工序附图，这时需要在每道工序中加以说明，如“见工艺附图×”。

无论是装配工序卡还是工艺附图，其绘制比例同样无需按 1∶1 绘制；应注意各工序产品的放置方向；附图线条为粗实线；所装配的零部件必须加引出线，且务必注明零部件的序号及名称；在附图中作必要的文字说明，包括设备及工装。

✦✦✦✦✦ **实践与思考 6.3** ✦✦✦✦✦

(1) 结合装配单元流程图，编写装配流程图。
(2) 按提供的资料编制 Y132M 电动机的装配工艺过程卡片，并用工艺图表编制输出。
(3) 按图 6-20 定子铁芯压入机座胎具的说明，设计 Y132M 机座定子压装胎具。

6.4 工艺明细表与工艺方案

6.4.1 工艺类明细表与工艺文件的完整性

1. 工艺类明细表

工艺类明细表包括工艺工装、外购外协、质量控制点等，属于工艺管理类文件，种类较多，如表 6-10 所示。

表 6-10 工艺类明细表

序号	明细表名称	填 写 说 明
1	工艺关键件明细表	填写产品中所有技术要求严、工艺难度大的工艺关键件的图号、名称和关键内容等的一种工艺文件
2	产品质量控制点明细表	填写产品中所有设置质量控制点的零件图号、名称及控制点名称等的一种工艺文件
3	零部件质量控制点明细表	填写某一零(部)件的所有质量控制点、名称、控制项目、控制标准、技术要求等的一种工艺文件
4	外协件明细表	填写产品中所有外协件的图号、名称和加工内容等的一种工艺文件
5	配作件明细表	填写产品中所有需配作或合作的零部件的图号、名称和加工内容等的一种工艺文件
6	外购工具明细表	填写产品在生产过程中所需购买的全部刀具、量具等的名称、规格与精度等的一种工艺文件
7	组合夹具明细表	填写产品在生产过程中所需的全部组合夹具的编号、名称等的一种工艺文件
8	企业标准工具明细表	填写产品在生产过程中所需的全部本企业标准工具的名称、规格、精度等的一种工艺文件
9	专用工艺装备明细表	填写产品在生产过程中所需的全部专用工装的编号、名称等的一种工艺文件
10	工位器具明细表	填写产品在生产过程中所需的全部工位器具的编号、名称等的一种工艺文件
11	材料消耗工艺定额明细表	填写产品每个零件在制造过程中所需消耗的各种材料的名称、牌号、规格、重量等的一种工艺文件

(1) 工艺明细表种类虽多，但并不是每一种都需要，一般根据工艺文件的完整性要求(参见下面的“3. 工艺文件的完整性”)合理配置，也可适当考虑产品本身的特点、企业的行业习惯等。

(2) 当该产品不采用零(部)件工艺路线表或此表表达不够时，还可以根据需要编制按车间或按工种划分的“( )零件明细表”(如油漆零件明细表、热处理零件明细表、光学零件加工零件明细表、表面处理零件明细表等)，起指导组织生产的作用。

2. 专用工艺装备明细表

工艺明细表种类虽多，但填写并不困难，比如在前面编制了轴与两种端盖的工艺文件，可以尝试编制“专用工艺装备明细表”。除表头与表尾外，卡片主体部分填写产品在生产过程中所需的全部专用工艺装备的编号、名称、使用零(部)件图号等，并在前面加上序号，工装编号的填写顺序为由小到大。图6-22为专用工艺装备明细表的格式及填写示例。

XX电机有限公司		专用工艺装备明细表			
序号	编　号	名　称	使用零(部)件图号	备　注	序号
1	XJ301-5-811	塞规	XJ301-5		
2	XJ301-5-900	工位器具	XJ301-5		

图6-22　专用工艺装备明细表的格式(含填写示例)

注：专用工艺装备明细表在标准里有格式13和格式13a两种，可根据企业情况选用一种。

3. 工艺文件的完整性

国标GB/T24738—2009《机械制造工艺文件完整性》按生产类型和产品的复杂程度，对常用的工艺文件规定了完整性要求。工艺文件的种类和内容应根据产品的生产性质、生产类型和产品的复杂程度而有所区别，如表6-11所示。

表6-11　工艺文件完整性表(常用部分)

产品生产类型		单件和小批生产		中批生产		大批和大量生产	
序号	工艺文件名称	工艺文件的适用范围					
		简单产品	复杂产品	简单产品	复杂产品	简单产品	复杂产品
1	产品结构工艺性审查记录	△	△	△	△	△	△
2	工艺方案	—	△	△	△	△	△
3	工艺流程图	—	△	+	△	+	△
4	工艺路线表	+	△	△	△	△	△
5	冲压工艺卡	+	+	+	△	△	△
6	焊接工艺卡	+	+	+	△	△	△
7	机械加工工艺过程卡	△	△	△	△	△	△
8	表面处理工艺卡	△	△	△	△	△	△

续表

产品生产类型		单件和小批生产		中批生产		大批和大量生产	
序号	工艺文件名称	工艺文件的适用范围					
		简单产品	复杂产品	简单产品	复杂产品	简单产品	复杂产品
9	装配工艺过程卡	△	△	△	△	△	△
10	装配工序卡	—	—	—	△	△	△
11	电气装配工艺卡	+	△	△	△	△	△
12	作业指导书	+	+	+	△	△	△
13	检验卡	+	+	+	+	△	△
14	工艺守则	○	○	○	○	○	○
15	工艺关键件明细表	+	△	+	△	+	△
16	工序质量分析表	+	+	+	+	+	+
17	产品质量控制点明细表	+	+	+	+	+	+
18	外协件明细表	△	△	△	△	△	△
19	外购件明细表	△	△	△	△	△	△
20	外购工具明细表	△	△	△	△	△	△
21	专用工艺装备明细表	△	△	△	△	△	△
22	工位器具明细表	+	+	+	+	△	△
23	专用工装图样及设计文件	△	△	△	△	△	△
24	材料消耗工艺定额明细表	△	△	△	△	△	△
25	材料消耗工艺定额汇总表	+	△	△	△	△	△
26	标准化审查记录	+	+	+	+	+	+
27	工艺验证书	+	+	△	△	△	△
28	工艺总结	—	△	△	△	△	△
29	产品工艺文件目录	△	△	△	△	△	△

注：—表示不需要；△表示必须具备；+ 表示酌情自定；○表示可代替或补充相应的工艺卡(与生产类型无关)。

表 6-11 中所列的只是标准中的一部分工艺文件的完整性要求，因标准属机械类，故工艺文件本身也不完整，电器中常见的塑料零件注射工艺卡片、塑料零件压制工艺卡等都没有列出；有些工艺文件如焊接工艺卡、电气装配工艺卡等，虽然大部分情况下需要，但如果该产品没有这样的工艺过程，也是不需要编写的。另外，卡片的选取也有行业习惯的影响。比如，在批量生产下，一般机械企业采用机械加工工艺过程卡与工序卡片的组合，但也有的采用机械加工工艺卡片与工序卡片的组合。

6.4.2 工艺方案概述

工艺方案是根据产品设计要求、生产类型和企业的生产能力，提出工艺技术准备工作具体任务和措施的指导性文件。

1. 工艺方案的内容与作用

工艺方案是指导产品工艺准备工作的纲领性文件，执行的标准是JB/T9169.4－1998《工艺管理导则工艺方案设计》。

工艺方案主要包括专用设备或生产线的设计制造意见，车间平面布置的调整意见，生产节拍意见，工艺文件的完整性要求，新工艺、新材料、新技术的采用意见，产品、零部件的包装、运输、储存意见，工序质量控制意见等。

2. 工艺方案的分类

工艺方案可以按开发阶段的不同分为样机试制、小批试制、批量生产工艺方案。批量生产工艺方案是要根据工艺、工装验证情况，提出进一步进行工艺技术组织的措施，以及对工艺、工装的改进意见和调整车间平面布置的建议等。

(1) 新产品样机试制工艺方案：应在评价产品结构工艺性的基础上，提出样机试制所需的各项工艺技术准备工作。

(2) 新产品小批试制工艺方案：应在总结样机试制工作的基础上，提出批试前所需的各项工艺技术准备工作。

(3) 批量生产工艺方案：应在总结小批试制情况的基础上，提出批量投产前需进一步改进、完善工艺、工装和生产组织措施的意见和建议。

(4) 老产品改进工艺方案：主要是提出老产品改进设计后的工艺组织措施。

产品工艺方案是指导产品工艺准备工作的依据，除单件、小批生产的简单产品外，都应编制工艺方案。

3. 工艺方案的编制依据

设计工艺方案应在保证产品质量的同时，充分考虑生产周期、成本和环境保护。根据本企业能力，积极采用国内外先进工艺技术和装备，以不断提高企业的工艺水平。其编制依据如下：

(1) 设计定型和批量试制投产的日期：批试生产日期的确定实质上就是确定生产技术准备工作的周期，应根据市场信息和企业各方面的条件作出决策。

(2) 产品设计性质：定制工艺方案时应明确该产品是企业的主导产品还是一般产品，是系列基型产品还是变型产品等。

(3) 产品的生命周期：应根据市场预测信息，确定该产品的发展前途，是长期生产还是短期生产(或是临时性的一次性生产)，预计产品的最大市场容量、年销售量等数据。

(4) 产品的生产类型：确定该产品的生产规模和方式是大批量生产，还是中批、单件小批生产，是连续生产还是周期轮番生产，批量以多少为宜。

(5) 有关该产品的文件：产品的全部设计文件、产品标准(技术要求)及其他有关的技术文件(如同类产品的工艺文件)。

(6) 有关的工艺资料：如企业的加工设备、测试仪器的清单，工装设计、制造能力和每一类工装的估计价格，工人技术等级及工种情况。

(7) 工艺水平比较：企业现有工艺技术水平和国内外同类产品的新工艺、新技术。

4．工艺方案编制的其他说明

一般地，产品主管工艺师编制工艺方案。他提出几种方案，然后组织讨论并确定最佳方案，经工艺部门主管审核，审核后送交总工艺师或总工程师批准，最后编号、存档。

《管理用工艺文件格式》中未对工艺方案的格式作具体规定。企业常用的工艺方案有工艺方案封面、工艺文件首页、工艺方案审批页及工艺方案续页等。

6.4.3 某企业批量生产工艺方案的主要内容

1．解读产品的指标

(1) 根据企业提出的产品的生产纲领，计算或确定产品的年产量、生产周期、各零部件的年生产纲领，明确生产类型。

(2) 分解产品的主要性能参数，并制订内控指标与产品可靠性指标。

2．制订生产组织计划

(1) 主要制造车间平面布置、生产节拍、装配方案、装配方式、工作场地的要求等。

(2) 协作原则、协作工种与协作方式。

(3) 工装设计的原则、制造费用。

(4) 设备与仪器的名称、型号、数量及费用。

3．编制工艺文件的原则

(1) 工艺文件的完整性要求。

(2) 工艺文件编制的深度。

(3) 关键工艺(工序)试验项目和措施。

4．工艺准备

(1) 工装、设备的准备。

(2) 关键工种及其技术培训要求。

(3) 质量控制计划和日常质量控制方案。

(4) 质量检验方案。

5．工艺实施

(1) 关键原材料、元器件的项目和进厂验收程序。

(2) 材料和工时消耗定额。

(3) 技术服务的原则。

6．其他

(1) 安全生产措施与环保治理原则。

(2) 有关新材料、新工艺的采用意见。

(3) 工艺方案的技术经济分析。

(4) 实施本工艺方案的进度计划草案。

✧✧✧✧✧ 实践与思考 6.4 ✧✧✧✧✧

(1) 以已涉及的电动机零部件的工艺装备编制一张专用工装明细表。

(2) 简述工艺方案要点。

项目七　电器铁芯制造工艺

随着经济的发展、科技的进步，近年来我国低压电器快速发展。统计局数据显示，我国低压电器每年新增装机容量为 21 GW(1 G = 10 亿)。也就是说，每年需要的低压框架断路器约 48 万台，塑壳断路器 482 万台。加上国家对机电产品出口的鼓励政策，我国的低压电器出口量稳步增长。不难看出，我国低压电器容量巨大，其前景非常广阔。

低压电器产品品种繁多，在国民经济中有着不可替代的重要作用，我国国产低压电器产品约 1000 个系列，产值达 200 亿元，具有规模以上的生产企业超过 2000 家，主要集中在沿海的广东、浙江和上海等省市，基本上满足了我国国民经济发展的需求。目前，低压电器产品处于第一代到第三代的技术水平，第四代产品仍在开发调研之中；国内低压电器生产企业规模偏小，数量过多，90%以上企业处于中、低档次产品的重复生产，市场产品三代共存。按照产值计算，第一代产品的市场占有率为 15%，第二代产品的市场占有率为 45%，第三代产品的市场占有率为 40%。

低压电器产品主要有接触器、继电器、断路器、熔断器、按钮开关、转换开关、信号灯等。电触头是这些低压电器中的关键元件，其性能直接影响到电器运行的稳定性和可靠性。不同品种的低压电器有着不同的用途，对触头材料也有着不同的要求。电接触材料的性能直接决定着电触头的性能。对于低压电器的设计者而言，了解和认识各种电接触材料的特性，在其电器设计中具有重要的意义，往往能起到事半功倍的作用。

但我国低压电器行业技术和生产水平相对较弱，大部分企业规模偏小，各方面资源相对分散，仍处在中低端领域的重复研发和互相模仿阶段。客观上，根据市场来研究国家政策走向可知，在今后一段时间内低压电器产品的结构需要进一步调整，工艺落后、能耗高、污染环境的产品将被淘汰。

7.1　直流电器铁芯制造工艺

7.1.1　低压电器铁芯概述

1. 电磁机械

开关电器是利用铁芯的动作带动触头系统实现电路的断开和闭合的，因此铁芯是电器元件中的一个重要部件，它作为导磁体与励磁线圈组成电磁系统，利用电磁感应的原理转化为电信号，实现电器元件的性能要求。

电磁式低压电器由两部分组成：电磁机械(感测部件)、触头系统(执行部件)。

电磁机械：由吸引线圈和铁芯两部分组成，见图 7-1。

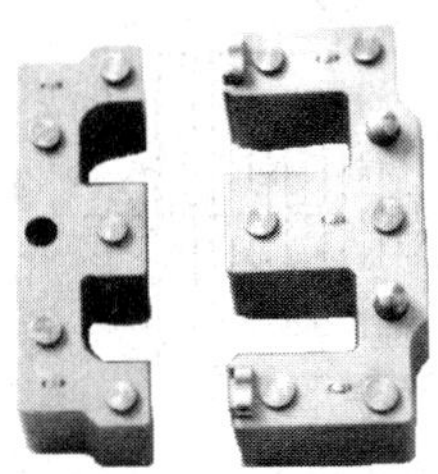

图 7-1　电磁机械(系统)的结构

电磁机械的工作原理是：在电压或电流的作用下产生磁场，使衔铁(动铁芯)在电磁吸力的作用下产生机械位移动作，进而使铁芯吸合，带动触头运作，以实现触头的闭合和断开。

电磁机械可分为直动式与拍合式电磁机构。

2．铁芯材料的时效现象与损耗

铁芯材料的磁性有时效(即老化)问题。在交流电路中存在两种损耗。

1) 损耗问题

直流铁芯无涡流和磁滞损耗，所以可设计成整块的低碳钢、电工纯铁，加工方便。

但交流励磁铁芯有涡流和磁滞损耗，一般采用厚度为 0.35～1 mm 的硅钢片叠压。

2) 铁芯材料的磁时效现象

铁芯材料的磁性会随着时间和温度的变化而变坏，如磁导率减小，矫顽力增大等。

其原因是当铁芯材料在退火过程中达到工艺规范所规定的保温时间，从高温开始冷却时，因速度较快，杂质没有充分的时间析出来，就会成为过饱和的固溶体。

在低温时，随着时间的推移，碳、氮、氧等杂质缓慢地析出晶界间，同时也伴随产生一定的内应力，使磁性渐渐减小。

3．减少磁时效的影响

要减少磁时效的影响，可选用磁时效小的铝静纯铁，如采用 DT4E，还可采用不同的退火方式来减小磁时效的影响，如经氢气退火后的材料其磁性能相当稳定，时效影响小。

消除剩磁的方法如下：

(1) 对于直流电器铁芯的剩磁，可用非磁性垫片调整。

(2) 对于交流电器铁芯，可通过在铁芯结构上采取措施来消除剩磁：① 加去磁间隙(0.15 mm)，见图 7-2；② 铁芯夹板低于铁芯极面 1～2 mm，采用铜铆钉和隔磁铜片的铁芯结构，见图 7-3。

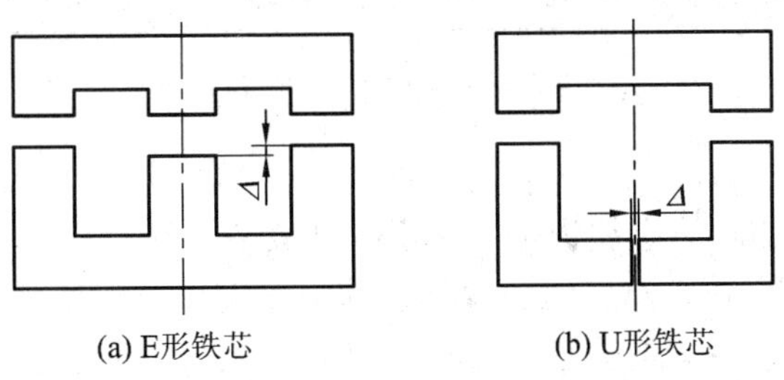

图 7-2　加去磁间隙来消除剩磁

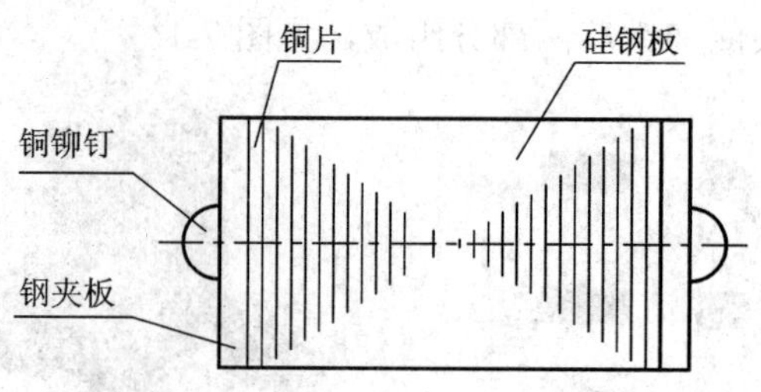

图 7-3 铜铆钉和隔磁铜片来消除剩磁

7.1.2 直流电器铁芯制造工艺

1. 直流电器的铁芯结构形式

直流电器的铁芯有转动式(即拍合式)和直动式两种，如图 7-4 所示，其铁芯截面为圆形，加工较简单。

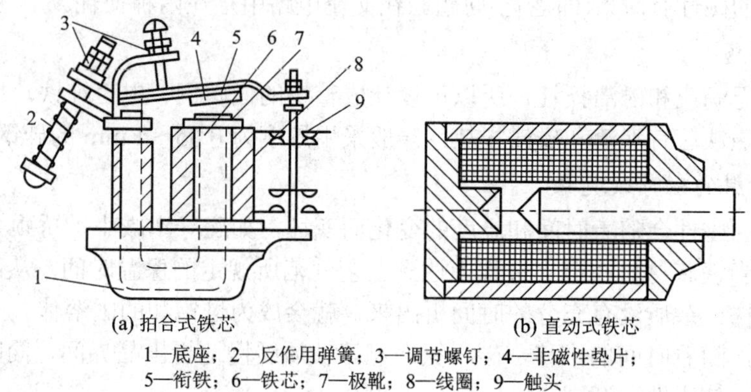

1—底座；2—反作用弹簧；3—调节螺钉；4—非磁性垫片；
5—衔铁；6—铁芯；7—极靴；8—线圈；9—触头

图 7-4 直流电器的两种铁芯结构

2. 直流电器铁芯的制造工艺

直流电器铁芯因形状简单，故制造过程也比较简单，其制造工艺如图 7-5 所示。

(1) 落料：一般用剪床切割板材，用锯床截割棒材。

(2) 成型：U 形铁芯—冲床压弯成棒状铁芯—车床加工。

(3) 极面加工：立铣或卧铣加工。

(4) 表面处理：极面镀锌，其余部分涂漆，或者整体镀锌。

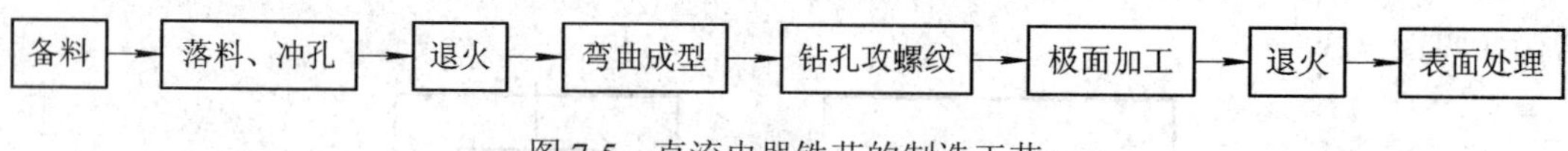

图 7-5 直流电器铁芯的制造工艺

3. 电镀表示法

国标 GB/T13911—2008《金属镀覆和化学处理表示方法》给出了金属电镀的表示方法。常见的金属表面电镀有镀锌、铬、镉、镍等，其中以镀锌最常见。

金属表面镀锌的执行标准为 GB/T9799—1997《金属覆盖层 钢铁上的锌电镀层》、GB9800—88《电镀锌和电镀镉层的铬酸盐转化膜》。

例如：

电镀层 GB/T9799-Fe/Zn 25 c1A

表示在钢铁基体上电镀锌层至少为 25 μm，其他含义可查阅上述标准。

7.2　交流铁芯制造工艺

7.2.1　交流铁芯的结构类型与组成

1．铁芯形式

交流电器的铁芯结构形式较多，也分为直动式与转动式。交流单相直动式铁芯结构如图 7-6 所示。

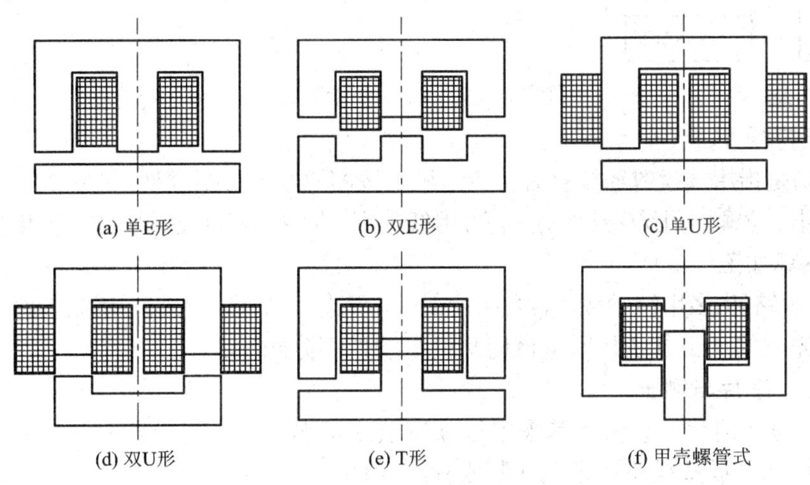

图 7-6　交流单相直动式铁芯结构

2．结构组成

以双 E 形为例，交流铁芯有动铁芯与静铁芯。动铁芯由钢夹板、冲片叠压后用铆钉铆合而成；静铁芯比动铁芯多了一个短路环，静铁芯的具体结构如图 7-7 所示。

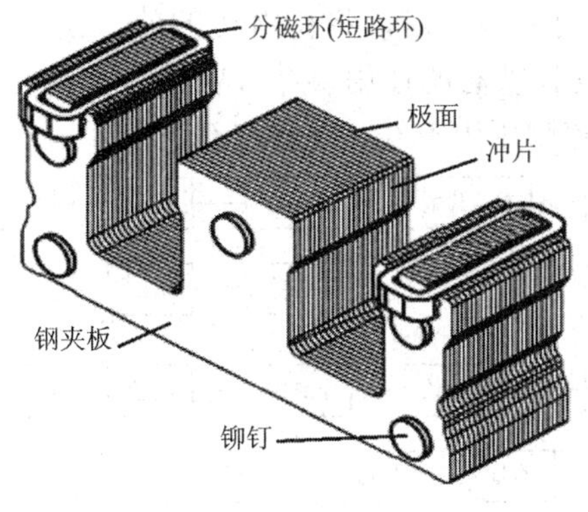

图 7-7　交流电器静铁芯

动铁芯与静铁芯之间接触的面称为极面，要求较高。在铁芯图纸上，要求极面粗糙度 $Ra1.6$，平面度≤0.015，去磁气隙≤0.10～0.15。

若极面不平，则将导致吸合噪声大，极面接触不良(加速极面磨损，气隙很快消失，严重影响寿命)。

7.2.2 制造工艺流程

1. 制造工艺流程

以交流电器静铁芯为例，原材料有冲片、铆螺钢及钢板，各自并行加工，然后经过组装、机加工及后处理，其制造工艺流程如图 7-8 所示。

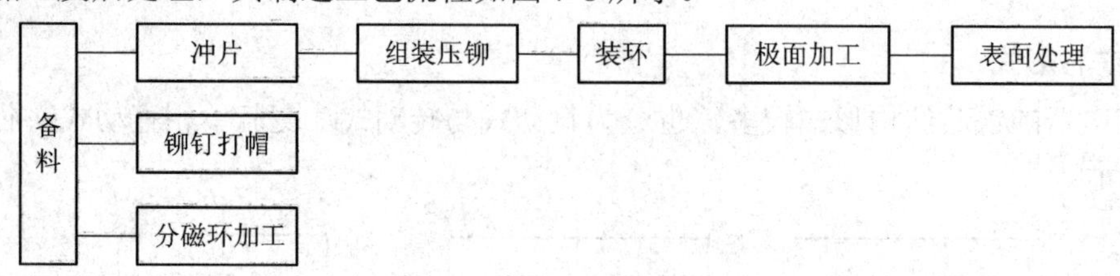

图 7-8 交流铁芯的制造工艺

2. 铆钉打帽

铆钉打帽是指用圆盘料经校直后在冷镦机上按图样要求打帽成型。铆钉材料应有较好的塑性，一般用冷拉铆螺钢丝(冷镦钢)，也可用低碳钢。另外，铆钉还需要经过磷化处理(见后)。

3. 分磁环加工

分磁环(短路环)多用纯铜板(紫铜)和黄铜板，下料时先剪成条料，用条料经复合模冲制而成。目前先进的加工方法是用型材切割机自动切割分磁环。

4. 冲片、理片与铆压

(1) 冲片为硅钢片，夹板常常采用低碳钢板或黄铜板。先剪成条料，一般多采用滚剪机，将硅钢片和夹板条料在冲床上冲制成片，经理片后叠压在一起。

冲制过程中要求冲片毛刺不大于 0.1 mm，否则会影响铁芯的组装质量，既不易保证铁芯的几何形状和尺寸精度，又会增加铁芯的涡流损耗，引起铁芯过热。

(2) 理片：通常用称重法分出每个铁芯的硅钢片冲片数，再加上两边的夹板，用铆钉穿孔装好后待铆压。

(3) 压紧铆合：一般采用分级压铆，将待铆压的放入铆压模具后，先把叠片压紧，然后将铆钉头镦粗或铆开(为延长铁芯的使用寿命，在铁芯铆压时加油)。

先进的制造工艺有铁芯铆压生产线，见图 7-9。

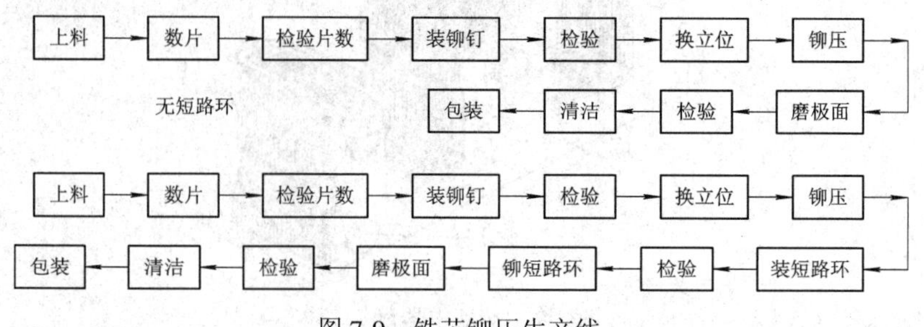

图 7-9 铁芯铆压生产线

5．装环(分磁环)

分磁环必须紧固于铁芯极槽中并粘牢，所以粘接前要用有机溶剂(汽油或丙酮)。压好分磁环的铁芯极槽要清洗干净、风干。

铁芯分磁环的安装较为常用的工艺有两种方法，即胶粘法和压铆法。

1) 胶粘法

将分磁环放入铁芯的极槽，然后用硅橡胶或环氧黏结剂涂覆于铁芯极槽内及分磁环两外侧，使镶嵌分磁环的极槽、分磁环两端与夹片之间的间隙中以及分磁环与铆钉头之间均用胶填满，并均匀流滴，最后待其固化即可。

硅橡胶具有较好的耐高温和低温性能，以及耐老化、耐冲击、操作方便等优点，已被广泛地采用。常用的硅橡胶材料有南大-703、GD-402、GD-404、GD-405 等。

为了提高分磁环的机械寿命和避免产生噪音，在粘胶时，分磁环与铁芯极面之间的间隙内不得涂胶。

2) 压铆法

在铁芯铆压成型后，用胎具在压力机上把分磁环铆压在铁芯极面上。嵌压工艺质量的好坏取决于压入分磁环变形后充满半圆弧月牙内的程度，因而采用此方法的关键在于工艺人员要找出嵌压时分磁环表面压痕长短、深浅程度和充满极槽半圆形月牙内的程度等合理的工艺要素，以保证产品的运行可靠性。

随着产品小型化的发展趋势，各零部件的结构设计越来越紧凑，通常采用先进的压胀分磁环或使铁芯变形的工艺，将分磁环在铁芯的极槽内牢固固定(一次成型，高效，环保，节约成本)。

6．极面加工方法

极面加工时通常采用磨削或铣削加工方法。注意不论是铣削还是磨削，应采用干铣或干磨，不宜采用乳化液，以防铁芯锈蚀。

低压电器铁芯的加工过程中，对铁芯极面首要的要求是平面度高，而不能片面地追求过高的粗糙度。

7．铁芯的表面处理

铁芯的表面处理分为两部分：极面与其余表面。整体清洗可清除加工过程中留下的油污、铁屑或磨料粒子等，改善铁芯的清洁状况，降低铁损。对极面，可通过渗抗磨油强化处理。

(1) 清洗工艺：包括气相清洗、超声气相清洗、喷淋清洗(除油、除锈、磷化三合一)等。

(2) 渗抗磨油：对铁芯极面进行强化处理，使极面形成一层油膜。其作用是防锈，降低噪声。试验证明，片间有无抗磨油会导致铁芯的机械寿命相差 300～400 万次。

(3) 渗氮处理：又称氮化，是指向钢的表面层渗入氮原子的过程。其目的是提高表面层的硬度与耐磨性，并提高疲劳强度、抗腐蚀性等。

(4) 喷丸处理：铁芯喷丸工艺的实质就是将弹丸高速喷射到铁芯极面，借弹丸对极面的冲击作用使极面产生极为强烈的塑性变形，即产生异于铁芯基体的冷作硬化层，提高了极面的硬度和对塑性变形的抵抗力。

交流接触器工作时铁芯频繁吸合与释放，其极面承受反复冲击，易快速磨损，从而影响机械寿命。喷丸处理铁芯极面就是为了清理磨削铁芯产生的毛刺，提高极面抗疲劳强度，消除短路环压铆后产生的内应力，从而提高其表面的抗锈能力，延长铁芯的机械寿命。

铁芯喷丸之前，硬度为 250HW(韦氏硬度单位)左右。经过喷丸处理之后，铁芯极面的硬度明显增加，从而延长了铁芯的机械寿命；经过玻璃丸处理的铁芯极面其强度的增强程度(约 30HW)要高于塑料丸处理的铁芯极面其强度的增强程度(约 20HW)。

(5) 喷漆：多数工厂采用喷漆处理，一般分为底漆与面漆。底漆为 X06-1 磷化底漆(形成 10～15 μm 薄膜，牢固附着于金属表面，广泛用于钢铁等的增强防锈)或 H06-2 铁红环氧底漆，面漆为 A05-9 氨基醇酸烘漆。

(6) 电泳涂漆：指通直流电，SQF08-1 纯酚醛电泳黑漆漆液被电解，带电粒子夹附颜料、填料和助溶剂作定向电泳，并在电极上沉积，同时介质水在内渗力作用下穿透漆膜进入溶液，漆膜含水量大为降低。电泳涂漆工艺过程见图 7-10。

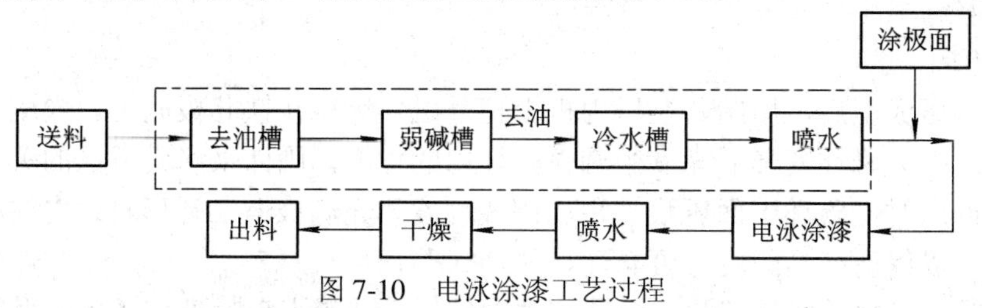

图 7-10 电泳涂漆工艺过程

主要工艺过程说明如下：

① 去油是指以温度为 70℃的去油剂在去油槽中通过振动法去除铁芯中的油，再以弱碱液清洗铁芯，增加水对工件的浸润力，使待电泳铁芯的外观光洁发亮，最后用冷水洗去碱液。

② 极面保护是指为防止极面被电泳而采取的保护。

③ 电泳涂漆是指把铁芯浸于水溶性涂料中作阳极(阴极电泳时作阳极)，另设一阴极(阴极电泳时为阳极)，通以直流电。随着溶液中电化学作用的产生，漆液(电泳黑漆)被电解。在电场中，带电粒子夹附颜料、填料和助溶剂作定向电泳，并在电极上沉积。同时介质水在内渗力作用下穿透漆膜进入溶液，使漆膜中含水量大为降低。

④ 经电泳涂漆后，将铁芯取出电泳槽，再喷水洗去漆液，清洁表面。

⑤ 在 280～295℃的烘箱中烘烤 5～10 min。

注意：电泳黑漆有黑色聚丁二烯 PB 型电泳漆、SQF08-1 纯酚醛电泳黑漆、H08-1 黑色电泳漆。电泳涂装因其涂料的低污染、低能耗、高利用率以及膜层优秀的耐蚀性、耐水性和耐化学试剂等特点，目前被大量应用于汽车、自动车、机电、家电中五金件的涂装。

市场上应用较为普遍的电泳涂料按照主体树脂的种类不同可分为环氧树脂电泳涂料、丙烯酸电泳涂料和聚氨酯电泳涂料三种，不同电泳涂料因其分子特性和结构类型不同，成膜后膜层性能具有很大的差异，单一种类的电泳漆膜在防腐性(即耐蚀性)和耐候性方面各有偏重。例如，环氧树脂电泳漆膜在耐蚀性方面表现优异，而丙烯酸电泳漆膜在耐候性方面表现优异，聚氨酯电泳漆膜在这两方面的表现居中。

(7) 铁芯磷化工艺：把铁芯浸入以磷酸盐为主的溶液中，使其表面形成一层不溶于水的磷化膜的过程称为磷化处理(经盐水浸泡和点滴试验后无锈斑出现)。其目的是给基体金属提供保护，在一定程度上防止金属被腐蚀；也可用于涂漆前打底。磷化膜厚度一般为5～15 μm。

常用的磷化处理溶液为磷酸锰铁盐和磷酸锌溶液。铁芯磷化工艺过程见图7-11。

图7-11　铁芯磷化工艺过程

为防止铁芯未能及时磷化而生锈，磷化前必须作预处理。除油清洗时水膜应均匀分布，经处理后的铁芯不应用手触摸。

磷化是将磷酸二氢盐水解成磷化液，再将铁芯浸入，经电化学反应后得到磷化膜。

封闭的目的在于增强磷化膜的坚牢程度。

自然干需1～2 h。

8. 测量剩磁气隙

为了保证铁芯吸合可靠，减少噪声，要求极面光洁而平整，所以极面粗糙度为*Ra*1.6，磨削或铣削加工可用如图7-12所示的衔铁气隙检具来测量剩磁气隙。

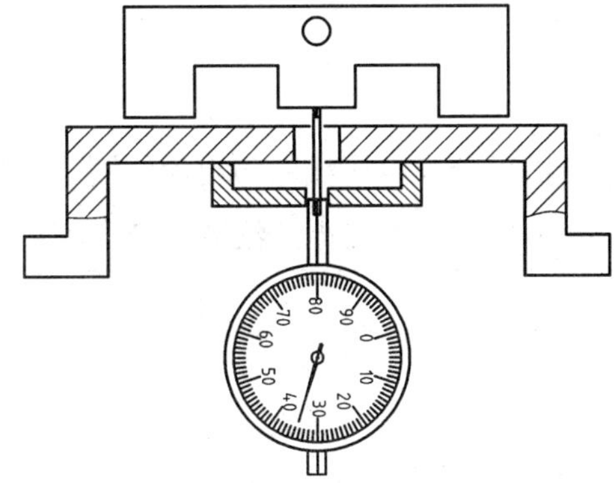

图7-12　测量剩磁气隙

9. 铁芯退火处理

软磁材料经过剪切、冲压、弯曲、卷绕、压铆、切削等冷加工后，由于塑性变形，会产生一定的内应力而使磁性变坏。

为消除内应力，获得均匀的再结晶组织，减少碳、氧、磷、硫等有害杂质，以改善并提高铁芯的磁性能，经冷加工的运动式直流铁芯和静止式铁芯，一般要进行退火处理(运动式交流铁芯一般不退火处理)。

✧✧✧✧✧ 实践与思考7.2 ✧✧✧✧✧

(1) 编制交流铁芯制造的工艺守则文件。

(2) 绘制JS7-A静铁芯图，完善技术要求，并编制检验卡片。

(3) 采用新标准写出5种表面镀覆实例。

(4) 设计铁芯工装(气隙检测器具)，百分表可提供实物测量，可只写出工装设计方案与简图。

项目八 电器线圈制造工艺

8.1 低压电器线圈材料与工艺

8.1.1 电器线圈概述

线圈是各种电器电磁系统的重要组成部分，它的质量直接影响电器的性能指标和工作可靠性。

1. 线圈分类

线圈可按多种方法分类。

(1) 按电气参数性质，线圈可分为电压线圈与电流线圈，其特点及使用见表 8-1。

表 8-1 电压线圈与电流线圈的特点和用途

名 称	电路中的连接	特 点	使用的电器
电压线圈	与电源并联	导线细，匝数多，绝缘要求高	交直流接触器、电压继电器、牵引电磁铁、失压和分压脱扣器等
电流线圈	与负载串联	导线粗而匝数少	电流继电器和过载脱扣器等

(2) 按照结构工艺特点，线圈可分为电磁线圈、大电流线圈和环形线圈。

(3) 按照绕组的数量，线圈可分为单绕组线圈和多绕组线圈。

(4) 按照骨架有无，线圈可分为有骨架线圈和无骨架线圈。

2. 电器线圈的组成与材料要求

电器线圈一般由线圈骨架、线圈绕组(漆包线)、层间绝缘、引线片(接线片)、引出线、绝缘带或套管及铭牌等部分组成。

电器线圈采用 E 级或 B 级绝缘等级的材料居多，但也有些绝缘材料可能低至 Y 级，当然也会出现高绝缘等级的材料低用。

8.1.2 电器线圈材料

电器线圈一般采用高强度聚酯漆包圆铜线，材料参见电机定子部分，其他材料如下所述。

1. 线圈骨架

线圈骨架所用材料必须满足以下要求：能耐受线圈的最高温度，有良好的绝缘性能，便于加工。所以，成型骨架线圈大多数是由塑料加工制成的。

(1) 热塑性塑料线圈骨架。热塑性塑料线圈骨架加工容易，工效及成品率高，但耐热性能稍差，且易变形。这种线圈骨架在小型继电器中应用广泛。常用于骨架的热塑性塑料有聚丙烯(PP)、聚甲醛(POM)、尼龙(PA)、PET(聚对苯二甲酸乙二酯)等。改性 PBT(聚对苯二甲酸丁二酯)即 PBT 加 30%玻璃纤维，其性能良好，也常采用。

(2) 热固性塑料线圈骨架。表 8-2 所示为常用于线圈骨架的热固性塑料。

表 8-2　常用于线圈骨架的热固性塑料

名　称	型　号	长期允许的工作温度/℃	主要性能	用　途
酚醛压塑料	D141 (旧型号为4010)	105	电气性能、力学性能一般，压制工艺良好	制造一般绝缘零件，可用作线圈骨架的材料
	PF2A4-161 (H161)	145	电气性能、机械强度、耐热性、耐潮性、防霉性较好，压制工艺性能良好	湿热地区使用的一般电器绝缘零件，可用作线圈骨架材料
酚醛玻璃纤维压塑料	4330-1 4330-2 FX-502	130～155	具有 H161 机械强度，耐热性更好	适宜制作形状简单但机械强度高的绝缘零件，可制作线圈骨架，可用于湿热带地区

2. 引出线与引线片

1) 引线片选取原则

(1) 当线圈导线直径在 0.2～0.6 mm 之间时，适合用引线片。

(2) 当线圈导线直径小于 0.2 mm 时，引线片最好放在骨架端部用绝缘材料固定，不能被漆包线压住，允许引线片任意固定或加标称截面为 0.2 mm^2 的绝缘导线的过渡线后固定。

2) 线圈或绕组引出线选取原则

(1) 线圈用导线直径小于 0.1 mm，引线用标称截面不小于 0.06～0.2 mm^2 的多股绝缘软线。

(2) 线圈用导线直径大于等于 0.1 mm，而小于 0.6 mm，引线用标称截面不小于 0.2 mm^2 的多股绝缘软线。

(3) 线圈用导线直径大于等于 0.6 mm，由线圈导线直接引出。

常用引出导线的性能与用途见表 8-3。

表 8-3　常用引出导线的性能与用途

名　称	型号	长期允许工作温度/℃	主要性能	用　途	说明
丁腈聚氯乙烯复合物绝缘引接线	JBF	130	耐热	用于交流 500 V 以下的电器、仪表线圈的引出线和安装线，可用于湿热地区	用于浸漆线圈
橡胶绝缘丁腈护套引接线	JBQ	130	耐潮、耐霉、耐热	用于交流 1140 V 以下的电机、电器、仪表的引出线及配套线，可用于湿热地区	
镀锡铜芯聚四氟乙烯绝缘安装线	AF-200	200	耐热、耐寒、耐燃、耐潮、耐油	用于交流 500 V、直流 1000 V 以下的电气设备，作为特殊用途的安装线及引出线	
聚氯乙烯绝缘线	BV BVR BLV	65	耐油、耐燃、耐潮尚可，耐热较差	用于交流 500 V、直流 1000 V 以下的电气设备、仪表及照明装置	用于一般线圈
铜芯聚氯乙烯绝缘软线	RV-105	105	耐热、耐寒，主要是耐老化性好	用于交流 250 V、直流 500 V 以下的电器仪表和电信设备	

3. 绝缘带及套管

由线圈或绕组导线直接作为引出线时，引出至线圈外端的部分应用聚氯乙烯绝缘套管，作为引出线的绝缘；线圈或绕组经过渡线作为引出线时，过渡线一般采用多股聚氯乙烯绝缘软件线，各绕组引出线接头之间应保证一定的距离；要求浸漆的线圈，采用聚四氟乙烯绝缘套管，作为引出线的绝缘。

绝缘绑扎带可采用B级的聚酯绑扎带，套管一般是漆套管，其性能与用途见表8-4。

表8-4 漆套管的性能与用途

名　称	型号	耐热等级	常态击穿电压/kV	特性和用途
聚酯纤维绑扎带		B		具有良好的收缩性和韧性；较好的收缩性将漆包线线圈紧密地绑扎在一起，线圈外观光滑平整；大于400 N的韧性，有较高的耐温性能
玻璃布胶粘带		H		耐腐蚀性强、耐高温，用作电气绝缘、线圈绝缘、热绝缘衬垫等
油性漆管 油性玻璃漆管	2710 2714	A A	5～7 ＞5	具有良好的电气性能和弹性，但耐热性、耐潮性和耐霉性差。可作电机、电器和仪表等设备引出线和连接线绝缘
聚氨酯涤纶漆管	—	E	3～5	具有优良的弹性、一定的电气性能和机械性能，适用于电机、电器、仪表等设备的引出线和连接线绝缘
醇酸玻璃漆管	2730	B	5～7	具有良好的电气性能和机械性能，耐油性和耐热性好，但弹性稍差，可代替油性漆管作电机、电器、仪表等设备的引出线和连接线绝缘
聚氯乙烯玻璃漆管	2731	B	5～7	具有优良的弹性和一定的电气性能、机械性能和耐化学性，适于作电机、电器、仪表等设备的引出线和连接线绝缘

4. 层间绝缘及衬垫绝缘

1) 层间绝缘的必要性

现代低压电器的电磁线圈，只要选择质量稳定的高强度漆包线，并且在线圈绕制工艺中严格地控制好线匝排列的均匀度，控制好电磁线本身绝缘层的针孔度、弹性、击穿电压和软化击穿等性能指标，一般靠漆包线的绝缘层即可满足层间绝缘的要求。但因层间有一定的电压梯度，同时考虑到线圈在工作过程中可能受到热应力、机械应力、电磁力等复杂因素的作用，可能导致线圈的层间绝缘能力下降，故仍有许多线圈需选择适当的薄膜绝缘材料作为层间绝缘衬垫。

2) 层间绝缘材料的选择

针对层间绝缘的性能要求，一般从以下两方面考虑选择相应的绝缘材料。

(1) 对于需要采用绝缘漆浸渍处理的线圈，通常宜选用对漆液吸收性强的绝缘纤维薄膜作为层间绝缘，以增强浸渍对线圈深层的渗透作用，并增加浸渍漆的固体组分在线匝间的吸附量。以植物纤维为纸浆的电话纸、电容器纸和电缆纸，只要其厚度符合线圈设计时选定的填充系数值，一般都可以选用。

(2) 对层间电压梯度较高而又不采用绝缘漆浸渍处理的线圈，可以选用各种绝缘浸渍纤维制品，如漆布、漆绸等，其中大、中型低压电器线圈的层间绝缘衬垫亦可选用各种电工用薄膜及其复合制品，如聚酯薄膜、聚酯薄膜绝缘纸复合箔等(缺点是使线圈绕线的填充系数相应降低)。

层间绝缘及衬垫绝缘材料的性能及用途见表 8-5。

表 8-5　层间绝缘及衬垫绝缘材料的性能及用途

名　称	型号	耐热等级	特性与用途
聚酯薄膜	6020	熔点＞256	耐热性好，可用作电器线圈匝间、端部包扎绝缘，衬垫绝缘，电磁绕、包线绝缘等
醇酸纸柔软云母板	5130	130	柔软性好，绝缘性好，可用作 B 级耐热绝缘、线圈包扎绝缘、电机槽绝缘、层间绝缘等，可用于湿热带地区
醇酸衬垫云母板	5730	130	耐热性好，绝缘性好，适于作电器的衬垫绝缘，可用于湿热地区
电绝缘纸板	50/50 100/100	90	在空气或油中作包扎或衬垫绝缘
电缆纸	DLZ-08 DLZ-12	90	作层间绝缘
油性漆布(黄漆布)	2010 2012	105	2010 柔软性好，但不耐油，可用作一般电机、电器的衬垫或线圈绝缘；2012 耐油性好，可用于在有变压器油或汽油气侵蚀的环境中工作的电机、电器的衬垫或线圈绝缘
油性玻璃漆布 (黄玻璃漆布)	2412	120	耐热性较 2010、2012 漆布好，可用作一般电机、电器的衬垫的线圈绝缘，以及在油中工作的变压器、电器的线圈绝缘
沥青醇酸玻璃漆布	2430	130	耐潮性较好，但耐苯和耐变压器油性差，可用作一般电机、电器的线圈绝缘
醇酸玻璃漆布 醇酸玻璃-聚酯交织漆布	2432 2432-1	130	耐油性较好，并具有一定的防霉性，可用作油性变压器、油断路器等的线圈绝缘
环氧玻璃漆布 环氧玻璃-聚酯交织漆布	2433 2433-1	130	具有良好的耐化学药品腐蚀性、良好的耐湿热性、较高的机械性能和电气性能，可用作化工电机、电器槽绝缘和线圈绝缘

8.1.3　线圈的形状与制造要求

1. 线圈的形状

线圈的形状取决于电磁铁铁芯的结构与形状。

(1) 直流电磁系统：其铁芯常采用电工纯铁甚至低碳钢，一般加工成圆柱形，所以其骨架外形是圆柱。圆柱形线圈具有绕制方便、均匀、填充系数高等优点。

(2) 交流电磁系统：采用硅钢片，经冲裁后叠压成为铁芯，其截面是矩形，所以线圈骨架是矩形的，如图 8-1 所示。

图 8-1　交流线圈骨架

2．骨架选型

(1) 有骨架线圈：大部分低压电器的线圈是有骨架的，其优点是绕制方便，具有保护作用，可以用塑料模成型。

(2) 无骨架线圈：多用于直流电磁系统，其结构工艺性差。

3．排线方式

绕制线圈时，排线应尽可能平整美观，并提高填充系数。

(1) 填充系数是指线圈截面中铜线的截面积与线圈截面总面积之比，如图 8-2 所示。填充系数与许多因素有关，除了受线圈结构形式、导线直径 d 的限制外，还与排线方式、层间绝缘厚度、绕线机的类别等工艺因素有关。

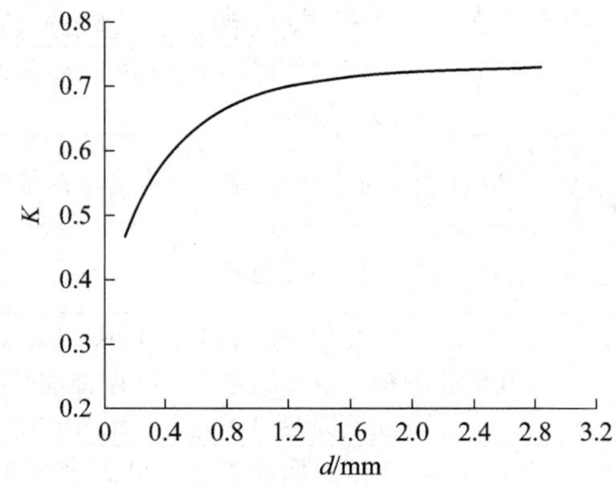

图 8-2　填充系数与漆包线直径的关系

(2) 实现绕线机自动绕线的必要条件是放线装置和张力控制相配合，在绕制细微漆包线时，线径细，如果张力太大，就会将线拉长，在成批生产中，张力的不稳定还会造成线圈与线圈之间较大的直流电阻差异，所以要严格控制张力。目前绕线机都采用机械式张力指示仪，通过指针刻度即可知道绕线张力是多少克，避免了操作工人凭经验调节所带来的偏差。细线的放线张力器一般为弹簧摩擦片式，经过细致调节完全可以满足要求。

一般情况下绕线机采用两种排线方式，即自由排线和强制排线。这两种排线方法各有千秋，自由排线靠线的张力和位置干预来排线，线能紧密排绕，这种办法调节起来比较困难，主要是机械方面的调试量太多；强制排线利用绕线主轴与排线轴的同步运动技术，每绕一圈，排线机构步进一定的距离，一般是步进一个线径的距离。在电子数控技术发展的今天，实现强制排线并不困难，只要事先设置好绕线参数，不需要太多的调试即可绕线，这也是目前绕线机普遍采用的排线方式。但强制排线方式用于高速绕制 0.1 mm 以下的线圈时非常困难，经常出现乱绕现象。

4．层间绝缘及浸漆处理

对于普通漆包线，应加层间绝缘或进行浸漆处理；对于普通场合线圈、高强度漆包线，可不用层间绝缘或不进行浸漆处理。

5．绕线速度

绕线的一般原则：导线粗，绕速低；导线细，绕速高。值得注意的是，现在漆包线的

线径越来越小，而绕线机的性能越来越好，其运行速度越来越快，但操作人员可能为了抢进度、赶速度，不管绕制什么线圈，用什么线径，都在高速运行挡运行，这样既不利于维护绕线机，也不利于保护漆包线，要么断线，要么短路，欲速则不达。

一般情况下，绕线机的运行速度不宜超过10 000 r/min，线径较粗时，绕线机的运行速度应该降下来，否则容易损坏绕线机。线圈线径与绕线机转速应该较好配合，在工艺文件中必须把绕线机的速度规定下来，操作者应严格按要求操作。转速与线径的关系参见图 8-3。

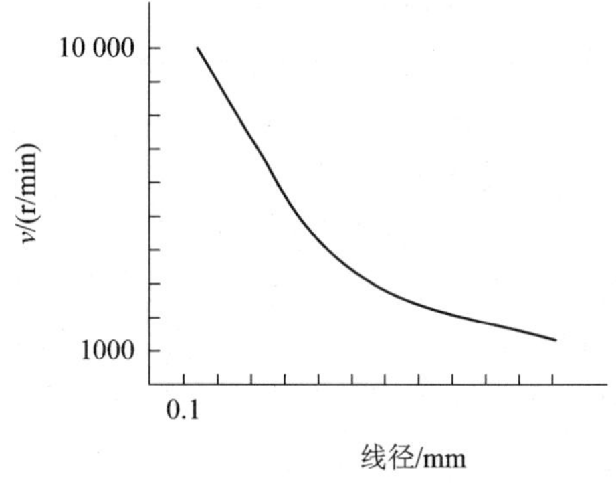

图 8-3　转速与线径的关系曲线

6. 设备选用

1) 常见的绕线机

(1) 全自动绕线机是近几年才发展起来的新机种，为了适应高效率、高产量的要求，全自动机种一般都采用多头联动设计，国内的生产厂家大多参照了中国台湾等地区进口机型的设计，采用可编程控制器作为设备的控制核心，配合机械手、气动控制元件和执行附件来完成自动排线、自动缠脚、自动剪线、自动装卸骨架等功能，这种机型的生产效率极高，大大降低了对人工的依赖，一个操作员工可以同时照看几台设备，生产品质比较稳定，非常适合产量要求高的加工场合。其缺点是价格偏高，维修也偏复杂。

(2) 伺服精密绕线机是当今高新技术结合的产物，也是目前最先进、功能最为强大的机型，高端机型可以完全模拟人手的排线动作，价格最高，一般使用在对线圈参数有特定要求的场合。

(3) 半自动绕线机是目前使用最广泛的机型，也称为 CNC 自动绕线机，能够自动排线，加上不同的机械结构即可完成不同的绕制要求，具有高效、维护方便、性价比高等诸多优点。国内厂家一般都采用 CNC 控制器，也有部分厂家采用自行开发的控制器作为控制核心。当前 CNC 机型已经是一种非常成熟的机种了，许多厂家在功能和用途上都作了创新和升级，使用产品的系列不断得到延伸。作为市场上应用最广泛的机型，该机型的价格比全自动绕线机低了不少。该机种的缺点是一台必须配一名操作人员。

(4) 环行绕线机用于环型线圈的绕制，是特殊专用机型，常见的有边滑式和皮带式，是绕制环行线圈的专用机型。该机型从出现到现在没有很大的技术变动。目前，机头部分主要以进口为主。

2) 自动绕线机的组成

自动绕线机主要由三大部分组成：

(1) 主轴系统：由一台电动机、基座、*XYZ* 轴平台等组成。它主要完成绕线动作，使需要绕线的绕线体作圆周运动，带动铜线使其绕在绕线体上，同时准确记录绕制匝数，并向控制系统提供绕线反馈信息。

(2) 控制系统：是绕线机的中枢，它控制着绕线机的所有动作，包括主轴系统的工作、显示、功能操作等。因此，这个控制系统必须是一个功能强大，性能稳定、可靠的系统。

(3) 张力系统：张力是绕线的关键，而张力系统正是提供稳定、可靠张力的保证。

3) 生产地简介

(1) 华南地区是我国绕线机的主要生产地，而广东地区生产小型自动绕线机、多轴全自动绕线机的厂家是数量最多的；山东多生产大型变压器绕线机、箔式绕线机；浙江厂家生产各式绕线机。另外，绕线机生产比较集中的还有上海、吴江等地。

(2) 中国台湾在技术和研发能力上都要稍领先于国内大陆企业，也是最早进入大陆市场的，如利群、台丽等都是比较熟悉的品牌。

值得一提的是，日企品牌的绕线机占的市场份额逐年在减少，主要原因是国内生产绕线机的厂家越来越多，技术差距也逐渐缩小甚至赶超，国产品牌创新方面做得更好。

7. 引出线形式

电器线圈引出线主要有以下两种工艺。

1) 直接引出

对于线径较粗的线圈(线径为 0.3～0.9 mm)，一般情况下，其漆包线可从线圈始末端正常引出，并不需要其他附加工艺，漆包线从线圈上直接引出，如图 8-4(a)所示。

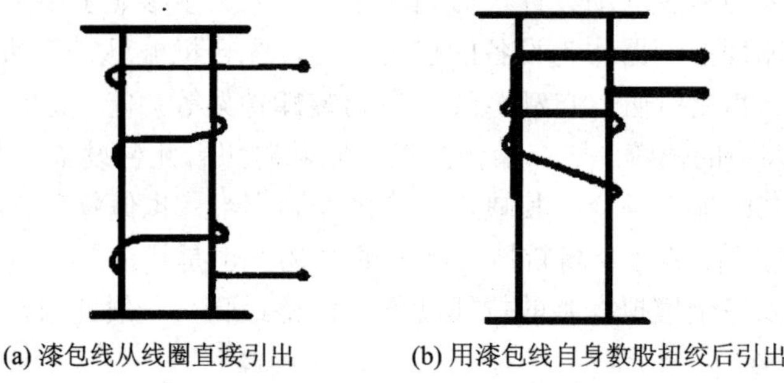

(a) 漆包线从线圈直接引出　　(b) 用漆包线自身数股扭绞后引出

图 8-4　线圈引出线示意图

2) 扭绞工艺

对于线径较细的漆包线，由于漆层薄，且容易拉断，需要辅助工艺强化，一般采用将漆包线自身数股扭绞在一起引出的办法，如图 8-4(b)所示。但必须注意，绕制线圈时必须压住已绞了头的漆包线。采用扭绞工艺引出电器线圈的办法，不破坏漆包线漆层，可不包扎绝缘层，操作简单，可靠性高，适宜于大规模生产，因此其应用越来越广泛。

8. 绝缘层的去除方法

绝缘层的去除方法较多，常用的有以下几种：

(1) 可使用漆包线脱漆剂(为乳白色黏稠状液体，对铜线无腐蚀，气味小)，这是一种用于漆包线漆皮脱落的产品。其特点是速度快，只用放入脱漆槽中 0.5～1 秒，然后放于空气中 20～60 秒漆皮就会自然脱落，适合于自动化流水线。这种方法解决了传统漆包线脱漆剂对铜线产生过腐蚀的问题，并含有微量的助焊剂以便于铜线的焊接和镀锡。

(2) 放在 400℃锡槽里沾一下即可除去漆包线表面，同时上锡即可。

(3) 采用专门的去漆皮设备。激光去皮机利用激光剥切导线的绝缘皮，是激光在材料加工中的一项新应用。在电器及仪表、仪器行业的大批量生产中，经常采用自动化程度较高的机械剥皮机。

(4) 采用手工用细砂纸，这种方法简单，但对漆包线有损伤。

(5) 其他化学方法也有多种，如将苯酚 30%、氨水 70%混合后装入烧杯中，加热到 90℃左右，把要去漆的线头浸入溶液保持 2～3 min 后取出，用毛巾擦去漆皮即可。

9. 外层包扎

封装较好的小型继电器的线圈不采用外层包扎。但一般线圈需要包扎时，可采用绝缘薄膜包扎，最好采用有自黏性的塑料薄膜进行包扎。若采用全自动绕线包胶一体机，在机子上就能完成线圈的包胶、焊锡工序。

10. 绝缘及防霉处理

许多小功率线圈，如继电器线圈，可不用浸漆处理。而大部分电器的线圈都进行浸漆处理或简易的浸表面漆处理。对于湿热带使用的电器线圈，除了要选用三防型材料(防潮气、盐雾、霉菌等)及浸漆外，辅助材料还要进行防霉剂浸漆处理。

真空压力浸漆(VPI)技术应用于电器线圈制造，可提高其质量，增强可靠性，改进其电气绝缘性能。VPI 技术是最好的绝缘处理技术，细线线圈一定要使用 VPI，图 8-5 为其浸渍工艺曲线。

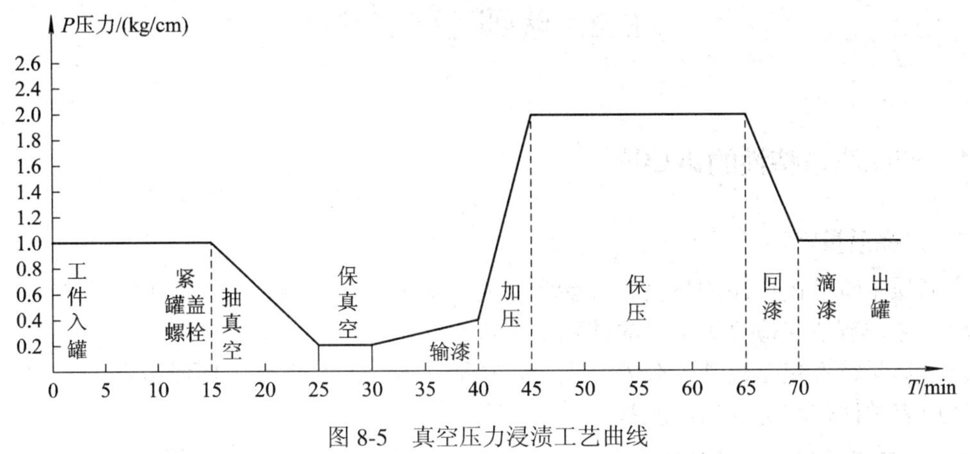

图 8-5 真空压力浸渍工艺曲线

VPI 的工作原理是：把待浸工件放于一个密闭的容器中抽真空，然后将浸漆注入其中，再施加一定压力，迫使浸漆迅速彻底地浸透工件的所有缝隙，以达到浸渍的目的。

VPI 绝缘系统包括 5 大要素：① 浸渍树脂；② 少胶云母带；③ VPI 工艺；④ VPI 设备及包带机；⑤ 防晕技术(防止海拔高、气压低的情况下线圈周围发生空气电离现象)及其他。

8.1.4 有骨架线圈绕制工艺过程

1. 准备工作

备齐各种材料、工具，调整、检查设备。

2. 绕制过程

因绕线机性能及线圈要求不同，线圈绕制的大致过程参见图 8-6。

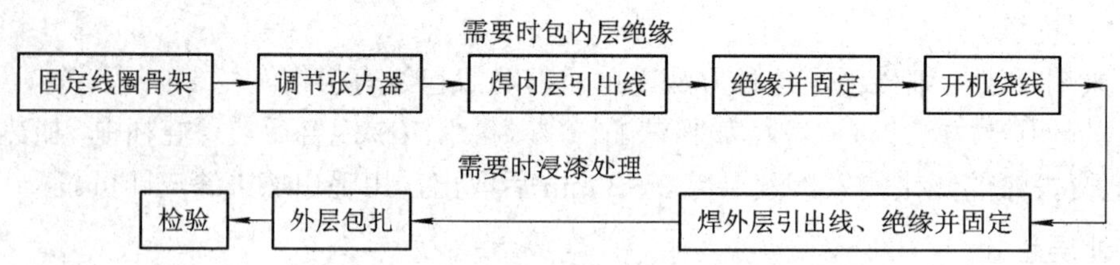

图 8-6 骨架线圈绕制工艺过程

(1) 绕制电器线圈时，要调整好绕线机张力器。现在绕线机排线一般改用滚轮，其滚轮走线比原来的线槽走线的阻力小得多，这样有利于保护好漆包线漆层。调节拉紧力的原则是：在保证绕组导线不松动的前提下，拉紧力以小为好。

(2) 根据要求包扎 2～3 层绝缘线，线圈包扎不能太紧太厚，否则不利于电器线圈散热，会因线圈温升而缩短继电器的寿命。

(3) 最外层为醋酸纤维粘胶带(印有线圈数据)。

绕线工艺过程因绕线机的一体化、自动化、流水线设备的发展，多个工序甚至全部工序都可以在人工少干预下或不干预下自动完成。

8.2 线圈工艺文件

8.2.1 产品质量特性的重要度

1. 产品质量特性

产品质量特性由产品的规格、性能和结构所决定，并影响产品的适用性，是设计阶段传递给工艺、制造和检验等阶段的技术要求和信息。

产品质量特性包含尺寸、公差与配合、功能、寿命、互换性、环境污染、人身安全及执行政府有关法规和标准的情况等。

2. 产品质量特性的重要度

产品质量特性的重要度是指这些特性在产品使用中的重要程度。重要度分级可按规定的级别符号直接标注在产品图样及设计文件上，也可单独编制整机及其组成部门的重要度分级文件。

在新产品设计阶段，设计部门应对产品进行重要度分级，通过新产品试制，在设计改进时进一步修正和完善。

8.2.2 重要度分级

1. 重要度分级

重要度分级原则是：产品质量特性的重要度分级依据的是对产品适用性要求的影响及经济损失程度。重要度等级分为关键特性、重要特性和一般特性。

(1) 关键特性：如发生故障，会发生人身安全事故，丧失产品主要功能，严重影响产品使用性能，缩短产品寿命，对环境产生违反法规的污染，以及必然会引起使用单位申诉的特性。

(2) 重要特性：如发生故障，会影响产品使用性能和寿命，使用单位可能提出申诉的特性。

(3) 一般特性：如发生故障，对产品的使用性能及寿命影响不大及不致引起使用单位申诉的特性。

2．重要度分级内容

产品质量特性的重要度分级内容一般包括：

(1) 安全、环保要求。

(2) 性能、结构的使用要求。

(3) 可靠性、使用寿命及互换性要求。

(4) 材料性能及处理规定。

(5) 焊接及铸、锻规定。

(6) 尺寸、公差与配合、形状和位置公差及表面粗糙度等要求。

(7) 外形、外观要求。

(8) 清洁度要求。

(9) 涂敷、包装、防护及储运等要求。

3．重要度分级标注

在产品图样和设计文件上的重要度分级的级别符号及方法如图 8-7 所示。

示例 1：$\phi 150\text{m6}\begin{pmatrix}+0.040\\+0.015\end{pmatrix}\begin{matrix}[A]\\[B]\end{matrix}$

示例 2：$\overset{0.8}{\triangledown}$ [A]

示例 3：屈服强度$\sigma_s \geqslant 200\text{N/mm}^2$（MPa）[B]

示例 4：接触面积不小于 80%　[A]

示例 5：$\phi 60\ {}^{+0.04[A]}_{\ 0}$

示例 6：$\phi 100 \pm 0.03$　[A]

图 8-7　产品图样上的重要度分级标识示例

(1) 标识时需要加一对方括号，如[A]、[B]、[C]。其中，[A]为关键件(或关键项目、关键尺寸)；[B]为重要件(或重要项目、重要尺寸)；[C]为一般件(或一般项目、一般尺寸)。

(2) 一个项目或尺寸里，可能整个为关键，比如示例 4，也可能接触面积不小于 80%为关键项目，还可能某尺寸的上偏差与下偏差的重要度不一样，如示例 1。示例 5 仅标识了尺寸的上偏差为关键，下偏差未标识([C]一般不标)。

8.2.3　低压电器质量特性与质量控制点

1．质量特性

质量特性就是交流接触器的性能及其指标，由产品相关标准规定。以交流接触器为例，

按标准 GB14048.4《低压开关设备和控制设备低压机电式接触器和电动机起动器》，[A]级应尽可能限制在较小的范围内，主要有耐压、电气间隙、爬电距离、产品标志、线圈短路、铁芯不释放等；[B]级主要有触头参数、零部件重要尺寸等；其余均为[C]级。

标准将产品质量特性分为 3 个方面：产品性能、装配和外观质量及零部件材料的结构尺寸。

表 8-6 仅列出了[A]级和[B]级，未列出的件、项目或尺寸均为[C]级。该表主要为生产现场人员特别是检验人员对产品的性能、装配的质量和入库零部件的重要程度的判断提供一个依据。

表 8-6 CJX8 系列产品质量特性的重要度分级表

质量特性分类	质量特性内容	重要度分级	
		A	B
1 产品技术性能	1.1 动作性能		
	1.1.1 吸合电压为(85%～110%)U_s		√
	1.1.2 释放电压为(20%～75%)U_s(交流)	√	
	1.2 介电性能为 50 Hz、2500 V(有效值)、5 s(常规可为 1 s)不击穿	√	
	1.3 噪声在 0.5 m 处不超过 40 dB(A)		√
	1.4 电气间隙和爬电距离		
	1.4.1 电气间隙≥8 mm	√	
	1.4.2 爬电距离≥10 mm	√	
2 装配与外观质量	2.1 触头参数(各规格要求见相关表)		
	2.1.1 主触头开距		√
	2.1.2 主触头超程		√
	2.1.3 辅助触头开距		√
	2.1.4 辅助触头超程		√
	2.2 外观质量		
	2.2.1 铭牌与产品相一致	√	
	2.2.2 接线端子标志无误	√	
	2.2.3 接地标志无误	√	
	2.2.4 塑料件外表应光滑、平整，无起泡、缺料、开裂、变形、翘曲等缺陷		√
	2.2.5 金属外表应镀层均匀、有光泽，不得有裂纹、镀层脱落等缺陷		√
	2.3 装配到位质量		
	2.3.1 连接接线螺钉和未接线螺母		√
	2.3.2 运动部分可灵活运动	√	
	2.3.3 外形尺寸和安装尺寸符合要求		√
3 零部件材料结构尺寸	3.1 线圈		
	3.1.1 不短路	√	
	3.1.2 匝数见产品图样		√
	3.1.3 浸漆		√
	3.2 触点		
	3.2.1 材料为 CAgCdO(15)		√
	3.2.2 尺寸见产品图样		√
	3.3 主触头弹簧压力见产品图样		√
	3.4 热固性塑料件耐沸水	√	
	3.5 衔铁气隙为 0.17～0.35	√	
	3.6 铁芯衔铁材料为 DW360-50		√

性能项目在此表中仅列出了出厂试验项目，型式试验应按产品标准执行。装配和外观质量方面有触头参数、外观质量(包括铭牌、标志等)和装配到位质量等。零部件材料、结构、尺寸方面，主要列出了触头、线圈、铁芯、衔铁、主弹簧等有关零部件材料、结构、尺寸方面的要求。

有了这样的分级表，检验人员就会对[A]级和[B]级特别是[A]级项目或尺寸更加注意，生产这些零部件的外协单位的生产人员也会更加注意，这对于提高该产品的零部件质量是大有好处的。

GB14048.4 规定了抽样按 GB/T2828.1—2003 的正常检查一次抽样方案抽取样本进行检查，取特殊检查水平 S-4，接收质量限 AQL=1。AQL 确定原则是[A]级应比[B]级严，多项目检查比少项目检查松，[B]、[C]级检查项目较多，AQL 可适当选取大一点。

凡[A]级的件、项目和尺寸，必须符合本产品标准、产品图样及相关技术文件要求，若不合格，则应返工，返工后按有关要求进行检验或试验，若合格则通过，可入库，若仍不合格则必须报废(个别有点超差例外)。[B]、[C]级的件、项目和尺寸，凡有不合格之处，应按有关程序文件的规定办理。

2. 质量控制点

质量控制点是指质量活动过程中需要进行重点控制的对象或实体。它具有动态特性，具体地说，是生产现场或服务现场在一定期间、一定的条件下对需要重点控制的质量特性、关键部位、薄弱环节以及主导因素等采取特殊的管理措施和方法，实行强化管理，使工序处于良好控制状态，保证达到规定的质量要求。质量控制点落实到具体工作岗位后，操作工人和检验人员必须明确自己应做的职责。

3. 工序质量控制点的确定原则

工序质量控制点应按以下原则确定：

(1) 对产品精度、性能、安全、寿命等有重要影响的项目和部位。

(2) 工艺上有特殊要求，或对下道工序有较大影响的部位。

(3) 质量信息反馈中发现不合格品较多的项目或部位。

8.2.4 线圈绕制工序操作指导卡

操作指导卡片是指导工序质量控制点上的工人生产操作的文件。机械加工工序操作指导卡片中表头的下面部分不适宜作为线圈绕制工序操作指导卡，如图 8-8 所示。黑框部分

	机械加工工序操作指导卡片			产品型号		零件图号			
				产品名称		零件名称		共 1 页	第 1 页
工序编号		设备编号		夹具编号		准备时间		单件工时		切削液	
工序名称		设备名称		夹具名称		换刀时间		班产定额			
工序附图：见工艺附图X											
线圈设计参数						设备工装参数					

图 8-8　操作指导卡的格式

的内容可以删除，取而代之的是左边的大单元格，在此处可以填写线圈设计的一些参数，并在其中注上“工序图见工艺附图”，附一张工艺附图，插入线圈部件图；右边的大单元格可以填写绕线机的参数及规定的工艺参数(如转速)等。

1．模板修改

以交流接触器为例，主要填写区域如图 8-9 所示。因为是线圈绕制工序操作指导卡，所以创建前先更改模板中的“机械加工”四字；然后将图 8-8 所示的黑框区域部分删除，并将单元分隔线延伸到表头；最后定义(1)与(2)两个单元格。必要时，可以将单元格(1)变小，让“操作规范”部分增加几行，用于工序内容的填写。

<table>
<tr><td rowspan="2"></td><td rowspan="2">线圈绕制工序操作指导卡片</td><td>产品型号</td><td></td><td>零件图号</td><td></td><td colspan="2"></td></tr>
<tr><td>产品名称</td><td></td><td>零件名称</td><td></td><td>共 1 页</td><td>第 1 页</td></tr>
<tr><td colspan="2">(1)</td><td colspan="6">(2)</td></tr>
</table>

<table>
<tr><td colspan="3" rowspan="2"></td><td colspan="10">工序质量控制内容</td></tr>
<tr><td rowspan="2">代号</td><td rowspan="2">检查项目</td><td rowspan="2">精度范围</td><td colspan="2">测量工具</td><td colspan="4">检查频次与控制手段</td><td rowspan="2">重要度</td></tr>
<tr><td colspan="3">操作规范</td><td>名称</td><td>编号</td><td>首检</td><td>自检</td><td>互检</td><td>巡检</td></tr>
<tr><td>序号</td><td>项目</td><td>内容</td><td>(6)</td><td>(7)</td><td>(8)</td><td>(9)</td><td>(10)</td><td>(11)</td><td></td><td></td><td>(12)</td><td>(13)</td></tr>
<tr><td>(3)</td><td>(4)</td><td>(5)</td><td></td><td></td><td></td><td></td><td></td><td></td><td></td><td></td><td></td><td></td></tr>
<tr><td></td><td></td><td></td><td></td><td></td><td></td><td></td><td></td><td></td><td></td><td></td><td></td><td></td></tr>
<tr><td></td><td></td><td></td><td></td><td></td><td></td><td></td><td></td><td></td><td></td><td></td><td></td><td></td></tr>
<tr><td></td><td></td><td></td><td></td><td></td><td></td><td></td><td></td><td></td><td></td><td></td><td></td><td></td></tr>
<tr><td></td><td></td><td></td><td></td><td></td><td></td><td></td><td></td><td></td><td></td><td></td><td></td><td></td></tr>
<tr><td></td><td></td><td></td><td></td><td></td><td></td><td></td><td></td><td></td><td></td><td></td><td></td><td></td></tr>
<tr><td></td><td></td><td></td><td></td><td></td><td></td><td></td><td></td><td></td><td></td><td></td><td></td><td></td></tr>
<tr><td></td><td></td><td></td><td></td><td></td><td></td><td></td><td></td><td></td><td></td><td></td><td></td><td></td></tr>
</table>

图 8-9　线圈绕制工序操作指导卡的格式

2．操作指导卡的填写

(1) 区：按工艺要求绘制工序简图，但如果有较多线圈的设计参数需要填写，则可以将工序简图插入到添加的工艺附图卡片中。

(2) 区：按标准推荐，此处填写加工部位、方法、精度等内容，这里建议填写绕线机的设备参数、工艺规范等，比如绕线机的转速、张力器的刻度值等。

操作规范区：填写线圈的绕制工艺制造过程，可以填写从设备及工具、材料等开始，到绕制、注意事项、检验入库的全过程，参见图 8-10。

工序质量控制内容区：“(6) 代号”按检查项目代号和顺序号填写；“(7) 检查项目”按工艺要求和表面粗糙度填写；“(8) 精度范围”按尺寸公差及表面粗糙度等级填写；“(9)”为测量工具的名称，与检验卡片的填写方法一样，“(10)”为测量工具的编号，企业里一般对每一计量器具都有内容编号，这里可以按工装编号来填写或省略。"检验频次与控制手段"包括自检、首检(一般为三检制，即操作者自检、车间班组长复检、质检员专检)、互检(为操作者间互相检验)和巡检(由车间班组长负责执行)。这里可安排首检与巡检，并建议将巡检改成质检员的专检。"重要度"按企业对该产品编写的重要度分级表的规定，按关键、重要及一般分别填写"A"、"B"或"C"。工序质量控制内容填写示例见图 8-11，其中"左上表规定"是指在(1)区填写的技术参数。

操作规范		
序号	项目	内 容
1	装备工作	1.1 检查绕线机，必须运转正常
		1.2 绕制前，计数器必须调整到零
		1.3 排线宽度为20 mm，绕线速度为3500 转/分
2	线圈绕制	2.1 线径符合要求，控制好拉线力度
		2.2 线圈骨架安装得当，不松动
		2.3 首件必须及时检查，合格后继续绕制
3	测量	全部检查，不作检测记录
4	注意事项	4.1 排线应均匀，拉线力度适中
		4.2 接头不超过两个，接头处及引线焊接处加强绝缘
		4.3 包扎整齐适当，不超出线圈骨架
5	焊接线片	5.1 焊接可靠，无虚焊，无烧伤
		5.2 绕组数据标牌与实际相符
6	检验	6.1 检查外观及尺寸
		6.2 检查短路和断路
		6.3 检查匝数

图 8-10 操作指导卡的操作规范填写示例

工序质量控制内容													
代号	检查项目	精度范围	测量工具		检查频次与控制手段								重要度
			名称	编号	首检		自检		互检		专检		
1	线径	1%	千分尺		√								A
2	线圈匝数	左上表规定	匝数测量仪		√		全				全		A

图 8-11 操作指导卡的工序质量控制内容填写示例

3. 其他说明

工序质量控制内容一般按产品重要度分级表来填写，但有些重要项目或尺寸也可能严重影响到产品质量，应把它纳入质量控制点，并填写至区域中。

严格地说，"检查频次与控制手段"区域中的每一种检验均有左、右两个格子需要填写。其中：

(1) 左格应按如下种类填写：① 不同记录；② 检测记录卡；③ 波动图；④ 控制图。

(2) 右格应按如下种类填写：① 全数检验；② N 件检 1 件；③ 日检 N 件；④ 月检 N 件。

8.2.5 线圈的质量分析

1. 质量标准依据

机标 JB/T7103—1993《继电器及其装置用线圈通用技术条件》作为现行有效的标准，规定了继电器及其装置线圈的技术要求、试验方法及检验规则，它适用于继电器及继电保护装置中的线圈，可作为设计、制造及检验的依据，同时它也适用于电力系统安全自动监控装置中的线圈，其他类似产品的线圈也可参照使用。

2. 外观质量

外观检验的内容比较丰富，共有 8 条，大部分可目测。

(1) 线圈排线应均匀、紧密、整齐，外形无明显凹凸现象，外径尺寸符合图样的要求。

(2) 对于用直径为 0.5 mm 以上电磁线绕制的线圈，一般应采取排绕，要求层次分明，匝间不允许有堆叠现象。

(3) 骨架无开裂，无损伤，无明显变形。

(4) 焊片(或引线)与线圈用电磁线连接处焊接要牢固、无虚焊，并应采用中性焊剂，焊点应光滑，不允许有尖角。焊后应用酒精去掉残余焊剂，并进行绝缘包扎处理。

(5) 引出线或引线片必须牢固，外包扎端应粘牢。

(6) 浸漆线圈必须浸透烘干，表面无堆积漆，无气泡。

(7) 线圈标志应与相应图样一致。

(8) 绕组有抽头的线圈，抽头引出线的排列位置应符合图样规定，并便于识别。

(1)、(2)随着绕线机技术的发展变得不突出了，后面几条也有类似之处。另外，如果不需要浸漆，则(6)可以省略。

外形尺寸应符合公差要求，尤其是安装尺寸不得超差，可以采用游标卡尺之类的长度计量器具或专用检具进行检查。

3. 电气参数检验

电气参数检验包括电阻值的测试、线圈匝数测量、匝间短路测试、耐压试验、绝缘电阻测量及线圈温升测试等。

1) 电阻值的测试

标准规定：允许电压线圈直流电阻偏差为设计给定值的±10%。随着绕线技术的提高，这个限定值有些低，企业会自行做些调整。

直流电阻一般采用单臂电桥检测，低于 1 Ω 的用双臂电桥。

2) 线圈匝数测量

在保证电阻值的条件下，匝数允许偏差为：直流线圈按规定匝数的 ±4%，交流线圈按规定匝数的 ±2%。匝数可以采用匝数测试仪测量。不过对于 ±2%(±4%)的误差，绕线技术完全能保证绕得更准确，所以，对于交流线圈，可以将匝数限定在 ±1%，甚至 ±0.5%。

3) 匝间短路测试

标准规定：交流线圈不允许有匝间短路。匝间短路的判断十分重要。匝间短路测试使用匝间短路测绘仪。根据匝间短路测绘原理，需要用已知标准线圈作比较来测量被测线圈。

4) 耐压试验

线圈对铁芯之间的介质强度、线圈绕组间的绝缘，应能承受表 8-7 规定的 50 Hz 交流试验电压值(有效值)、历时 1 min 的试验，而无绝缘击穿或闪络现象。

值得注意的是，企业在生产过程中为了提高生产效率，都会把历时 1 min 的试验缩短至 1 s，此时要将试验电压比规定值提高 10%。

表 8-7　试验电压数值

线圈额定绝缘电压/V	线圈额定电压		绕组间承受电压/V	线圈对的铁芯之间承受的电压/V
	交流/V	直流/V		
≤30	12	24、12、6	500	2000
>30～60	36	48	1000	
>60～250	220、127、110、100	220、110	2000	
>250～500	380		2500	

5) 绝缘电阻测量

在规定的标准试验条件下，线圈与铁芯之间的绝缘电阻值应不低于 300 MΩ。用于一般工作环境条件的线圈与铁芯之间的绝缘，在温度为 40℃，经交变湿热试验 2 d(48 h)后，其绝缘电阻值不应低于 4 MΩ。绝缘电阻用兆欧表(摇表)测量。

6) 线圈温升测试

线圈的温升是指线圈温度与周围介质温度之差，它是衡量线圈设计及散热性能的指标。线圈的允许温升应与环境温度和绝缘材料的耐热等级相对应。

测量温升的电阻法是根据金属导线的电阻值随温度的升高而增大的特性来间接地确定温升的。采用电桥测量线圈的冷态电阻和热态电阻，并通过公式计算即可得出线圈的平均温升。

7) 线圈的浸渍质量检查

外观检查：表面应光洁平整，不应有气泡和漆瘤等缺陷，引出线外层不能有裂纹，不应变硬发脆。

性能检查：浸漆后线圈不应有短路和断路，可分别用短路测试仪和万用表测量。

抽样解剖：主要检查浸漆、烘干情况，线圈内应完全浸透漆和胶，且固化为一个整体，还应达到基本干燥，以不粘手为合格。当改变工艺或材料时，对首批产品应进行解剖检验。

4．检查项目的抽检与全检

全检查项目：外观、电阻值、匝数、匝间短路、耐压试验等。其中，电阻值也可以按 IL=Ⅱ抽检。

抽检的项目：绝缘电阻、温升、浸漆线圈的解剖、耐热性、防霉性等。制造厂还可以根据质量保证的要求，制订其他检查项目。

8.2.6　检验卡片

线圈的检验中也可编制检验卡片。

1．检查项目

线圈的检查项目一般包括：外观、电阻值、匝数、匝间短路、耐压试验等。

2．检测仪器

(1) 耐压测试仪，又叫电气绝缘强度试验仪，也叫介质强度测试仪，将一规定交流或直流高压(基本规定是：以被测物工作电压的 2 倍再加 1000 V 作为测试的标准电压。一般电器的测试电压高于这一规定)施加在电器带电部分和非带电部分(一般为外壳)之间以检查电器的绝缘材料所能承受的耐压。

电器在长期工作中不仅要承受额定工作电压的作用，还要承受操作过程中引起短时间的高于额定工作电压的过电压作用(过电压值可能会高于额定工作电压值的好几倍)。当前市场上所见的耐压测试仪采用 GB4706(等同于 IEC1010)标准，使用较多的是台式结构的单项测试指标测试仪器。

(2) 匝间耐压测试仪采用“冲击波型比较法”，将规定峰值电压(一般高于工作电压的数倍)加于被测线圈绕组上，通过比较两个振荡波形的差异，从而判断线圈匝间绝缘的好坏。

(3) 测量绝缘电阻用兆欧表，又称摇表，它的刻度以兆欧(MΩ)为单位，兆欧表还有数字式的。

(4) 有些仪器改型后，其测量功能扩大了，如 YG108 仪器用于测量各种类型线圈的圈数，线圈圈数测量仪 YG108R 可以测量匝数与电阻。该仪器测量方便，精度高。表 8-8 为 YG108R 系列线圈圈数测量仪的技术参数。

表 8-8　YG108R 系列线圈圈数测量仪的技术参数

仪器型号	YG108R-10	YG108R-6	YG108R-4
被测线圈内径	ϕ>10 mm	ϕ>6 mm	ϕ>4 mm
被测线圈外径	ϕ<120 mm		
被测线圈高度	H<110 mm		
测试传感器规格	ϕ10	ϕ6	ϕ4
被测线圈范围	0～60 000 圈		
圈数测量精确度	(0～300 圈) ± 0 圈、(300～500 圈) ± 1 圈、(500～20 000 圈) × (1 ± 0.2%)、(20 000～60 000 圈) × (1 ± 0.5%)		
测量速度	快速 3 次/秒，慢速 1.2 次/秒		
外形尺寸	370 mm × 220 mm × 110 mm		
电阻测量精度	(0.1 Ω～100 kΩ) × (1 ± 0.2%)		
电阻测量范围	0.000 01 Ω～100 kΩ		

✧✧✧✧✧ 实践与思考 8.1 ✧✧✧✧✧

编制低压线圈绕制工艺守则，耐热等级为 B 级，要求：

(1) 为电压线圈(线圈匝数>2000 匝)、单层。

(2) 线圈有骨架。

(3) 需要浸漆，采用 VPI 并需要指定材料、绝缘等级(浸漆材料可参照电动机材料部分)。

(4) 绕线设备：五轴绕线机(见附录 E)。

✦✦✦✦✦ 实践与思考 8.2 ✦✦✦✦✦

JS7-A 时间继电器线圈的技术参数如表 8-9 所示，请完整填写其线圈绕制工序操作指导卡。

表 8-9 JS7-A 时间继电器线圈的技术参数

五轴绕线机	线圈图号	单相 120V	工频 60 Hz	线径 0.28	匝数 3300	排线宽度 25
	WZD×××-3	三相 216V	工频 60 Hz	线径 0.13	匝数 4250	排线宽度 25

项目九　电器塑件制造工艺

9.1 塑料概述

目前电器产品中的塑件越来越多，“以塑代钢”意义重大。

9.1.1 塑料的特征与分类

塑料的主要特征为：轻，绝缘性好，着色性好，成本低，易燃烧等。塑料一般是按受热性质分类的，也有的按用途进行分类。

1．塑料的特征

(1) 塑料质轻、坚固，一般塑料密度在 0.9～2.3 g/cm^{3}之间，聚乙烯、聚丙烯的密度最小，约为 0.9 g/cm^3，聚四氟乙烯的密度最大，为 2.1～2.3 g/cm^3。

(2) 大多数塑料可制成透明或半透明制品，可以任意着色，且着色坚固，不易变色。

(3) 大多数塑料在低频低压下具有良好的电绝缘性能，在高频高压下可用作电器绝缘材料。

(4) 塑料的热导率极小。

2．塑料按受热性质分类

1) 热固性塑料

热固性塑料又称不可逆塑料。这种塑料在加热时发生了不可逆的化学反应，经交联固化(由线型结构变为体型网状结构)后，再重复加热也不会软化，即失去了可塑的性质。

热固性塑料的主要成分是热固性树脂，如常见的酚醛树脂、环氧树脂及氨基树脂等。

塑壳断路器外壳、框架断路的绝缘件大量应用不饱和聚酯玻璃纤维增强模塑料(DMC)，DMC 同其他热固性塑料、同热塑性塑料比较，其综合机械性能、电气性能、耐热性能、耐弧性能、刚度、外观光洁度、价格等诸多方面都有优势。片状模塑料(SMC)的机械强度、耐弧性能优于 DMC，但压制工艺难，生产效率不及 DMC。终端断路器(MCB)外壳也可用脲醛塑料，外观比用热塑性材料漂亮。

2) 热塑性塑料

热塑性塑料又称可逆性塑料。这种塑料在加热时不发生化学反应，经冷却成型后，再重复加热仍能保持塑料原有的可塑性。

热塑性塑料的主要成分是热塑性树脂，如常见的聚乙烯(PE)、聚氯乙烯(PVC)、聚碳酸酯(PC)、聚丙烯(PP)、聚酰胺(PA)。

3. 塑料按用途分类

(1) 通用塑料：指用于一般用途、产量大、应用面广、价格便宜且易于成型加工的塑料，如酚醛塑料、氨基塑料、PE、PP、PS、PVC 等。

(2) 工程塑料：泛指综合性能(电性能、力学性能、耐高低温性能)好、可代替金属作工程结构材料的塑料，如 PA、PC、ABS(聚丙烯-丁二烯-苯乙烯共聚物)、聚甲醛(POM)等。

(3) 功能塑料：指具有某种物理功能(如耐高温、耐腐蚀、耐辐射、导电及导磁等)的塑料。功能塑料在电器产品中多用于耐高温，常用的有聚四氟乙烯(PTFE)、硅树脂及环氧树脂等。

9.1.2 塑料的成分

塑料由树脂和添加剂组成，是以树脂为主要成分，加入一定数量和一定类型的添加剂，在一定温度、压力的作用下，可以利用模具等成型为一定几何形状和尺寸的制件的材料。

当前在电器产品中特别在低压电器中，塑料件的比重越来越大，多则达到 80%。塑料对于节约金属材料、提高产品技术经济指标、促进技术进步都具有十分重要的意义。

1. (合成)树脂

塑料的主要成分决定了塑料类型，影响着塑料的基本性能。

常用的合成树脂有聚氯乙烯、聚乙烯、酚醛树脂、氨基树脂和环氧树脂等。

2. 添加剂

添加剂用于改善塑料的成型工艺性能，改善制品的使用性能，降低成本。常用的添加剂有以下几种。

1) 填充剂

填充剂又称填料，起增量和改性作用。填充剂可分为两类：增量填充剂和增强填充剂。

一般来说，塑料填充剂用作增量剂时较多，应具有以下特性：化学上呈惰性；对耐水性、耐化学药品性、耐候性、耐热性等无妨碍；不降低物理性能；可以大量填充；相对密度小；价廉。

塑料填充剂分为无机填充剂(如碳酸钙、陶土、滑石、硅藻土、二氧化硅、云母粉、石棉、金属、金属氧化物等)和有机填充剂(如热固性树脂中空球、木粉、粉末纤维素等)。

2) 增塑剂

增塑剂加大了分子间的距离，因而削弱了大分子间的作用力，使树脂分子容易滑移，塑料能在较低的温度下具有良好的可塑性和柔软性，改善了成型性能。

常用的增塑剂主要是甲酸酯类(邻苯二甲酸酯类增塑剂用量最大，约占增塑剂总产量的 80%)。

对增塑剂的要求是：与树脂相溶性好，不易挥发，化学稳定性好，耐热，无色，无臭，无毒，价廉等。此外，增塑剂的加入会降低塑料的稳定性、机械强度和介电性能。因此，在塑料中要尽可能少添加增塑剂。

3) 稳定剂

用于提高树脂在受外界因素(如热、光、氧和射线等)作用时的稳定性，阻止和减缓塑

料在加工、使用过程中分解变质的物质称为稳定剂。稳定剂的用量一般为 0.3%～0.5%。

根据不同的作用，稳定剂可分为热稳定剂、光稳定剂、抗氧化稳定剂。常用的稳定剂有硬脂酸盐、铅的化合物及环氧化合物。

4) 阻燃剂

加入三氧化二锑等物质能阻止或减缓燃烧。值得一提的是，膨胀型阻燃剂具有高效、低烟、低毒、添加量少及无熔滴等特点，在某些材料中比其他阻燃剂的阻燃效率更高，因此膨胀型阻燃剂越来越多应用于各种复合材料中。

5) 润滑剂

润滑剂用于方便脱模并使制品表面光滑。常用的润滑剂有硬脂酸等。润滑剂的加入量一般为 0.5%～1%。

6) 固化剂

固化剂可使树脂由线型结构转变成体型结构，成为较坚硬和稳定的塑料制件。不同的合成树脂对固化剂的选择亦不同，如酚醛树脂中加乌洛托品，环氧树脂中加入苯二甲酸酐等。

此外，还有发泡剂、阻燃剂、抗静电剂、导电剂、导磁剂、耐热剂、防毒剂、回收改性剂等。

9.1.3 热力学性能简介

塑料为高聚物，在加工过程中为线型非晶态高聚物的形变，其温度曲线如图 9-1 所示。

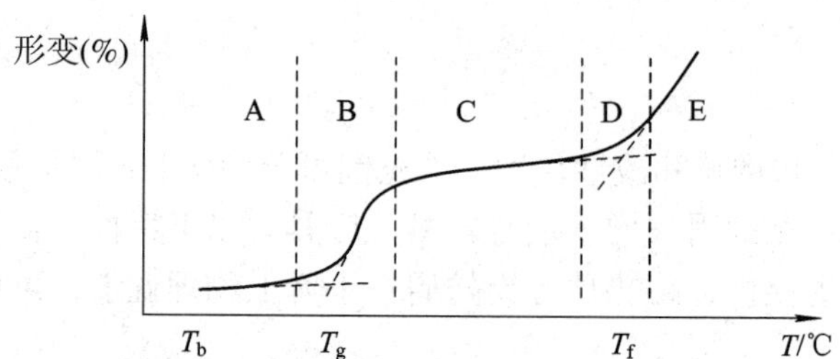

A—玻璃态；B—过渡区；C—高弹态；D—过渡区；E—黏流态；
T_b—脆化温度；T_g—玻璃化温度；T_f—黏流化温度

图 9-1 线型非晶态高聚物的形变——温度曲线

塑料成型时为获得良好的流动性都要加热使成型材料温度升高。热塑性材料可分为三种物理聚集状态：玻璃态、高弹态和黏流态。这三种物理状态之间可以相互转变。

1. 玻璃态

温度低于 T_g (玻璃化温度)的曲线基本水平，高聚物不仅整个分子链不能运动，连单个链节也失去了曲挠性，变得像玻璃那样坚硬，即表现为玻璃态。

因此，在玻璃态下聚合物不能进行大变形的成型，只适于进行车削、锉削、钻孔、切螺纹等机械加工。如果将温度降到材料的脆化温度以下，则材料的韧性会显著降低，在受到外力作用时极易脆断。因此，T_b 是塑料加工使用的最低温度，而 T_g 是塑料使用的上限温度。

2. 高弹态

当温度上升，高于 T_g 而低于 T_f(黏流化温度)时，高聚物变得像橡胶一样柔软而富于弹性。

聚合物在高弹态下可进行较大变形的成型加工，如压延成型、中空吹塑成型、热成型等。但高弹态下聚合物发生的变形是可恢复的弹性变形，将变形后的制品迅速冷却至玻璃化温度下是确保制品形状及尺寸稳定的关键。

3. 黏流态(熔体)

当温度继续上升至高于 T_f 时，变形迅速发展，高聚物即产生黏性流动，成为黏流态。此时的变形是不可逆的黏性变形。塑料在冷却后能将形变永久保持下去。

当温度过高、超过 T_d(热分解温度)时，大分子链裂解，高聚物降解成低聚物或单体，不再具有高聚物的性能，材料被破坏(热分解)。所以 T_f～T_d 是塑料成型加工的范围，这个范围越宽，塑料成型加工就越容易进行。

这个范围内可进行注射成型、压缩成型、压注成型、挤出成型等变形大、形状复杂的成型。

9.1.4　电器产品中常见的塑料

塑料在电器制造中主要用于结构零件、绝缘零件、耐电弧零件、摩擦零件及黏合剂等。电器产品的塑料零件绝大多数是用模具加工的，应通过了解和掌握各材料的性能特点来选择适用材料。常用的塑料有以下几种。

1. 热固性塑料

电器中的热固性塑料见表 9-1。其中，最常用的是酚醛塑料不饱和树脂(添加玻璃纤维，耐电弧)。热固性塑料在标注时不需写填充料及阻燃等级，因材料牌号已规定了基材以及交联剂、润滑剂、着色剂、阻燃剂、填料的成分及其含量、性能指标、阻燃等级。

表 9-1　常用热固性塑料的牌号及应用

类别	名称与型号	长期使用温度	性能特点	主要用途与成型说明
酚醛塑料	酚醛塑料 PF2A4-161(H161) PF2A4-161-Z	145℃	有一定机械强度和电气性能，吸湿性小，耐霉性好，表面光泽度好	性能不高的湿热地区使用的电器外壳、绝缘零件。 H161-Z 可注射成型，在老低压产品上使用
	酚醛玻璃纤维塑料 4330-1、4330-2 FX-502	130～155℃	具有优良的电气性能和机械性能，耐热性、耐潮性和耐霉性好	湿热地区使用的电器外壳、绝缘零件。 FX-502 压制要求较高
	酚醛玻璃纤维压塑料 FX-802Y、FX-802Z	130～155℃	具有良好的耐热、耐湿性能，机械性能较好	耐化学的电器零件、外壳等。 FZ-802Z 可注射成型

续表

类别	名称与型号		长期使用温度	性能特点	主要用途与成型说明
基塑料	脲醛 UF、UP		130℃	具有优良的电气性能，特别是耐电弧性好，自熄，硬度高，耐磨，无臭，无味，耐油，耐弱碱，耐有机溶剂，抗霉性强，着色性佳，保色耐光性好，价格低廉	日用电器、低压电器外壳及绝缘件。ABB、西门子公司的终端断路(MCB)外壳用脲醛塑料。 可压塑或注射成型
	三聚氰胺玻璃纤维压塑料 MP-1、MP-2		130～155℃	耐电弧性、耐热性好，机械性能也较好	需要较高机械强度的灭弧罩和其他耐弧零部件
	苯酚三聚氰胺压塑料 T9607		120℃	具有较好的机械、电气性能，很高的耐漏电起痕性和耐燃性，耐电弧性也很好	灭弧罩和其他耐弧零部件
聚酯塑料	聚酯玻璃纤维压塑料 SMC		180℃	具有高机械性能、高冲击强度、高弯曲强度，绝缘电阻值高，耐电弧性好，耐漏电起痕指数高	高温、高压、耐弧壳
	聚酯玻璃纤维压塑料 DMC	DMC-1	155℃	高机械性能型，冲击强度、弯曲强度较高	中高分断能力塑壳断路器外壳、基座，以及耐温安装座等(绝缘电阻值高，耐电弧性好，耐漏电起痕指数高)
		DMC-2	155℃	电气型，冲击强度、弯曲强度略低	
		DMC-3	130℃	通用型，冲击强度、弯曲强度更低	
		DMC-4	130℃	塑封型，冲击强度、弯曲强度最低	
		DMC-5	155℃	强高机械性能型，冲击强度、弯曲强度高	
		DMC-6	155℃	高性能复合型(纳米技术)，冲击强度、弯曲强度、绝缘电阻最高	

2．热塑性塑料

热塑性塑料的品种较多，性能差异很大，如尼龙、聚碳酸酯、聚乙烯、ABS、PBT、PET、有机玻璃、PP 等，见表 9-2。其中，尼龙用量最大。多数热塑性塑料会添加玻璃纤维和阻燃剂。

表 9-2　常用热塑性塑料的牌号及应用

品种与代号		热变形温度/℃	性能特点	主要用途
聚乙烯(PE)	低压	55	具有优良的介电性能和耐冲击性能，耐水性好，化学稳定性好，耐腐蚀性好；缺点是强度较低，成型收缩率大，制品在阳光照射下易氧化，影响强度	化工环境中使用的温度不高的电器器件
	玻纤增强	126	提高了强度与耐热温度，其余性能同上	耐化学腐蚀的电器零件外壳等

续表

品种与代号		热变形温度/℃	性能特点	主要用途
聚丙烯(PP)	纯料	65	屈服强度、抗张强度、压缩强度、硬度等机械性能均优于聚乙烯，有突出的刚性，基本不吸水，化学稳定性好，高频电性能优良，成型容易；缺点是耐磨性不高，成型收缩率大	电器绝缘件、接头、绝缘齿轮等
	玻纤增强	115～155	进一步提高了机械强度和热变形温度	
聚苯乙烯(PS)	纯料	65～96	具有良好的电气性能和较高的透明度，耐水、耐化学腐蚀性好，具有一定的机械强度，流动性好，易染色，易成型加工；缺点是耐冲击和耐热性较差，制品内存有应力，有时会自裂，表面硬度不高，易擦毛	透明罩壳
	改性(204)	85～116	提高了表面硬度、耐磨性和使用温度	
	玻纤增强	90～105	提高了冲击强度和使用温度	使用温度不高的电器结构件
聚甲基丙烯酸甲酯(PMMA)	浇注料	95	具有极好的透光性，机械强度较高，有一定的耐热耐寒性，绝缘性能良好，尺寸稳定，易于成型，质较脆，表面硬度低，易擦毛	透明外壳(俗称有机玻璃)，电器上用 MAS714 改性剂(苯乙烯共聚物，俗称亚克力)
	模塑料	95		
聚甲醛(POM)	均聚型	124	抗拉强度、冲击韧性、刚度、抗疲劳强度胜于尼龙，耐磨性与尼龙相当，吸水性不好，尺寸稳定性好于尼龙；但热稳定性差，高温下易分解，不耐辐照，日光下易老化	轴承、齿轮、外壳、线圈座、绝缘结构等
	共聚型	110～157	提高了热变形温度，其余同上	
	玻纤增强	150～175	提高了热变形温度和热稳定性，其余同上	
尼龙6(PA6)	未增强	80	抗疲劳强度、刚性、耐热性稍逊于PA66，但韧性、流动性好于PA66，其余同PA66	薄壁壳体，不直接与导电件接触的零件(如盖等)
	玻纤增强	110	提高了热变形温度和刚度	
尼龙66(PA66)	未增强	66～86	抗疲劳强度、抗拉强度与刚度较好，耐热性较好，摩擦系数低，耐磨性优异，并有自耐磨性，耐弱酸碱，耐油；缺点是热膨胀大，热导率低，吸水性强，制品尺寸收缩率大，机械强度受热、吸湿后变差	尺寸较小的轴承、齿轮、外壳、壳体、绝缘结构零件
	玻纤增强	125	加玻璃纤维后可改善上述缺点	
尼龙1010(PA1010)	未增强	45	吸湿性较差，尺寸稳定性稍高，加工容易，耐热性稍差，机械性能与PA6相仿	同PA6
	玻纤增强	130	加玻璃纤维后可改善上述缺点	
聚碳酸酯(PC)	纯料	132～138	冲击韧性和抗蠕变性能突出，耐热性、耐寒性均好，抗拉、耐磨性与PA66相当，弹性模量、刚性高于PA66，吸水性差，尺寸稳定性是热塑性材料中最好的，抗老化性能、电气性能优良，有一定抗化学腐蚀性，透明度较好；缺点是成型条件要求较高，控制不当易使制品发生开裂	高性能电器结构零件和传动零件，如齿轮凸轮、轴承、外壳、透明罩壳、线圈骨架等
	玻纤增强	143～155	加玻璃纤维后可改善上述缺点	

9.1.5 塑料制品生产

塑料制品生产主要有成型、机械加工、修饰和装配。

1. 成型

成型工艺有吹塑、压塑、吸塑、注射、传递、发泡、挤出等。

2. 机械加工

机械加工是通过去除材料的方式获得模制品或型材的最终成品，加工方式主要有锯、剪、冲、车、刨、铣等。

3. 修饰

塑料修饰的方法有很多，常见的有锉边、滚花、抛光、镀饰、涂饰、烫印等。

(1) 涂饰：主要目的是防止塑料制品老化，提高制品耐化学药品与耐溶剂的能力，以及装饰着色，获得不同表面肌理等。

(2) 镀饰：塑料零件表面镀覆金属，是塑料二次加工的重要工艺之一。它能改善塑料零件的表面性能，以达到防护、装饰和美化的目的。例如，镀饰可使塑料零件具有导电性，提高制品的表面硬度和耐磨性，提高防老化、防潮、防溶剂侵蚀的性能，并使制品具有金属光泽。

(3) 烫印：利用刻有图案和文字的热模，在一定的压力下，将烫印材料上的彩色锡箔转移到塑料制品表面上，从而获得精美的图案和文字。

(4) 抛光：利用机械、化学或电化学的作用，使工件表面粗糙度降低，以获得光亮、平整表面的加工方法。表面粗糙度一般可达 $Ra0.63$～$Ra0.01$。

通常以抛光轮作为抛光工具。抛光轮一般用多层帆布、毛毡或皮革叠制而成，两侧用金属圆板夹紧，其轮缘涂敷由微粉磨料和油脂等均匀混合而成的抛光剂。

4. 装配

装配是指通过机械连接、热熔粘接(焊接)、溶剂粘接、胶粘剂粘接等方法将塑件装配(连接)在一起。

(1) 塑料焊接又称热熔粘接，是热塑性塑料连接的基本方法。利用热作用，可使塑料连接处烤熔，在一定压力下即可粘接在一起。

(2) 塑料溶剂粘接用于热塑性塑料，比如利用有机溶剂(如丙酮、三氯甲烷、二氯甲烷、二甲苯、四氢呋喃等)将需粘接的塑料表面溶解，通过加压粘接在一起，形成牢固的接头。

一般可溶于溶剂的塑料都可采用溶剂粘接。ABS、聚氯乙烯、有机玻璃、聚苯乙烯、纤维素塑料等热塑性塑料多采用溶剂粘接。

9.2 塑 料 工 艺

9.2.1 压制成型工艺

压制成型又称压塑成型、模压成型、压缩成型等，是将松散状(粉料、粒料、碎屑状或

纤维状)的固态物料直接加入到加热物料的压模型腔中，使其受热逐渐软化熔融，并在压力作用下使物料充满模腔，塑料中的高分子材料发生化学交联反应，经固化转变为塑料制品。

1. 应用

压制成型是历史最久的塑料成型工艺，主要用于压制热固性塑料制件，也可用于热塑性塑料的成型。目前热固性塑料制件广泛采用注射成型工艺。

(1) 优点：设备费用低，适于多种塑料加工，制件取向性小，材料消耗低；制件具有较高的机械强度，较好的电气性能、耐热性能、耐弧性能，并能压制以纤维片或长玻璃纤维为填料的各种工件。

(2) 缺点：生产率低，制件有毛边且需修饰。

热固性塑料一般采用压制工艺成型，生产效率不如热塑性材料，制成件的尺寸稳定性不如注射成型和压注成型，但设备简单，成本相对便宜。酚醛热固塑料(H161-Z)、不饱和树脂(粒料)、氨基注射料、三聚氰胺注射料等已成功采用注射成型方法，但设备和工艺控制要求高，且制成件的机械强度会明显降低(30%～40%)。DMC 除压制成型外，也大量采用压注成型工艺，尺寸稳定性优于压制成型，但机械强度也会降低。

2. 工艺过程

压制成型前先要对材料进行预处理，对模具及嵌、埋件要进行预热，然后压缩成型，脱模后的制件往往需要后处理，其成型工艺过程见图 9-2。

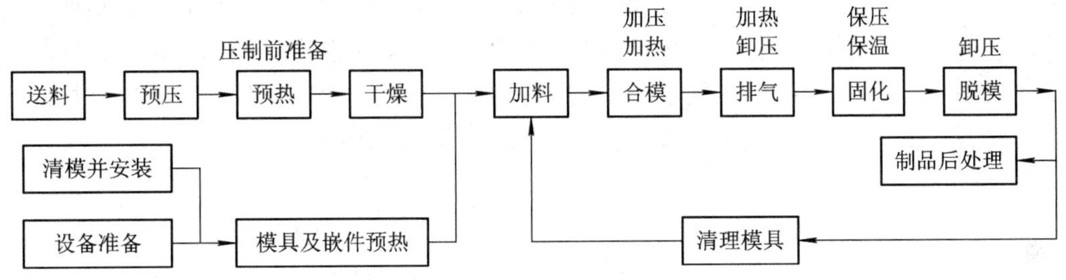

图 9-2 压制成型工艺过程

1) 成型前的准备

成型前的准备主要是指预压、预热等预处理工序。

(1) 利用预压模将物料在预压机上压成重量一定、形状相似的锭料，使其能比较容易地放入压缩模加料室内，方便成型操作，提高塑件质量。

(2) 利用预压与干燥去除热固性塑料中的水分和其他挥发物，同时提高料温，便于缩短成型周期，提高塑件内壁固化的均匀性，改善塑件的物理力学性能，提高熔体的流动性，降低成型压力，减少模具磨损。

预压压力一般控制在使预压物的密度达到制品最大密度的 80%为宜。预压压力的范围为 40～200 MPa。需要说明的是，预压增加了一道工序，成本变高。

2) 压制成型过程

模具装上压力机后要预热。若塑件带有嵌件，则在加料前应将嵌件放入模具型腔内一起预热。热固性塑料压制成型过程分为加料、合模、排气、固化和脱模等几个阶段。

(1) 加料。加料是在模具型腔内加入已预热的定量物料。其关键是加料量，因为加料量的多少直接影响着塑件的尺寸和密度。常用的加料定量方法有质量法、容量法和记数法三种。质量法比较准确，但较麻烦，每次加料前必须称料；容量法不如质量法准确，但操作方便；记数法只用于预压坯料的加料。

(2) 合模。加料完成后进行合模，即通过压力使模具内成型零部件闭合形成与塑件形状一致的模腔。在凸模尚未接触物料之前，应尽量使闭模速度加快，以缩短模塑周期，防止塑料过早固化，而在凸模接触物料以后，合模速度应放慢，以避免模具中嵌件和成型杆的位移和损坏，同时也有利于空气的顺利排放。合模时间一般为几秒至几十秒不等。

(3) 排气。模压热固性塑料时，必须排除塑料中的水分、挥发性气体以及化学反应时产生的副产物，以免影响塑件的性能和表面质量。为此，在合模之后，最好将压缩模松动少许时间，以便排出气体。排气操作应力求迅速，并要在塑料处于可塑状态下进行。排气的次数和时间根据实际需要而定，通常排气次数为 1～2 次，每次时间为几秒，最长为20 秒。

(4) 固化。压缩成型热固性塑料时，塑料进行交联反应固化定型的过程称为固化或硬化。热固性塑料模压成型时对固化阶段的要求是：在成型压力与温度下保持一定时间，使高分子交联反应进行到要求的程度，制品性能好，生产效率高。为此，必须注意两个问题：固化速度和固化程度。

(5) 脱模。脱模方法有机动推出脱模和手动推出脱模两种。对于有嵌件的塑件，需要先将成型杆拧脱，而后再脱模。如果塑件由于冷却不均匀可能产生翘曲，则可将脱模后的塑件放在形状与之相吻合的型面间，在加压的情况下冷却。有的塑件由于冷却不均匀，内部会产生较大的内应力，可将这类塑件放在烘箱中进行缓慢冷却。

3) 后处理

(1) 压制后处理主要指对塑件进行的退火处理。为进一步提高塑件质量，热固性塑料制件脱模后，要将其置于较高温度下保持一段时间。其目的是促使塑料固化更趋于完全，减少或消除制件内应力，去除水分和挥发物，这样能够提高塑件的力学性能及电性能。

(2) 整修即去毛刺和表面处理。塑料件在制造过程中由于模具的间隙会产生无用的毛刺，过去由于模具制造水平低，间隙大，去毛刺很困难，需要人工一件一件来处理，现在模具间隙小，可使用设备去掉毛刺。去毛刺机一般产自欧洲国家、日本，现国内也有生产。

3. 压制工艺的三要素

1) 模压压力

模压压力的作用是促进物料流动使其充满型腔，提高成型效率，增大制品密度，提高制品的内在质量，克服放出的低分子物及塑料中的挥发物所产生的压力，从而避免制品出现气泡、肿胀或脱层，闭合模具，赋予制品形状尺寸。

2) 模压温度

模压温度即成型时的模具温度。塑料受热熔融来源于模具的传热。模压温度的高低主要由塑料的本性——交联的要求来决定。模压温度的影响因素包括：塑料的流动性、成型时充满是否顺利、硬化速度、制品的质量。

3) 模压时间

模压时间长，可使制品交联固化完全，性能提高。但模压时间太长，会导致生产效率下降，长时间高温将使树脂降解；模压时间太短会导致硬化不足，外观无光，性能下降。一般地，PF、UF(脲醛塑料)的模压时间为每毫米制品厚度 1 min。

总的来说，模压成型的工艺条件是：压力、温度、时间三者要综合考虑。一般原则是：在保证制品质量的前提下，尽可能地减小压力，降低温度并缩短时间。

4. 镁酚醛树脂压制工艺实例

表 9-3 是镁酚醛树脂压制工艺的一个实例，表中给出了压制工艺的成型条件。

表 9-3　镁酚醛树脂压制工艺实例

项　目		材料类型	
材料		镁酚醛树脂(预混)	镁酚醛树脂(预浸)
流动性能		较差	差
比容/ (ml / g)		一般塑性与物料体积之比为 1∶(2～3)	
成型条件	装模温度 / ℃	150～170	
	成型压力 / MPa	30～40	40～50
	成型温度 / ℃	160～180 (电热板)	155～160 (模温) 160～170 (电热板)
	升温速度/(℃/min)	不计	
	保持时间/(mm/min)	1	0.5～2.5 (常取 0.5～1)
	加压时间	装模后加全压，保压 10～15 s 后，在 1 min 后排气 1～3 次	装模经 0～50 s 后再加压，同时排气 3～6 次
计算收缩率(%)		0～0.3 (常取 0.1～0.2)	
成型注意事项		① 预热 80～180℃，5～15 min； ② 成型后即可脱模； ③ 脱模剂宜用机油及硬脂酸； ④ 预成型时应在 90～110℃中烘 2～5 min，并立即装模加压成坯料； ⑤ 预混料的室温储存期为 6～12 个月，预浸料为 3～6 个月	

9.2.2 注射成型原理及工艺特性

1. 注射原理

注射成型是热塑性塑料成型的一种主要方法。它能一次成型形状复杂、尺寸精度高、带有金属或非金属嵌件的塑件。注射成型周期短，生产率高，易实现自动化生产。到目前为止，除氟塑料外，几乎所有的热塑性塑料都可以用注射成型的方法成型。一些流动性好的热固性塑料也可用注射方式成型。注射成型所用装置如图 9-3 所示。

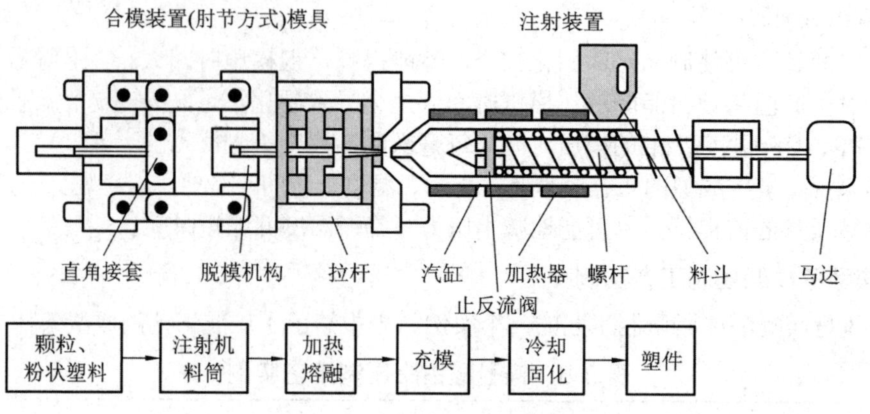

图 9-3 注射成型所用装置

2. 注射成型工艺过程

注射成型工艺过程如图 9-4 所示。一个完整的注射过程包括成型前的准备工作、注射过程及塑件后处理 3 个阶段。

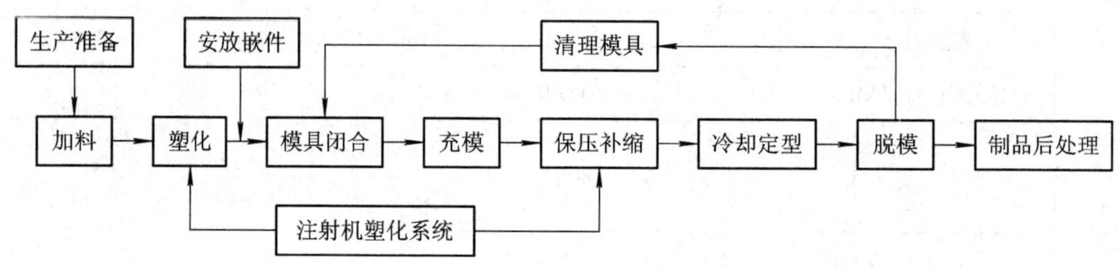

图 9-4 注射成型工艺过程

1) 成型前的准备工作

成型前的准备工作包括原料的检验，原料的预热与干燥，料筒的清洗，嵌件的预热及脱模剂的选用等，有时还需对模具进行预热。

(1) 原料的检验。原料的检验主要是指检查原材料的色泽、细度及均匀度、流动性、热稳定性、收缩性、水分含量等。如果是粉料，有时还需要进行染色和造粒。

(2) 原料的预热与干燥。对吸湿性强的塑料，如聚碳酸酯、聚酰胺等，在成型前必须进行干燥处理，否则塑料制品表面将会出现斑纹、银丝和气泡等缺陷，甚至导致高分子在成型前产生降解，严重影响制件的质量。

(3) 料筒的清洗。生产时需要变换产品、更换压力。调换颜色或排除已分解物料时，均需对注射机料筒进行清洗或拆换。

(4) 嵌件的预热。对于有嵌件的塑件，金属嵌件与塑料熔体的收缩率相差很大。塑料熔体包围金属嵌件后，在冷却定型过程中，嵌件周围的塑料会产生很大的内应力，容易产生裂纹或导致制品强度下降。在成型过程中对金属嵌件进行预热可以克服这一缺点。

(5) 脱模剂的选用。为了使塑件容易从模具内脱出，有时还需要对模具型腔或模具涂上脱模剂。常用的脱模剂有硬脂酸锌、液体石蜡和硅油等。

2) 注射过程

注射过程一般包括加料、塑化、充模、保压补缩、冷却定型和脱模等步骤。

(1) 加料。加料是指将粒状或粉状塑料加入到注射机的料斗中。

(2) 塑化：塑化是指对料筒中的塑料进行加热，使其由固体颗粒变成熔融状态并具有良好的可塑性。

(3) 充模：充模是指注射机的柱塞或螺杆快速向料筒前端推进，使塑化好的熔体经喷嘴和模具的浇注系统高速注射进入模具型腔。

(4) 保压补缩。当模具中的熔体冷却收缩时，注射机的柱塞或螺杆继续缓慢向前推进，迫使料筒中的熔体不断补充到模具中以补偿其体积的收缩，保持型腔中熔体压力不变，从而成型出形状完整、质地致密的塑件，这一过程称为保压补缩。

(5) 冷却定型。塑件在模内的冷却定型是指从浇口处的塑料熔体完全冻结时起到塑件从模腔内推出为止的全部过程。

(6) 脱模。塑件冷却到一定的温度即可开模，在推出机构的作用下会将制件推出模外，这一过程称为脱模。

3) 塑件后处理

塑件后处理主要有退火与调湿。

(1) 退火。有些塑件由于冷却不均匀其内部会产生较大的内应力，这些塑件成型后需要退火。退火是指放在一定温度的红外线烘箱或循环热风烘箱(如高温恒温鼓风干燥箱)、液体介质(矿物油、石蜡)中一段时间，再缓慢冷却。退火的温度为高于使用温度 10～20℃，低于热变形温度 10～20℃。

(2) 调湿。调湿是指将刚从模具中脱出的塑件放在热水(100～120℃)中，隔绝空气，进行防氧化处理，达到吸湿平衡。调湿后应缓冷至室温。

调湿的目的是保持塑件的颜色、性能以及尺寸稳定，主要用于吸湿性强又容易氧化变色的聚酰胺类塑件。

注射成型各阶段的细分如图 9-5 所示。

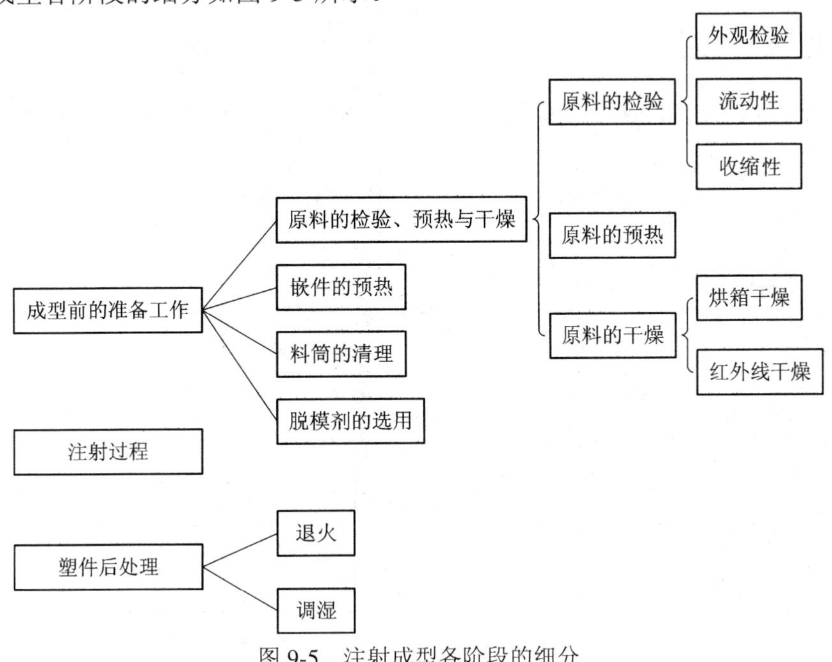

图 9-5　注射成型各阶段的细分

3. 注射成型工艺条件的确定

注射成型的主要工艺条件仍是温度、压力和时间，工艺条件的选择和控制是保证成型顺利进行和提高制件质量的关键。

1) 温度

(1) 料筒温度：保证塑料熔体正常流动，不发生变质分解；料筒后端温度最低，喷嘴前端最高；料筒温度取偏低值。

(2) 喷嘴温度：略低于料筒最高温度，防止熔料在喷嘴处产生“流涎”现象；但温度也不能太低，否则易堵塞喷嘴。

(3) 模具温度：温度过高，成型周期长，脱模后翘曲变形，影响尺寸精度；温度太低会产生较大内应力，导致开裂，表面质量下降。

2) 压力

(1) 塑化压力：又称背压(螺杆头部熔体在螺杆转动后退时所受到的压力)，由液压系统溢流阀调整大小。

(2) 注射压力：柱塞或螺杆头部对塑料熔体施加的压力。注射压力的大小一般为40～130 MPa，它的作用是克服熔体的流动阻力，保证一定的充模速率。

注射压力与塑料品种、注射机类型、模具浇注系统的结构尺寸、塑件壁厚等因素有关。

3) 时间

时间是指成型周期或总周期，即完成一次注射模塑过程所需的时间，包括开模顶出时间、合模时间、保压时间、锁模时间、冷却时间、射出时间、再进料时间，见图9-6。

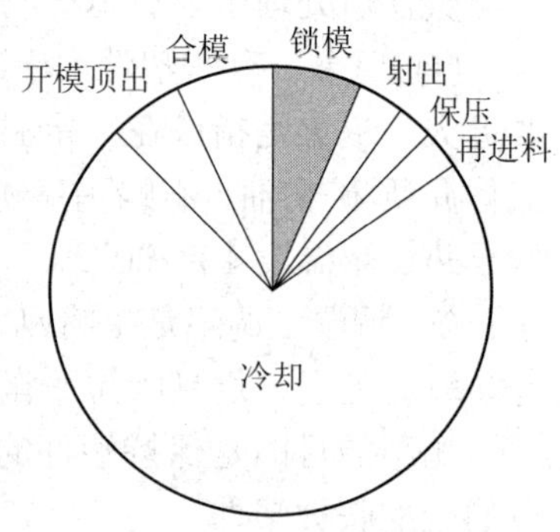

图9-6　成型各阶段时间示意图

9.2.3 其他成型工艺

塑料加工视材料与零件特点等有不同的成型方法，热固性塑料与热塑性塑料适用的工艺成型方法如表9-4所示。

表9-4　成型方法与塑料的适用关系

成型加工方法	热固性塑料	热塑性塑料
注射成型	○	◎
压制成型	◎	△
挤出成型	△	◎
压注成型	◎	△
压延成型	×	◎
吹塑成型	△	○
发泡成型	○	◎
真空成型	×	◎

注：◎表示应用最多；○表示应用较多；△表示应用较少；×表示未应用。

1. 吹塑成型

吹塑成型是将熔融状态的热塑性塑料型坯置于模具内，借压缩空气吹胀冷却而得到一定形状的中空制品，如瓶、桶、罐、箱、球、汽车座椅靠背和扶手等。

2. 发泡成型

发泡成型即采用不同材料和发泡剂，通过物理的、化学的发泡工艺，制得各种性能不同的泡沫塑料制品。近年来，发泡成型已广泛应用于电器绝缘件、触头座等零件的制造。

3. 挤出成型

挤出成型用于连续成型片材、管材及线材，如电器产品中的走线槽、异形材等。

9.2.4 塑件的尺寸、公差及粗糙度

1. 塑件的尺寸

塑件的尺寸包括非壁厚、孔径等结构尺寸，主要受以下两个因素的影响。

1) 塑料的性能

塑料的性能特别是塑料的流动性在很大程度上决定了塑件的尺寸，在注射成型和压注成型中流动性差的塑料(如玻璃纤维增强型塑料)和薄壁塑料制品在设计时尺寸不能过大，否则塑料熔体不能填满型腔或产生熔接痕，会影响塑件的外观质量和结构强度。

2) 成型设备

注射成型时，塑件的尺寸还要受到注射机的注射量、锁模力和模板尺寸的影响；压缩压注成型时，塑件的尺寸会受到压力机的最大压力和压力机工作台面最大尺寸的影响。

2. 塑件的精度

塑件的尺寸精度是指所获得的塑件尺寸与产品图中尺寸的符合程度，即所获塑件尺寸的准确度。

影响塑件尺寸精度的因素很多，主要有：① 模具的制造精度及磨损；② 塑料收缩率的波动；③ 成型工艺条件的变化；④ 塑件的形状；⑤ 飞边厚度的波动；⑥ 脱模斜度及成型后制品的尺寸变化。

标准 GB/T14486—2008《工程塑料模塑塑料件尺寸公差标准》可作为选定塑件公差时的参考，见表 9-5。模塑件公差尺寸代号为 MT，该标准将塑件分为 7 个精度等级，每一级又可分为 A、B 两部分。

该标准只规定了标准公差值，具体的上下偏差要根据塑件的配合性质进行分配。

塑件的精度对于孔、轴及长度的偏差一般采用如下原则：孔采用单向正偏差，如 $\phi35_{0}^{+0.62}$，轴采用单向负偏差，如 $\phi35_{-0.62}^{0}$，长度、孔间距采用双向等值偏差，如 35 ± 0.31。

若给定的塑件尺寸不符合规定，则配合部分的尺寸精度高于非配合部分的尺寸精度。

塑件的精度要求越高，模具的制造难度和成本越高，塑料的废品率就越高。

表 9-5 模塑件尺寸公差表(GB/T14486—2008)

公差种类		基本尺寸/mm											
		>0 ～3	>3 ～6	>6 ～10	>10 ～14	>14 ～18	>18 ～24	>24 ～30	>30 ～40	>40 ～50	>50 ～65	>65 ～80	>80 ～100
标注公差的尺寸公差值(A为不受模具活动部分影响，B为受模具活动部分影响)													
MT1	A	0.07	0.08	0.09	0.1	0.11	0.12	0.14	0.16	0.18	0.2	0.23	0.26
	B	0.14	0.16	0.18	0.2	0.21	0.22	0.24	0.26	0.28	0.3	0.33	0.36
MT2	A	0.1	0.12	0.14	0.16	0.18	0.2	0.22	0.24	0.26	0.3	0.34	0.38
	B	0.2	0.22	0.24	0.26	0.28	0.3	0.32	0.34	0.36	0.4	0.44	0.48
MT3	A	0.12	0.14	0.16	0.18	0.2	0.24	0.28	0.32	0.36	0.4	0.46	0.52
	B	0.32	0.34	0.36	0.38	0.4	0.44	0.48	0.52	0.56	0.6	0.66	0.72
MT4	A	0.16	0.18	0.2	0.24	0.28	0.32	0.36	0.42	0.48	0.56	0.64	0.72
	B	0.36	0.38	0.4	0.44	0.48	0.52	0.56	0.62	0.68	0.76	0.84	0.92
MT5	A	0.2	0.24	0.28	0.32	0.38	0.44	0.5	0.56	0.64	0.74	0.86	1
	B	0.4	0.44	0.48	0.52	0.58	0.64	0.7	0.76	0.84	0.94	1.06	1.2
MT6	A	0.32	0.32	0.38	0.46	0.54	0.62	0.7	0.8	0.94	1.1	1.28	1.48
	B	0.52	0.52	0.58	0.68	0.74	0.82	0.9	1	1.14	1.3	1.48	1.68
MT7	A	0.38	0.48	0.58	0.68	0.78	0.88	1	1.14	1.32	1.54	1.8	2.1
	B	0.58	0.68	0.78	0.88	0.98	1.08	1.2	1.34	1.52	1.74	2	2.3
未标注公差的尺寸公差值													
MT5	A	±0.10	±0.12	±0.14	±0.16	±0.19	±0.22	±0.25	±0.28	±0.32	±0.37	±0.43	±0.50
	B	±0.20	±0.22	±0.24	±0.26	±0.29	±0.32	±0.35	±0.38	±0.42	±0.47	±0.53	±0.60
MT6	A	±0.13	±0.16	±0.19	±0.23	±0.27	±0.31	±0.35	±0.40	±0.47	±0.55	±0.64	±0.74
	B	±0.23	±0.26	±0.29	±0.33	±0.37	±0.41	±0.45	±0.50	±0.57	±0.65	±0.74	±0.84
MT7	A	±0.19	±0.24	±0.29	±0.34	±0.39	±0.44	±0.50	±0.57	±0.66	±0.77	±0.90	±1.05
	B	±0.29	±0.34	±0.39	±0.44	±0.49	±0.54	±0.60	±0.67	±0.76	±0.87	±1.00	±1.15

3. 表面粗糙度(表面结构)

塑料制件的表面粗糙度是决定塑件表面质量的主要因素，一般情况下可查询表 9-6 (完整的见标准 GB/T14234—1993)。

塑料制件的表面粗糙度主要与型腔的粗糙度有关。一般模具表面粗糙度要比塑件的要求高 1～2 级。

表 9-6　塑料件表面粗糙度标准

加工方法	材　料		*Ra* 参考值范围/μm										
			0.025	0.05	0.1	0.2	0.4	0.8	1.6	3.2	6.3	12.5	25
注射成型	热塑性塑料	PMMA	—	—	—	—	—	—	—				
		ABS	—	—	—	—	—	—	—				
		AS	—	—	—	—	—	—	—				
		聚碳酸酯		—	—	—	—	—	—				
		聚苯乙烯		—	—	—	—	—	—	—			
		聚丙烯			—	—	—	—	—				
		尼龙			—	—	—	—	—				
		聚乙烯			—	—	—	—	—	—	—		
		聚甲醛		—	—	—	—	—	—	—			
		聚砜				—	—	—	—	—			
		聚氯乙烯				—	—	—	—	—			
		氯苯醚				—	—	—	—	—			
		氯化聚醚				—	—	—	—	—			
		PBT				—	—	—	—	—			
	热固性塑料	氨基塑料				—	—	—	—	—			
		酚醛塑料				—	—	—	—	—			
		硅酮塑料				—	—	—	—	—			
压制和挤出成型		氨基塑料				—	—	—	—	—			
		酚醛塑料				—	—	—	—	—			
		密胺塑料			—	—	—	—					
		硅酮塑料				—	—	—					
		DAP					—	—	—	—			
		不饱和聚酯					—	—	—	—			
		环氧塑料				—	—	—	—	—			
机械加工		有机玻璃	—	—	—	—	—	—	—	—	—		
		尼龙							—	—	—	—	
		聚四氟乙烯						—	—	—	—	—	
		聚氯乙烯							—	—	—	—	
		增强塑料							—	—	—	—	—

注：(1) *Ra* 一般取 1.6～0.2 μm；(2) 模塑塑料件的 *Ra* 应相应增加两个档次。

9.2.5　塑件的结构工艺性

塑件的结构工艺性包括脱模斜度、厚度、壁厚均匀性与过渡处理、加强筋、支承面、孔、螺纹、金属嵌件、塑件的内外表面等方面。

1. 脱模斜度

为了便于塑件脱模，防止脱模时擦伤塑件，必须在塑件内外表面脱模方向上留有足够的斜度 α，在模具上称为脱模斜度，见图 9-7。

脱模斜度取决于塑件的性质、收缩率大小、壁厚及几何形状，一般取 30′～1°30′，具体见表 9-7。

脱模斜度的设计要点是：

(1) 对于硬质塑件，采用较大的脱模斜度。

(2) 若塑件形状复杂，不易脱模，则选用较大斜度。

(3) 对于尺寸高的塑件，采用较小的脱模斜度。

(4) 对于增强塑料，采用较大的脱模斜度。

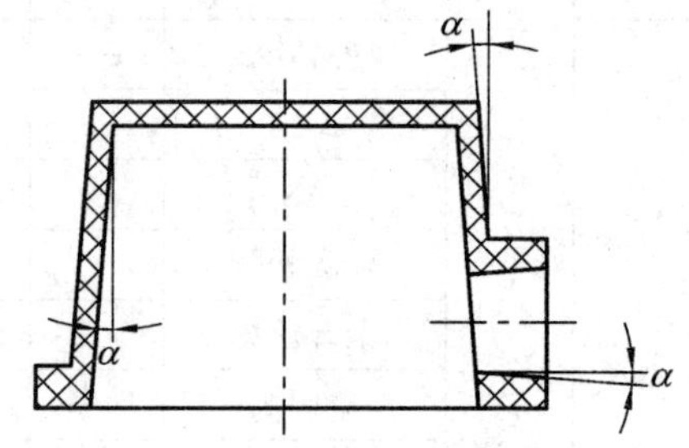

图 9-7 脱模斜度

表 9-7 常见塑料的脱模斜度

塑 料 种 类	脱模斜度
聚乙烯、聚丙烯、软聚氯乙烯	30′～1°
尼龙、聚甲醛、氯化聚醚、聚苯醚、 ABS	40′～1°30′
硬聚氯乙烯、聚碳酸酯、聚砜、聚苯乙烯、有机玻璃	50′～2°
热固性塑料	20′～1°

2. 厚度

若塑件壁厚过小，则强度及刚度不足，塑料流动困难；若壁厚过大，则浪费原料，冷却时间长，易产生缺陷。

塑件壁厚可参考表 9-8 和表 9-9。

表 9-8 热塑性塑料制品的最小壁厚和建议壁厚

塑料名称	最小壁厚/mm	建议壁厚/mm		
		小型制品	中型制品	大型制品
聚苯乙烯	0.75	1.25	1.6	3.2～5.4
聚甲基丙烯酸甲酯	0.8	1.50	2.2	4.0～6.5
聚乙烯	0.8	1.25	1.6	2.4～3.2
聚氯乙烯(硬)	1.15	1.60	1.80	3.2～5.8
聚氯乙烯(软)	0.85	1.25	1.5	2.4～3.2
聚丙烯	0.85	1.45	1.8	2.4～3.2
聚甲醛	0.8	1.40	1.6	3.2～5.4
聚碳酸酯	0.95	1.80	2.3	4.0～4.5
聚酰胺	0.45	0.75	1.6	2.4～3.2

表 9-9 热固性塑料制品的壁厚范围

塑料种类	壁 厚 /mm		
	木粉填料	布屑粉填料	矿物填料
酚醛塑料	1.5～2.5(大件 3～8)	1.5～9.5	3～3.5
氨基塑料	0.5～5	1.5～5	1.0～9.5

塑件壁厚的设计原则如下：

(1) 在满足塑件结构和使用性能要求的前提下取小壁厚。

(2) 能承受推出机构等的冲击和振动。

(3) 制品连接紧固处、嵌件埋入处等具有足够的厚度。

(4) 保证储存、搬运过程中强度所需的壁厚。

(5) 满足成型时熔体充模所需的壁厚。

3. 壁厚均匀性与过渡处理

同一制件要求各处壁厚尽可能均匀，在二面交汇处一般应设计成圆角，圆角半径 $R \geqslant 0.5$ mm，如图 9-8 所示，以提高制件强度和有利于塑料流动。另外，大截面到小截面的过渡处应变化平缓。

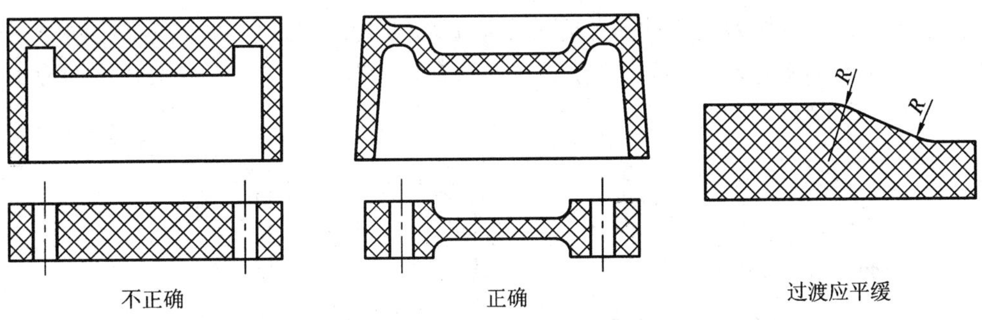

图 9-8 壁厚要均匀

对于衬套形制件的凸肩高度，一般应等于壁厚，见图 9-9。

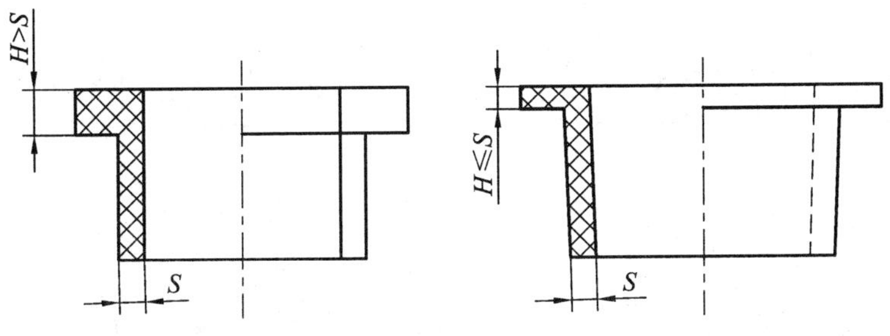

图 9-9 壁厚均匀(凸肩高度等于壁厚)

4. 加强肋(筋)

加强肋的设计要点是：加强肋厚度小于壁厚，见图 9-10。

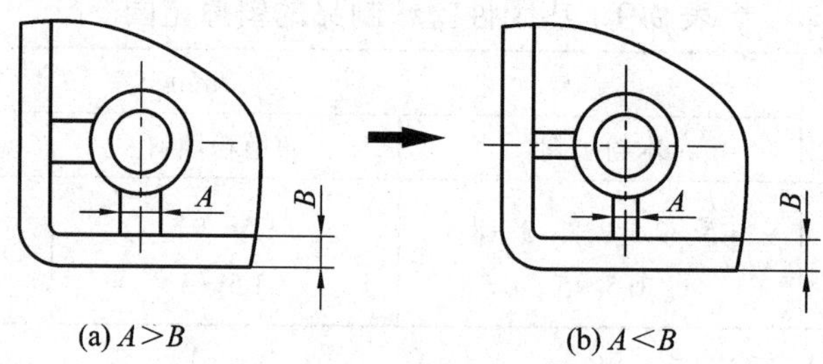

图 9-10 加强肋厚度应小于壁厚

加强肋与支承面间留有间隙，且加强肋本身的高度不应超过其相应壁厚的三倍，如图 9-11 所示。

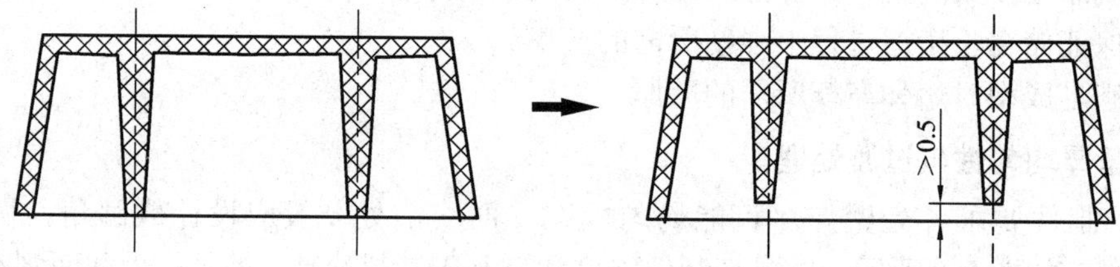

图 9-11 加强筋与支承面间留有间隙

5．支承面

选用整个底平面作为支承面是不适宜的，因为要使底平面的每个点都在同一平面上是十分困难的。所以应设计成若干个凸台，凸台数量一般取 3 个，凸台高出平面应不小于 0.5 mm，见图 9-12。

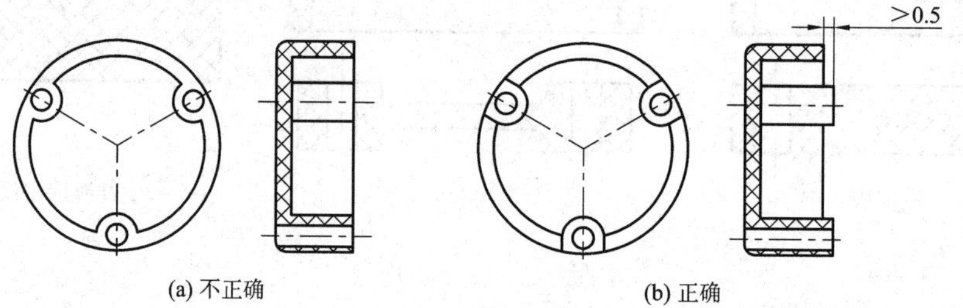

图 9-12 支承面凸台

安装紧固螺钉处的凸耳、凸台应有足够的强度，而且应当避免过渡处的突变，见图 9-13。

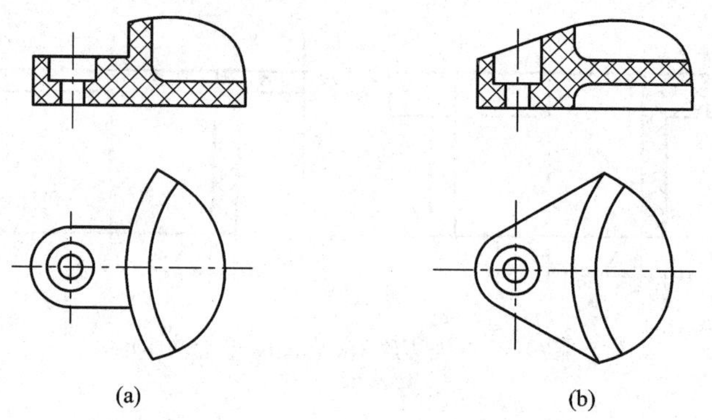

图 9-13 安装凸耳

通常塑件一般不以整个平面作为支承面，而是以底脚或边框作为支承面。若允许，也可设计成球面或用其他曲面代替，见图 9-14。

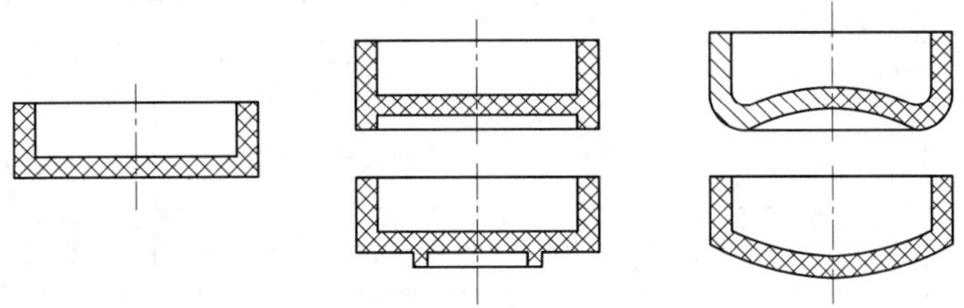

图 9-14　不以整个较大平面作为支承面

6. 孔

塑件上的孔有多种形式，常见的有通孔、盲孔、形状复杂的孔等。

塑件上的孔有三种成型加工方法：直接模塑出来，模塑成盲孔再钻通孔，塑件成型后再钻孔。

常见孔的设计要求如下：

(1) 模塑通孔要求孔径比(长度与孔径的比值)小一些。当通孔孔径＜1.5 mm 或者 $h>3.75d$ 时，由于型芯易弯曲折断，因此不适于模塑成型。

(2) 盲孔的深度 $h<(3\sim5)d$(如 $d<1.5$ mm，则 $h<3d$)。

(3) 紧固用的孔和其他受力的孔，应设凸台，甚至添加加强肋予以加强，见图 9-15。

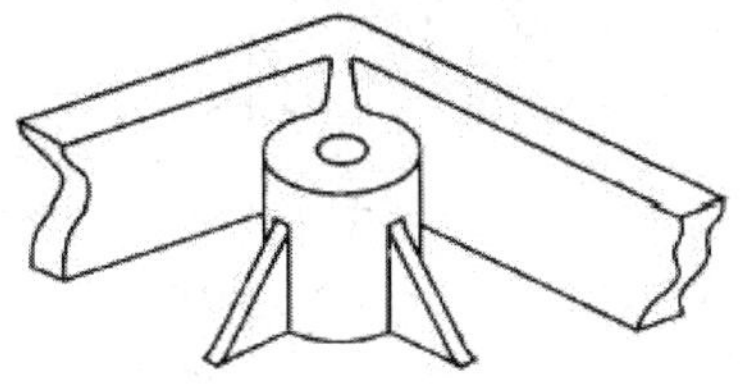

图 9-15　紧固用孔和受力孔设凸台予以加强

孔的深度尺寸太大时，可以采用双面成型方法。当孔径相同时，很难保证同心度。为了保证装配和不影响塑料制件的质量，可使一部分达到孔径公差的要求，另一部分孔径放大 0.5～1.0 mm，见图 9-16。

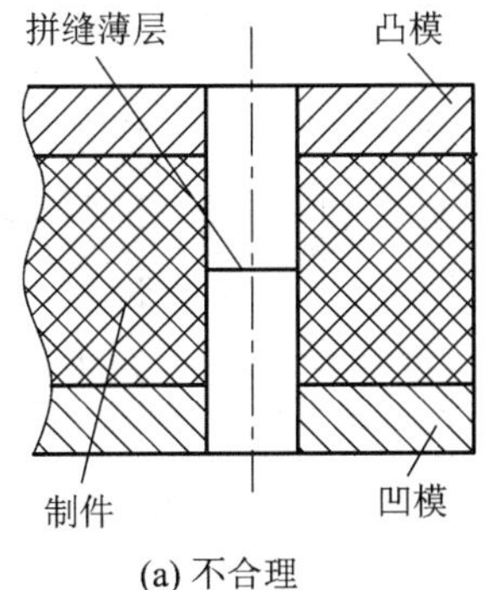

(a) 不合理

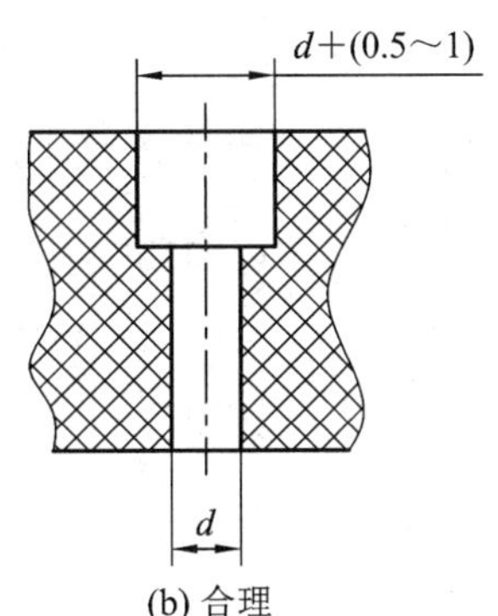

(b) 合理

图 9-16　深孔成型

孔的深度也可参见表 9-10。

表 9-10　制件中孔的成型深度尺寸

塑料种类	孔的最小直径/mm		竖孔压制最大深度				
	一般	技术上可能的	压塑		注射、挤胶		
			不通孔	通孔	不通孔	通孔	
胶木粉	1	0.8	$h_1<2.5d_1$	$h<5d$	$h_1<2.5d_1$	$h<6d$	
玻璃纤维布	1.5	1	$h_1<2d_1$	$h<4d$	$h_1<2d_1$	$h<5d$	

塑料制件上的孔不应与边缘相距太近，以免边缘产生崩裂。同理，孔边与孔边也不应相距太近。一般孔边与边缘距离不应小于该孔的直径，见图 9-17。

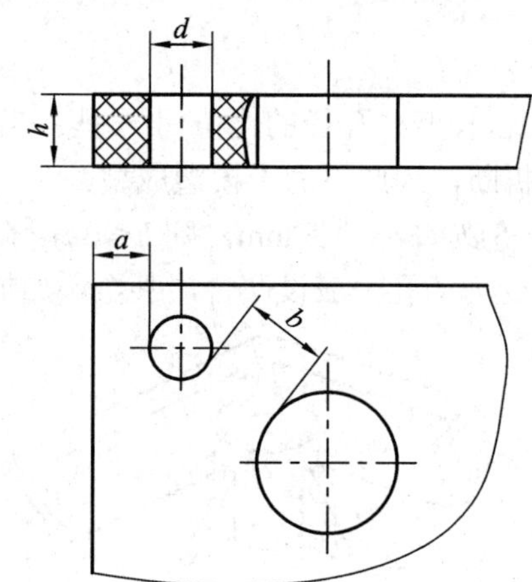

图 9-17　孔与孔、孔与边的最小距离($a \geqslant d$，$a \geqslant 0.25$ h，$b > 1$ mm)

7. 螺纹

螺纹的设计原则如下：

(1) 在塑件上成型螺纹时，直径不得小于 M2，螺距应大于 0.5 mm。塑件螺纹示例如图 9-18 所示。

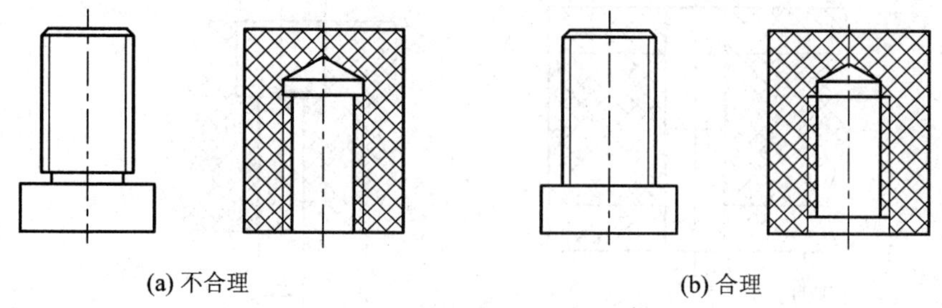

(a) 不合理　　(b) 合理

图 9-18　塑件螺纹

(2) 塑件上的螺纹不能有退刀槽，有退刀槽是无法脱模的。

(3) 带螺纹的金属嵌件能提高塑件的机械强度和使用寿命，常用于螺纹孔数量较多且需要经常装卸的情况。

例如铜螺母，又称预埋螺母、镶嵌铜螺母或塑胶埋置螺母，根据使用的方法不同又分为热熔铜螺母、热压铜螺母、嵌入式铜螺母及超声波铜螺母。

8. 金属嵌件

金属嵌件的设计结构参见图 9-19，其设计注意事项如下：

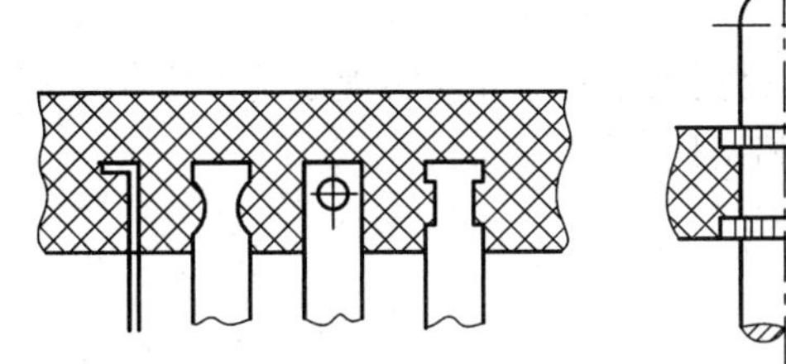
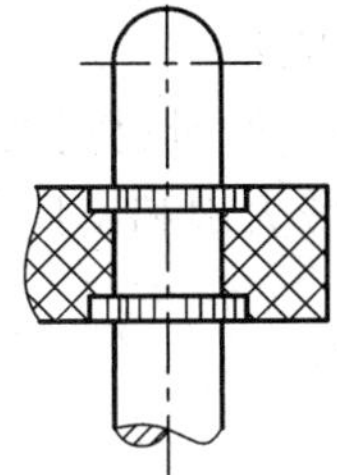
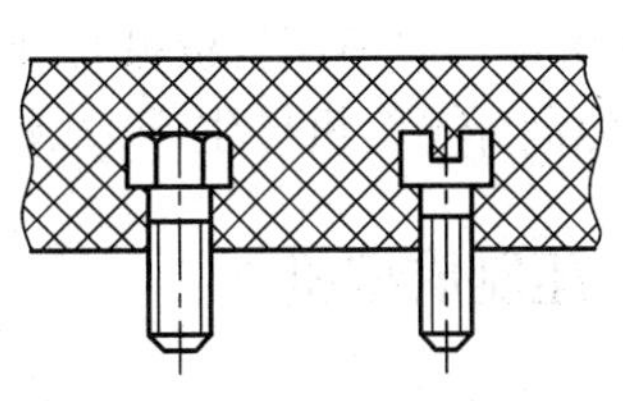

图 9-19　嵌件要有沟槽与花纹结构

(1) 金属嵌件应尽可能采用圆形或对称形状，以保证收缩均匀。

(2) 金属嵌件周围应有足够的厚度，以防止塑料收缩时产生较大应力而开裂。金属嵌件周围的塑料厚度见表 9-11。

表 9-11　金属嵌件周围的塑料厚度

金属嵌件直径 D /mm	塑料层最小厚度 C /mm	顶部塑料层最小厚度 H /mm
4 以下	1.5	0.8
4～8	2.0	1.5
8～12	3.0	2.0
12～16	4.0	2.5
16～25	5.0	3.0

(3) 金属嵌件嵌入部分的周边应有倒角，以减小应力集中。

9. 塑件的内外表面

塑件内表面的轮廓应保证塑件内腔能从成型凸模上顺利取出，而不至于被迫采用镶块分离或凸模，见图 9-20。当结构改成外面后，甚至还可以修改成通孔。塑件的外形亦应设计得易于脱模，即在开模取出塑件时应尽可能不采用复杂的瓣合分型与侧抽芯。

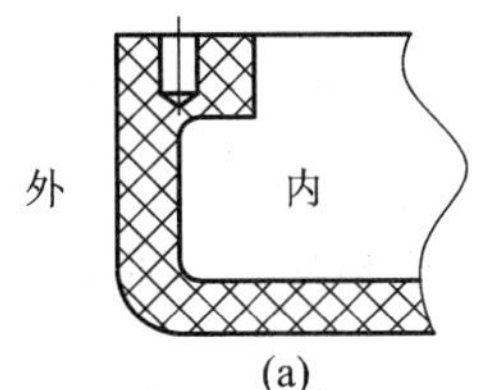

(a)

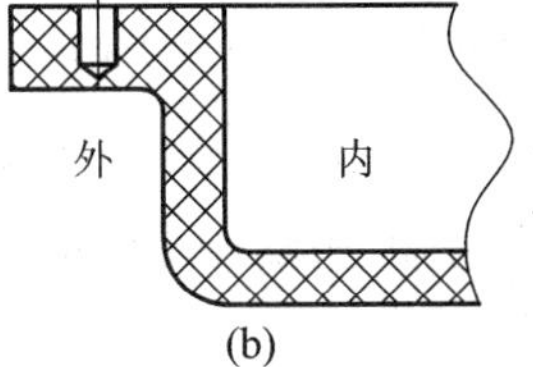

(b)

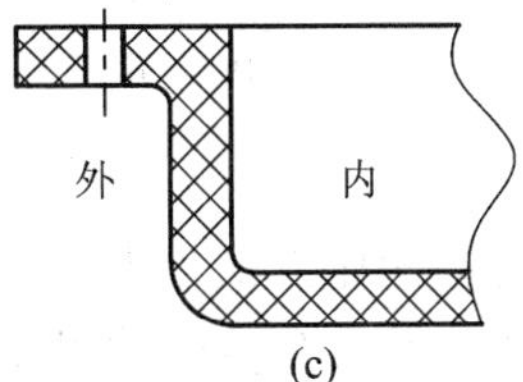

(c)

图 9-20　内表面的合理结构

另外，对于注塑成型零件，树脂材料存在成型收缩、成型后稳定期内的尺寸及形状变化、应力集中等因素的影响给塑件结构设计带来了困难。应在进行塑件结构设计时，在满足使用性能要求的前提下，力求结构简单、壁厚均匀和成型方便。

9.3 塑料成型设备与模具简介

塑料成型加工设备是在橡胶机械和金属压铸机的基础上发展起来的。注射成型和挤出成型已成为工业化的加工方法。吹塑成型是仅次于注射成型与挤出成型的第三大塑料成型方法，也是发展最快的一种塑料成型方法。

2010 年，中国塑料机械行业的生产产量已突破 30 万台，实现了连续十年位居世界第一，成为世界塑料机械生产大国、消费大国和出口大国。

9.3.1 压制成型机

压制成型机是塑料压塑成型的主要设备，其作用是通过模具对塑料施加压力，具有开模、闭模、顶出等功能。

9.3.2 注射成型机

塑料注射成型是一种注射兼模塑的成型方法，其设备称为塑料注射成型机，简称注塑机。塑料注射成型机是将热塑性塑料和热固性塑料制成各种塑料制品的主要成型设备。普通塑料注射成型机是指目前应用最广泛的、加工热塑性塑料的单螺杆或柱塞的卧式、立式或角式单工位注塑机，见图 9-21。注射成型机是热塑件塑料和热固性塑料模塑成型的主要设备。

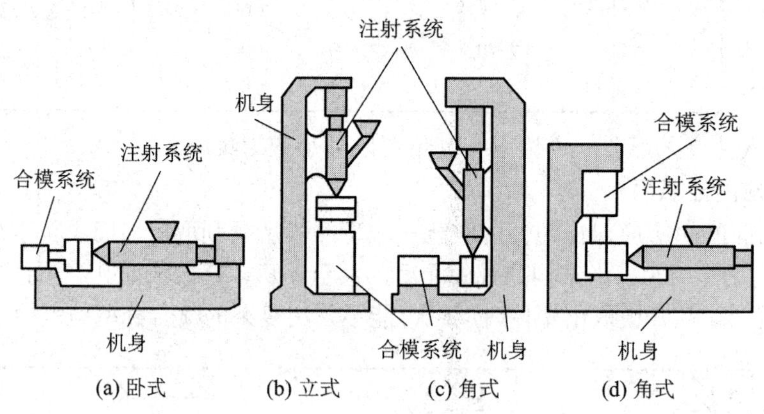

图 9-21　注射机按塑化方式分类

注射机按塑化方式分为柱塞式注射机和螺杆式注射机。塑化是指塑料在料筒内经加热达到流动状态并具有良好的可塑性的过程。

1. 柱塞式注射机

柱塞式注射机示意图见图 9-22。柱塞式注射机存在如下缺点：

(1) 塑化不均匀。塑料靠料筒壁和分流梭传热，柱塞推动塑料的过程中对塑料无混合作用，易产生塑化不均匀的现象。

(2) 最大注射量受限。最大注射量取决于料筒的塑化能力(与塑料受热面积有关)、柱塞直径与行程。

(3) 注射压力损失大。很大一部分压力用于压实固体塑料，克服塑料与料筒之间的摩擦。

(4) 注射速度不均匀。从柱塞开始接触塑料到压实塑料，注射速度逐渐增加。

(5) 易产生层流现象且料筒难以清洗。

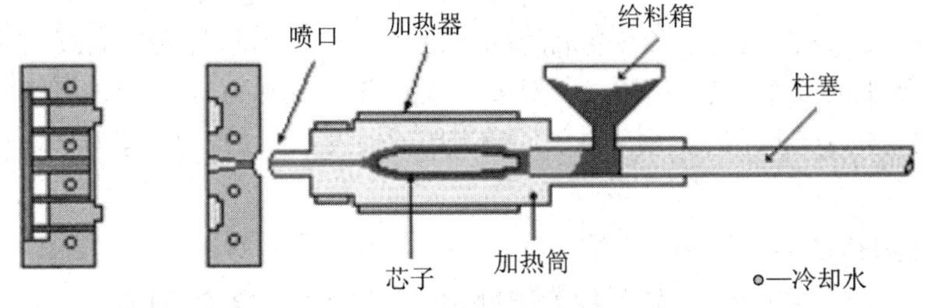

图 9-22　柱塞式注射机

2. 螺杆式注射机

螺杆式注射机示意图见图 9-23，工作过程见图 9-24。螺杆式注射机借助螺杆的旋转运动，其材料内部会发热，均匀塑化，塑化能力强。螺杆式注射机具有以下优点：

(1) 可成型形状复杂、尺寸精度要求高及带各种嵌件的塑件。

(2) 成型周期短，效率高，生产过程可实现自动化。

(3) 由于加热缸的压力损失小，因此用较低的射出压力也能成型。

(4) 加热缸内的材料滞留处少，热稳定性差的材料也很少因滞留而分解。

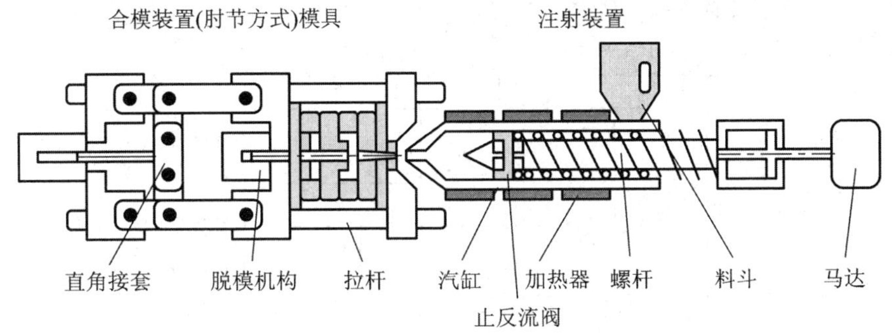

图 9-23　螺杆式注射机示意图

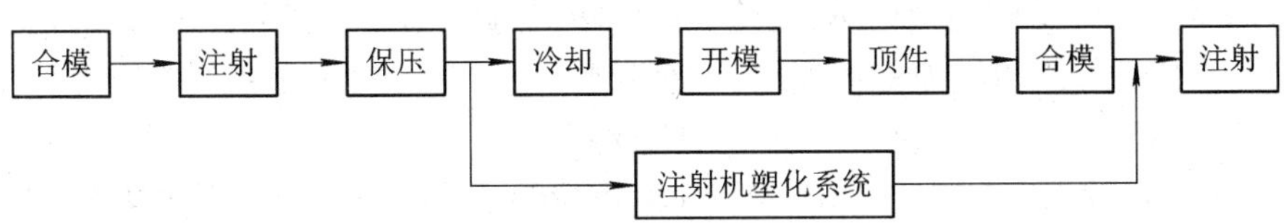

图 9-24　螺杆式注射机的工作过程

9.3.3　塑料注射机型号说明

我国塑料注射机标准为《JB/T7267—2004 塑料注射成型机》，它规定了塑料注射成型

机的型号、基本参数、要求、试验方法、检验规则、标志、包装、运输、储存口。

1．塑料注射机的主要参数

(1) 合模力(kN)：也称锁模力，推荐按GB/T321—1980中的优先数R10或R20系列选取规格参数值。

(2) 注塑量：在对空注射条件下，注塑螺杆或柱塞作一次最大注塑行程时注塑系统所能达到的最大注出量。

该参数在一定程度上反映了注塑机的加工能力，标志着该注塑机能成型塑料制品的最大质量，是注塑机的一个重要参数。注塑量一般有两种表示方式：一种以PS(聚苯乙烯)硬胶为标准(密度 ρ=1.05 g/cm^3)，用注出熔体的质量(g)表示；另一种用注出熔体的容积(cm^3)来表示。

2．塑料注射机的表示法

国外大部分都使用注塑机最大锁模力(kN)来标明塑料注射机的型号，而国内很多注塑机生产厂家都使用注塑机每分钟最大塑化(聚苯乙烯)量来标明注塑机型号。

注塑机的型号规格有三种表示方法：锁模力、注射量/锁模力、注射量。锁模力表示法是用注塑机的最大锁模力参数来表征该机的型号规格，此表示法直观、简单，可直接反映注射制品的面积大小。注射量/锁模力表示法是用理论注射容量与锁模力两个参数共同表示注塑机的型号规格，这种表示方法能够比较全面地反映注塑机加工制品的能力。注射量表示法是用注塑机的理论注射容量参数来表征注塑机的型号规格。

我国注塑机行业制订的规格系列有SZ系列和XS系列。SZ系列以理论注射容量和锁模力共同表示设备规格；XS系列是较早采用的系列，它以理论注射容量表示设备的规格。国产注塑机型号表示如图9-25所示。

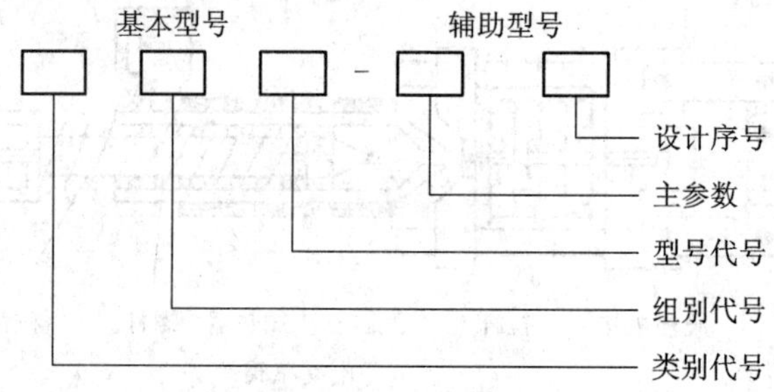

图9-25　国产注塑机型号表示法

图9-25中，第一项代表塑料机械类，用S(塑)表示。第二项代表注射成型组，用Z(注)表示。第三项代表通用型组或专用型组，通用型组可省略，对于专用型组，“M”(模)表示多模注射机，“S”(色)表示多色注射机，“H”(混)表示混合多色机，“G”(固)表示热固性塑料注射机。第四项代表主参数，如63代表注射容量为63 cm^3。对于国产注塑机，卧式不注，立式在其后加“L”，角式在其后加“J”。

因国标并没有强制规定塑料注射机的型号表示，故型号中出现最多的是注射量(cm^3)与合模力(锁模力) (10 kN)两项。常见表示法有以下三种：

1) *注射容积表示法*

例如，XS-ZY-125A注塑机，XS-ZY指预塑式(Y)塑料(S)注射(Z)成型(X)机，125指理论注射容量为 125 cm³，A 指设备设计序号为第一次改型。

2) 注射容积与合模力共同表示法

例如，SZ-200/1000 表示塑料注射机(SZ 意为塑料“S”、注射“Z”)，理论注射容积为 200 cm^3，合模力为 1000 kN。

3) 合模力表示法

例如，HT-1800 表示海天注塑机，合模力 1800t。(注：宁波海天为国内最大的塑料机械企业)

这种表示法与国际表示法一样，采用注塑机最大锁模力(kN)来标明型号。

3．选择塑料注射机的一般建议

1) 注塑容量修正

根据定义，注塑螺杆一次所能注出的最大注塑容量的理论值为：螺杆头部在其垂直与轴线方向的最大投影面积与注塑螺杆行程的乘积。注塑机在工作过程中是达不到理论值的，因为塑料的密度随温度、压力的变化而变化。因此，注塑容量需作适当修正，修正系数一般为 0.7～0.9。

在注塑机上加工塑料制品，一般制品的质量及浇注系统的总用料量以不超过注塑机注塑量的 25%～70%为好。

2) 注塑压力(即螺杆或柱塞端面作用于熔体单位面积上的力)的选择

在实际生产中，注塑压力能在机器容许的范围内调节。一般注塑压力的选择范围如下：

(1) 物料流动性好，制品形状简单，壁厚较大，一般注塑压力小于 340～540 kgF/cm^2，适用于 LDPE、PA 等物料的加工。

(2) 物料熔体黏度较低，制品精度一般，注塑压力为 680～980 kgF/cm^2，适用于 PS、HDPE 等物料的加工。

(3) 物料熔体黏度中等或较高，制品精度有要求，形状复杂，注塑压力为 980～1370 kgF/cm^2，适用于 PP、PC 等物料的加工。

(4) 物料熔体黏度高，制品为薄壁，长流程，精度要求高，形状复杂，注塑压力为 1370～1670 kgF/cm^2，适用于增强尼龙、聚砜等物料的加工。

(5) 加工优质精密微型制品时，注塑压力可达到 2260～2450 kgF/cm^2 以上。

3) 注塑时间(注塑速度)

熔体通过喷嘴后就开始冷却了，为了及时把熔体注入模具型腔，得到密实均匀和高精度的制品，必须在短时间内把熔体充满模腔。将熔体充满模腔时，除了必须有足够的注塑压力外，还必须有一定的流动速率，用来表示熔体充模速度的快慢。

在确定注塑机的型号时考虑因素较多，如除了选对型外，还需遵循“放得下、拿得出、锁得住”等原则。

9.3.4　塑料模具简介

模具是制造过程中的重要工艺装备。模具技术已成为衡量一个国家产品制造水平的重要标志之一。美国工业界认为模具是美国工业的基石，日本工业界认为模具是促进社会繁

荣的动力，国外将模具比喻为“金钥匙”、“进入富裕社会的原动力”。

模具工业是我国国民经济的基础产业，是技术密集的高技术行业。模具设计与制造专业人才是制造业紧缺人才。

按成型方法不同，塑料模具可分为以下几种：

(1) 压塑模，又称压模(见图 9-26)，用于压制成型热固性、热塑性塑料制件，见表 9-12。

(2) 压铸模，又称传递模，比压模多了加料腔、柱塞和浇注系统等。

(3) 注射模：用于注射成型工艺，见图 9-27。

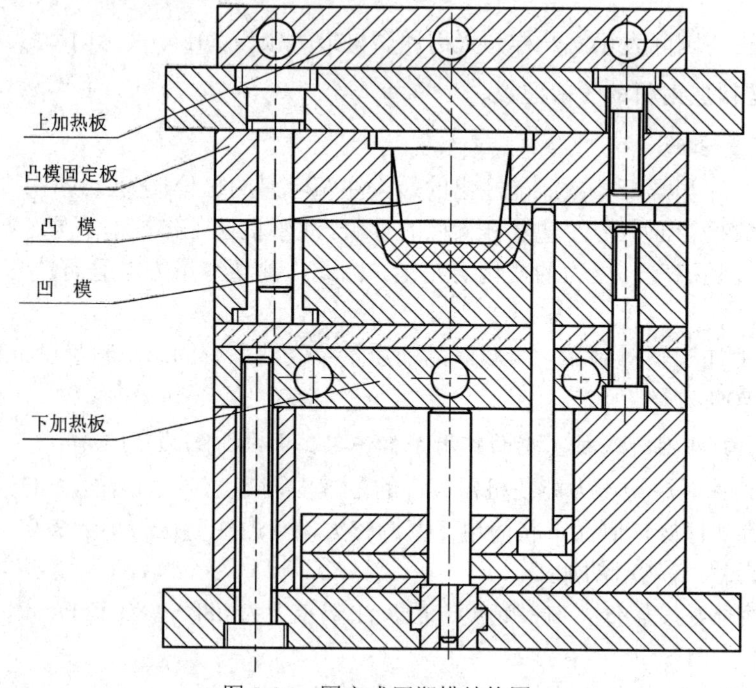

图 9-26　固定式压塑模结构图

表 9-12　压塑模的结构、特点及应用

形　式	简　图	特　点	应　用
溢式模具		型腔就是加料室，加压后多余的料从分型面溢出，对加料要求不高	压制分批或试制产品，适用于低精度的产品
不溢式模具		压力损失小，制品密度高，会产生垂直的飞边，但易于去除，称料要求精确，制品高度尺寸很难保证，型面易磨损	可压制流动性差、比容较大的塑料，但不适于多型腔
半溢式模具		具有溢式和不溢式模的特点，并能取长补短	模具制造费用大，适用于多型腔自动化生产

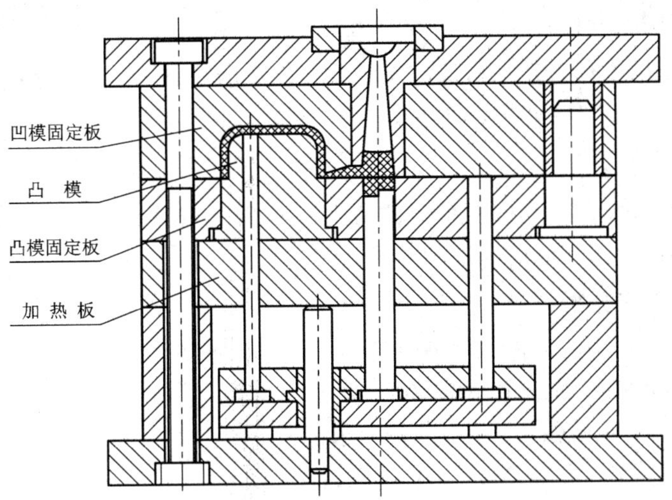

图 9-27 注射模的基本结构

9.4 塑料工艺文件

9.4.1 零件分析

分析如图 9-28 所示的线圈骨架零件图，材料为 PA66，编制其成型工艺卡片并输出。

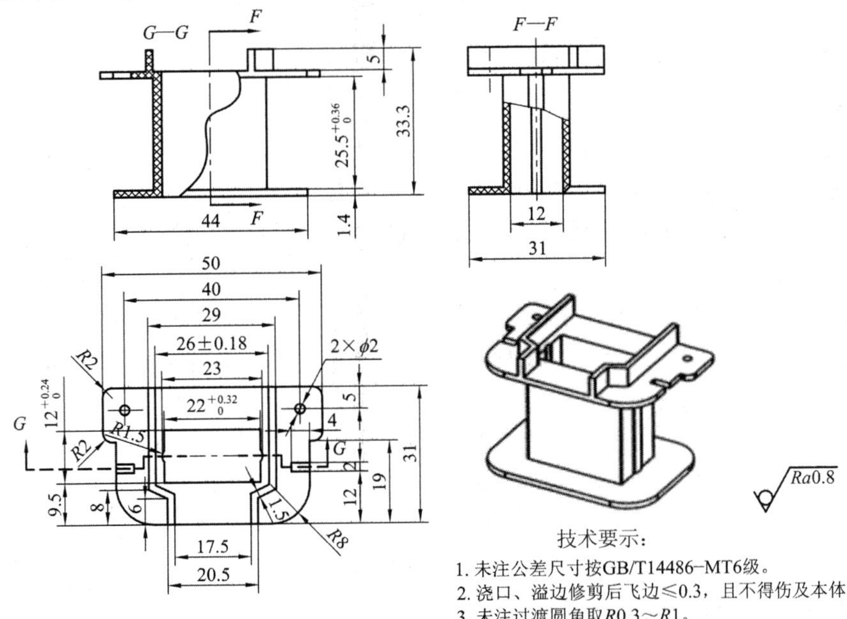

G—G
F—F
技术要示：
1. 未注公差尺寸按GB/T14486–MT6级。
2. 浇口、溢边修剪后飞边≤0.3，且不得伤及本体。
3. 未注过渡圆角取R0.3～R1。
4. 脱模斜度≤0.7°。
5. 各脱模顶料推杆压痕均应低于该制件表面 0.2。
6. 制件应进行调湿处理。

图 9-28 线圈骨架零件图

1．塑料尺寸精度分析

该塑件的重要尺寸有$22_{0}^{+0.32}$、$12_{0}^{+0.24}$、$25.5_{0}^{+0.36}$、26 ± 0.18，这些尺寸均取自GB/T14486-MT4，其他尺寸精度无特殊要求，取MT6级，符合标准规定要求，设计合理。

2．塑件表面质量分析

查表9-6可知，PA塑料表面粗糙度的范围在*Ra*0.1～*Ra*1.6之间，而塑件对表面粗糙度无要求，表面粗糙度可取*Ra*0.8，取值合理。

3．塑件结构工艺分析

(1) 塑件壁厚基本均匀，但二侧壁的厚度1.4与其他壁处的厚度1.5不相等，属于不均匀情况，建议修改；壁厚符合最小壁厚要求。

(2) 塑件有孔，孔径$\varphi2$符合最小孔径要求。

(3) 塑件周边过渡圆角为*R*0.3～*R*1，较合理。

(4) 塑件在技术要求中也考虑了脱模斜度≤0.7°，而表9-7建议40′～1°30′，属于合理区域。

(5) 浇口、溢边修剪后飞边小于0.3，所以安排注射后有必要用修边刀处理一下。

(6) 制件需要调湿处理，所以需要将刚从模具中脱出的塑件放在热水中，隔绝空气，进行防氧化处理，达到吸湿平衡。

根据零件结构进行以上分析可知，塑件尺寸精度中等，结构工艺性合理，无需对塑件的结构进行修改，对应模具零件的结构和尺寸均容易保证。

9.4.2 确定成型参数

注射成型工艺条件的选择可查表9-13。

1．注塑机的确定

(1) 查表确定注射机采用螺杆式。

(2) 零件在加工之前，净重是未知数，可通过三维软件查知体积，由密度(PA66材料的密度ρ为1.14 g/cm^3)直接查得重量。例如，通过Pro/E查询得知体积为6.38 cm^3，重量为7.27 g。

(3) 浇注系统总重按零件重量的20%折算，修正系数k取1.1～1.4(产品品质越高，数值越大)。当注塑制品用PS制造时，M(PS) = k(制品重 + 浇注系统总重) = 1.2 × (7.27 +7.27 × 20%) = 10.47 g。

这里因不是PS材质，故需要折算成PS的重量。若是其他塑料，密度为ρ，则

$$M\,(\text{其他}) = k\,(\text{制品重} + \text{浇注系统总重}) \times 1.05/\rho$$

经换算得

$$M(\text{PA}) = 10.47 \times 1.05 / 1.14 = 9.64\ \text{g}$$

注：1.05为PS密度，单位为g/cm^3。

(4) 如果是一模多穴数，则还需乘以卡片中的型腔数量。

如这里为一模四穴，即一出四，则还需乘以型腔数，所以M(总) = 9.64 × 4 = 38.6 g。

表 9-13　常用热塑性塑料工艺参数

项目＼塑料		低密度聚乙烯(LDPE)	高密度聚乙烯(HDPE)	聚丙烯(PP)	玻璃纤维增强 PP	软聚氯乙烯(SPVC)	硬聚氯乙烯(RPVC)
注射机类型		柱塞式	螺杆式	螺杆式	螺杆式	柱塞式	螺杆式
螺杆转速/(r/min)		—	30～60	30～60	30～60	—	20～30
喷嘴	形式	直通式	直通式	直通式	直通式	直通式	直通式
	温度/℃	150～170	150～180	170～190	180～190	140～150	150～170
料筒温度/℃	前段	170～200	180～190	180～200	190～200	160～190	170～190
	中段	—	180～200	200～220	210～220	—	165～180
	后段	140～160	140～160	160～170	160～170	140～150	160～170
模具温度/℃		30～45	30～60	40～80	70～90	30～40	30～60
注射压力/MPa		60～100	70～100	70～120	90～130	40～80	80～130
保压压力/MPa		40～50	40～50	50～60	40～50	20～30	40～60
注射时间/s		0～5	0～5	0～5	2～5	0～8	2～5
保压时间/s		15～60	15～60	20～60	15～40	15～40	15～40
冷却时间/s		15～60	15～60	15～50	15～40	15～30	15～40
成型周期/s		40～140	40～140	40～120	40～100	40～80	40～90
项目＼塑料		聚苯乙烯(PS)	高冲击强度聚苯乙烯(HIPS)	ABS	高抗冲击ABS	耐热ABS	共聚POM
注射机类型		柱塞式	螺杆式	螺杆式	柱塞式	螺杆式	螺杆式
螺杆转速/(r/min)		—	30～60	30～60	30~60	30～60	20～40
喷嘴	形式	直通式	直通式	直通式	直通式	直通式	直通式
	温度/℃	160～170	160～170	180～190	190～200	190～200	170～180
料筒温度/℃	前段	170～190	170～190	200～210	200～210	200～220	170～190
	中段	—	170～190	210～230	210～230	220～240	180～200
	后段	140～160	140～160	180～200	180～200	190～200	170～190
模具温度/℃		20～60	20～50	50～70	50～80	60～85	90～100
注射压力/MPa		60～100	60～100	70～90	70～120	85～120	80～120
保压压力/MPa		30～40	30～40	50～70	50～70	50～80	30～50
注射时间/s		0～3	0～3	3～5	3～5	3～5	2～5
保压时间/s		15～40	15～40	15～30	15～30	15～30	20～90
冷却时间/s		15～30	10～40	15～30	15～30	15～30	20～60
成型周期/s		40～90	40～90	40～70	40～70	40～70	50～160

续表

项目 \ 塑料		PMMA	PMMA	PA6	PA11	PA66	玻璃纤维增强 PA66
注射机类型		螺杆式	柱塞式	螺杆式	螺杆式	螺杆式	螺杆式
螺杆转速/(r/min)		20～30	—	20～50	20～50	20～50	20～40
喷嘴	形式	直通式	直通式	直通式	直通式	自锁式	直通式
	温度/℃	180～200	180～200	200～210	180～190	250～260	250～260
料筒温度/℃	前段	180～210	210～240	220～230	185～200	255～265	260～270
	中段	190～210	—	230～240	190～220	260～280	260～290
	后段	180～200	180～200	200～210	170～180	240～250	230～260
模具温度/℃		40～80	40～80	60～100	60～90	60～120	100～120
注射压力/MPa		50～120	80～130	80～110	90～120	80～130	80～130
保压压力/MPa		40～60	40～60	30～50	30～50	40～50	40～50
注射时间/s		0～5	0～5	0～4	0～4	0～5	3～5
保压时间/s		20～40	20～40	15～50	15～50	20～50	20～50
冷却时间/s		20～40	20～40	20～40	20～40	20～40	20～40
成型周期/s		50～90	50～90	40～100	40～100	50～100	50～100
项目 \ 塑料		PA1010	玻璃纤维增强 PA1010	透明 PA	PC	PC	玻璃纤维增强 PC
注射机类型		螺杆式	柱塞式	螺杆式	螺杆式	柱塞式	螺杆式
螺杆转速/(r/min)		20～50	—	20～50	20～40	—	20～30
喷嘴	形式	自锁式	直通式	直通式	直通式	直通式	直通式
	温度/℃	190～210	180～190	220～240	230～250	240～250	240～260
料筒温度/℃	前段	200～210	240～260	240～250	240～280	270～300	260～290
	中段	220～240	—	250～270	260～290	—	270～310
	后段	190～200	190～200	220～240	240～270	260～290	260～280
模具温度/℃		40～80	40～80	40～60	90～110	90～110	90～110
注射压力/MPa		70～100	100～130	80～130	80～130	110～140	100～140
保压压力/MPa		20～40	40～50	40～50	40～50	40～50	40～50
注射时间/s		0～5	2～5	0～5	0～5	0～5	2～5
保压时间/s		20～50	20～40	20～60	20～80	20～80	20～60
冷却时间/s		20～40	20～40	20～40	20～50	20～50	20～50
成型周期/s		50～100	50～90	50～110	50～130	50～130	50～110

(5) 确定注塑机型号主要是确定注塑机容量。注意制品的质量及浇注系统的总用料量不超过注塑机注塑量的 25%～70%，这里为 55.1～154.4，这样就可以确定注塑机型号了。这里可选择宁波海天的 MA600/150 注塑机(其注射装置螺杆直径 *A*、*B*、*C* 的理论注射容量分别为 66、88、113，均合适)。

2. 其他设备与工装

(1) 干燥处理设备：原料通常不需要干燥处理，若储存不当，则可选择在鼓风烘箱内预干燥。高温恒温鼓风干燥箱可查询填写。

(2) 后处理设备：调湿采用恒温水槽法，在加盖的塑料桶加入纯净水，加热到 80℃后再加入产品，保持 1 h。

(3) 注塑模具可以给予一个编号，如查阅标准可知为 051。

3. 设备注射成型工艺参数

(1) 温度：料筒后段为 240～250℃，料筒中段为 260～280℃，料筒前段为 255～265℃，喷嘴为 250～260℃，模具为 60～120℃。

(2) 压力：注射压力为 80～130 MPa，保压压力为 40～50 MPa。

(3) 时间：注射时间为 0～5 s，保压时间为 20～50 s，冷却时间为 20～40 s，成型周期为 50～100 s。

9.4.3　注射工艺卡片

通过分析、查询相关参数及计算后，即可编制注射工艺卡片。

(1) 编制注射工艺卡之前，需要对注射成型工艺卡模板做预处理(除企业名称、工艺文件编号单元外)，如图 9-29 所示。

××电器有限公司		塑料零件注射工艺卡片			产品型号		零件图号		2227	
					产品名称		零件名称	线圈骨架	共 1 页	第
材料名称		尼龙(聚酰氨)	材料牌号		PA66	材料颜色	白色		每台件数	
零件净重		7.27 g	零件毛重		g	消耗定额	8.7 g/每件			
设　备		48 g注射机	注射成型工艺	料筒温度/℃	第一段	255～265	～	注射成型时间/s	闭模	
模具	编　号	051			第二段	260～280	～		注射	0～5
	型腔数量	4			第三段	240～250	～		保压	20～50
	附件				第四段	～	～		冷却	20～40
					第五段	～	～		启模	
					喷嘴	250～260	～		总时间	50～100
	总高			压力/MPa	注射	80～130		模温/℃		60～120
	顶 出 高				保压	40～50		螺杆类型		螺杆
嵌件	图号	名称	数量	螺杆转速/(r/min)			加料刻度		脱膜剂	

				零件成型后处理		工序号	工序内容	工艺装备
嵌件				热处理方式	调湿	1	原料干燥处理完成	
				加热温度	80	2	将干燥处理后的原料加入料斗，按工艺参数要求注射成型	MA600/150A注塑机、模具051
				保温温度	1 h	3	从模具内取出零件，用修边刀去除毛刺、飞边	修边刀
原料干燥处理	使用设备	鼓风烘箱		加热时间		4	调湿处理并置空气中干燥	带盖塑料桶
	盛料高度			保温时间		5	8小时后检验	游标卡尺0～150/0.02 mm
	翻料时间			冷却方式		6	入库	
	干燥温度/℃	80						
	干燥时间/h	16						

图 9-29　塑件的注射成型工艺卡

(2) 型腔数量处，查看是一模几穴，则填写几。因PA容易吸水，故在“原料干燥处理”部分需要填写，还要填写“零件成型后处理”部分的内容。

(3) 注射成型工艺部分，料筒温度只需要填写三段，注射成型时间应查表填写。

(4) 螺杆类型填写螺杆式或柱塞式。因螺杆式性能优，故一般选择螺杆式。脱模剂选择参见 9.1.2 节。

(5) 工序内容包括干燥原料，按规定的工艺参数加料注射成型，用修边刀修理毛刺，成品检验(用游标卡尺)，入库。

(6) 注射工艺卡片的附图可以配置工艺附图，插入零件图，其图号与工艺卡一样。

✦✦✦✦✦ 实践与思考 9.1 ✦✦✦✦✦

(1) 分析 JS7-A 触点盒零件的结构工艺性，并做出评价，填写结构工艺性分析报告。

(2) 简述压制工艺与注射工艺过程。

(3) 简述塑件的热处理及其应用。

图 9-30 为固定座零件图，请分析其未注公差，粗糙度是否合理，并完善零件图，为零件重要尺寸添加合适公差；请审查并修改设计及工艺结构，指出其不合理结构，并编写工艺性审查报告；如果把图 9-28 所示的材料改为 PS，请分析、编写该零件的注射工艺卡片并输出。

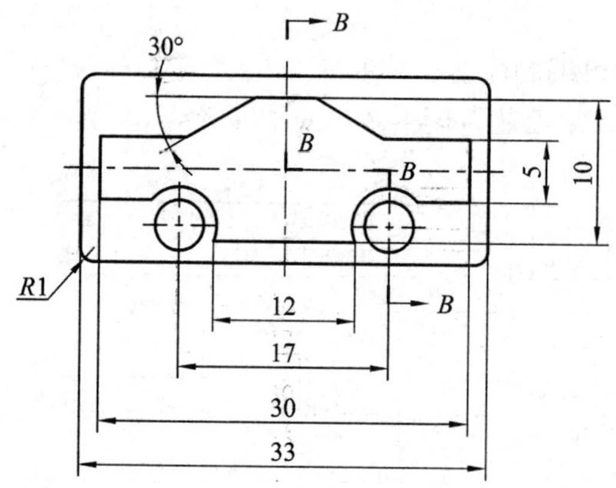

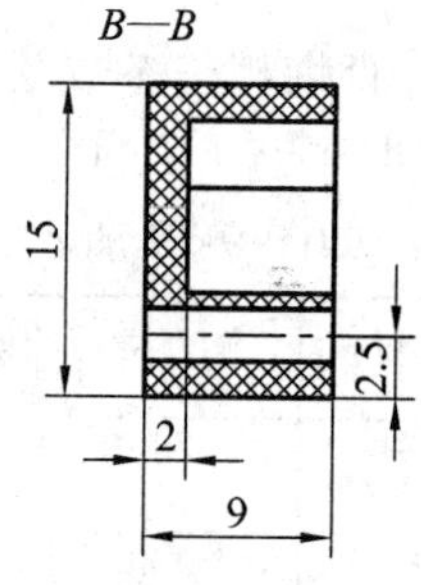

技术要求

1. 未注尺寸公差按GB/T14486-MT6。
2. 未注圆角$R2$。

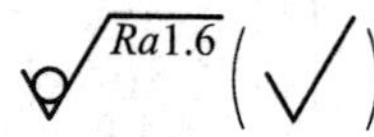

图 9-30 固定座零件图

项目十 弹簧制造工艺

10.1 弹簧概述

10.1.1 弹簧的作用与分类

弹簧是利用材料的弹性和弹簧结构的特点，在产生变形时，把机械功或动能转变为变形能，或把变形能转变为动能或机械功的零件。弹簧起着储存能量、控制运动、缓冲吸振、测量力和转矩等功能。

弹簧的质量直接影响电器产品的性能，如分断能力、电寿命、机械寿命、温升及可靠性等。

1. 电器弹簧的作用

(1) 施力：触头压力、电磁系统反力及零部件的固定式动作的作用力，如合闸力、分闸力、自由脱扣力、线圈或灭弧罩的弹性固定力等。

(2) 缓冲和减振：电磁铁在吸合、断开时有很大的冲击力，采用弹簧可以吸收动能，起缓冲减振的作用。

(3) 防止连接件松动：电器产品经受本身或外界产生的振动冲击会导致连接失效，采用弹簧垫圈可以防止松动。

2. 弹簧的分类

电器用弹簧主要分为拉伸弹簧、压缩弹簧、扭转弹簧和异形弹簧。图 10-1 为前三种弹簧及其特性曲线。

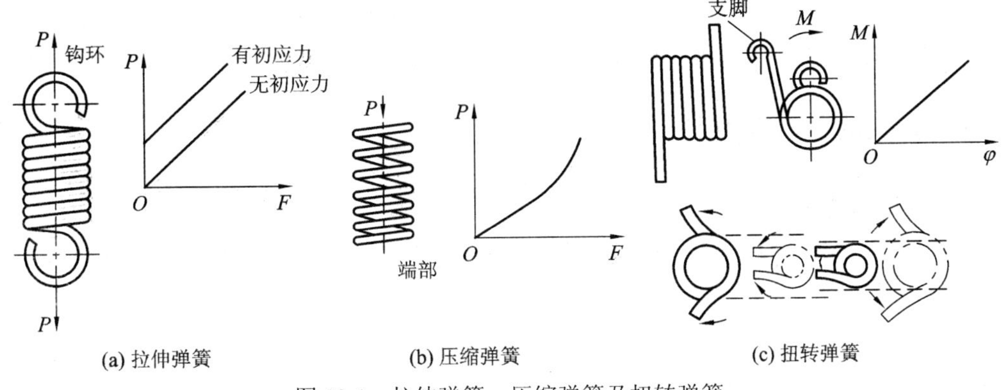

图 10-1 拉伸弹簧、压缩弹簧及扭转弹簧

(1) 拉伸弹簧：拉簧的耳环可根据需要制成各种形式。

(2) 压缩弹簧(压簧)：① 压簧端部可以根据需要并紧、磨平或不磨平；② 为保证压簧应用时的稳定性(不出现侧弯)，细长比限定在 3.7～5.3 之间，若超出范围则需要加芯棒或导向套。压缩弹簧的绘制方法如图 10-2 所示。

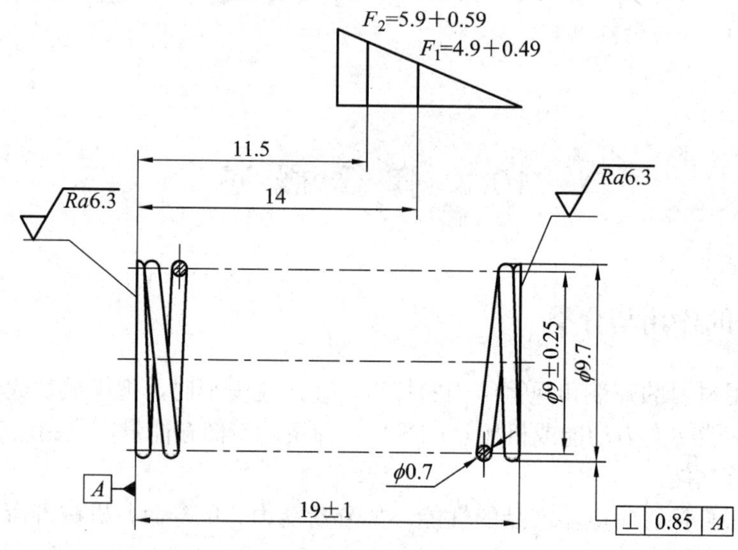

图 10-2 压缩弹簧的绘制

(3) 扭转弹簧(扭簧)：主要承受扭矩作用，用于压紧、储能及转动系统中。扭簧的主要特点是：① 支脚为弹簧工作时的着力点；② 圈与圈之间不并紧，以避免工作时圈与圈之间产生摩擦，并增加灵敏度；③ 工作时直径会增大或减小。

(4) 异形弹簧：包括线弹簧与片弹簧，其形状千差万别。

3. 弹簧在电器中的应用

在交流起动式接触器中常常采用压缩弹簧，主要是触头压缩弹簧；断路器及直流接触器中的衔铁反力弹簧(铁芯反力弹簧)是拉伸弹簧；断路器四连杆机构多数采用拉伸弹簧；扭转弹簧则用在脱扣器上；在继电器中广泛采用片弹簧。此外，还有空气弹簧、液压弹簧、橡胶弹簧、弹性触头及扭杆弹簧等。

弹簧的应用相当广泛，弹簧件是电器产品的重要功能零件，弹簧质量的好坏常常直接影响电器产品的性能和使用寿命。随着电器产品的小型化和微型化，对电器弹簧也提出了越来越高的要求，在某种程度上也促进了弹簧工业的不断发展和创新。

10.1.2 弹簧的参数与材料

1. 弹簧设计参数

弹簧的设计参数较多，表 10-1 给出了部分重要参数。

2. 旋绕比 *C*

旋绕比 C 又称弹簧指数，是反映弹簧特性的重要参数。其计算公式是：$C=D/d$(其参数含义见表 10-2)。

为了使弹簧本身较为稳定，不致颤动和过软，C 值不能太大，否则弹簧不稳定，容易颤动；但为避免卷绕时弹簧丝受到强烈弯曲，C 值不应过小，否则绕制时钢丝变形太大，绕制困难。通常旋绕比 $C\approx5\sim8$，按表 10-2 选取，也可按经验取值，极限状态不小于 4 或超过 16。

表 10-1 拉伸、压缩、扭转弹簧各参数代号

序号	名称	单位	代号	序号	名称	单位	代号
1	材料直径	mm	d	6	节距	mm	t
2	弹簧外径	mm	D_2	7	螺旋角	°	α
3	弹簧内径	mm	D_1	8	旋绕比		C
4	弹簧中径	mm	D	9	细长比	D/H^2	B
5	弹簧总圈数	圈	n_1	10	初拉力	N	P_0

表 10-2 拉、压弹簧旋绕比参考值

d/mm	0.2～0.4	0.45～1	1.1～2.2	2.5～6	7～16	18～24
$C=D/d$	7～14	5～12	5～10	4～10	4～8	4～6

3. 电器产品中弹簧的材料

弹簧材料的种类很多，在电器产品中主要用到冷拔碳素弹簧钢、合金弹簧钢、不锈钢，见表10-3。

表 10-3 拉、压、扭弹簧各参数代号

钢材名称	牌号举例	特性与用途	说 明
碳素弹簧钢	70(SM、SH)、80等	可得到很高的强度、硬度和屈强比。但淬透性差，耐热温度低，承受动载和疲劳负荷能力差，应用非常广泛，适用于工作温度不很重要的小型螺旋弹簧等	使用温度为-40～120℃，用作主触头弹簧时要注意高温下弹性退化
	T7(A)、T8(A)	淬火回火后有较高的表面硬度和耐磨性，但淬透性差，淬火变形大，一般使用冷轧带材制作片弹簧、止动垫圈等	
锰弹簧钢	65Mn	淬透性、综合力学性能、脱碳倾向等优于碳素弹簧钢，易产生淬火裂纹，有过热敏感性和回火脆性，用量大，适用于制作片弹簧、较重要的螺旋弹簧	
硅锰弹簧钢	60Si2Mn 60Si2MnA	强度高，弹性好，耐回火性、工作温度显著提高，易脱碳和石墨化，淬透性不好，适用于制作高应力、在较高温度下工作、磨损严重的弹簧、卡箍等	-40～250℃
铬硅弹簧钢	60Si2CrA 60Si2CrVA	高强度弹簧钢，热处理工艺性能好，适用于制作载荷大、工作温度高的重要弹簧	300～350℃以下
不锈钢弹簧钢	0Cr18Ni9 0Cr18Ni11Ti	塑性、韧性较好，耐蚀性强，耐高温，无磁性，屈服强度较低，适用于制造要求无磁性、耐腐蚀能力强的小弹簧	-250～300℃
	3Cr13、4Cr13	强度、硬度高，淬透性好，适用于制造抗锈、耐腐蚀的弹簧	-40～250℃

片状弹簧采用T8A、65Mn、60Si2Mn；不锈钢的好处在于除了抗磁、防腐蚀外，不必进行表面处理，所以应用广泛；铅淬冷拔碳素弹簧钢丝在绕制后不必淬火，但需要回火。另外，对于需要导电的弹簧，也可以采用锡青铜、铍青铜(QSn3-1、QSn4-3、QBe2)等。

弹簧钢按钢的成分、性能、用途等不同分为不同的种类，同一牌号的弹簧钢有不同用途及相应标准，如有GB/T4357—2009《冷拉碳素弹簧钢丝》、YB/T5220—93《非机械弹簧用碳素弹簧钢丝》、YB/T528《乐器用弹簧钢丝》，选用和检验时必须多加注意。

4. 弹簧材料示例

(1) 碳素弹簧钢丝(遵照 GB/T4357—2009)，属冷拉碳素弹簧钢丝。其定义为：碳钢坯料先经过加热奥氏体后按一定条件冷却，使其产生索氏体(细珠光体)组织，然后冷拉至所需尺寸的弹簧钢丝。

碳素弹簧钢丝按照抗拉强度分为低抗拉强度、中等抗拉强度和高抗拉强度，分别用符号L、M和H代表。碳素弹簧钢丝按照弹簧载荷的特点分为静载荷和动载荷，分别用S和D表示。

碳素弹簧钢丝标记示例如下：

① 0.3 mm中等抗拉强度级、适用于动载的光面弹簧钢丝，标记如下：

光面弹簧钢丝 70-GB/T4357-0.30 mm-DM

② 0.50 mm高抗拉强度级、适用于静载的镀锌弹簧钢丝，标记如下：

镀锌弹簧钢丝-GB/T4357-0.50 mm-SH

③ 70钢的完整表示如下：

$$\text{镀锌碳素弹簧钢丝}\ \frac{0.50-\text{GB}/\text{T}342-1997}{70-\text{SH}-\text{GB}/\text{T}4357-2009}$$

注意：电器弹簧按 GB/T4357—89 选材，主要用于制作在各种应力状态下工作的静态弹簧。根据弹簧工作应力状态，钢丝可分三个级别：B级用于低应力弹簧，C级用于中等应力弹簧，D级用于高应力弹簧。因此在GB/T4357—2009标准中，应该选用静载，即分别为SL、SM和SH。

(2) 重要用途碳素弹簧钢丝遵照(GBT4358—1995)用于制造高应力、重要用途的不经热处理或仅经低温回火的弹簧。这种钢丝按用途分为三组：E组、F组、G组(主要是钢丝直径与公差等级有所不同)。其标记示例如下：

① 钢丝力学性能为E组，直径为1.60 mm，直径允许偏差为h10级的重要用途碳素弹簧钢丝，其标记如下：

$$\text{重要用途碳素弹簧钢丝}\ \frac{1.60-\text{h}10-\text{GB}/\text{T}342-1997}{\text{E}-\text{GB}/\text{T}4358-1995}$$

② 当要求注明牌号时，其标记中可加注牌号，此时可标记如下：

$$\text{重要用途碳素弹簧钢丝}\ \frac{1.60-\text{h}10-\text{GB}/\text{T}342-1997}{70-\text{E}-\text{GB}/\text{T}4358-1995}$$

(3) 不锈弹簧钢丝材料(遵照 GB/T24588—2009)适用于制作奥氏体型和沉淀硬化型不锈钢弹簧钢丝，如12Cr18Ni9、06Cr19Ni9、06Cr17Ni12Mo2、12Cr18Ni9、06Cr18Ni9N、07Cr17Ni7Al等。

3Cr13 不锈钢的标注示例如下：

$$\text{不锈钢丝}\frac{2.0-11-\text{GB/T342—1997}}{3\text{Cr}3-\text{Q}-\text{GB/T4240—1993}}$$

10.2 弹簧制造

10.2.1 弹簧机

弹簧机是指生产弹簧的机械设备，按照功能特点分为压簧机、拉簧机、万能机、圆盘机以及专用弹簧机。弹簧机包括机身、操作面板等，图10-3为工作部分截图。

图 10-3　弹簧机截图

1．分类

弹簧机按照驱动方式分为半自动式、自动式、数控式和全电脑控制式。高端弹簧机有德国 WAFIOS 的 FMU 系列、FUL 系列以及特别为双扭开发的 FMK 系列，中高端有日本 MEC 的 TM 系列、SH 系列，日本 ITAYA 的 AX 系列、RS 系列以及中国台湾东北 EN5 系列、光泓 KHM 系列，常规中端市场有 MAX、JYF、永腾、银丰、精业、华毅达等，我国长三角和珠三角有一大批设备制造业在低端市场有一定的份额。

引领行业发展趋势的是无凸轮电脑弹簧机。无凸轮弹簧机以其调试方便、生产快速稳定、适合异形弹簧的生产等优势，占领了越来越多的市场份额。无凸轮弹簧机尤其以 10 轴和 12 轴居多，十二组伺服电机独立控制八个工位、转芯、送线、转线、转曲，调机快速。宽广的应用范围适合生产各种各样的异形弹簧、线材成型、拉簧、压簧、扭簧、扁簧、蜗卷簧等。

2. 弹簧机组成

1) 主机

主机包括机身、操作面板、进给机构、刀架(机械臂)、液压等机械部件。它是用于完成各种弹簧线材加工的机械部件。

2) 控制部分

控制部分分为机械型电气控制装置和数控型控制装置。当前市场逐渐淘汰机械型弹簧机，以数控型电脑弹簧机为发展趋势。

目前弹簧机已经成为一种通俗的称谓，因为弹簧不仅包括原始的螺旋型，还出现了各式各样的形状，行业内称之为线成型机(转线机)。

10.2.2 电器弹簧制造工艺

弹簧制造工艺多种多样，但电器弹簧的制造工艺主要是冷成型，即冷绕。弹簧冷成型工艺一般适用于线径较小或形状较为复杂的异形弹簧，如线径小于 15 mm 的弹簧，各种卡、拉、扭弹簧，中凸、中凹、弧形弹簧等。弹簧的绕制因有了弹簧机而变得十分简单，弹簧制造变成了绕制后的处理问题，如图 10-4 所示。

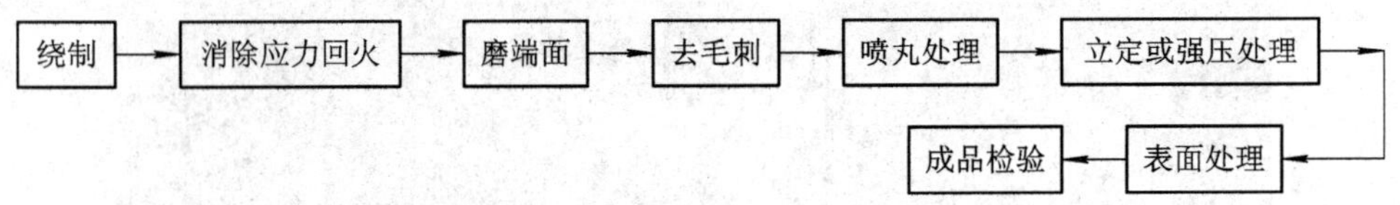

图 10-4 压簧冷绕成型工艺

自从使用计算机控制的弹簧机(CNC)以来，弹簧的制造产生了革命性的变化，去掉了许多手工工序，大大提高了生产效率和弹簧质量。CNC 都采用人机对话的方式输入数据，首先确定弹簧的类型，配置相应的工装，然后将所要制造的弹簧几何尺寸及材料的物理性能指标输入弹簧机的计算机中，弹簧机就能自动完成弹簧的绕制。

若发现弹簧有偏差，可在弹簧数据对话框中进行弹簧数据的调整，此时并不需要调整绕簧机的机械部分，绕簧机就能自动完成调整。若配置相应的检测传感器，则绕簧机在绕制过程中能实现自行补偿，自动调整弹簧体长度、筒径和角度等。

1. 消除应力回火

碳素弹簧钢丝、琴钢丝绕制的冷绕弹簧，绕后应进行低温回火，以消除绕制产生的残余应力，调整和稳定尺寸，提高机械强度。

油淬火回火的铬钒、硅锰等合金弹簧钢丝绕制的弹簧需进行去应力回火。

用退火状态的碳素弹簧钢丝(如 65、70、75、85 钢)、合金弹簧钢丝(如 50CrA)绕制的弹簧应进行淬火回火处理。

2. 磨端面

只有压缩弹簧需要磨端面，对于压缩小弹簧，则不一定需要磨削。

为了保证螺旋压缩弹簧的垂直度，并使两支承圈的端面与其他零件保持接触，减少挠曲和保证主机(或零、部件)的特性，螺旋压缩弹簧的两端面一般均要进行磨削加工，这道工序通常称为磨簧。磨簧大致有三种：手工磨削、半自动磨削和自动磨削。大批大量生产中，采用弹簧双端面磨床磨削弹簧的端面。弹簧磨削加工后，要求磨平部分不少于圆周长的 3/4，端头厚度不小于金属直径的 1/8(以 1/4 为佳)，磨削面的表面粗糙度 $Ra \leqslant 12.5/\mu m$。

3. 去毛刺

(1) 电解去毛刺：利用电能、化学能溶解阳极从而去掉毛刺。该处理可以使用电解去毛刺机床。

(2) 化学去毛刺：将清洗干净的金属零件放到化学溶液(50℃)中，零件表面金属将以离子形式转到溶液中。这些离子聚集在工件表面，经化学反应后形成一层电阻大、电导率小的黏液膜，保护工件表面不被腐蚀，而毛刺突出于表面，化学作用会将毛刺去掉。化学去毛刺适用于小的金属零件，可以去除厚度小于 0.07 mm 的细小毛刺。

(3) 高温去毛刺：先将需要去毛刺的零件放在紧固的密封室内，然后送入一定压力的氢氧混合气体，经火花塞点火后，混合气体瞬间爆炸，放出大量的热，瞬时温度高达 3300℃以上。由于爆炸时间极短，因此零件的毛刺被烧掉，而零件的其他部分来不及变化。此法适用于任何结构形状的金属、塑料、橡胶零件，特别是形状复杂而用手工又难以去除毛刺的零件。

(4) 滚磨去毛刺：把一定比例的工件和磨料放入封闭的滚筒，在滚筒转动过程中，零件与磨料、零件与零件间产生磨削，从而去除毛刺。滚磨去毛刺设备有专用去毛刺机和离心滚抛机。磨料可用石英砂、木屑、氧化铝、陶瓷、白云石、碳化硅、金属环等。采用此方法，零件变形小，设备简单，易操作，磨料来源广，经济性好，但大毛刺难以去除。

4. 喷丸处理

弹簧是喷丸处理在生产上应用最早的零件之一，特别是那些承受循环载荷、容易发生疲劳损坏的各种压缩螺旋弹簧、板簧和扭杆弹簧，都要进行喷丸处理。由于丸粒难以喷到弹簧内表面，因此拉伸弹簧也不进行喷丸处理。

喷丸处理安排在弹簧成型及热处理之后进行，采用小金属球或金属粒，以每秒数十米的速度无数次地喷射到弹簧的表面上使之产生许多小压坑，呈均匀细小的鼓包状，覆盖在弹簧的表面，在表面上产生加工硬化，同时还可减轻或消除弹簧表面缺陷(如小裂纹、凹凸缺口及脱碳层等)的有害作用，从而有效地提高弹簧的疲劳寿命。

在进行喷丸处理时要注意：① 正确选择弹丸种类和规格，避免使用尖锐棱角的弹丸，以免伤及弹簧表面；② 合理选择喷丸机，要求喷射速度快；③ 在条件可能的情况下喷丸时间要适当长一些，这样虽然不能继续提高弹簧的强度，但可提高喷丸的覆盖率，也可延长疲劳寿命。

5. 立定处理

立定处理的目的在于稳定弹簧的外形尺寸，暴露弹簧材料的表面缺陷，检查弹簧的热处理质量。

1) 圆柱螺旋压缩弹簧的立定处理

短压(快速立定处理)：是将热处理后的弹簧速压至工作极限载荷下的高度或压并高度，一次或多次短暂压缩以达到稳定几何尺寸的目的的一种工艺方法。

长压(长时间立定处理)：是将弹簧压至要求高度后，保持 8～24 小时，然后卸载。

2) 圆柱螺旋拉伸弹簧的立定处理

短拉(快速立定处理)：将拉簧连续几次(一般不少于 3～5 次)拉伸到变形量为最大工作变形量的 1.05 倍处，加载或卸载交错进行。

长拉(长时间立定处理)：将拉簧拉伸到变形量为最大工作变形量的 1.05 倍处，并保持 6～24 h，然后卸载。

6. 强压处理

对于工作应力较大、比较重要及节距较大的压缩弹簧，一般应进行强压处理。对拉簧，为强拉；对扭簧，则为强扭(不过拉簧、扭簧一般不处理)。弹簧成品用机械的方法从自由状态强制压缩到最大工作载荷高度(或压并高度)3～5 次，使金属表面产生塑性变形，从而在材料表面产生残余应力，有利于提高弹簧的负荷特性，稳定弹簧的几何尺寸。强压处理后弹簧长度会变化，故卷制时要预留变形量。

7. 老化处理

老化处理用于防止弹簧在工作中产生残余变形，提高工作稳定性。通常对于要求严格的弹簧，需要进行老化处理。老化处理时要采用专用工具，使弹簧处于工作状态，并超载 20%～30%，持续 2～24 h 或更长时间。

8. 表面处理

对弹簧进行表面处理的目的是在材料表面涂覆一层致密的保护层，以防止锈蚀。表面涂覆的类别主要有氧化、磷化、电镀和涂漆。其中，电镀有镀锌、镀镉、镀铜、镀铬、镀镍及镀锡等。

不锈钢和铜合金制成的弹簧一般不必进行表面处理。

1) 电镀

镀锌最普遍，镀层厚度视弹簧使用环境而定：

(1) 腐蚀性比较严重的，镀 25～30 μm。

(2) 腐蚀性较轻的，镀 13～15 μm。

(3) 若无腐蚀性介质，则只需要镀 5～7 μm。

2) 氧化处理

氧化处理又称发蓝(黑)，一般是将弹簧放在化学氧化液中，使弹簧表面生成一层均匀致密的氧化膜，膜的厚度约为 0.5～1.5 μm。

由于氧化处理成本低，工艺配方简单，生产效率高，不影响弹簧的特性，因此广泛应用于冷绕成型小型弹簧的表面防腐。但氧化处理只适用于腐蚀性不太强的场合。

3) 磷化处理

经磷化处理的弹簧表面可形成磷酸盐保护层，膜厚约 7～50 μm。其抗蚀能力为发蓝的 2～10 倍，耐高温性能也较好；缺点是硬度低，有脆性，机械强度较差。

9. 成品检验

冷卷圆柱螺旋弹簧技术条件执行标准 GB/T1239—2009，其中拉伸弹簧、压缩弹簧、扭转弹簧分别执行第 1 部分、第 2 部分与第 3 部分，即 GB/T1239.1、GB/T1239.2、GB/T1239.3。

在设计或选用弹簧时可根据弹簧所在的电器产品对其的要求，结合上述标准，给出技术要求。检验弹簧时依据的是图样及其技术要求。以压缩弹簧为例，一般需要检验的项目有：

1) 尺寸

一般需用游标卡尺检查弹簧内径、自由高度。也可以制造专用量规来检查，检验方案取 IL = S – 4，AQL = 1.0。

2) 垂直度

GB/T1239.2—2009 的技术要求部分给出了压缩弹簧两端面经过磨削，在自由状态下，弹簧轴心对两端面的垂直度，见表 10-4。

表 10-4　拉、压、扭簧各参数代号

精度等级	1	2	3
垂直度	$0.02H_0(1.15°)$	$0.05H_0(2.9°)$	$0.08H_0(4.6°)$

对于垂直度的检测，在标准中有规定：采用 2 级精度平板、3 级精度直尺和专用量具测量，具体可参见标准的相关部分。也可以采用垂直度检具加 PIN 规(公制针规，尺寸规格为 0.10～30.00 mm，规格间距为 0.01、0.02、0.025、0.05、0.10 等)来检测。

3) 弹簧特性

弹簧特性用弹簧拉压试验机(或称压力试验机)检验，检验方案取IL=S−4，AQL=1.0。其实电器弹簧的主要检测指标是力和高度，而电器弹簧较多为小规格，所以小规格弹簧测力计使用较多(小规格弹簧测力计多数是进口弹簧测力计)。

4) 材料

填写质保书或材料证明。

5) 外观

弹簧外观用目测法检验，表面应无腐蚀斑点、毛刺、划痕等，检验方案取IL = Ⅱ，AQL = 1.0。

弹簧制造一般会在专业企业完成的，电器制造企业需要编制检验卡片。

10.2.3 电器弹簧制造的其他说明

弹簧的生产批量都较大，而且制造工序较多，影响其质量的因素也较多，因此除了做好材料进厂检验外，还要加强半成品的检验。现在先进的数显式或微机控制的弹簧试验机的精度和再现性能都很好，并且能将数据打印下来，完成一些数理统计，改变了以往手工书写容易造成的误差，经过统计的数据对于分析、掌握弹簧的加工质量很有帮助。

(1) 弹簧制造的严格程序是：绕制—检测自由长度—分隔—立定处理—回火—测试弹簧力—记录测试数据分隔。在进行大批量生产时，每生产 5000 只弹簧就要进行分隔，以确保弹簧质量。

(2) 弹簧的特殊处理工艺：电器产品的使用寿命都很长，接触器的机械寿命高达1千万次，这就要求弹簧的性能能够保持长久的稳定。

根据经验，在电器螺旋弹簧的制造中，应非常重视弹簧的回火处理和立定处理。对于触头弹簧，一般都采取立定处理和多次回火处理的加工工艺。对于其他易变形的弹簧，为了保证弹簧质量的长期稳定性，在弹簧加工中也采用立定处理和多次回火。

(3) 弹簧质量除采用先进的设备来保证外，还要加强过程控制，一般可间隔一定时间对弹簧进行抽查，如检查弹簧的表面质量和几何尺寸等。普通弹簧表面允许有个别缺陷，其深度不得大于钢丝直径公差的一半，动负荷或疲劳强度要求高的则不允许有缺陷。通过先进的检测手段和合理的检测方法，可以确保弹簧质量的稳定。

电器弹簧的加工制作追求的最重要目标就是使弹簧力符合技术要求。所有的加工手段都是为了控制好加工过程中弹簧的变化，只有通过先进的设备、先进的技术和先进的加工工艺，才能保证弹簧的外形美观，质量稳定。

(4) 弹簧制造还有弹簧回火炉、真空回火炉等热处理设备等，以及拉压试验机、扭矩试验机等检测仪器。

10.3 热双金属元件

10.3.1 热双金属元件

1. 概述

热双金属是一种复合金属，一般用两层或多层具有不同膨胀系数的金属或合金沿整个接触面牢固复合在一起组成条片或薄板形状。热双金属具有随温度变化发生形状变化的特性。热双金属具有一般金属所没有的特殊性能——热敏性，即随温度变化而产生不同的弯曲变形，故又称为热敏双金属。

2. 弯曲变形的原理

设室温时两层长度相等，加热后两层牢固地结合在一起，两层金属不能自由伸长，由于结合面上紧贴着的两层金属长度必须相等，因而主动层的自由膨胀受到被动层的限制，产生向外的张力，被动层的自由膨胀受到主动层的拉伸，产生向内的拉力，见图10-5。

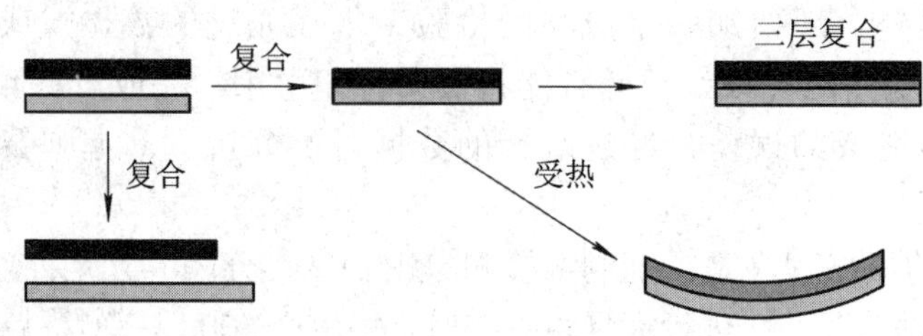

图10-5 热双金属元件弯曲原理

3. 热元件组成材料

1) 高膨胀侧

热双金属的主动层合金要求膨胀系数大，熔点高，复合性好，弹性模量与被动层合金相差不大。可作为主动层材料的合金有很多，常见的有镍铬合金、镍锰合金、铜锌合金，如 Mn72Ni10Cu18、Ni22Cr3、Ni20Mn6 等，其线性热膨胀系数如表 10-5 所示。

表 10-5 热双金属常用的主动层合金的线性热膨胀系数(从 25℃到所示温度)

合金牌号	93℃	149℃	260℃	371℃	退火温度/℃
Mn72Ni10Cu18	27.2	27.7 × (1 ± 4%)	28.1	29.9	788
Ni22Cr3	19.3	19.35 × (1 ± 4.5%)	19.6	19.6	871
Ni20Mn6	19.7	19.80 × (1 ± 4%)	20.4	20.7	800
Ni18Cr11	18.0	18.0 × (1 ± 4%)	18.4	18.7	1093
Ni19Cr2	20.0	19.4 × (1 ± 4%)	20.2	20.2	1038
Ni25Cr8	17.6	17.6 × (1 ± 4%)	18.0	18.2	982
Ni	13.3	13.5 × (1 ± 4%)	14.0	14.8	704

注：表中所列线性热膨胀系数的单位是10^{-6}/℃。

2) 低膨胀侧

热双金属的被动层合金一般使用膨胀系数低的镍铁合金。1896 年法国科学家 Guillaume 发明了因瓦合金，在室温下，其膨胀系数非常低，仅为 1.2×10^{-6}/℃，为热双金属的开发打下了基础。镍含量对铁镍合金的膨胀系数影响很大，如图 10-6 所示。由图 10-6 可知，当镍铁合金的含镍量为 36%时，其热膨胀系数最小，只有$(1.2～1.5) \times 10^{-6}$ /℃。

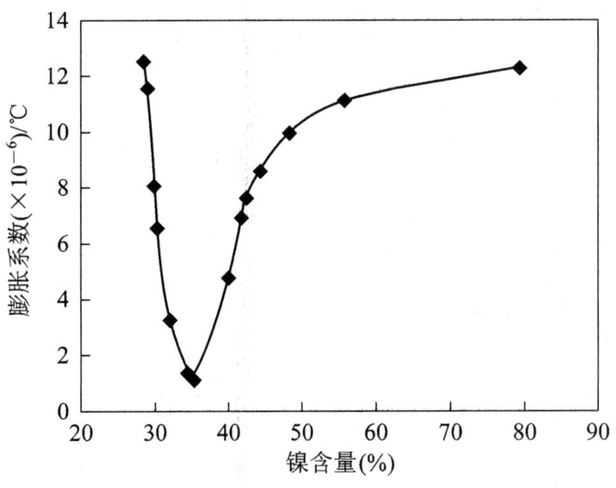

图 10-6 镍含量对膨胀系数的影响曲线

常用的被动层合金一般包括 Ni36Fe、Ni39Fe、Ni40Fe、Ni42Fe、Ni45Fe 和 Ni50Fe 等低膨胀合金或定膨胀合金。其线性热膨胀系数如表 10-6 所示。

表 10-6　热双金属常用的被动层合金的线性热膨胀系数(从 25℃到所示温度)

合金牌号	93℃	149℃	260℃	371℃	退火温度/℃
Ni50	10.3	10.1 × (1 ± 8%)	10.3	10.1	871
Ni45	7.9	7.7 × (1 ± 8%)	7.3	7.2	871
Ni42	5.6	5.4 × (1 ± 8%)	5.2	5.4	871
Ni40	3.6	4.0 × (1 ± 8%)	4.0	5.4	871
Ni39	2.3～3.4	2.5～3.6	2.7～3.6	5.0～5.9	871
Ni36	0.9～1.9	1.4～2.5	3.6～4.9	5.0～7.9	871

注：表中所列线性热膨胀系数的单位是10^{-6}/℃。

4. 热双金属元件的分类、特性和应用

目前，生产热双金属的厂家所用的热双金属的原材料大部分相同，基本都由铁质和铜质合金作为主要成分，再加入镍锰等金属元素来改变自身的膨胀系数，产生高膨胀侧和低膨胀侧合金，再复合组成。有时为了改变材料的电阻率，会加入中间的合金。高膨胀侧和低膨胀侧的合金成分配比不同，厚度不同，加上中间层金属的调节，可得到近百种比弯曲不同的热双金属材料。表 10-7 为部分材料及特性。

表 10-7　热双金属带材的分类、特性和应用

类　型	特 性 和 应 用
高敏感性	如 5J20110 有很高的热敏感性能和电阻率，可提高仪器的灵敏度，缩小尺寸或增大作用力，但弹性模量和允许应力较低，耐腐蚀性能较差，常用作陀螺仪和其他电真空器件中的无磁非匹配瓷封材料
通用型	如 5J1480、5J1580 等有较高的热敏感性和电阻率，低温稳定性良好，焊接较容易，应用较广，主要用于中温测量及自动控制设备中的热敏感元件
低温型	如 5J1380 在 −70℃以下具有较高的热敏感性和电阻率，适于低温测量及自动控制中的热敏感元件
高温型	如 5J1070、5J0756 具有低热敏感性，线性温度范围宽，在高温下具有良好的抗氧化性。5J1070 适于 300℃以上环境温度，5J0756 线性温度范围更宽，最高工作温度可达 650℃。5J1070、5J0756 可分别用于较高温和高温测量及自动控制设备中的热敏感元件
耐腐蚀型	如 5J14140、5J15120 具有中热敏感性、高电阻和良好的耐腐蚀性，适合于在恶劣环境或特定的腐蚀介质中使用
电阻型	由一层用高导电金属或合金制成的中间层与热双金属组元牢固地结合在一起的制品。改变中间层的厚度比，就可以调整其要求的电阻率。电阻型热双金属可用作热继电器、断路器、电动机过载饱和器等电气保护装置的热敏元件。在同外形尺寸的保护装置中，只要更换不同电阻率的敏感元件，便能作为多种不同容量的过载保护，因此有利于电气保护装置的小型化和标准化。5J1306、5J1411、…、5J1455 等都是电阻型热双金属带
特殊型	根据某些特殊要求制备的具有相应特殊性能的制品，如 5JL017 等

5. 热双金属牌号

GB/T4461—2007规定了热双金属带材的牌号、尺寸、外形、允许偏差、技术要求、试验方法、检验规则、包装、标志和质量证明书。其中热双金属的牌号和组元层合金牌号及热双金属特性见表10-8。

表 10-8 热双金属的牌号和组元层合金牌号及热双金属特性(部分)

热双金属牌号	组元层合金牌号			热双金属特性
	高膨胀层	中间层	低膨胀层	
5J20110	Mn75Ni15Cu10(Mn72Ni10Cu18)		Ni36	高敏感、高电阻、中温用
5J14140	Mn75Ni15Cu10(Mn72Ni10Cu18)		Ni36	中敏感、高电阻、中温用
5J1480	Ni22Cr3		Ni36	中敏感、中电阻、中温用
5J017	Ni		Ni36	中敏感、低电阻、中温用
5J1416	Cu62Zn38		Ni36	中敏感、低电阻、高导热
5J1070	Ni19Cr11		Ni36	中敏感、较高温用
5J0756	Ni22Cr3		Ni50	低敏感、高温度用
5J1306A	Ni20Mn6	Cu	Ni36	电阻系列
5J1325A	Ni20Mn6	Ni	Ni36	电阻系列
5J1075	Ni16Cr11		Ni20Co26Cr8	耐蚀、高强度

10.3.2 热双金属的主要性能和参数

1. 比弯曲

比弯曲 K 表示温度变化 1℃时，一端加紧厚度 d=1 mm，自由运动长度 L=100 mm 的热双金属条片自由端的挠度值。它是衡量热双金属对温度变化灵敏程度的一个重要参量。

2. 温曲率

温曲率 F 是单位厚度的热双金属片每变化单位温度时其纵向中心线的曲率变化。

3. 线性温度范围

在线性温度范围内，热双金属具有最大的热敏感性能。

(1) 常用温度范围：指平均比弯曲尚未发出根本变化的温度范围，在最高工作温度之前，热双金属不会遇到任何危险。

(2) 允许使用温度范围：指热双金属材料处于还未发生残余变形临界状态时的温度。

4. 比电阻

在电器产品中，一般是电流直接通过热双金属元件产生焦耳热，使本身温度升高而发生弯曲变形，因此对热双金属材料来说，比电阻是选择电流等级的一个重要指标。

5. 弹性模量

弹性模量 E 是计算热双金属元件产生的推力、力矩和内应力时所需的参量。这个参数用来衡量弯曲一种材料所需的作用力。弹性模量越大，所需作用力也越大。

6. 其他性能参数

硬度、屈服应力、热导率、比热和耐腐蚀性能等都是热双金属的主要性能参数。

10.3.3 热双金属元件成型时应注意的事项

1. 冲剪、折弯和固定

(1) 热双金属应沿着纵向落料。横向落料其热敏性要降低 1%～3%，承受弯曲负荷的能力也比沿纵向落料的元件约低 10%。

(2) 冲裁后的元件，其边缘应无毛刺，否则会降低热敏感度。对于蝶形元件，毛刺严重时会丧失动作性能。

(3) 热双金属折弯时应避免过小的弯曲半径，否则元件的弯曲表面会出现裂纹。在进行折弯时应尽量垂直丁轧制方向，以便获得更高的强度。如果对弯曲(折)性能有高要求，则可以提高材料的稳定化处理温度，或在冲制前就进行稳定处理来改善弯折性能。但其机械强度、热敏感性能、承受负荷和高温的能力有所下降。

(4) 虽然热双金属含有镍、铬合金等提高耐腐蚀能力的元素，但主、被动层电位差不一样，容易产生电化学腐蚀。

为防止腐蚀，可在双金属元件表面涂适合的防锈油或在其表面镀镍、镀锌等，经此处理后元件表面较硬，有利于高温下的表面保护，耐蚀性能也较好，但是电阻值会有所变化，热敏感性能也要降低，镀层越厚，降低越多。

2. 热双金属元件的稳定化处理

热双金属在生产过程中会产生较大的残余应力，在元件进行冲压成型和铆接、焊接固定过程中也会产生残余应力。残余应力在没有得到外来能量供给的情况下，将会逐渐重新分布和部分释放，这将影响到热双金属的稳定性，最终影响到电气性能的稳定性，使电器的性能随时间产生漂移现象，甚至失效。因此通过稳定处理，可使残余应力得到释放，并使其均匀化，从而减少残余应力对电气性能产生的影响。

热双金属的稳定化处理指的是为使加工后的热双金属片消除和平衡残余应力以保持其性能稳定而进行的热处理。

3. 热双金属在设计时常见的结构

直条形热双金属片应严格沿纵向(即片材轧制方向)落料。横向落料会使热敏感性能降低，承受弯曲负荷的能力也比纵向落料的元件低。冲制的元件应加适当标记(如缺口等)，以便识别主动层与被动层，这对于要进行电镀的元件尤为重要。冲制后的成型元件不得在边缘处有毛边，否则会降低元件的敏感性能。直条形热双金属元件在冲制前应对带料进行整平，落料后的成品元件需要再次整平。

低压电器中电阻系列的热双金属片常设计成直螺旋式结构与 U 形结构，见图 10-7。这两种结构紧凑，可靠性高。

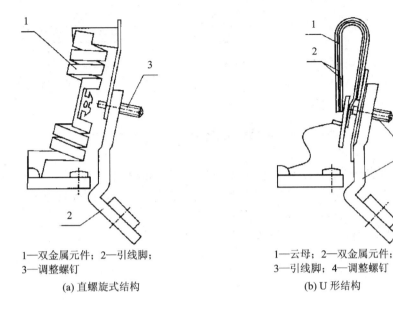

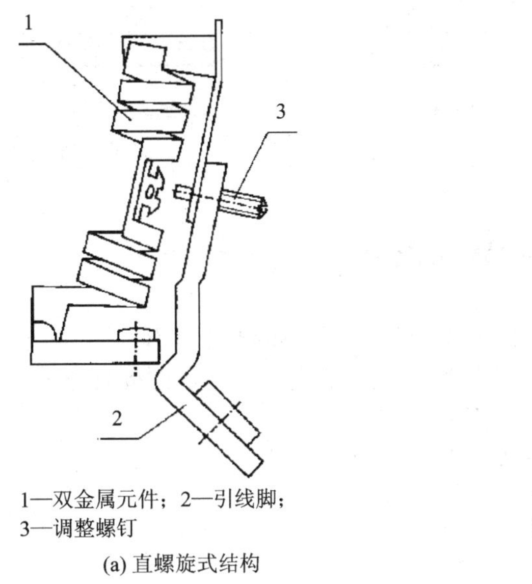

1—双金属元件；2—引线脚；3—调整螺钉

(a) 直螺旋式结构

1—云母；2—双金属元件；3—引线脚；4—调整螺钉

(b) U 形结构

图 10-7 直螺旋式结构与 U 形结构

10.3.4 热双金属的连接

热双金属元件二次加工(部件或组件装配)时，可采用铆接和焊接等方式固定。如果元件的动作精度要求较高，则宜采用焊接固定。热双金属可焊性的好坏与表面状态有关，焊接前必须清除其表面的氧化膜或油渍等污物。

图 10-8 为 NB1-63 小型断路器(是正泰集团研制开发出的一种新产品，达到国际 20 世纪 90 年代先进水平)双金属元件的焊接结构图。图中采用了 DZ 系列二次整流点焊机进行点焊(点焊代号为 21)，其中热双金属元件与导弧板、连接片及接线板采用点焊连接(点焊及电阻钎焊将在第 11 章介绍)，搭接接头的焊接强度高，符合导电系统的电气紧密性要求。图中，焊接搭接方式有三种，见图 10-9，其中前两种采用的均是点焊，最后一种的焊接方式是电阻钎焊。

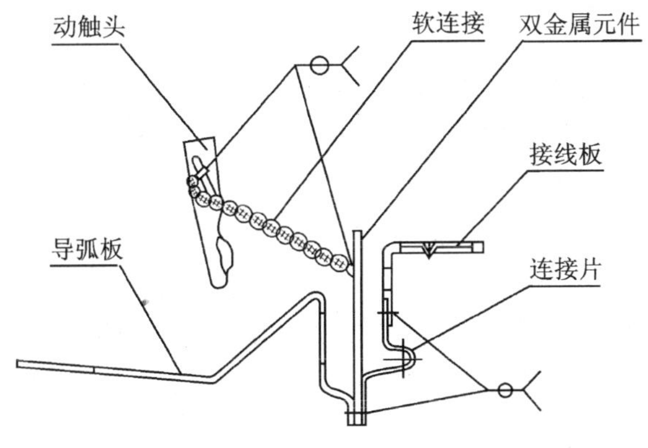

图 10-8 双金属元件的焊接结构图

(a) 导线与板材

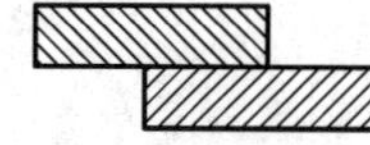

(b) 板材与板材

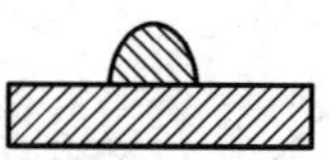

(c) 触头与板材

图 10-9　焊接搭接方式

✧✧✧✧✧ 实践与思考 10.1 ✧✧✧✧✧

(1) 按本章所叙述的内容并结合标准 GB/T1239.2—2009 及 JB/T7944—2000(见附录 F)等编制弹簧制造的作业指导书，内容应完整，包括制造工艺、表面处理方法。

(2) 为图 10-2 所示的弹簧图样编制检验卡片。

(3) 综述热双金属片的原理、材料、主要结构及连接工艺等。

项目十一　触点制造工艺

11.1 触 点 概 述

电触点(或称触头)是低压电器的心脏，执行接通或分断电路的重要任务，起传递电能或电信号的重要作用。根据低压电器的使用情况，低压电器产品设计者要求电触头材料必须具备下列六种特性：良好的导电性和导热性，抗熔焊性，耐电磨损性，分断大电流时不易发生电弧重燃，低的截流水平，低的气体含量。

这是对电触头材料设计者的指导性要求，在材料的成分设计和加工工艺设计中必须充分考虑到这些特性。

11.1.1　电触头材料

1. 银及银合金

在所有金属材料中，Ag 的导电性和导热性最好，而且 Ag 的氧化物 AgO 和 Ag_2O 是导电的，并在 100℃和 200℃条件下分解，因此 Ag 触头能保持低的接触电阻，在低负载的低压电器产品中受到了设计者的广泛青睐。

但 Ag 在退火状态下硬度和强度较低，易硫化生成 Ag_2S 和 Ag_2SO_4，影响电器性能，且 Ag 的抗熔焊性能差。为了提高银作为电接触材料的电气性能，改善其抗熔焊性能，可在 Ag 基体中添加第二或第三元素，通常添加的元素有 Ni、Cu、Mg、Ce 等。

在 Ag 中添加 0.15%(质量分数，下同)的 Ni 可抑制晶粒长大，起到弥散强化作用，提高其热强度。

在 Ag 中添加 3%～28%的 Cu 也可提高 Ag 基体的强度，但随着 Cu 含量的增加，材料的化学稳定性将随之变差，在接触面发生氧的富集，形成 CuO。在小电流的使用领域内，该系列合金可用作微电机的换向器和旋转开关等滑动触头；在电流较大的使用领域内，可用于接触压力大以及有油保护的装备中。其代表化学成分有 AgCu(3)、AgCu(5)、AgCu(10)等。

AgMgNi 合金属于内氧化型弹性接点材料，通过内氧化工艺，可使合金中作为强化相而弥散分布的氧化物金属(MgO)与基体金属形成均匀的固溶体合金。AgMgNi 合金主要在小型微型军用密封继电器、1/2 晶体罩继电器、小型密封磁保持电磁继电器、微型开关中用作簧片和触点。

AgCe 共晶合金接触电阻低而稳定，导电系数高，灭弧作用强，抗电弧烧损性和抗熔

焊性优良，加工性好，是中小功率和大功率直流接触器、继电器等电器元件优良的新型电触点材料。

常用 Ag 及 Ag 合金的性能见表 11-1。

表 11-1 常用 Ag 及 Ag 合金的性能表

材 料	密度 /(g/cm^3)	电阻率 /(μΩ · cm)	熔点 /℃	沸点 /℃	硬度 /HV	热导率 /[W/(m · K)]
Ag	10.49	1.60	960	2212	500～110	419
AgNi(0.15)	10.49	1.70	960	2200	60～110	415
AgCu(3)	10.40	1.90	900	2200	65～120	373
AgCu(5)	10.40	1.90	850	2200	70～120	335
AgCu(10)	10.30	2.00	780	2200	75～130	335
Ag · Mg · Ni(0.2)	10.40	2.69	960	—	75～120	—
AgCe	10.46	1.81	960	—	75～130	—

每年生产的银约 1/4 消耗在电器产品中，根据中国电器工业协会的统计显示，“十二五”期间，我国电触头材料行业主营业务收入随着银价的波动而变化，但工业产量以年均 8%左右的幅度在增长。

2014 年，我国银基触头材料用银量约为 1500 t，同比增长率为 7%；铜基触头材料为 720 t，基本与上年持平；真空触头材料为 650 万片，同比增长率为 10%，保持着良好的发展态势。

2. 银金属氧化物电接触材料

Ag 中含有一种或几种金属氧化物，可显著提高其抗熔焊性和抗电弧烧损性。目前广泛使用的银金属氧化物电接触材料有 AgCdO、$AgSnO_2$、$AgSnO_2In_2O_3$、AgZnO、AgCuO、AgNiO 等。表 11-2 为继电器用合金触头材料各组分的作用。

表 11-2 继电器用合金触头材料各组分的作用

触头材料	成 分	添加组分	添加物熔点/℃	添加组分的作用
纯银	Ag	—	960	具有最高导电/导热性，不氧化
细晶银	AgNi(0.15)	Ni	1453	细化晶粒，提高硬度，延长寿命
银铈	AgCe(0.5)	Ce	795	细化晶粒，提高硬度，延长寿命
银铜	AgCu(3)	Cu	1083	固溶析出，提高硬度/强度，延长寿命
银镍	AgNi(10～20)	Ni	1453	提高抗熔焊性，增加分断容量，提高耐电腐蚀性，延长寿命
银-氧化镉(PM 法)	AgCdO(10～15)	CdO	1426	
银-氧化锡(SP 法)	$AgSnO_2$(8～12)	SnO_2	1625	
银-氧化锡-氧化铟	$AgSnO_2(7)In_2O_3(3)$	SnO_2	1625	
银-氧化锡-氧化铟	$AgSnO_2(7)In_2O_3(3)$	In_2O_3	1900	
银钯	AgPd(1～3)	Pd	1552	无限固溶，提高机械性能和抗硫化能力
银铂	AgPt(1～3)	Pt	1769	固溶析出，提高机械性能和抗硫化能力

1) 银-氧化镉AgCdO

AgCdO 自 20 世纪 30 年代由 F. R. Hensel 及其合作者制造出以后，一直凭借其优良的抗电弧侵蚀性、抗熔焊性、低而稳定的接触电阻等综合电性能，在整个触头材料体系中占有重要的地位，素有“万能触头”的美称。

应低压电器产品的发展要求，AgCdO 触头材料形成了多化学成分、多种加工工艺的材料体系。其材料成分(CdO)的含量一般为 8%～18%；加工工艺则有内氧化法(单面内氧化法和双面内氧化法)、粉末冶金法、预氧化法(雾化工艺)。

AgCdO 触头材料随着 CdO 含量的增强，其抗熔焊性增强。AgCdO 合金触头在几十到几千安培电流范围内的耐电弧腐蚀性能，是所有 Ag 含量大于 85%的银基材料中最好的。电弧腐蚀最低的是含 12%CdO 的合金。此外，电弧弧根在 AgCdO 表面的运动能力优于 AgW 和 AgWC，但逊于 Ag、AgCu 和 AgNi。

AgCdO 触头材料的性能随着制造工艺、CdO 含量和添加物的不同而有所区别，因此 AgCdO 触头的使用范围非常广泛，可用于继电器、控制器、旋转开关、小型断路器以及各种电流等级的接触器。但由于 Cd 有毒，因此它已被大多数企业禁用，目前国外已采用其他材料替代。

2) 银-氧化锡$AgSnO_2$

研究发现，$AgSnO_2$ 材料是一种可以和 AgCdO 相媲美、最有希望取代 AgCdO 的无毒、环保型触头材料，这在经济发达的欧洲早已得到证实。SnO_2 具有比 CdO 高得多的热稳定性，使电弧弧根处的熔池中熔融体的黏度增强，这样便可以减少电弧燃烧时的喷溅损失。由于高的热稳定性还使触头表面富集金属氧化物，从而保护了低沸点的银的蒸发并提高了抗熔焊性。

$AgSnO_2$ 应用实践表明：它在中等电流范围内可取代 AgCdO，甚至在某些电器上的性能、寿命均超过 AgCdO。但在应用中发现，$AgSnO_2$ 也有先天的缺陷，$AgSnO_2$ 的接触电阻和温升在相同条件下比 AgCdO 高，严重影响了电气使用性能。

$AgSnO_2$ 材料的制造工艺有：合金内氧化法、粉末冶金法、预氧化法(雾化法)、化学包覆法、反应合成法等。

据最近研究，添加Bi_2O_3可改善液态Ag对SnO_2颗粒的湿润性，采用粉末冶金工艺制备的$AgSnO_2Bi_2O_3$可降低接触电阻。

3) 银-氧化锌AgZnO

20 世纪 80 年代初，我国从德国 AEG 公司引进 ME-1600 型框架式自动空气开关的制造技术，引进的开关采用 AgZnO 触头材料。随后国内的 DZ15 系列塑壳式断路器、DZ15L 系列漏电断路器也采用了 AgZnO 触头材料。AgZnO 触头材料的最大优点是耐烧损能力好，接触电阻低，因此在切断开关、转换开关、小型断路器、接触器、保护开关等方面也得到了应用。

AgZnO 触头材料的应用没有 AgCdO、$AgSnO_2$ 广泛，但它在某些领域作为 $AgSnO_2$ 的补充，是一种不可或缺的替代 AgCdO 的环保型触头材料。AgZnO 触头材料的制造工艺由最早的共沉积粉末冶金法、合金内氧化法发展到了目前先进的预氧化法(雾化工艺)。

4) 银-氧化铜AgCuO

AgCuO 触头材料的耐电磨损性和抗熔焊性均较好，在重负荷情况下其耐磨损性不比 AgCdO 差，是 AgCdO 材料的替代材料。但在国内，有关 AgCuO 触头材料的研究报道较少。制备 AgCuO 触头材料的主要工艺有合金内氧化法、粉末冶金法、共沉积法和预氧化法等。

3. 烧结银合金触头材料

当合金组元之间没有固溶度或固溶度很小，不能用熔炼法制成所需成分的合金时，只能用烧结法(粉末冶金法)来制造。烧结合金触头材料制成的合金实际上是假合金，却具有适宜作为触头材料的性能。

烧结银合金触头材料主要有 AgNi、AgW、AgWC、AgC 等。

1) 银镍合金AgNi

AgNi 触头材料中 Ni 含量为 10%～40%。Ni 含量增加时，材料的电阻率升高，但硬度增加，提高了耐机械磨损性和抗熔焊性。AgNi 在中小电流时的抗熔焊性优于 Ag 和硬银合金，但比银金属氧化物差。

通常使用的材料是 AgNi(10)，主要应用于继电器和小电流接触器。同时为了提高 AgNi(10)的应用范围，人们通过添加适当的元素，使其电流等级扩大了 1.5 倍。

2) 银石墨AgC

AgC 触头材料有两个不同的用途：一方面石墨使 AgC 触头材料在接通高电流时具有抗熔焊性，可用于小型断路器、线路保护开关、故障电流保护开关等；另一方面石墨晶粒的层状结构具有润滑作用，可用于滑动触头。

3) 银钨AgW

AgW 触头材料中 W 含量为 20%～80%，并含少量 Ni，硬度高，随着 W 含量的增加，硬度和电阻率增大。AgW 材料的特点是对大电流电弧的承受能力强，W 含量为 70%～80% 的合金的抗电弧烧损性在所有的触头材料中是最好的。

AgW 合金的抗熔焊性与 AgNi 差不多，但低于银金属氧化物。AgW 主要应用于低压和中高压断路器以及微型断路器，为了解决抗熔焊性能有时与 AgC 配对使用。

4) 银碳化钨AgWC

由于 AgWC 在很大程度上能够阻止不导电膜的生成，因此改善了接触电阻和使用中温升逐渐增高的问题。AgWC 触头材料中 WC 的含量为 20%～80%，硬度很高。

11.1.2 触点制造工艺

Ag 基电触头材料的性能与其制造工艺密切相关。随着人们对 Ag 基电触头材料研究的深入以及工装设备水平的提高，用于生产 Ag 基电触头材料的工艺可谓多种多样，百家争鸣，很大程度上丰富了我国 Ag 基电触头材料的工艺体系和材料体系。其中最主要的制造工艺有三种：合金内氧化工艺、预氧化工艺(雾化工艺)和粉末冶金工艺，分别见图 11-1、图 11-2 及图 11-3。

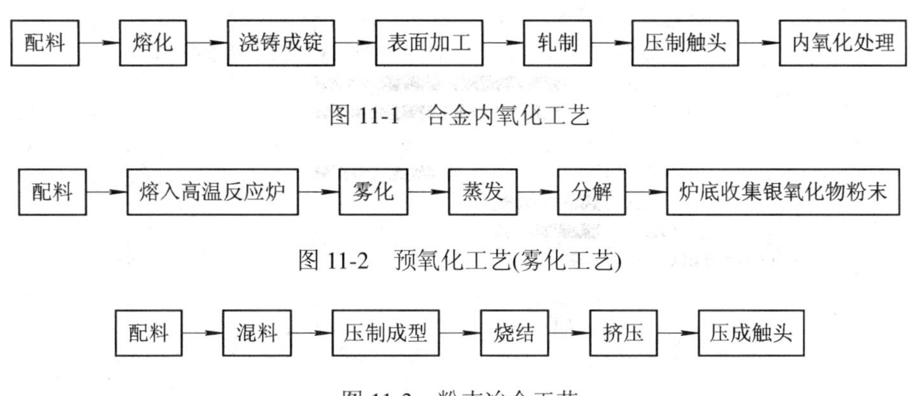

图 11-1　合金内氧化工艺

图 11-2　预氧化工艺(雾化工艺)

图 11-3　粉末冶金工艺

1. 合金内氧化工艺

20 世纪 50 年代前期，Schreiner 提出了合金内氧化法，经过多年的不断完善和创新，目前合金内氧化工艺已成为触头材料的主要生产工艺。

用合金内氧化工艺制备的银金属氧化物触头材料致密，氧化物质点细小，耐电弧腐蚀，电寿命长，但由于内氧化的原理使得材料表面和内部组织结构不一致，中间有贫氧化物区。

合金内氧化法技术要求遵循国标 GB/T13397—2008《合金内氧化法银金属氧化物电触头技术条件》。

2. 预氧化工艺(雾化工艺)

预氧化工艺是近年来研究开发的一种新型的制造银金属氧化物触头材料的先进工艺。它将粉末冶金工艺和合金内氧化工艺两者结合在一起，同时具有粉末冶金和合金内氧化两种工艺的优点。

3. 粉末冶金工艺

粉末冶金工艺是生产银基电触头材料的传统工艺，用这种工艺可以生产 AgNi、AgW、AgWC、AgC、AgCdO、$AgSnO_2$、AgCuO 等。其生产过程简单，成品率高，越来越受到人们的重视。

银触点材料在低压电器中的应用情况分别见图 11-4～图 11-6。

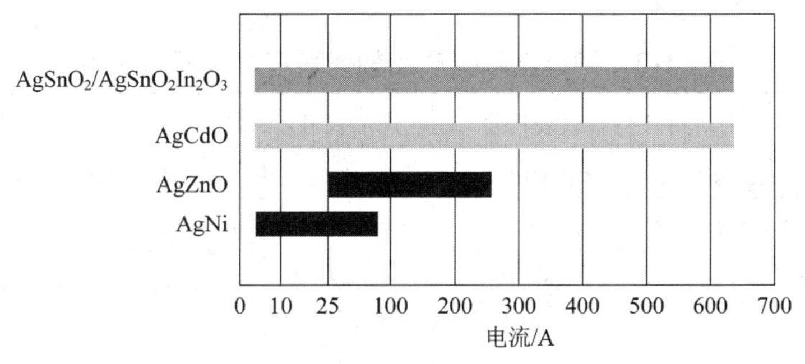

图 11-4　常用银基触头材料在低压接触器上的应用情况

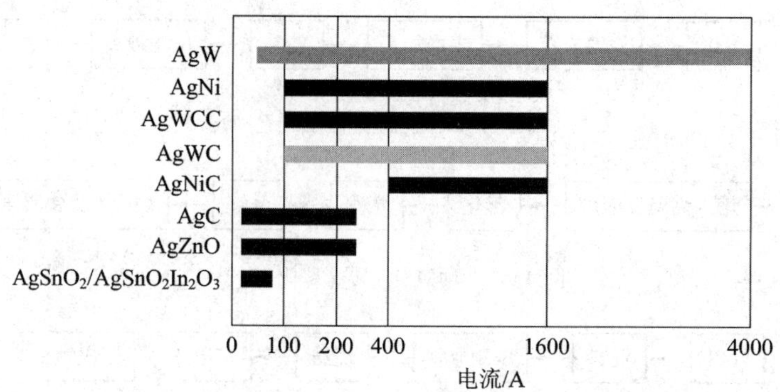

图 11-5 常用银基触头材料在低压断路器上的应用情况

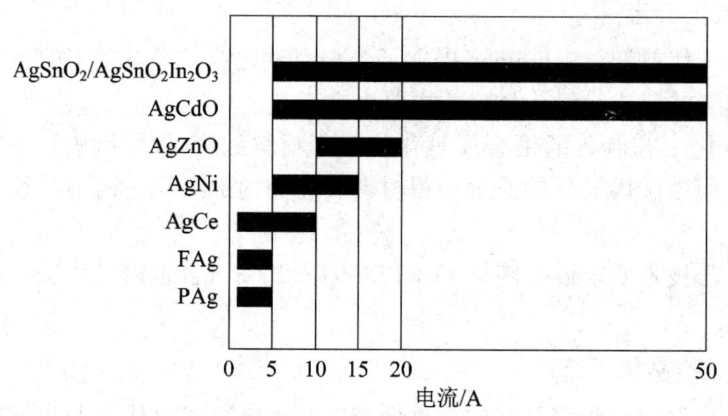

图 11-6 常用银基触头材料在低压继电器上的应用情况

11.1.3 触点的形状与尺寸

1. JB/T10383—2002 规定的电触点

电触点有铆钉型和非铆钉型。JB/T10383—2002 标准规定了铆钉银触点的代表符号及尺寸的标注方法(只有圆形)，其标注示例如表 11-3 所示。JB/T10383—2002 还规定了电触头技术条件。铆钉型触点是用铆压工艺完成的，先要制造铆具或铆压胎具，再使用冲床、油压机或特制工作台进行铆压。

表 11-3 铆钉电触头产品的代表符号及标注示例

产品形状		触头材料	代表符号	产品尺寸	标注方法
平面型	整体	Ag–Ni(10)	CAgNi(10)	$D = 4$ mm $T = 1.5$ mm $D = 2$ mm $L = 2.5$ mm $S = 0.4$ mm $R = 8$ mm	CAgNi(10) 4 × 1.5 + 2 × 2.5F
	复合	Ag–Ni(10)/Cu	CAgNi(10)/Cu		CAgNi(10)/Cu 4 × 1.5(0.4) + 2 × 2.5F
球面型	整体	Ag–Ni(10)	CAgNi(10)		CAgNi(10) 4 × 1.5 + 2 × 2.5R8
	复合	Ag–Ni(10)/Cu	CAgNi(10)/Cu		CAgNi(10)/Cu 4 × 1.5(0.4) + 2 × 2.5R8

2．GB5587—2003 规定的电触头

银基电触头既有铆钉型，也有非铆钉型，国标 GB5587—2003 规定了银基电触头的基本形状、尺寸、符号及标注，更侧重于非铆钉型的各种形状的触点尺寸，还明确了触点制造所采用的工艺是合金内氧化法(I.O)还是粉末冶金法(P.M)。表 11-4 所示为银基电触头的尺寸标注示例。

表 11-4 银基电触头的尺寸标注示例(以圆形片状为例)

电触头类型		触头材料	电触头尺寸	标注方法	
平面型	单层	AgNi(10)	D=6 mm T=1.5 mm 铜层厚 1.0 mm 球面半径 R=8 mm	AgNi(10)	$\phi 6\times 1.5$
	铜复合层	AgNi(10)/Cu		AgNi(10)/Cu	$\phi 6\times 1.5/1.0$
球面型	单层	AgNi(10)		AgNi(10)	$\phi 6\times 1.5$SR8
	铜复合层	AgNi(10)/Cu		AgNi(10)/Cu	$\phi 6\times 1.5/1.0$SR8

11.2 电触头连接工艺

触点组件的连接方法主要有铆接与焊接工艺。

11.2.1 铆接工艺

铆钉型触点采用的是铆接工艺(使用铆钉连接两件或两件以上的工件叫铆接)。

1．铆钉连接的特点

铆钉连接简单，适用于尺寸小、材料塑性好的触点，许多继电器触点和弹簧的连接均采用这种工艺。

铆接触点组件的缺点如下：

(1) 铆接触点必须有尾端(平均重量约占触点重量的 40%)。铆接工艺的贵金属利用率低。

(2) 触点和导电零件在铆接处过渡电阻高。

(3) 银触点在铆接前要经过退火，否则易产生裂纹。

2．上弹式压模的要求

当前继电器已经走向大规模自动化设备生产，小型继电器触点采用铆接工艺，其触桥有弹性，习惯上称其为簧片，材料一般采用磷青铜。继电器触点铆接时有上弹式压模，并要求：

(1) 模腔应保证洁净度及光亮度。

(2) 下模模腔深度应稍低于触点帽头厚度 0.03 mm 左右。

(3) 触点模型腔与触点应保证直径与头部 R 大小吻合。

(4) 静触点(单面动触点)上模应保证弹簧的弹性。

(5) 针对有台阶的动簧片，其上模应保证不压到动簧片台阶。

3. 铆钉连接的工艺过程

触点的铆装过程其实就是弹压式上模铆装。其上模有平模与型腔两种形式。这两种方式的簧片变形量小，而用非弹压式上模铆装簧片的变形量大，如图 11-7 所示。

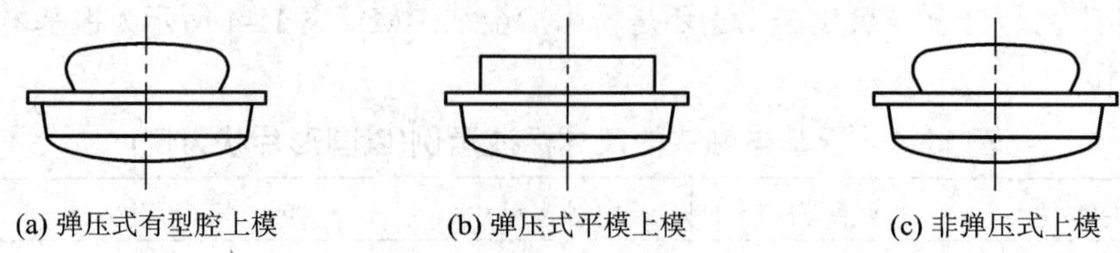

(a) 弹压式有型腔上模　(b) 弹压式平模上模　(c) 非弹压式上模

图 11-7　触点上模铆装的三种完工状态

4. 触点铆压的主要形式

触点铆压形式主要有镦压铆、翻边铆和旋铆。

(1) 镦压铆：只要尾部达到一定扩张度，能保证铆牢，触点杆部与簧片内壁孔能紧密贴合，这是最常用的办法，其缺点是簧片容易变形。

(2) 翻边铆和旋铆：零件变形量小，簧片不易变形，但尾部达到一定扩张度(直径变大程度)并不能保证铆牢，因为触点杆部与簧片内壁孔不一定能紧密贴牢，所以不太适宜用于触点铆接。

触点与簧片是否铆接牢靠，直接影响产品的电性能及寿命。当电流通过铆接牢度不够的触点簧片时，在触点与簧片连接处就会产生高电阻区并迅速升温，最终导致继电器工作失效。

因此，触点与簧片(触桥)间的连接常用焊接等先进工艺来代替铆接。

11.2.2 焊接工艺

焊接是指被焊工件的材质(同种或不同种)，通过加热、加压或两者并用，使工件的材质达到原子间的结合而形成永久性连接的工艺过程。

焊接可以连接同种金属、异种金属、某些烧结陶瓷合金以及某些非金属材料。焊接结合是由于被焊材料之间建立了原子或分子间的联系而实现的，在多数情况下焊接接头能达到与母材等强度。

1. 金属材料的可焊性

金属材料的可焊性是指在焊接时金属熔化混合后结晶，造成晶内结合而形成永久接头的能力。部分电器材料的可焊性见表 11-5。

2. 低压电器焊接概述

低压电器产品是由各种机械、电动操作机构组装而成的。其中的关键导电件如双金属组件、线圈结构组件、导电系统组件以及各种触头，在初步组装过程中 95 %以上使用了点焊、凸焊、电阻钎焊等工艺，以达到各种零件的连接成型。

按零部件的用途和构成，低压电器可大致分为：① 焊接用电极材料；② 连接、支撑零件用材料；③ 触头材料；④ 高热电阻电工合金材料；⑤ 软连接材料；⑥ 线圈用材料；⑦ 其他可焊接材料。

表 11-5　部分电器材料的可焊性

	纯铁	纯铁(镀铜)	纯铁(镀镍)	铍青铜	铍青铜(镀银)	锌白铜	膨胀合金	膨胀合金(镀银)	不锈钢	硅锰青铜	银	银(镀金)	银镁镍	银镁镍(镀金)
纯铁	1	1	1			1	1	1	1	2				
纯铁(镀铜)	1	1	1				1	1	1	3				
纯铁(镀镍)	1	1	1			3	2	3	2	2				
铍青铜				2	2	1					2		2	2
铍青铜(镀银)				2		1					2	2	2	2
锌白铜	1		3	1	1	1	1	1		1	2	2	1	1
膨胀合金	1	1	2			1	1	1		1			2	2
膨胀合金(镀银)	1	1	3			1	1	1		1			2	2
不锈钢	1	1	2							2				
硅锰青铜	2	3	2			1	1	1	2	1				
银				2	2	2								
银(镀金)					2	2								
银镁镍				2	2	1		2				2	1	1
银镁镍(镀金)				2	2	1	2	2				2	1	1

注：“1”表示可焊性较好；“2”表示可焊性较差；“3”表示可焊性很差。

焊接质量是这些部件的关键质量特性。因此，如何保证焊接工艺是低压电器产品生产过程的一个重要环节。由于低压电器产品本身的特性，要求其产品构成材料具有良好的导电性和严密的绝缘保护特性。焊接材料按照其特性可大致分为：① 导电材料；② 电工合金材料；③ 电碳制品；④ 电线电缆及其附件；⑤ 其他材料。

国内触头焊接质量标准尚未完全确定。外国企业提出触头焊接面积达到30%为合格。

触点的焊接主要有电阻钎焊与点焊。

11.2.3　电阻钎焊工艺

1. 原理

电阻钎焊是利用电流通过焊接区的电阻产生热量来焊接的。电阻钎焊电流大，焊接时间短，只有局部加热区，能保证非焊区的硬度，工件变形小，劳动强度低，操作技术易掌握，还易实行半自动化和自动化焊接。钎焊的代号为 9，触点的电阻钎焊为硬钎焊，其代号为 918，如图 11-8 所示。

所谓钎焊，就是基体金属(被焊金属)不熔化，借助于填充材料(焊料)熔化填缝而和基体金属形成接头的焊接方法。电器生产中软钎焊代号为 952，用于导线连接。

焊接过程是：先把经过清洗的触桥和触点放在下电极上，而后把厚 0.1 mm 和经过焊剂浸泡的焊料放置于触点与触桥之间，这时踩下焊机踏板，使上电极压紧触点和触桥通电加热。当焊料熔化时，断电，松开工件，待凝固后放在空气中自然冷却或放在水中强迫其冷却。

电阻钎焊原理图见图 11-9。

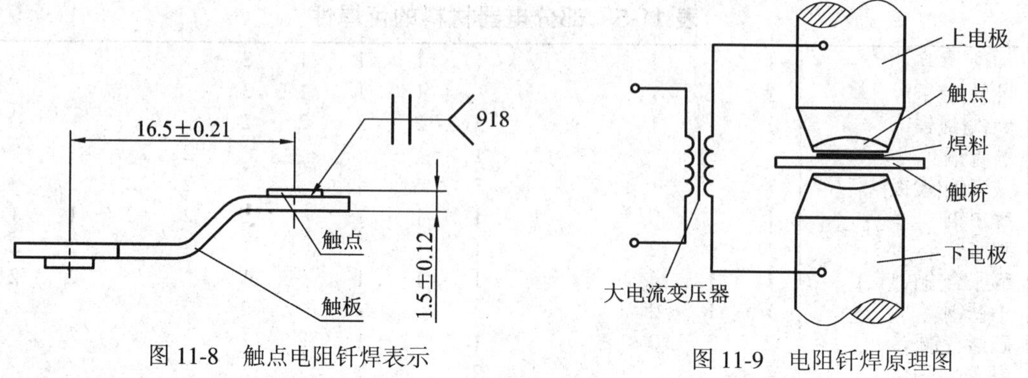

图 11-8　触点电阻钎焊表示　　　　图 11-9　电阻钎焊原理图

2. 钎焊焊料

钎焊焊料又称钎料，钎焊过程对焊料的基本要求是：焊料的熔点低于钎接金属熔点50～60℃以上，高于最高工作温度 100℃以上；熔化的焊料能很好地润湿钎接金属，即焊料要有良好的填缝能力与连接能力。

焊料的物理性能是：尽可能与钎接金属相近，不含有对钎接金属有害的成分或易生成气孔的成分，不易氧化或形成的氧化物易于除去。

电阻常用的钎料有银基焊料、铜磷焊料等，见表 11-6。

表 11-6　电阻钎焊常用钎料表

序号	型号		熔化温度/℃		钎焊温度/℃
	旧	新	固相线	液相线	
1	料 301	BAg10CuZn	815	850	850～950
2	料 302	BAg25CuZn	700	800	800～890
3	料 303	BAg45CuZn	665	745	745～845
4	料 304	BAg50CuZn	690	775	775～870
5	料 201	BCu93P	710	800	710～800
6	料 203	BCu92PSb	690	800	690～800
7	料 204	BCu80AgP	645	800	—

由表 11-6 可知，BAg45CuZn 的物理、机械、综合性能最优，尤其有突出的抗冲击性能，宜选作大电流低压电器的电触头与接触板的焊接。

BCu92PSb 是一种含磷的自钎料，与紫铜件钎焊时可不加钎剂，电阻率最高，因而最易产生电阻热而较快熔化，熔化温度低，液-固区间大，也有足够的抗拉强度，故最宜用于铜编织线与铜母线之间的焊接，这是因为铜编织线焊接时温度不宜过高，且高温时间越短越好，以免绝缘层烧焦。一般钎料常加工成厚为 0.10～0.15 mm 的箔料。

金属钎焊件表面的氧化物一般不被熔融的钎料润湿，需作清除处理。批量生产时，一般采用酸洗处理。酸洗后应及时烘干和施焊，不要等待过长时间，以免回潮和再次形成氧化膜。铜件酸洗后，一般不应钝化处理，这是因为经钝化处理后表面生成的钝化膜不利于钎焊的连接。

3. 钎焊钎剂

钎剂也称焊剂。钎焊时，使用钎剂可以清除钎料和母材表面的氧化膜，改善润湿性，并可增强金属表面活性，有利于金属间化合物的生成，但不能清除厚的氧化物层、镀层、油脂和灰尘。Cu 及 Cu 合金和其余电触头的电阻钎焊常采用的钎剂 QJ101、QJ102 或 QJ103 要与表 10-6 中的 Ag 钎料配合使用。

钎剂的熔点和最低活化温度比钎料的熔点低，不与基体金属起有碍焊接的化学反应，对基体不起腐蚀作用；钎剂具有去膜能力，毒性小，且有足够好的流动性(润湿填缝能力)，故在钎料熔化前就发挥其作用。若钎剂使用不当，则不能保证焊接质量。

电阻钎焊常用钎剂如表 11-7 所示。

表 11-7　电阻钎焊常用钎剂表

序号	型　号		主要化学成分(%)					钎焊温度/℃
	旧	新	KBF_4	H_3BO_3	B_2O_3	KF	$Na_2B_4O_7$	
1	钎剂 101	QJ101	68～71	29～32	—	—	—	550～850
2	钎剂 102	QJ102	21～25	—	33～37	40～44	—	650～850
3	钎剂 103	QJ103	>95	—	—	—	—	550～750
4	钎剂 104	QJ104	—	～	—	～	49～51	650～850

4. 电阻钎焊焊前零件的表面处理

电阻钎焊前的表面处理包括脱脂处理与清除表面氧化物等。

1) 脱脂处理——碱液清洗法

碱液配方及工艺参数如表 11-8 所示。

表 11-8　Cu 及 Cu 合金脱脂配方和工艺

脱脂材料	碱液配方/(g·L^{-1})			工艺参数	
	Na_3PO_4	$NaHCO_3$	Na_2SiO_3	温度/℃	时间/s
Cu 及 Cu 合金	50	50	15	60～80	60～180

碱液清洗法过程简单，成本低，效果好，但存在废液处理和排放的环保问题。较为先进的办法是采用阴极电化学脱脂工艺，其电解液配方及工艺参数如表 11-9 所示。进行脱脂处理后，要用清水洗净，然后干燥。

表 11-9　Cu 及 Cu 合金电解液配方及工艺参数

脱脂材料	电解液成分/(g·L^{-1})				工艺参数			
	NaOH	Na_2CO_3	Na_3PO_4	Na_2SO_3	温度/℃	电流密度/(A·dm^{-2})	电压/V	时间/s
Cu 及 Cu 合金	35～40	20～25	20～25	3～5	60～90	2～10	6～12	120～600

2) 清除表面氧化物

低压电器导电系统常使用 Cu(Tl、T2、T3)和黄铜作导体，可采用 5%～15%的 H_2SO_4。水溶液清洗后，在室温下用清水冲洗、干燥即可。经脱脂、表面氧化物处理后的零件应使用专用、干净的周转箱存放，尽快施焊，缩短存放时间。操作人员在工作时应戴上白色、

不起毛的棉织手套，不能用手接触零件。存放室要清洁、干燥，无腐蚀性有害气体。

5. 钎焊的前期准备

1) 工件定位

导电系统钎焊接缝的形成一般都是平面对平面的焊接，但要求定位准确。小型电触头与接触板或触头的焊接或凭目测，或在接触板上预压出定位点；大型电触头的钎焊一般使用定位夹具。这种夹具要求结构简单，操作方便，耐高温，既不能与钎料浸润，又不能与母材在高温下发生化学反应。

2) 钎料和钎剂的选用

电触头和铜编织线的钎焊一般都采用低电压、大电流施焊，加热迅速；对熔化温度区间大的钎料，固相线和液相线的温度相隔较远，选择的钎剂中开始熔化的温度较高者，甚至非常接近或略高于钎料的固相线，以推迟钎剂活性高潮到来的时间，从而避免钎料中低熔部分过早地流走而产生熔蚀，留下一个不熔的钎料瘤。

根据该原理，由表 11-6 和表 11-7 可更合理地搭配选用，如钎料 BAg45CuZn，钎剂最好选用 QJ104。对于大型电触头的钎焊，由于加热升温速度不快，因而 QJ102 适合于表 10-7 中序号 2、3、4 的焊接。

表 11-6 中的 BAg10CuZn 由于固相线的温度太高，因此一般不宜用于电阻钎焊，常用于火焰钎焊或炉中钎焊，钎剂用硼砂和硼酸(熔化温度为 741℃)。

表 11-6 中序号 5～8 由于成分中含有 P，其作用是能显著降低钎料的熔点，因此能自钎，而不必加钎剂。对于承受较重冲击载荷的电触头，不应采用，以免工作时脆断、脱落。

6. 钎焊工艺参数的选择

电阻钎焊过程的主要工艺参数是钎焊温度和保温时间，直接影响钎料填缝和钎料与母材的相互作用过程，对接头的质量有决定性的作用。

1) 钎焊温度

钎焊温度范围一般为从钎料的液相线温度到高于钎料液相线温度 100℃左右，如表 10-6 中序号 1～4 所示。一般钎焊的起始温度要高于液相线 25～60℃。

对于表 10-6 中序号 5～8 钎料，结晶温度的间隔较宽(达 100℃左右)。由于在固相线以上已有液相存在，具有良好的流动性，因此钎焊温度可以等于或低于钎料液相线温度，这样就可避免钎料的流失。

2) 保温时间

电阻钎焊时，液态钎料与母材相互扩散，母材向钎料中适当地熔解，可使钎料成分合金化形成固熔体，有利于提高钎焊强度。

随着钎焊温度的提高和保温时间的延长，这种相互扩散将加强，钎料熔化保温、保压一段时间是必要的，但时间过长，则会造成母材的熔蚀现象(母材向钎料的熔解加剧)，或形成金属化合物，降低焊接强度。

3) 钎焊压力

电阻钎焊时，上电极给焊接件施以一定的压力是必要的，其作用是防止钎料熔化后焊接件(如 Ag 触头)浮动错位。另外，保证钎料在一定压力下凝固，有利于细化晶粒和排出焊

渣和废气，但压力不宜过大，以防止焊接件在高温下发生塑性变形，同时过大的压力将完全挤出钎料，减小接触电阻，不利于钎焊过程，故压力要比电阻焊低，一般为 100～2000 N。焊接面积大者，取大值，压强以 1～10 MPa 为宜。

4) 焊缝

电阻钎焊时，留出一定的焊缝是必要的，使钎料在焊缝中形成固熔合金层。通常的办法是将焊接件的焊接面压花或喷丸打毛，酸洗去光。但要避免粗糙度太低的平面钎焊，注意焊接面压花应是可直通焊件周边的网纹或直纹，以利于焊接时浮渣和气体的排出。一般地，焊缝以 0.05～0.10 mm 为宜。

5) 钎料用量

钎料的用量应该足够形成焊接层及其焊件周边的包围圈。钎料太少，焊接面不足；钎料太多，则溢流出来，会造成对母材的熔蚀。一般地，钎料的面积应约为焊接面的面积(钎料箔厚 0.15 mm)。

6) 电极的选择

电阻钎焊电极材料常选用碳棒、紫铜、CuZnCr、CuCr 和 CuW80 等。其性能如表 11-10 所示。

表 11-10　电阻钎焊常用电极材料

序号	名称	牌号	性能			
			硬度 /HRB	电导率 /(S · m^{-1})	热导率 /[W · (m · ℃)$^{-1}$]	软化温度 /℃
1	紫铜	T1、T2、T3	＞53	＞58	384	150
2	铬铜	CuCr	76	43	—	475
3	铬锆铜	CuCrZr	75	43	—	550
4	铜钨 80	—	≥220	电阻率 ≤5.2 Ω · m	—	—
5	石墨	—	—	0.125	168	400～500 开始氧化

用表 11-10 中的金属材料作电极，由于其热传导性好，焊接时需采用较大电流，因此焊机的容量要大一些。如果采用石墨碳棒作电极，则易磨损，寿命短，温度分布不合理，但因其导热性较(金属材料)差，故可用较小电流和小容量焊机。综合上述优点，上电极选用金属材料，下电极用碳棒较好。若下电极要安装焊接夹具，那么下电极用金属材料，上电极用碳棒。上、下电极不要使用同种材料。

7) 钎焊后冷却

一般钎焊后的部件应在空气中自然冷却，不要入水激冷，以免内外冷却速度不均匀而产生内应力(当内应力超过一定值时，可能还会使焊缝开裂)。同时，保持一段时间的高温(>600℃)，对于焊缝与母材间的分子相互扩散、增大钎合力也是有利的。

8) 钎焊后处理

导电系统钎焊完成后，为了改善接头组织，可在低于钎料熔化温度时在加热炉中进行扩散热处理。为了消除钎焊产生的内应力，可进行低温退火处理(如双金属片与导电系统钎

焊后一般要再作低温 180℃、2 h 退火处理)。电触头与导电板钎焊后要进行镀银处理。铜编织线和薄铜带作软连接，电阻点焊或钎焊后不能再电镀，以保护编织线的绝缘层，避免电镀清洗不彻底而腐蚀。

11.2.4 点焊工艺

1. 原理

点焊是指焊接时利用柱状电极，在两块搭接工件接触面之间形成焊点的焊接方法。点焊时，先加压使工件紧密接触，随后接通电流，在电阻热的作用下工件接触处熔化，冷却后形成焊点。

点焊是电阻焊的一种，主要用于厚度为 3 mm 以下的薄板构件的焊接及钢筋等的焊接。

点焊原理见图 11-10。焊接时，先将开关 S 置于 *a* 使电容 *C* 充电，然后将开关 S 置于 *b* 使电容 *C* 放电。由此在变压器 T 的二次侧感应出一大电流并经过触点和簧片的焊点，从而将二者熔焊在一起。

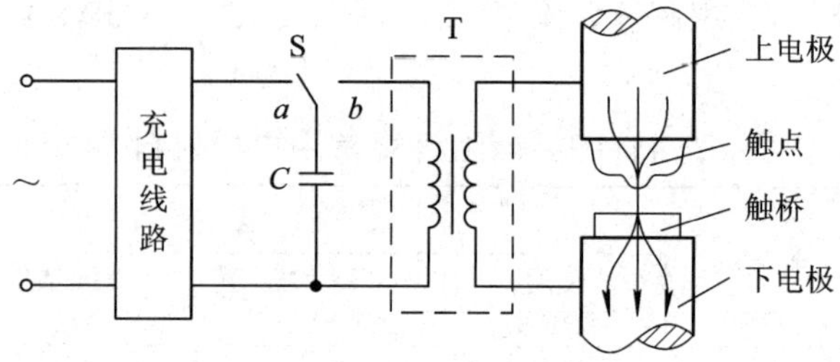

图 11-10 点焊原理图

点焊适用于小型触点的焊接、双金属软连接以及其他导电体的连接。例如，在继电器生产装配过程中，点焊因为其工艺过程简单、焊接生产效率高、污染小等被广泛运用。

点焊的优点是：不用焊料和焊剂，连接处具有高的机械强度和良好的导电性能。继电器触点除了少量采用铆接工艺外，大部分都是采用点焊工艺把触点和导电簧片连接起来的。

2. 小规格的触点点焊

一般地，焊接面积小于等于 16 mm^2 为小规格、焊接面积大于 16 mm^2 为大规格。国内触点焊接以电阻钎焊居多，但点焊具有焊接电流大(几千安培)、焊接时间短(几个周波)、生产效率高、焊接成本低的特点，所以也有许多采用点焊工艺。

以 AgC 触点为例，AgC 不宜用钎料直接焊在触桥上，因为 Ag 在液态钎料中易被溶解，石墨会在焊缝位置富集，致使焊接强度明显下降，所以应首先用脱碳的方法在焊接面包覆银层。小规格的触点焊接采用点焊工艺，如 AgC 触点，焊接面脱碳银层厚度为 0.05～0.15 mm；触桥为厚度 1.2 mm 的紫铜 T2 或黄铜 H65。注意：焊接表面应干燥、无油污。另外，触点和触桥的叠加厚度不能超过 3 mm。

在紫铜与 AgC 的焊接中，由于紫铜具有高导电导热性，因此焊接时发热小且容易散失而难以焊接。铜钨合金(W85−Cu)、纯钨、纯钼是其比较理想的电极材料，焊接时需要较大电流和较长时间。

常用电极材料的特性见表 11-11。

表 11-11 常用电极材料的特性

名 称	化学成分(%)	硬度 HV	电导率 /[(m/Ω)·m^2]	软化温度 /℃
铜	Cu≥99.9	90	57	150
铬钢	Cr0.3～	140	43	475
铬锆铜	Cr0.25～0.65 Zr0.08～0.20	135	43	550
钨	W≥99.9	420	17	1273
铜钨合金	W85，Cu15	380	18	900
钼	Mo≥99.9	150	17	1273
石墨	C≥99.5	30	15	—

值得注意的是，纯钨电极由于自身性能的限制，焊接时烧蚀较大，使用时间稍久接触面就会变脏，需要用金相砂纸修磨。表 11-12 是采用松下 DH-35L 型焊机，以钼、铜为上下电极，按照上述焊接原理进行的 Cu-AgC 焊接试验工艺参数。

表 11-12 点焊的工艺参数

参数名称	参数值	参数名称	参数值
焊接压力/MPa	0.2	焊接电流/kA	3.9
加压时间/周波	25	维持时间/周波	10
预热时间/周波	4		

值得注意的是，对于小规格触点的焊接质量检测，目前还没有一种可靠的无损检验方法，主要靠破坏性手段，检验方法有扭弯和观察金相组织。按表 11-12 的参数操作，其银层渗出良好，触点和触桥结合牢固，焊接组织均匀。

3. 电极的形状和材料

对电极的总要求是：导电导热性能好，高温下的机械强度高，耐机械磨损和电磨损，长时间使用不变形，不易粘到焊件上。有时考虑到热平衡，在较厚或导热性较好的一边往往用导电导热较差的电极；反之，选用导电导热较好的电极。总之，要根据焊件材料的性能和焊接强度的要求，选择电极的形状和材料。

电极形状没有统一标准，要根据焊件的形状、材料、尺寸、厚薄来决定，目前多采用圆形电极。但电极头部的形状是多种多样的。工作表面有平面和球面两种，平面宜作下电极，球面多作上电极。

选择电极材料的原则是：电极材料的导电导热性比焊件材料的导电导热性要好，电极材料与焊件的可焊性相差较大，以使电极材料与焊件不易粘接，常温与高温下具有抗氧化能力，加工制造方便，价格便宜。紫铜、钨铜、青铜、锰铜等常用作电极材料。

4. 点焊触点形状的处理

进行点焊的触点其与导电零件(簧片)相接触的端面上一般应设凸台，即在导电零件上应设锥形孔(若焊点半径很小，则不需要)，见图 11-11。

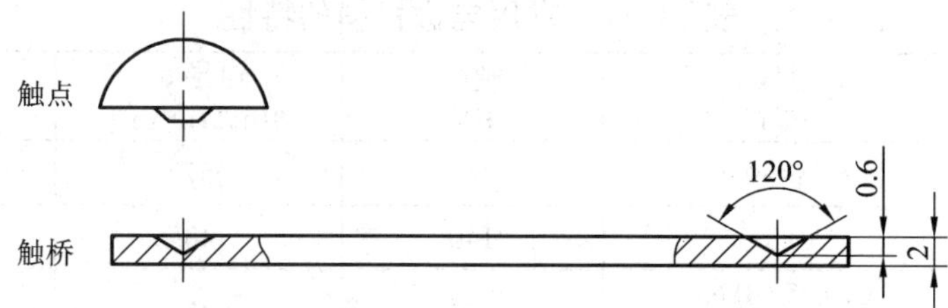

图 11-11 点焊触点凸台和触桥锥形孔

11.2.5 检验项目与工艺文件

1. 检验项目

触点检验项目主要有外观检验、焊缝检测、机械强度检测等。

1) 外观检验

外观检验一般采用目测或低倍放大镜(5～10 倍)观察，检查焊件是否存在如表 11-13 所示的缺陷。按 JB/T6966—1993 钎焊外观评定方法，钎缝质量应达到Ⅰ级或Ⅱ级。

表 11-13 钎焊外观质量要求

级别	质 量 要 求
Ⅰ级	钎缝表面连续致密，焊角光滑均匀，呈明显的凹下圆弧过渡；表面不允许存在裂纹、针孔、气孔、疏松节瘤和腐蚀斑点，钎料对基体金属无可见凹陷性熔蚀
Ⅱ级	钎缝无未钎满，焊角连接，但均匀性较差；焊缝表面有少量、轻微的分散性气孔、疏松和腐蚀性斑点，但不允许有裂纹和针孔；钎料对基体金属有可见的凹陷性熔蚀，但其深度不超过基体金属厚度的 5%～10%

2) 焊缝检测

焊缝检测主要检测是否存在气孔、夹渣，钎接面积是否不足(应大于等于 85%)。

3) 机械强度检测

钎焊强度的检测方法可按 GB/T11363—2008《钎焊接头强度试验方法》执行。

2. 检测规则

成品入库检验应按 GB/T2828.1—2003 进行一次抽样检验，外观按一般检查水平Ⅱ抽样，合格质量按 AQL=2.5 判定。每批抽外观无缺陷的 3 件，按内部探伤方法检验，进行(0，1)判断。必要时进行机械强度检测，如更改焊接工艺参数或更换钎料、钎剂作对比试验时，按 GB/T11363—2008 钎焊接头强度试验方法进行。

试样的材料、钎剂、钎料、施焊的工艺参数应与实际焊件和工艺相同，并应用相似的原理来获得试验的实际价值。

3. 检验卡片

触点一般由专业厂家生产，所以电器生产企业主要通过检验来把关触点质量，编制触点组件焊接的工艺卡片并执行。若企业提供触点组件成品，则只需编制检验卡片。编制触点组件检验卡片的要点如下所述。

触桥的检验项目有：① 可靠焊接面积；② 尺寸，主要是触点在安装后影响装配或与装配有关的尺寸，部件图样上会有标注；③ 外观，要求表面光洁，无损伤、划痕，焊缝四周呈浸润状。

检验水平除外观可全检外，可靠性焊接面积按 S-4，其他可按一般检验水平Ⅱ，AQL=1.5。

触点的检验卡片按图样的要求，内容包括焊接质量、外观、材质及尺寸，这些技术要求可参见 JB/T10383—2002。图 11-12 为电阻钎焊触点检验卡片示例。

XX电器有限公司	检验卡片	产品型号	CJ20-40	零件图号	XX301-08-00	CJ20-40-2540-08-00
		产品名称	交换接触器	零件名称	桥形触头	共 1 页　第 1 页

工序号	工序名称	车间	检验项目	技术要求	检验手段	检验方案	检验操作要求
			1. 可靠焊接面积	可靠焊接面积≥80%	采用JTUIS-11A超声成像采用质检系统或撬开目测	按GB/T2828.1，IL=S4，AQL=1.5，根据需要撬开检验	按JTUIS-11A操作规程
			2. 尺寸	1.1±0.05	游标卡尺0～150/0.02	按GB/T2828.1，IL=S3，AQL=1.5，按二次抽样检验	
			3. 尺寸	15±0.13	游标卡尺0～150/0.02	按GB/T2828.1，IL=S3，AQL=1.5，按二次抽样检验	
			4. 外观	表面光洁，无损伤、划痕且焊缝四周呈浸润状	目测	IL=1，AQL=1.5	
			5. 材质	CAgO(12)/0.2 0.5锡青铜带 QSn6.5-0.1Y2	质保书		

图 11-12　触点检验卡片

11.2.6　触点制造综述

1. 冲压加工触点生产线

目前杭州、沈阳、上海都已引进触点生产线，根据生产的触头，流程有所不同，所焊的银接点也不同，有的是银丝，有的是片状银触点。这种生产线用于生产小容量产品，使用铜带料，由几台冲床组成。具体流程如图 11-13 所示。

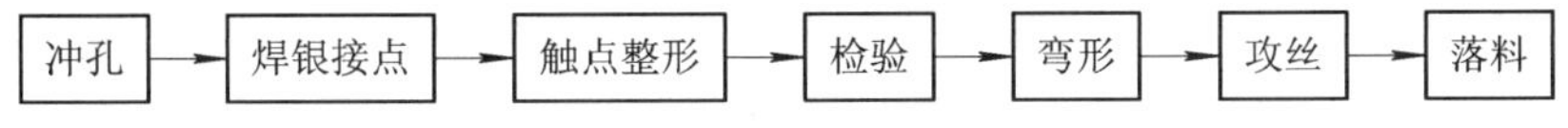

图 11-13　冲压加工触点生产线流水图

2. 触头焊接的质量检验说明

触头焊接的质量对触头的质量影响很大，所以触头加工工艺应保证产品质量。对于触头铆压的质量，铆压力是主要影响因素，只要将铆压力调整合适即可。影响触头焊接质量

的因素较多，所以采用很多方法检验焊接质量，从而控制触头质量。检验方法有：

(1) 破坏性检验：用铲刀把焊好的触头铲开，检查焊接状况。国内多采用这种方法。

(2) 超声波检验：把焊接完的触头放在水槽中用超声波扫描，焊好部分是实的，未焊好部分是虚的。

(3) X 光摄像：用 X 射线扫描焊接完的触头，用图像处理技术判断焊接情况。西门子公司的断路器生产线、触头焊接生产线就采用这种方式来控制质量。

后两种检验方式在国内采用得较少，国内触头焊接质量标准尚未完全确定。

✧✧✧✧✧ 实践与思考 11.1 ✧✧✧✧✧

(1) 请以图 11-12 按 JB/T10383—2002 的技术要求编制其检验卡片。

(2) 结合表 11-14 标注示例(AgCdO(12)(P.M)/Cu)说明银基电触头的代表符号的含义。

(3) 请说明图 11-12 中触点焊接符号的含义。

表 11-14 银基电触头的尺寸标注

电触头类型			电触头材料	电触头尺寸	标注方法
矩形片状电触头	平面型	单层	AgCdO(12)	$L = 10$ mm， $B = 5$ mm， $T = 1.5$ mm， 铜层厚 0.2 mm， 球面半径 $R = 8$ mm	AgCdO(12) $10 \times 5 \times 1.5$
		铜复合层	AgCdO(12)/Ag		AgCdO(12)/Ag $10 \times 5 \times 1.5$
	球面型	单层	AgCdO(12)		AgCdO(12) $10 \times 5 \times 1.5\ R8$
		铜复合层	AgCdO(12)/Ag		AgCdO(12)/Ag $10 \times 5 \times 1.5\ R8$

项目十二　电器冲压件

12.1 冲压加工

12.1.1 冲压的分类与材料

在低压电器产品中，有 50%～70% 的零件是用冲压加工方法制造出来的。因此冲压工艺水平的高低直接决定电器产品制造的质量、效率及成本。

冲压是利用模具在压力机上对毛坯施加压力，使之产生变形或分离，从而获得一定形状尺寸和性能的零件。

冲压加工的三要素是：冲压材料、冲压工艺与模具、冲压设备。

1. 按变形特点分类

(1) 分离工序：主要包括冲裁、剪切、切口等，其特点是板料受力达到抗剪强度时发生破坏，使其一部分与另一部分相互分离，见表 12-1。

表 12-1　分离工序的分类、性质

工序名称		工 序 简 图	工 序 性 质
冲裁	落料	废料　工件	用模具沿封闭线冲切板料，冲下的部分为工件，其余部分为废料
	冲孔	工件　废料	用模具沿封闭线冲切板料，冲下的部分为废料，其余部分为工件
剪切			用模具切断板料，切断线不封闭
切口			用模具在板料上将板材部分切开，切口部分发生弯曲
切边			用模具将拉深或半成品边缘部分的多余材料切掉

(2) 成型工序：主要包括弯曲、拉深、翻边、整形等。其特点是：板料受力超过屈服极限时小于强度极限，使其产生塑性变形，从而得到一定形状，见表 12-2。

表 12-2　成型工序的分类、性质

类别	名称	工序简图	工序性质
成型	弯曲		用模具使板料弯成一定角度或一定形状
	拉深	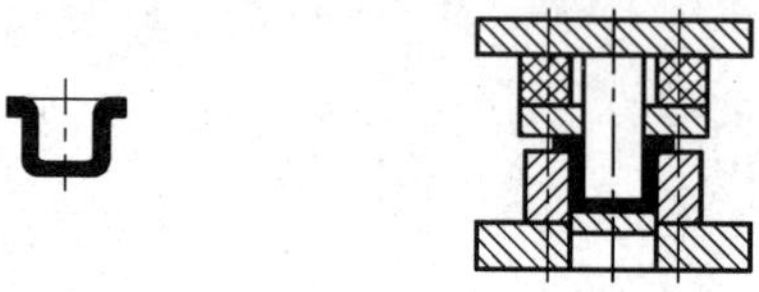	用模具使板料压成任意形状的空心件
	起伏(压肋)		用模具使板料局部拉伸成凸起和凹进形状
	翻边	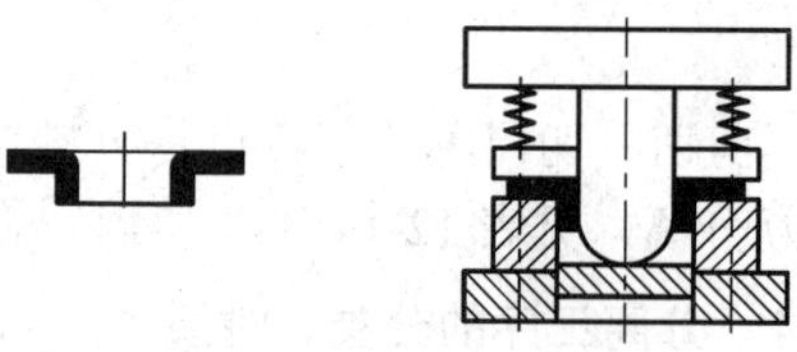	用模具使板料上的孔或外缘成直壁
	缩口	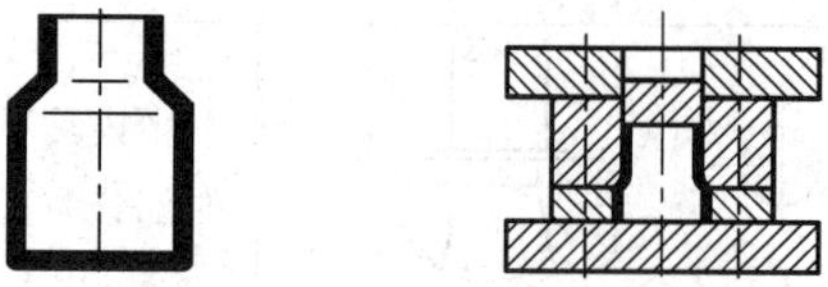	用模具对空心件口部施加由外向内的径向压力，使局部直径减小
	整形	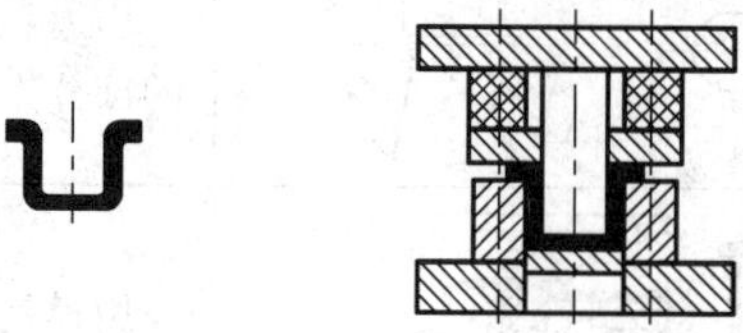	将工件不平的表面压平，将原先的弯曲件或拉深件压成正确形状

为提高劳动生产率，常将多个基本工序合并成一起，如落料拉深、弯曲切断、冲孔翻边等，称之为复合工序。

2. 常用冲压材料种类

常用的冲压材料分为金属与非金属两类。非金属材料一般有胶木板、橡胶、塑料板等；金属材料见表 12-3。

表 12-3 金属材料分类与部分材料强度

分类		材料举例(材料状态)	抗剪强度 τ/MPa	抗拉强度 σ_b/MPa
黑色金属	普通碳素结构钢板	Q195(未退火)	260～320	320～400
		Q235(未退火)	310～380	380～470
	优质碳素结构钢板	08(已退火)	260～360	330～450
		08F(已退火)	330～450	280～390
		10(已退火)	260～340	300～440
		20(已退火)	280～400	360～510
	低合金强度结构钢板	Q345(16Mn)	510～600	490
	电工硅钢板	DT1、DT2、DT4E(已退火)	180	230
	不锈钢板	1Cr13(已退火)	320～380	400～470
		06Cr17Ni12Mo2(316)	470～510	520
有色金属	铜及铜合金	T1、T2(软态/硬态)	160/240	200/300
		H62、H68(软态/半硬态)	260/300	300/380
	铝及铝合金	1060(已退火)	80	75～110
		3A21(已退火)	70～110	110～145
		2A12(已退火)	105～150	150～215
	青铜类	QBe2(软态/硬态)	240～480/520	300～600/660
		QSn4-3(软态/硬态)	260/480	300/550

3. 材料要求

按冲压设计、工艺要求，冲压材料应具备：

(1) 良好的塑性。塑性良好可减少冲压工序及中间退火工序。这对拉深及翻孔工艺尤为重要。

(2) 较好的表面质量。材料表面应光洁平整，无缺陷损伤、锈斑、氧化皮等。

(3) 材料厚度公差应符合国家标准。这对弯曲、拉深尤为重要，若不符合，则会影响制件质量，可能损坏模具和冲床。

注：所谓塑性，是一种在某种给定载荷下材料产生永久变形的材料特性。对大多数工程材料来说，当其应力低于比例极限时，应力-应变关系是线性的。

4. 材料的表示

(1) 厚度低于 4 mm 的轧制普通碳素结构钢板，按国标 GB708—2006 规定，钢板的厚度精度可分为 A、B、C 三级，分别表示高级、较高级、普通级。

(2) 优质碳素结构钢板，根据 GB710—2006 的规定，按钢板表面质量可分为Ⅰ、Ⅱ、Ⅲ、Ⅳ四组，分别代表特别高级、高级、较高级、普通级精整表面。

(3) 每组按拉深级别又可分为 Z、S、P，分别为最拉深、深拉深和普通拉深。

在冲压工艺文件和图纸上，对材料的表示方法应按上述规定完整表示。

例如，08 钢，1.5 mm 厚，较高级精度，高级精整表面，深拉深级的钢板可表示如下：

$$\text{钢板}\ \frac{\text{B}-1.5-\text{GB/T708}—2006}{08-\text{II}-\text{S}-\text{GB/T710}—2006}$$

其中，分子为厚度精度、钢的规格尺寸与国标号，分母为材料牌号、表面质量等级、拉深等级及国标号。

对于冲裁件，不需要考虑拉伸性能，材料则只需要写出分子部分。例如，电工用热轧硅钢薄钢板：

硅钢板 DR255-35-0.35×350×1500-GB5212—85

电器中常用的有色金属有纯铜、黄铜、锡磷青铜、铍青铜、铝等。例如，

铍青铜 QBe2-GB/T5233—1985、黄铜板 H62Y1.5×600×1200-GB2041—89

常用冲压材料的表示参见附录 C。

12.1.2 冲裁工艺

冲裁是利用模具使板料产生分离的冲压工序。它包括切断、剪裁、落料、冲孔、切边、剖切、切舌等工序。冲裁工艺既可以制作成品零件，又可为弯曲、拉深等工序制作毛坯。本书限于篇幅，仅研究简单的冲裁工艺。

1. 冲裁工艺过程的三个阶段

(1) 弹性变形阶段：材料内应力尚未超出屈服极限。

(2) 塑性变形阶段：材料内应力达到屈服极限(部分材料被挤进凹模洞口，产生塑性变形，形成光亮带)。

(3) 断裂阶段：材料内应力达到剪切强度 (被剪断而分离，形成断裂带)。

2. 冲压件标准

冲压件的技术标准有：

(1) GB/T13914—2002《冲压件尺寸公差》。

(2) GB/T13915—2002《冲压件角度公差》。

(3) GB/T15055—2007《冲压件未注公差尺寸极限偏差》。

(4) GB/T13916—2002《冲压件形状和位置未注公差》。

(5) JB/T4129—1999《冲压件毛刺高度》。

这些标准解决了冲压件的重要尺寸、未注尺寸及形位公差的问题，利用这些标准，冲压件重要尺寸公差等可在零件中直接标注，未注公差要求则直接写在图样的技术要求中。

3. 冲裁零件的技术分析

冲压件的标准都是推荐标准，实际的冲压生产过程中不一定按此标准执行。对于一般的冲裁，尺寸可以取 IT10～IT11 级，粗糙度推荐采用 *Ra*12.5～3.2，但实际标注时只标注冲裁要求，并不标注 *Ra* 值。

在对冲裁件进行技术分析时，要结合图样上的说明进行分析。如果出现上述国标要求，则可结合这些标准分析；如果没有国标要求，则可以结合图样上指示的企业、行业标准。当然也可参考国标要求。

分析的内容包括以下几个方面：① 主要加工表面的尺寸精度；② 主要加工表面的形状精度；③ 主要加工表面之间的相互精度；④ 各加工表面的粗糙度，以及表面质量方面的其他要求(零件的表面粗糙度要求比较严格时，可能光靠原材料保证不了，后续会加一些

其他工艺，如抛光、电镀等)；⑤ 热处理要求及其他要求。

根据零件结构的特点，在认真分析了零件主要表面的技术要求之后，对零件的加工工艺就有了初步的认识。

12.1.3　冲压件的结构工艺性

国标 GB/T30570—2014《金属冷冲压件　结构要素》给出了一般结构的冷冲压件结构要素及常用工艺限制数据，一般结构的冷冲压件结构工艺性应严格按此进行分析。

1. 一般原则

GB/T30570—2014 指出了冷冲压件工艺的一般原则：

(1) 冷冲压件设计应合理，形状要尽量简单、规则和对称(有利于排样)，以节省材料，减少制造工序，延长模具寿命，降低工件成本。

(2) 形状复杂的冷冲压件可考虑分成数个简单的冲压件后再用连接方法制成。

(3) 本标准给出的结构尺寸限制是根据工件质量和经济效益确定的。

2. 冲裁件结构要素分析与尺寸标注

(1) 采用模具一次冲制完成的冲裁件，其外形和内孔应避免尖角，宜有适当的圆角。一般圆角半径 R 应大于等于板厚 t 的 0.5 倍，即 $R \geqslant 0.5t$。

这样过渡设计既便于模具加工，也能减少冲压时开裂。

(2) 冲孔尺寸：优先选用圆形。冲孔的最小尺寸与孔的形状、材料力学性能和材料厚度 t 有关，无保护套凸模冲孔的直径 d 或边宽 a 按表 12-4 的规定选取。

这里孔的尺寸不能过小是因为受凸模强度的限制。

表 12-4　自由凸模冲孔直径 d 或边宽 a 的参考值(t 为材料厚度)

材　料	d	a	a, b	a, b
钢(Rm>690 MPa)	$d \geqslant 1.5t$	$a \geqslant 1.35t$	$a \geqslant 1.2t$	$a \geqslant 1.1t$
钢(490<Rm≤690 MPa)	$d \geqslant 1.35t$	$a \geqslant 1.2t$	$a \geqslant 1.0t$	$d \geqslant 0.9t$
钢(Rm≤490 MPa)	$d \geqslant 1.0t$	$d \geqslant 0.9t$	$d \geqslant 0.8t$	$d \geqslant 0.7t$
黄铜、铜	$d \geqslant 0.9t$	$d \geqslant 0.8t$	$d \geqslant 0.7t$	$d \geqslant 0.6t$
铝、锌	$d \geqslant 0.8t$	$d \geqslant 0.7t$	$d \geqslant 0.6t$	$d \geqslant 0.5t$

注：Rm 和 σ_b 都是抗拉强度符号，前者是 GB/T228—2002 规定的，σ_b 则是旧国标 GB/T228—1987 规定的。考虑到引用的许多标准及书籍还沿用老标准，所以本书以 σ_b 为主。

(3) 悬臂与凸槽(凸出凹入尺寸)：冲裁件上应避免窄长的悬臂与凸槽(狭槽)，见图 12-1(a)。一般凸出和凹入部分的宽度 B 应大于或等于板厚的 1.5 倍，即 $B \geqslant 1.5t$。对高碳钢、合金钢等较硬材料，允许值应增加 30%～50%；对于黄铜、铝等软材料，应减少 20%～50%。

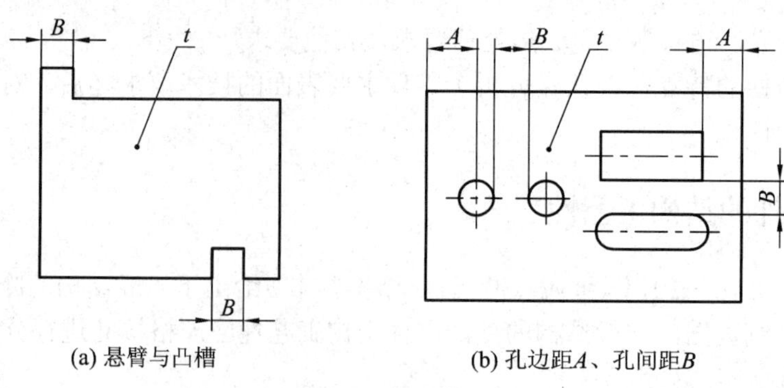

(a) 悬臂与凸槽　　(b) 孔边距A、孔间距B

图 12-1　悬臂与凸槽

(4) 孔边距和孔间距：受凹模强度和制件质量的限制，孔边距 A 及孔间距都应大于或等于板 t 的 1.5 倍，即 $A \geqslant 1.5t$，$B \geqslant 1.5t$，见图 12-2。

(5) 冲裁件尺寸的基准应尽可能与制造模具时的定位基准重合，并选择在冲裁过程中不参加变化的面或线为基准，见图 12-2。

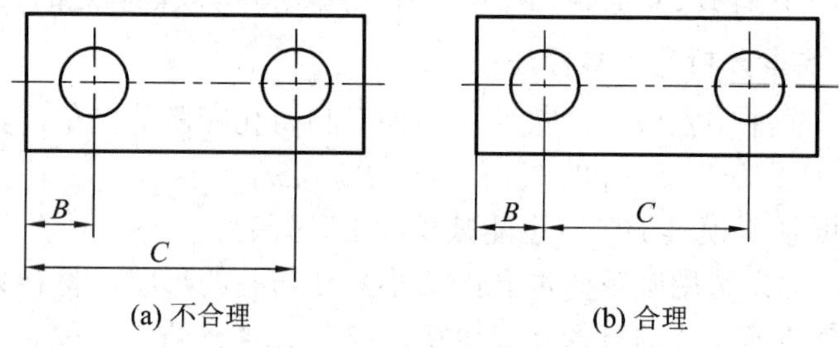

(a) 不合理　　(b) 合理

图 12-2　冲裁件的尺寸标注

3. 弯曲与拉深

(1) 弯曲半径：弯曲件的弯曲半径 r 应标注在内半径上。

弯曲件的弯曲半径应选择适当，不宜过大或过小。常用材料的最小弯曲半径参照 JB/T5109—2001 中的表 1 选用，它与材料及压弯线和轧制纹向都有关系。

(2) 弯曲件直边高度：弯曲成直角时，弯曲件直边高度 h 应大于弯曲半径 r 加上板厚 t 的 2 倍(见图 12-3(a))，即 $h > r + 2r$。

(3) 弯曲件孔边距：弯曲件上孔的边缘离弯曲变形区宜有一定距离，以免孔的形状因弯曲而变形。最小孔边距 $L = r + 2t$，见图 12-3(b)。

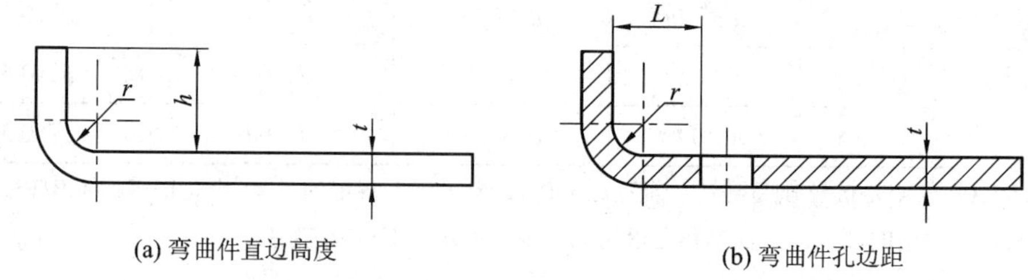

(a) 弯曲件直边高度　　(b) 弯曲件孔边距

图 12-3　弯曲件的直边高度和孔边距要求

(4) 圆筒形拉深件圆角半径：底部圆角半径 r_1 应选择适当，一般为板厚 t 的 3～5 倍；凸缘圆角半径 r_2 应选择适当，一般为板厚 t 的 5～8 倍，见图 12-4。

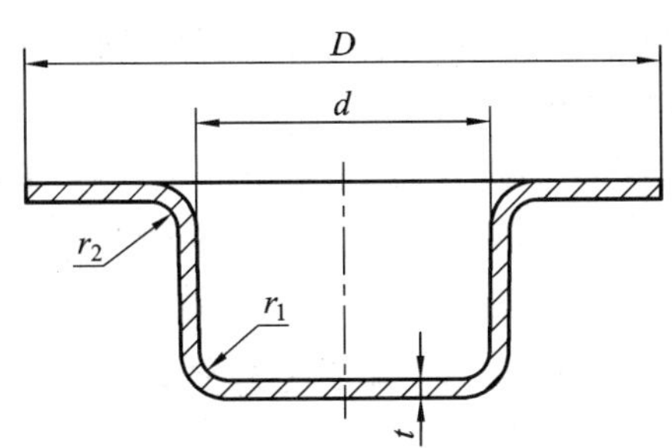

图 12-4　圆筒形拉深件圆角半径

4. 其他说明

(1) 依据冲压件的材料分析能否满足冲压性能，表面质量怎样，材料的厚度公差是否符合国家标准。

(2) 结合生产批量、模具制造成本，对冲压加工进行经济性分析。

5. 评价冲压零件结构工艺性的原则

冲压零件的成本在产品设计阶段就已经大部分被确定下来了，因此在满足其功能和使用要求的前提下，设计人员需要着重考虑冲压零件的结构工艺性。

(1) 有利于简化冲压工艺，减少零件废品，确保质量稳定。

(2) 有利于降低对材料可成型性能的要求，减少材料的品种和规格，提高材料的利用率。

(3) 有利于简化模具设计、制造以及维修，并能提高模具工作部件的使用寿命。

(4) 有利于批量生产操作，便于组织实施机械化和自动化。

(5) 有利于保证零件焊接、装配以及表面处理等工艺要求。

(6) 有利于采用现有设备、工装和工艺流程进行生产制造。

(7) 有利于零件的通用性和互换性。

12.1.4　冲裁件的排样

制件在板料或条料上的布置方法称为排样。排样好坏对于减少材耗、提高劳动生产率和延长模具寿命有很大关系。

按工件在条料上的布置方法还可分为直排、斜排、直对排、斜对排、混合排、多行排和冲裁搭边等，见图 12-5。

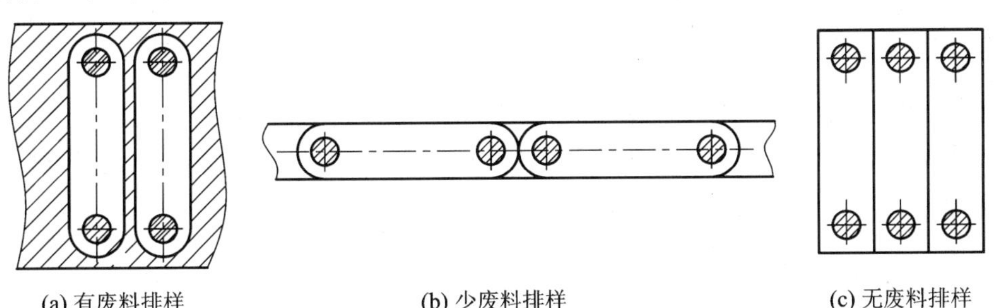

图 12-5　排样的基本方法

利用 CAD 软件，无论简单还是形状复杂的冲压件，通过摆出各种不同的排样方法，经分析计算，确定出合理的排样方案。

排样时，工件之间或工件与条(板)料之间留下的余料称为搭边。搭边量要合理确定，搭边量过大，材料利用率低；搭边量过小，对模具寿命和工件质量最不利。搭边量可查表 12-5 选取经验值，其中条料宽度 *B* 的偏差按表 12-6 选取。

表 12-5 最小工艺搭边值

材料厚度	圆件及 $r>2t$ 的圆角		矩形件边长 $L\leqslant 50$ mm		矩形件边长 $L>50$ mm 或圆角 $r\leqslant 2t$	
	a	a_1	a	a_1	a	a_1
≤0.25	1.8	2.0	2.2	2.5	2.8	3.0
0.25～0.5	1.2	1.5	1.8	2.0	2.2	2.5
0.5～0.8	1.0	1.2	1.5	1.8	1.8	2.0
0.8～1.2	0.8	1.0	1.2	1.5	1.5	1.8
1.2～1.6	1.0	1.2	1.5	1.8	1.8	2.0
1.6～2.0	1.2	1.5	1.8	2.5	2.0	2.2
2.0～2.5	1.5	1.8	2.0	2.2	2.2	2.5
2.5～3.0	1.8	2.2	2.2	2.5	2.5	2.8
3.0～3.5	2.2	2.5	2.5	2.8	2.8	3.2
3.5～4.0	2.5	2.8	2.5	3.2	3.2	3.5
4.0～5.0	3.0	3.5	3.5	4.0	4.0	4.5
5.0～12	$0.6t$	$0.7t$	$0.7t$	$0.8t$	$0.8t$	$0.9t$

注：表中搭边值适用于低碳钢，对于其他材料，应将表中数值乘以下列系数——中等硬度的钢 0.9，软黄铜和紫铜 1.2，硬钢 0.8，铝 1.3～1.4，硬黄铜 1～1.1，非金属 1.5～2，硬铝 1～1.2。

表 12-6 条料宽度偏差

条料宽度 *B*	条料宽度偏差			
	≤1	1～2	2～3	3～5
≤50	0.4	0.5	0.7	0.9
50～100	0.5	0.6	0.8	1.0
100～150	0.6	0.7	0.9	1.1
150～220	0.7	0.8	1.0	1.2
220～300	0.8	0.9	1.1	1.3

材料费用一般占冲压件成本的 60%以上，故合理排样对节约材料、提高经济效益具有重要意义。

12.1.5 成型工艺简介

成型工艺主要包括弯曲、拉深、翻边、整形等。其特点是：板料受力超过屈服极限，小于强度极限，使其产生塑性变形，从而得到一定形状。

1. 弯曲

将板料、棒料、管材或型材弯成具有一定曲率、角度和形状的冲压工序称为弯曲。弯曲工序利用模具在曲柄压力机、摩擦压力机或液压机上进行。

弯曲也可以在其他专用设备(如弯板机、弯管机或滚弯机)上进行。

2. 拉深

拉深是利用模具将平面坯料变成开口空心件的冲压工序。拉深可以制成圆筒形、阶梯形、球形、锥形、盆形及其他复杂形状的开口空心零件。拉深工艺在电器制造中有一定的应用。

拉深件尺寸范围较大，精度较高，一般可达 IT9～IT10 级。

拉深工艺可在普通冲床、双动冲床或液压机上进行。

3. 整形

整形是通过局部胀形而产生凸起或凹下的冲压加工方法。其作用为增强刚度和强度、表面装饰或标记，如加强筋、压凸包、压字、压花。

4. 翻边

翻边是利用模具将板料的内孔或外缘翻成竖直边缘的一种成型工艺。其作用为加工形状较为复杂且有良好刚度的立体制件，在冲压件上制取铆钉孔、螺纹底孔等。

12.1.6　冲压设备

冲压设备属于锻压机械，我国锻压机械的型号用汉语拼音字母和阿拉伯数字来表示，参见 JB/T9965—1999《锻压机械　型号编制方法》。

1. 通用锻压机械型号

冲压加工中常用压力机属于锻压机械中的一类，通用锻压机械型号表示方法见图 12-6。

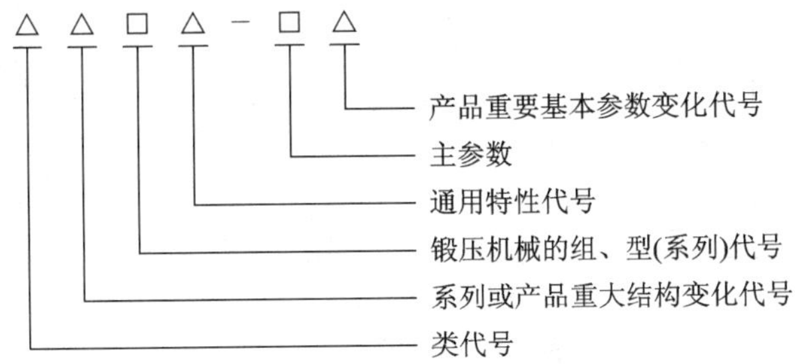

图 12-6　通用锻压机械型号表示方法

(1) 类代号：字母代表锻压机械类别，见表 12-7。详细内容可参阅机标。

表 12-7　锻压机械类别代号

类别	代号	类别	代号	类别	代号	类别	代号
机械压力机	J	液压压力机	Y	自动压力机	Z	锤	C
锻机	D	剪切机	Q	弯曲校正机	W	其他	T

(2) 系列或产品重大结构变化代号：凡属产品重大结构变化和主要结构不同者分别用正楷大写字母 A、B、C…加以区别。

(3) 锻压机械的组、型(系列)代号：每类锻压机械分为 10 组，每组分为 10 个型(系列)，用两位数字组成。

(4) 通用特性代号：如 K 代表数字控制，Y 代表液压传动代号等。

(5) 主参数：采用实际数值或实际数值的十分之一(如公称力 kN)表示。

(6) 产品重要基本参数变化代号：凡是主参数相同而重要的基本参数不同者用 A、B、C…加以区别，位于主参数之后。

2. 剪板机与机械压力机

冲裁加工，一般先用剪切机(如龙门式或开式剪板机、滚剪机等)将钢厂出品的大块板料冲剪成条料或块料以用作冲压的板坯，然后用压力机将板坯经几道工序冲裁成成品。所以与冲裁件有关的设备为剪切机与机械压力机两类。

(1) 最常见的剪切机是剪板机，如手动剪板机、板料直线剪板机、板料曲线剪切机、联合冲剪机、型材棒料剪断机等。板坯加工一般采用板料直线剪板机。

剪切机的主参数采用实际数值，即可剪板厚×可剪板。例如：

QC11K-6 × 2500：表示数控闸式剪板机，可剪板厚 6 mm，可剪板宽 2500 mm。

又如：

QA12-3 × 1300：表示摆式直线剪板机，可剪板厚 3 mm，可剪板宽 1300 mm。

一般剪 4 mm 以下规格的板材，选用机械剪板机即可。

(2) 机械压力机。机械压力机“J”的组、型(系列)代号见表 12-8，J 后面如加字母 A、B、C 等，依次表示第一、二、三种变型，短横后面的数字是主参数，代表压力机公称压力的 1/10。

表 12-8 机械压力机别、组别划分

组	手动压力机										单柱压力机										开式压力机									
系		01	02	03	04	05	06	07	08	09	10	11	12	13	14	15	16	17	18	19	20	21	22	23	24	25	26	27	28	29
机械压力机名称		齿条式压力机	螺旋式压力机	杠杆式压力机	台式压力机							单柱固定台压力机	单柱活动台压力机	单柱柱形台压力机								开式固定台压力机	开式活动台压力机	开式可倾台压力机	开式转台压力机	开式双点压力机			开式柱形台压力机	开式底传动压力机
组	闭式压力机										拉深压力机										其他压力机									
系	30	31	32	33	34	35	36	37	38	39	40	41	42	43	44	45	46	47	48	49	90	91	92	93	94	95	96	97	98	99
机械压力机名称		闭式单点压力机	闭式单点切边压力机	闭式侧滑块压力机			闭式双点压力机	闭式双点切边压力机		闭式四点压力机		闭式单点单动拉深压力机	闭式双点单动拉深压力机	开式双动拉深压力机	底传动双动拉深压力机	闭式单点双动拉深压力机	闭式双点双动拉深压力机	闭式四点双动拉深压力机	闭式三动拉深压力机			分度台压力机	冲模回转头压力机		底传动精密压力机	精密冲裁压力机				

压力机除标称压力(公称压力)外，选型时还需要考虑行程、每分钟行程次数、压力机的装模高度、压力机工作台面尺寸、漏料孔尺寸、模柄孔尺寸、电动机功率等其他参数。表 12-9 是开式双柱可倾式压力机的常见型号及部分参数。

表 12-9　开式双柱可倾式压力机部分参数

型　号	标称压力/kN	滑块行程/mm	行程次数/次(/min)	连杆调节长度/mm	最大装模高度/mm	工作台尺寸(前后×左右)/(mm×mm)	模柄孔尺寸(直径×深度)/mm	电动机功率/kW
J23-10A	100	60	145	35	180	240×360	ϕ30×50	1.1
J23-16	160	55	120	45	220	300×450	ϕ30×50	1.5
JD23-25	250	10～100	55	55	270	370×560	ϕ50×70	2.2
J23-40	400	80	45(90)	65	330	460×700	ϕ50×70	5.5
JC23-40	400	90	65	60	210	380×630	ϕ50×70	4
J23-63	630	130	50	80	360	480×170	ϕ50×70	5.5
JB23-63	630	100	40(80)	80	400	570×860	ϕ50×70	7.5
JC23-63	630	120	50	80	360	480×710	ϕ50×70	5.5
J23-80	800	130	45	90	380	540×800	ϕ60×75	7.5
J23-100	1000	130	38	100	480	710×1080	ϕ60×75	10
J23-100A	1000	16～140	45	100	400	600×900	ϕ60×75	7.5
JA23-100	1000	150	60	120	430	710×1080	ϕ60×75	10
JB23-100	1000	150	60	120	430	710×1080	ϕ60×75	10
J23-125	1250	130	38	110	480	710×1080	ϕ60×75	10

压力机的标称压力已经系列化，有 63 kN、100 kN、160 kN、250 kN、400 kN、630 kN、800 kN、1000 kN、1250 kN、1600 kN。

压力机的装模高度也非常重要，它指滑块在下止点时滑块底平面到工作台上平面的高度。调节压力机连杆的长度，可以调节装模高度的大小。模具的闭合高度应在压力机的最大装模高度与最小装模高度之间。

3. 压力机的确定

1) 普通冲裁力

普通平刃刀口的冲裁，比如将大规格钢板剪成条料，其冲裁力 F 可按下式计算：

$$F = KLt\tau_b \tag{12-1}$$

式中：F 为冲裁力；L 为冲裁周边长度；t 为材料厚度；τ_b 为材料抗剪强度；K 为系数。系数 K 是考虑到实际生产中模具间隙的波动和不均匀，刃口的磨损、板料力学性能和厚度波动等因素的影响而给出的修正系数。一般取 $K = 1.3$。

在一般情况下，材料的抗拉强度 $\sigma_b = 1.3\tau_b$。为计算方便，冲裁力也可按下式计算：

$$F = Lt\sigma_b \tag{12-2}$$

2) 卸料力、推件力和顶件力

在冲裁过程中，冲裁力是变化的。通常冲裁力指冲裁力的最大值，它是选择压力机和设计模具的重要依据。

(1) 冲压过程所产生的总冲压力主要由卸料力、推件力和顶件力等构成。这三种力可采用经验公式计算：

$$F_{卸} = K_{卸}F \tag{12-3}$$

$$F_{推} = nK_{推}F \tag{12-4}$$

$$F_{顶} = K_{顶}F \tag{12-5}$$

其中：n 为卡在凹模里冲裁件或废料的数量。

$F_{卸}$、$F_{推}$、$F_{顶}$ 与冲件的轮廓形状、冲裁间隙、板料种类和厚度、润滑情况、凹模洞口形状有关，具体可查阅表 12-10。

表 12-10 卸料力、推件力、顶件力系数

料厚/mm		$K_{卸}$	$K_{推}$	$K_{顶}$
钢	≤0.1	0.06～0.09	0.1	0.14
	>0.1～0.5	0.04～0.07	0.065	0.08
	>0.5～2.5	0.025～0.06	0.05	0.06
	>2.5～6.5	0.02～0.05	0.045	0.05
	>6.5	0.015～0.04	0.025	0.03
紫铜、黄铜		0.02～0.06	0.03～0.09	
铝、铝合金		0.03～0.08	0.03～0.07	

注：卸料力系数 $K_{卸}$ 在冲孔、大搭边和轮廓复杂时取上限值。

(2) 压力机所需的总冲压力的计算。

采用弹压卸料装置和下出件模具时：

$$F_{总} = F + F_{卸} + F_{推}$$

采用弹压卸料装置和上出件模具时：

$$F_{总} = F + F_{卸} + F_{顶}$$

采用刚性卸料装置和下出件模具时：

$$F_{总} = F + F_{推}$$

3) 压力机公称压力的确定

压力机的公称压力应不低于冲压力。

4. 冲压模具

图 12-7 为冲模结构图。

冲压模具按工艺性质可分为冲裁模、弯曲模、拉深模、成型模，按工序组合可分为单工序模、复合模、级进模。

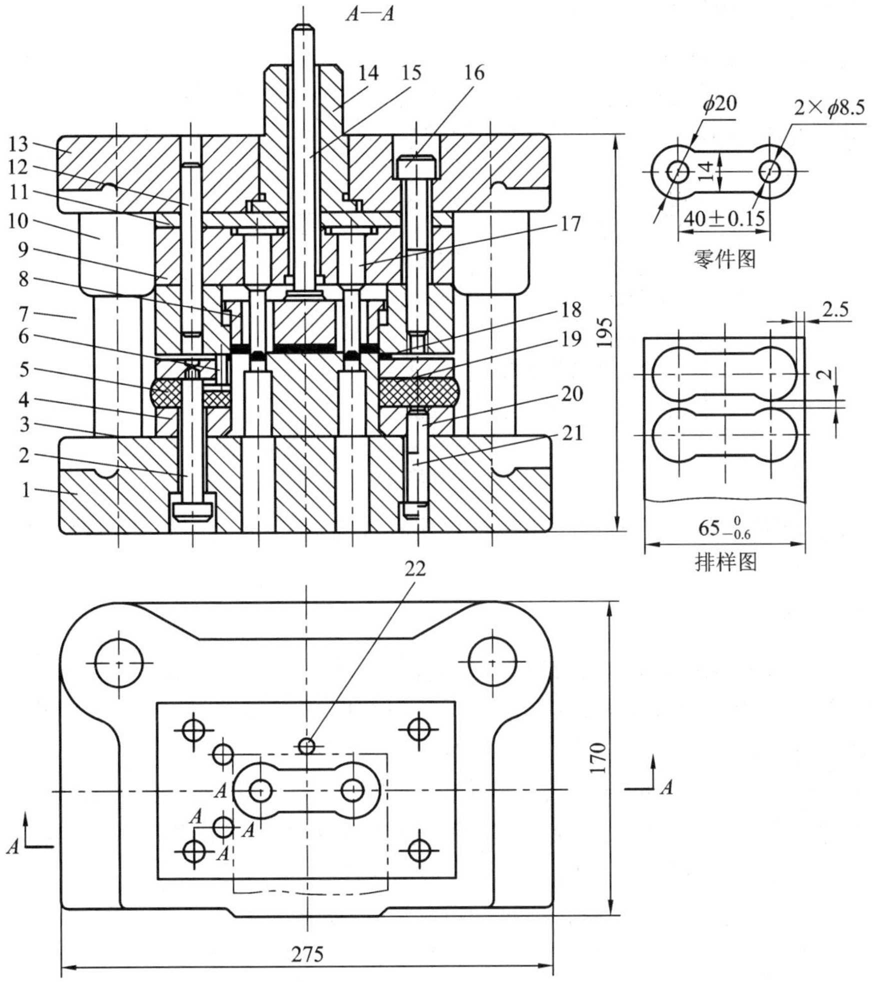

1—下模板；
2—卸料螺钉；
3—导柱；
4—固定板；
5—橡胶；
6—导料销；
7—落料凹模；
8—推件块；
9—固定板；
10—导套；
11—垫板；
12、20—销钉；
13—上模板；
14—模柄；
15—打杆；
16、21—螺钉；
17—冲孔凸模；
18—凹凸模；
19—卸料板；
22—挡料销

图 12-7　冲模结构图

12.2　冷冲压工艺规程

12.2.1　冷冲压工艺规程的分析与计算

冷冲压工艺规程一般可由冷冲压工艺卡片和冷冲压工序卡片组成。其中，冷冲压工序卡片往往包括裁板、冲压及成型工艺部分。这里仅介绍冲裁件工艺的编写，可根据以上分析与计算，编写压板的工艺文件。

1. 零件分析及工艺方案分析

压板零件图如图 12-8 所示，材料为 Q235-A，年生产 5000 只，该零件属于大批生产。该零件结构工艺性分析如下：

(1) 该零件结构简单、对称，有利于排样。

(2) 零件没有尖角，圆角过渡。

(3) 没有过小的孔，没有悬臂与狭槽，没有太小的孔边距与孔间距 B。

(4) 长度尺寸“40”为 10 级公差，经济精度，粗糙度符合一般冲裁要求。

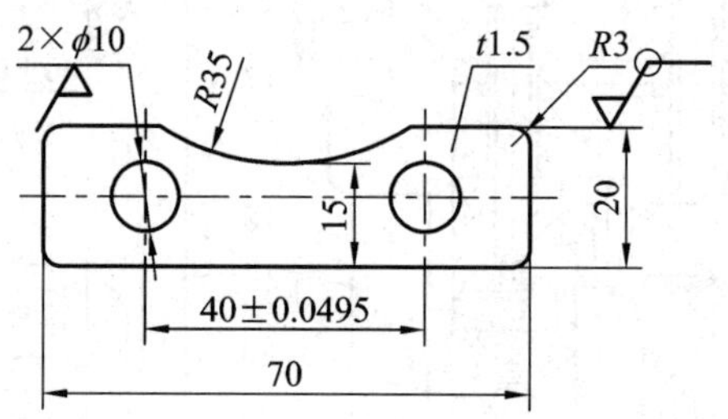

图 12-8 压板零件图

压板零件加工工序包括剪板、外轮廓冲裁、内孔冲裁三道工序，冲压工艺规程包括一张冲压工艺卡片和三张冲压工序卡片。

2. 排样及毛坯尺寸

(1) 确定搭边量及条料宽度偏差。根据材料为 Q235、厚度为 1.5 及边长等参数信息，查阅表 12-5 及表 12-6 可知搭边量 $a = 1.8$，$a_1 = 2$，条料宽度 B 的偏差为 0.6(注：B 也可查询 JB/T4381—2011 中的表 1)。

(2) 表 12-11 列出了热轧钢板的部分尺寸规格(GB/T709)。可据此表，利用 CAD 软件进行模拟排样，找出材料利用率高的排样方案为：钢板规格为 2000×710，每条规格为 710×74，共 27 条，每条可冲裁 33 只。所以每块钢板可冲裁成品 891 只。

表 12-11 热轧钢板的尺寸规格(部分)

钢板公称厚度/mm	按下列钢板宽度的最小和最大长度/mm											
	500	650	700	710	750	800	850	900	950	1000	1100	1250
0.35、0.50 0.55、0.60	1200	1400	1420	1420	1500	1500	1700	1800	1900	2000		
0.65、0.70、 0.75	2000	2000	1420	1420	1500	1500	1700	1800	1900	2000		
0.80、0.90	2000	2000	1420	1420	1500	1500	1700	1800	1900	2000		
1.0	2000	2000	1420	1420	1500	1500	1700	1800	1900	2000		
1.2、1.3、 1.4	2000	2000	2000	2000	2000	2000	2000	2000	2000	2000	2000	2500 3000
1.5、1.6、 1.8	2000	2000	2000	2000 6000	2000 6000	2000 6000	2000 6000	2000 6000	2000 6000	2000 6000	2000 6000	2000 6000
2.0、2.2	2000	2000	2000 6000	2000 6000	2000 6000	2000 6000	2000 6000	2000 6000	2000 6000	2000 6000	2000 6000	2000 6000

(3) 根据工件尺寸及搭边量，确定材料的毛坯尺寸及裁剪方向。其排样送料图如图12-9所示。

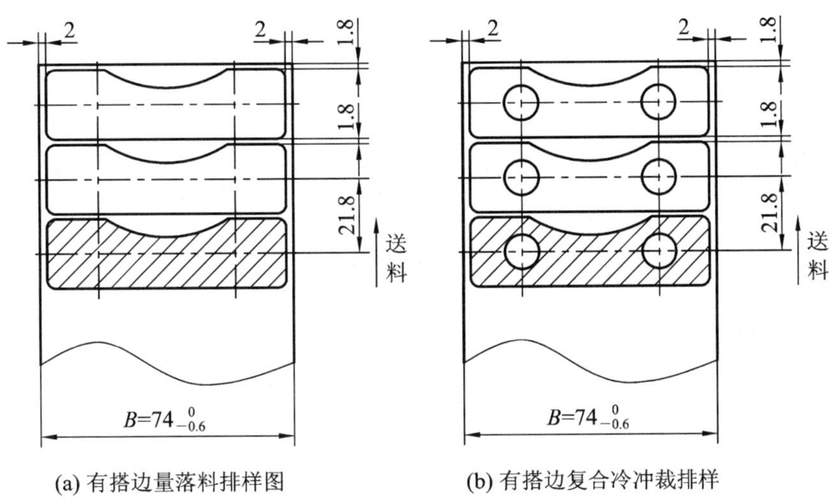

(a) 有搭边量落料排样图　　(b) 有搭边复合冷冲裁排样

图 12-9　排样送料图

3. 确定压力机

这里采用弹压卸料装置和上出件模具的方式说明冲裁力的计算方法。

1) 对落料

要计算冲裁力，需要知道轮廓的周长。通过 AutoCAD 软件并借助查询功能，容易得到外轮廓周长 $L=176.6710$。

而 Q235 材料的抗拉强度为 $\sigma_b=420$ MPa(取表 12-3 中的值)，根据式(12-2)，冲裁力(落料力)：

$$F=Lt\sigma_b=176.6710\times1.5\times420=111\ 303\ \text{N}$$

查表 12-10，钢材料，厚度为 1.5，取 $K_{卸}=0.06$，$K_{顶}=0.06$，因此

$$F_{卸}=K_{卸}F=0.06\times111\ 303=6678\ \text{N}$$

$$F_{顶}=K_{顶}F=0.06\times111\ 303=6678\ \text{N}$$

所以总冲压力为

$$\sum F=F+F_{卸}+F_{顶}=111\ 303+6678+6678=124\ 659\ \text{N}=124.7\ \text{kN}$$

压力机吨位为

$$p=(1\sim1.2)\times124.7=124.7\sim150\ \text{kN}$$

2) 对冲孔

周长 $L=2\times31.4159=62.8318$，冲裁力(冲孔力)为

$$F=Lt\sigma_b=62.8318\times1.5\times420=39\ 584\ \text{N}$$

卸料力为

$$F_{卸} = K_{卸}F = 0.06 \times 39\ 584 = 2375\ \text{N}$$

顶料力为

$$F_{顶} = K_{顶}F = 0.06 \times 39\ 584 = 2375\ \text{N}$$

所以总冲压力为

$$\sum F = F + F_{卸} + F_{顶} = 39\ 584 + 2375 + 2375 = 44\ 334\ \text{N} = 44.3\ \text{kN}$$

压力机吨位为

$$p = (1 \sim 1.2) \times 44.3 = 44.3 \sim 53.2\ \text{kN}$$

3) 确定压力机

综合以上两种情况可知，压力机吨位应该为 150 kN，查表 12-9，取标称压力为 160 kN 的压力机，即选 J23-16。如果采用复合模，则前两种情况需要相加，即压力机吨位为 203.2 kN，查表 12-9，取标称压力为 250 kN 的压力机 JD23-25。

这里略去了压力中心的计算，实际加工中，只要压力中心不偏离模柄直径，就认定不会影响模具的使用质量。另外，选择时也没有考虑装模尺寸等其他因素。

12.2.2 冷冲压工艺规程的填写

1. 冷冲压模板处理

在工艺图表中，可以将冲压工艺文件的模板进行修改，并定义企业名称及文件编号的单元格，加以保存。

在此基础上，将冲压工艺文件修改为冲压工序文件，更名保存。

最后利用系统已有的冷冲压工艺规程，创建并修改(添加)模板的附加卡片，如冲压工序卡片及工艺附图。添加公共信息后即可使用。

2. 表头、签名及公共信息的填写

(1) 表头部分的填写与其他卡片类同。

(2) 表头下的材料牌号为 Q235-A，规格为 2000×710×1.5，或只填写厚度“*t*1.5”；其他可参见 12.2.1 节的“排样及毛坯尺寸”。

(3) 能共享的信息应尽量纳入，如各卡片的材料及牌号、工艺编制人员信息等。

3. 冲压工艺卡片与冲压工序卡片的填写

冲压工艺卡片主体部分的填写比较简单，但要注意工序图大小、位置合适，尺寸标注要统一清晰，无关尺寸不要标，轮廓线要加粗等。落料工序图一般第三个为正处于冲压的工件，所以凸模需要剖视。

另外，模具的编号可以用零件图号外加模具工艺装备的编号(可查阅标准 JB/T9164—1998)。压板的冲压工艺规程如图 12-10～图 12-13 所示。

××电器有限公司	冷冲压工序卡片	产品型号	继电器	零件图号	XD302-3	2223	
		产品名称	JD205-3	零件名称	压板	共 1 页	第 1 页

材料牌号及规格	材料技术要求	毛坯尺寸	每毛坯可制件数	毛坯重量	辅助材料
钢板Q235-A, t1.5		710×2000	891		

工序号	工序名称	工序内容	加工简图	设备	工艺装备	工时
1	剪	剪条料$2000\times74_{-0.6}^{0}$	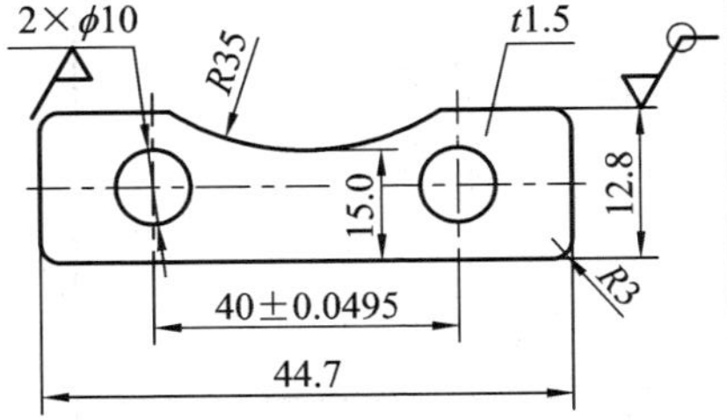 2×ϕ10　R35　t1.5　15.0　12.8　R3　40±0.0495　44.7	剪板机	钢直尺0~200	
				Q11-2×1600		
2	冲	落料		J23-16	XD302-3.214(1)	
				压力机	落料模	
3	冲	冲孔		J23-6.3	XD302-3.214(2)	
				压力机	冲孔模	

标记	处数	更改文件号	签字	日期	标记	处数	更改文件号	签字	日期	设计(日期)	审核(日期)	标准化(日期)	会签(日期)	

图 12-10　冲裁件工艺卡片

<table>
<tr><td colspan="3" rowspan="2">××电器有限公司</td><td colspan="2" rowspan="2">冷冲压工序卡片</td><td>产品型号</td><td>继电器</td><td>零件图号</td><td>XD302-3</td><td colspan="2">2323</td></tr>
<tr><td>产品名称</td><td>JD205-3</td><td>零件名称</td><td>压板</td><td>共 1 页</td><td>第 1 页</td></tr>
<tr><td colspan="3">材料牌号及规格</td><td>材料技术要求</td><td>毛坯尺寸</td><td colspan="2">每毛坯可制件数</td><td>毛坯重量</td><td colspan="3">辅助材料</td></tr>
<tr><td colspan="3">钢板Q235-A, $t1.5$</td><td></td><td>2000×710</td><td colspan="2">27</td><td></td><td colspan="3"></td></tr>
<tr><td>工序号</td><td>工序名称</td><td colspan="2">工 序 内 容</td><td colspan="3">加 工 简 图</td><td colspan="2">设备</td><td>工艺装备</td><td>工时</td></tr>
<tr><td>1</td><td>剪</td><td colspan="2">用剪板机剪条料，每条$2000\times74_{-0.6}^{\ 0}$</td><td colspan="3">710
$74_{-0.6}^{\ 0}$
2000</td><td colspan="2">剪板机Q11-2×1600</td><td>钢直尺0~200</td><td></td></tr>
<tr><td>标记</td><td>处数</td><td>更改文件号</td><td>签字</td><td>日期</td><td>标记</td><td>处数</td><td>更改文件号</td><td>签字</td><td>日期</td><td></td></tr>
<tr><td colspan="2">设计(日期)</td><td colspan="2">审核(日期)</td><td colspan="2">标准化(日期)</td><td colspan="2">会签(日期)</td><td colspan="3"></td></tr>
</table>

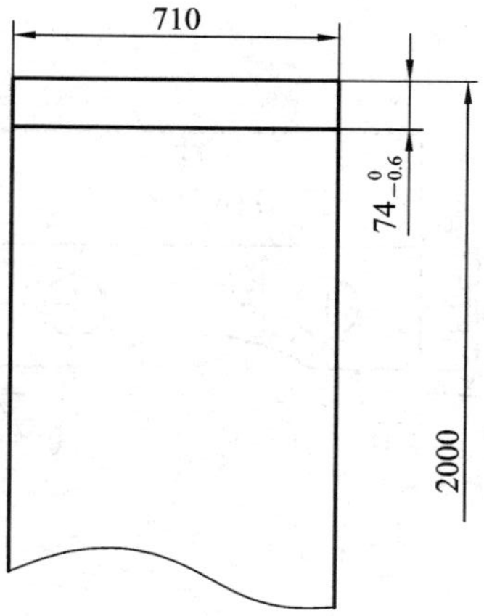

图 12-11　冲裁件工序卡片(一)

××电器有限公司	冷冲压工序卡片	产品型号	继电器	零件图号	XD302-3	2323	
		产品名称	JD205-3	零件名称	压板	共 1 页	第 1 页

材料牌号及规格	材料技术要求	毛坯尺寸	每毛坯可制件数	毛坯重量	辅助材料
钢板Q235-A, t1.5		74×2000	33		

工序号	工序名称	工序内容	加工简图	设备	工艺装备	工时
1	冲	落料	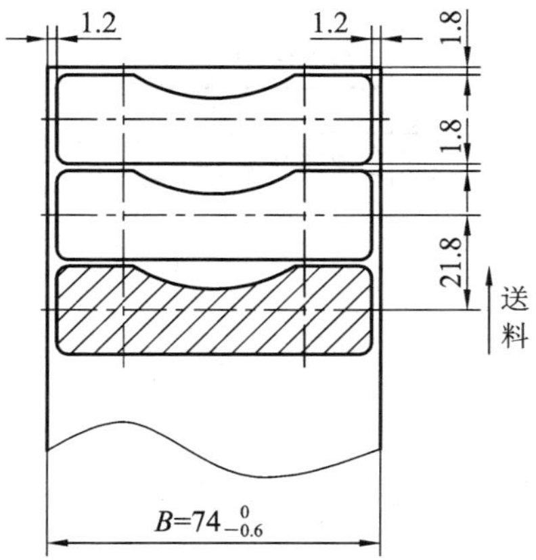 1.2 1.2 1.8 1.8 21.8 送料 $B=74_{-0.6}^{\ 0}$	压力机 J23-16	落料模 XD302-3.214(1)	

										设计(日期)	审核(日期)	标准化(日期)	会签(日期)	
标记	处数	更改文件号	签字	日期	标记	处数	更改文件号	签字	日期					

图 12-12 冲裁件工序卡片(二)

X X电器有限公司	冷冲压工序卡片	产品型号	继电器	零件图号	XD302-3	2323
		产品名称	JD205-3	零件名称	压板	共 1 页 第 1 页

材料牌号及规格	材料技术要求	毛坯尺寸	每毛坯可制件数	毛坯重量	辅助材料
钢板Q235-A, t1.5			1		

工序号	工序名称	工序内容	加工简图	设备	工艺装备	工时
1	冲	冲孔	2×ϕ10 40±0.0495	压力机 J23-16	冲孔模 XD302-3.214(2)	

										设计(日期)	审核(日期)	标准化(日期)	会签(日期)	
标记	处数	更改文件号	签字	日期	标记	处数	更改文件号	签字	日期					

图 12-13 冲裁件工序卡片(三)

✧✧✧✧✧ 实践与思考 12.1 ✧✧✧✧✧

(1) 写出表 12-3 中三种不同类型的冲压件材料的全称并解释其含义。

(2) 请分析图 12-14 所示的异形垫片(材料为 Q235-A)，指出该零件的不合理结构及原因。

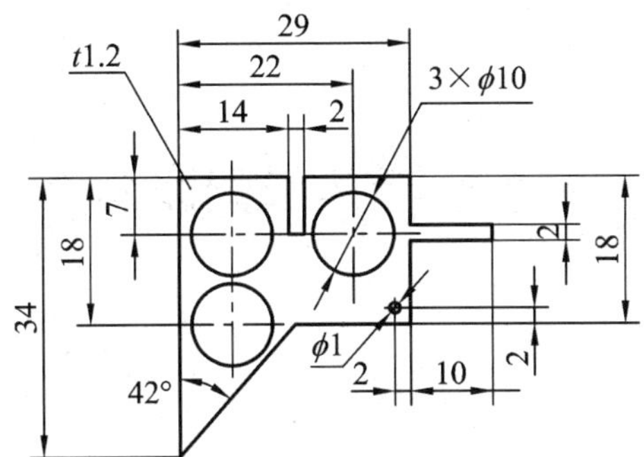

图 12-14　结构工艺性分析

(3) 依照中批生产类型，编制如图 12-15 所示的凸板冲压件的工艺文件。

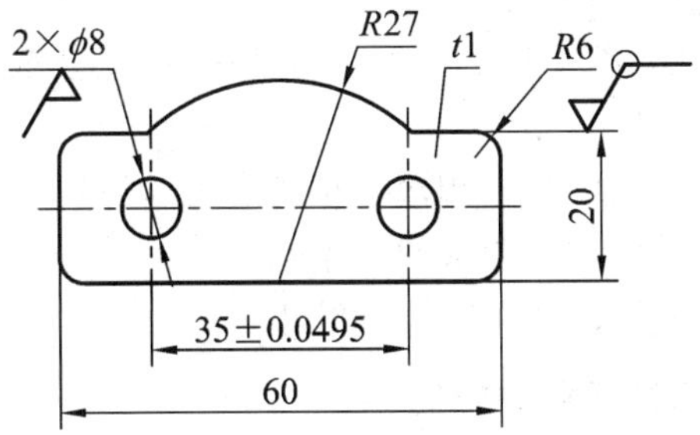

图 12-15　凸板(材料为 08F)

项目十三　电器装配工艺

13.1　电器装配理论

13.1.1　电器装配概述

电器产品都是由若干个零件、组件和部件组成的。根据规定的技术要求，将零件组合成组件和部件，并进一步将零件、组件和部件组合成产品的过程称为电器装配。

1. 电器零部件、组件与合件

(1) 零件：组成电器的基本元件。多数零件都是预先装成合件、组件或部件才进行总装。

(2) 合件：由若干零件通过焊接、铆接、粘接等方法进行永久连接。

(3) 组件：一个或几个合件和几个零件的组合。

(4) 部件：一个或几个组件、合件或零件的组合。

2. 电器设计图样的工艺性审查的好处

在研究电器产品装配工艺之前，要先进行电器设计图样的工艺性审查。

电器设计图样的工艺性审查可使新设计的产品在满足技术要求的前提下符合一定的工艺性要求，以便在现有生产条件下用比较经济、合理的方法制造出来，并便于使用和维修。当现有生产条件不能满足设计要求时，工艺人员可及时提出新的工艺方案、设备、工装设计要求或外协加工要求。

在电器设计图样的电器工艺性审查过程中，工艺人员可向设计部门提供新工艺的技术成果、技术改造的建议和内容，以便改进设计，并向设计部门提出工艺继承性的要求，审查设计图样是否最大限度地采用了典型电器装配设计，以利于尽可能地采用典型电器装配工艺和标准电器装配工艺。

3. 电器设计图样的工艺性审查内容

(1) 审查产品总体布局及电器装配方案的可行性，产品各分系统、组件、部件间电器装配连接、焊接的可行性。有时对结构设计稍作修改，不需要增加多大的加工量就可以大大简化装配操作。

(2) 审查产品电气图样与相关结构图样的一致性，以及图样中所选用材料、元器件、外购件和标准件等的正确性。

(3) 分析产品的安全性设计、热设计、减振设计、可靠性设计、电磁兼容性设计和维修性设计是否满足工艺性要求。

(4) 比较设计方案中主要技术性能指标的实现与实际系统图、电路图之间的经济性。

(5) 分析产品重要部件、关键部件在本所或外协加工的可行性。任何一种产品总有一个或几个关键零部件，任何一个零件装配到产品上，总有一个或几个关键尺寸、形位公差必须保证，并把它纳入质量保证体系，加以控制，以便得到经装配后满意甚至免验的产品。

(6) 分析产品在调试、使用、维护、保养方面是否方便、安全。

4. 电器产品的可装配性

产品的可装配性实质上就是对产品装配工艺性的评价。

(1) 从技术角度考虑，装配必须是合理可行的。可装配性的技术特性主要是指装配元件便于抓取，装配工具易于操作，以及装配位置可达、定位可靠和检测可行等方面的内容。

(2) 从经济角度考虑，在保证质量的前提下应尽可能降低装配成本，从而降低总的生产成本。可装配性的经济性主要是指装配操作的效率、装配资源的消耗、装配公差的分布、零件的标准化程度和材料成本等。

例如，通过以下公式可定量对产品工艺性进行评价：

① 产品制造劳动量(T)：

$$T=\sum_{i=1}^{n}\sum_{j=1}^{p}t_p \tag{13-1}$$

式中：T 为产品制造劳动量；n 为产品中的零件数；p 为加工第 i 个零件所需工序数；t_p 为加工第 i 个零件第 j 道工序的工时数。

② 材料利用系数(K_m)：

$$K_m=\frac{\text{产品净量}}{\text{该产品材料消耗工艺定额}} \tag{13-2}$$

③ 产品的工艺成本(S)：

$$S=N(V_1+V_2+V_3+V_4+V_5) \tag{13-3}$$

式中：S 为产品的工艺成本，单位为元；N 为产品年产量，单位为件；V_1 为通用设备年折旧费和维修费，单位为元/件；V_2 为通用工艺装备年折旧费和维修费，单位为元/件；V_3 为材料费，单位为元/件；V_4 为工时费，单位为元/件；V_5 为能源费，单位为元/件。

④ 电路继承性系统(K_c)：

$$K_c=\frac{\text{图中所用标准电路数}+\text{借用电路数}}{\text{图中电路总数}} \tag{13-4}$$

(3) 从社会特性考虑，产品装配应受社会因素的制约。其主要内容是指装配体的可拆性(便于装配维修)、元件的可重复利用性、材料的可回收性，以及所涉及的环保问题等。

13.1.2 装配工艺尺寸链

1. 尺寸链的分类方法

(1) 按应用场合，尺寸链可分为零件尺寸链和装配尺寸链。

(2) 按尺寸链在空间的位置，它可分为线性尺寸链、平面尺寸链和空间尺寸链。

(3) 按尺寸链之间的联系方式，它可分为并联尺寸链、串联尺寸链和混联尺寸链，见图 13-1。

① 并联尺寸链：两条相互联系的尺寸链中存在公共环。其特点是：当某一公共环的尺寸变化时，将同时影响所有相关的尺寸链。

② 串联尺寸链：两条尺寸链之间有一个公共的基准面。其特点是：如果头一个尺寸链的某环尺寸有变动，则会影响次一个尺寸链的基面位置。

③ 混联尺寸链：并联尺寸链与串联尺寸链的组合，即尺寸链中既有公共环，又有公共基准面。

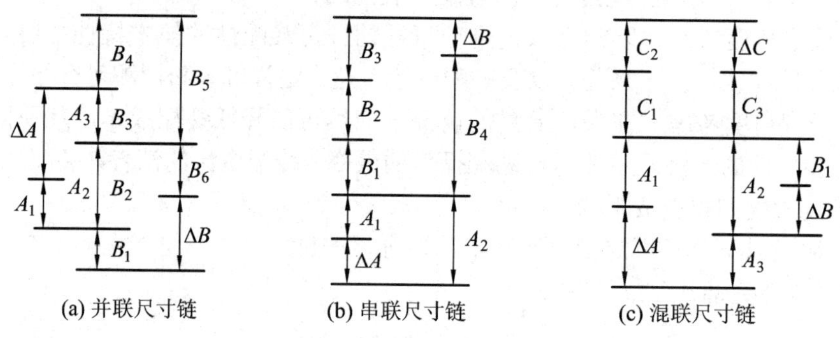

图 13-1 并联尺寸链、串联尺寸链和混联尺寸链

2. 尺寸链的计算

(1) 尺寸链的正计算(验证封闭环)：已知各组成环的基本尺寸、公差及极限偏差，求封闭环的基本尺寸、公差及极限偏差。

尺寸链的计算结果唯一，用于工艺验证，参见 6.3.2 节。

(2) 尺寸链的反计算(分配组成环)：已知封闭环的基本尺寸、公差及极限偏差，将封闭环的公差值合理地分配给各组成环，以求得最佳分配方案。

尺寸链的反计算结果不唯一，用于产品设计工作。

3. 检查组成环与封闭环的合理性

尺寸链各环的公差在产品图样上都有标注，可用以检查各组成环公差对于封闭环公差是否适合，是否有矛盾。若出现问题，有两种解决办法：极值法和概率法。

分析并查找装配尺寸链时，首先确定电器产品或部件装配的精度要求，每一精度要求就是一个装配尺寸链的封闭环。然后找出影响此封闭环的零件或部件上的尺寸或位置关系，即装配尺寸链的组成环。建立装配尺寸链的关键是根据封闭环查明有关的组成环，且应遵循最短路线原则，若不符合，则会使装配精度降低或给装配和零件加工增加困难。

13.1.3 装配结构工艺性要求

装配结构工艺性和产品结构工艺性有着密切关系。在装配过程中，要求电器产品具有良好的装配结构工艺性，可以从以下几方面进行考虑：

1. 选择合适的装配精度

装配时应达到电器技术条件规定的精度。电器装配精度不仅取决于零件尺寸误差，还取决于零件间相对位置误差以及材料性能等因素。通常按经济加工精度来确定零件的精度要求，使之易于加工，同时在装配时可以采用相应的工艺措施(如选配、修配等)来保证装配精度。

1) 完全互换法(对称极值法)

完全互换法即电器的各零件均不需任何选择、修配和调整，装配后即能达到规定的装配技术条件。

这需要对各零件规定适当的精度，使列入装配尺寸链的各组成环的公差之和不得大于封闭环的公差，即

$$\sum_{i=1}^{n-1}\delta_i \leqslant \delta_n$$

为了实现互换，零件的制造精度要求很高，给制造带来了困难。

例如，设某一部件的装配公差要求从 0.05 到 0.2 mm，零件为 5，如何分配各组成环的公差？

解 根据尺寸链最短途径的原理，环数和零件数相等，皆为 5，则各组成环公差总和不得超过$\delta = 0.15$ mm，即

$$\sum\delta_i = \delta_1 + \delta_2 + \delta_3 + \delta_4 + \delta_5 \leqslant \delta_n = 0.15\ \text{mm}$$

在具体确定各组δ_i值的过程中，可先按各环公差相等，即所谓等公差法，使各环分配到的平均公差值δ_a为

$$\delta_a = \frac{\delta_n}{n-1} = \frac{0.15}{5} = 0.03\ \text{mm}$$

由于尺寸链一般都是长度尺寸，因此为了实现互换，将各尺寸均控制在 0.03 mm 公差范围内，零件的制造精度要求高，给制造带来了困难。

当然，各尺寸链公差并不是均匀分布的。那么如何分配呢？一般可按如下经验，视各环尺寸加工的难易程度加以分配：

(1) 尺寸相近、加工方法相同的，可取公差相等。

(2) 尺寸大小不同、所用加工方法和加工精度相当的，取精度等级相等。

(3) 加工精度不易保证的，可取较大公差值。

(4) 公差带的分布位置，可对基本尺寸注成单向负偏差，即 $-\delta$的形式；相当于孔的包容尺寸，可对基本尺寸注成单向正偏差，即 $+\delta$的形式；孔心距尺寸，对基本尺寸注成对称偏差，即 $\pm\delta/2$ 的形式。

2) 不完全互换法(概率法)

根据加工误差的统计分析可知，一批零件在加工时其尺寸处于公差带中间部分是多数，接近极限尺寸的是少数(基本上符合正态分布曲线)。

因此，如按极大极小法计算装配尺寸链中各组成环的尺寸公差，显然是不合理的；如

按概率法进行计算，将各组成环公差适当扩大，则装配后可能有0.27%不合格品，此时可通过调换个别零件来解决不合格品。

封闭环公差：

$$\delta_n = \sqrt{\sum_{i-1}^{n-1} \delta_i^2}$$

其中，δ_n为封闭环公差，δ_i为组成环公差。

若各组成环公差相等，令$\delta_i = \delta_a$，则可得各环平均公差为

$$\delta_a = \frac{\delta_n}{\sqrt{n-1}} = \frac{\sqrt{n-1}}{n-1}\delta_n$$

与对称极值法比较，不完全互换法装配的好处是公差相差$\sqrt{n-1}$倍。

在不改变封闭环公差的前提下，也就是说，不改变电器部件或产品的装配精度的前提下，按以上公差加工，以概率的观点，装配后可能有0.27%的不合格品，这些不合格品可以通过调换个别零件来解决。

3) 分组互换法

分组互换法是将按封闭环公差确定的组成环基本尺寸的平均公差扩大n倍，达到经济加工精度要求；然后根据零件完工后的实际偏差，按一定尺寸间隔分组，根据大配大、小配小的原则，按对应的组进行互换装配来达到技术条件规定的封闭环精度要求。

4) 修配法

修配法是用钳工或机械加工的方法修整产品某一个有关零件的尺寸，以获得规定装配精度的方法。产品中其他有关零件可以按照经济合理的加工精度进行制造。

这种方法常用于产品结构比较复杂(或尺寸链环节较多)、产品精度要求高以及单件和小批生产的情况。

5) 调整法

调整法是将尺寸链各组成环按经济加工精度确定零件公差，由于每一个组成环的公差取得较大，因此必然导致装配部件超差。为了保证装配精度，可改变一个零件的位置(动调节法)，或选定一个(或几个)适当尺寸的调节件(也称补偿件)加入尺寸链(固定调节法)，从而补偿这种影响。

调整法既有修配法的优点，又使修配法的缺点得到改善，使装配工时比较稳定，且易于组织流水生产。

设计产品时，可根据用户提出的技术要求，并参考经过实践检验的类似产品已有的数据，用类比法结合生产经验来确定装配精度要求。

另外，电器产品的精度是由大量的原始误差所决定的，必须对传动链和尺寸链进行深入的分析。

2. 选择合适的零件数

(1) 尽量减少不必要的零件。省去该产品一个特有的零件，不仅可以节约生产准备的大量工时，还节省了机械加工工时，又简化了装配操作，也降低了成本。

(2) 尽量采用在生产中已经掌握的其他类似电器的零件和结构。

(3) 规格和尺寸相近的零件尽量统一成同一规格尺寸的零件。这样也可以在制造过程中引进成组加工技术。

(4) 在装配结构中广泛采用标准件。

3. 选择方便合理的零件连接方式

电器在装配过程中常用的连接方式有螺钉连接、铆接、焊接及粘接等，因此，电器装配和连接应设计得合理和方便，以简化装配操作。同时也要考虑装配所用工具、夹具便于操作；螺钉连接时应保证相应的空间；尽可能采用先进的气动及电动工具，采用先进的装配流水线，以便提高生产效率。

(1) 螺钉连接是装配工艺中应用最普遍的一种连接工艺，它不仅适用于机械连接，也适用于电气连接。

螺钉连接的主要工具有一字螺钉旋具和十字螺钉旋具，生产流水线上一般选用电动螺钉旋具。

(2) 铆接是装配工艺中不可卸的连接方法。铆接根据连接的要求可分为活动铆接和固定铆接两大类。活动铆接的结合部分可以相互转动；固定铆接的结合部分是固定不动的。固定铆接有空心铆、半空心铆、涨铆和衬套铆几种。

热塑性工程塑料的热铆性能也很优良，不仅可实现同种材料的相互固定连接，还可在热塑性塑料零件上与其他金属和非金属零件实现铆接，工艺简单易行，连接可靠。

(3) 粘接：用黏结剂将两个零件粘接在一起的连接方法称为粘接。粘接的优点是：方法简便，成本低廉，设施简单，重量轻，密封性能好。

黏结剂的种类很多，环氧树脂胶是应用最广泛的一种，可以用于合金钢、不锈钢、碳钢、铝合金、黄铜、ABS 塑料、胶木和玻璃的粘接。

环氧树脂是以环氧树脂为基本材料，加入增塑剂、稀释剂、固化剂和各种填料而制成的。

(4) 弹性胀入：一般用在塑件间的搭接连接。连接方式如下：

① 卡夹连接：利用塑料的弹性变形实现两个零件的快装、速拆的一种连接方法。制作卡夹连接件的材料大多采用聚碳酸酯、尼龙、ABS、聚甲醛等塑料，采用注塑成型。

② 插扣连接：利用机械互锁和两零件之间的摩擦力使塑料件彼此连接。

③ 悬臂卡夹连接：利用一个翘曲的悬臂使其在配件倒角处卡住。

(5) 关于焊接，详见 11.2 节。

4. 避免装配时的切削加工和手工修配

(1) 装配时的切削不但会延长装配周期，还需增加切削加工设备，易引起装配工序混乱，切削处理不当，还会影响产品质量。

(2) 手工修配费工费时，应尽量避免。

5. 考虑自动装配对零件结构的要求

合理的零件结构设计有助于减少装配线的设备，便于识别、储存和输送，也有利于应用装配自动线，其要求如下：

(1) 易于定位，尽可能使形状对称，孔径不同，表面光滑，便于确定正确位置和导向。

(2) 避免工件互相缠结，互相卡死。

(3) 避免工件相互错位，可将接触面加大，或增加接触处的角度。

(4) 简化装配设备。

6. 应用正确的装配基面

相配零件有正确的装配基准面，可使其相互位置关系明确，装配质量易于得到保证。

13.2 装配工艺规程内容

13.2.1 电器装配的工具与设备

1. 装配常用工具

电器产品的装配常用工具有螺钉旋具(螺丝刀)、钳子、扳手和簧片式测力计等。

(1) 电动螺丝刀，简称电批，装有调节和限制扭矩的机构，主要用于装配线，是大部分生产企业必备的工具之一，它分为直杆式、手持式、安装式三类。

(2) 钳子，按性能可分为夹扭型、剪切型、夹扭剪切型，按种类类型划分可分为液压钳、压接钳、液压导线钳、剥线钳、充电式液压电缆钳，按形状可分为尖嘴、扁嘴、圆嘴、弯嘴、斜嘴、针嘴、顶切、钢丝钳、花鳃钳等，按用途可分为 DIY、工业级、专用钳等，按结构形式可分为穿鳃和叠鳃两种。钳子的通常规格有：4.5″(迷你钳)、5″、6″、7″、8″、9.5″等。

(3) 电动扳手，是指拧紧和旋松螺栓及螺母的电动工具，是一种拧紧高强度螺栓的工具。表 13-1 为电动扳手的技术参数。

表 13-1 交直流两用电动扳手的技术参数表

规格/mm	使用范围/mm	额定力矩范围/(N·m)	最大力矩范围/(N·m)	冲击次数/($V\cdot min^{-1}$)	边心距/mm	额定电压/V	输入功率/W
8	M6～8	4～15	18～220	≥1400	23.5	220	150
12	M10～12	15～60	70～80	≥1500	33	220	180
16	M14～16	60～150	220～250	≥1300	43	220	330
20	M18～20	150～220	300～500	≥1500	47	220	570

(4) 簧片式测力计，原名测克计，被广泛用于测量各种仪表和器件中的杆杆、簧片、触点等的接触力或分离力，也用于调整、维修双触电继电器及加宽簧片的压力和弹力。其准确度一般在仪器满量程的 2.5%到 4%之间。通常选用被测力值在测力计测量范围的 30%到 80%之间。国内市场上的测力计一般采用绥化产的，测量范围有 0.01～0.05 N、0.05～0.15 N、0.1～0.5 N、0.2～1.0 N、0.5～1.5 N、0.5～3.0 N。

2. 装配专用设备

装配专用设备可提高效率，保证成品的一致性，减轻劳动强度。

(1) 剪线机：主要用于导线剪切，有单功能剪切机、可以同时完成剥头和自动切剥的剪切机等多种类型。剪线机适用于塑胶线、蜡壳线等单芯、多芯导线的剪切与剥头。

(2) 印标记机：用于导线、套管的打印标记。

(3) 套管剪切机：用于塑料套管的剪切。套管剪切机有几个套管入口，可根据被切套管的直径选择使用。操作时，先调整剪切长度和计数器。此种剪切机可用于批量生产。

(4) 超声波搪锡机：该设备具有超声波振动源，能产生具有一定能量的超声频电信号。

(5) 超声波塑料熔接机：又名超声波塑焊机、超声波熔接机。其原理是：将超声波通过焊头传导至塑料加工零件上，使两塑料结合面因受超声波作用而产生剧烈摩擦，摩擦热使塑料结合面熔化而完成胶合。超声波塑料焊接机可进行塑料熔接、埋植、成型、铆接、点焊、切除、缝合等操作。只要焊头加以改变即可实现一机多用。

13.2.2 装配单元工艺流程图

电器装配工艺规程设计依据与工艺规程的内容可参见 6.3 节。因行业习惯与电器产品的装配特点，在电器装配里利用装配流程图能更好地表达电器产品的装配过程。

用装配单元表明装配工艺过程的图称为装配单元工艺流程图。装配工艺流程图能够比较直观、明了地反映出电器装配的顺序，并能清楚地表示出各工序间的先后关系，更便于搞好装配的组织工作。可根据该图，依据技术上和组织上的具体条件，将若干个相邻的工步组合成工序。

1. 装配单元图

装配单元是装配单元流程图的基本单位，可以是一道完整的工序，也可以是一道工序的一部分(较复杂时，需要分开工序)，如图 13-2 所示。装配单元的行数可以根据零部件的种数增减。一个装配单元零部件数目较多时，可编写单元总装配单元与分工序装配单元，分工序单元按安装顺序由箭头指向总装配单元。

序号	装配单元名称			
	项	图号	名称	数量
填写工序号或分工序号	1	基准零部件图号	零部件名称	
	2	零部件图号（按顺序）	零部件名称	
	3	零部件图号（按顺序）	零部件名称	
	4	零部件图号（按顺序）	零部件名称	

序号	铁芯装配			
	项	图号	名称	数量
5-1	1	06-01-11	静铁芯(3)	1
	2	GB/T4357-2009	缓冲弹簧(15)	2
	3	06-02-00	静铁芯支架(5)	1
	4	06-03-00	绝缘纸(21)	1

图 13-2 装配单元与填写示例

为了便于将装配单元流程图转换为装配工艺过程卡，这里约定：

(1) 装配单元的零部件必须填写完整，且按装配顺序填写，并填写对应的数量(装配单元里有基准零部件，则填写在第一项)。

(2) 在零部件名称后面填写该零部件在装配图中的编号。

(3) 必要时还可以添加行用于填写工艺装备。

2. 确定装配工艺过程

一般的装配规律是先下后上、先内后外、先难后易、先重大后轻小、先精密后一般。

(1) 确定装配工艺过程之前，要先仔细分析设计文件的技术条件、技术说明、原理图、安装图、接线图及部件图等，还要深入研究零部件的结构、工作条件和检验技术条件等，将其安装关系分析清楚。

(2) 通过分析，依据产品的装配图，结合在生产中已经掌握的其他类似电器的零件和结构，以及在产品试制过程中获得的经验(产品装配规程应经过一轮试制之后再制订)等，遵循每个装配单元应有合适的数目、各工序间适当均衡等原则，将产品分解为装配的单元。

3. 制订装配单元流程图

(1) 确定装配顺序。在分解装配单元的基础上，选定某一零件或比它低一级的装配单元作为基准件，首先进入装配工作，然后根据结构的具体情况和装配技术要求，考虑装配单元内部及装配单元间的连接方法(如焊接、铆接、螺钉连接等)及安装顺序。

(2) 确定各装配单元的工艺方法及设备，以及相应的设备或工、夹、量具，必要时可设计所需要的工装。

(3) 用软件绘制出装配单元流程图。图 13-3 所示为 DZ47 断路器装配工艺流程图。

装配是电器制造过程中的最后一个阶段。为了使电器产品达到规定的技术要求，装配也包括产品性能的调整、检验、试验和包装等工作过程。这里的装配单元 4 和 6 包括了产品性能的调整、试验与检验，其格式和内容与装配单元有明显的不同。另外，DZ47 采用的是流水线生产线，其中装配单元 1 与 2 实际上是为生产流水线而准备的预安装，装配单元 3 是总体装配，格式上做了特殊处理。其实装配单元流程图的格式并不重要，它只是为编制装配工艺规程做好充足的准备，所以可以根据需要来改变。

13.2.3 电器装配工艺规程

1. 制订装配工艺规程的步骤及主要内容

(1) 产品分析：研究产品图样和应满足的技术要求。对产品结构进行装配尺寸链的计算，将产品分解为可以独立进行装配的“装配单元”，不便于组织平行或流水的装配作业。

(2) 确定装配组织形式：装配组织形式分为固定和移动两种。固定装配可直接在地面上或在装配台架上进行。移动装配又分为连续移动和间歇移动，可以在小车或输送带上进行。

(3) 确定装配工艺过程：电器装配工作一般有清洗、零件连接(如焊接、铆接、螺钉连接等)、组件和部件装配、总装等。

(4) 整理、编写装配辅助文件：包括尺寸链分析图、各种装配用工夹量具应用图、试验规程及其所用设备图等。

(5) 修改工艺图表的装配规程的卡片模板，并通过“工艺”菜单中的“编辑当前规程中模板”命令来添加检验卡片。

(6) 编写装配工艺规程文件：电器产品的装配工艺文件一般选取装配工艺过程卡片、装配工序卡片、装配流程图，这里建议把电器产品的检验卡片也加入其中。依据装配流程图较容易编写装配工艺过程卡(见图 13-4)。

序号	触头支持件部装			
	项	图号	名称	数量
1	1	XD301-13-01	卡簧(25)	1
	2	XD301-13-02	导磁板(26)	1
	3	XD301-13-03	轴(27)	1
	4	XD301-13-04	支架(28)	1
	5	XD301-13-05	滑块(29)	1

序号	动铁芯部装			
	项	图号	名称	数量
2	1	XD301-15-01	动铁芯(30)	1
	2	XD301-15-02	线圈骨架(31)	1
	3	XD301-15-03	推杆(32)	1
	4	XD301-15-04	弹簧(33)	1
	5	XD301-15-05	静铁芯(33)	1

序号	总安装	
	工步序号	工步名称
3	3-1	壳体预安装
	3-2	隔弧片安装
	3-3	触头支持安装
	3-4	手柄安装
	3-5	止动件安装
	3-6	制动件安装
	3-7	静触头安装
	3-8	灭弧罩安装
	3-9	盖壳体安装
	3-10	支承件安装
	3-11	印标记

序号	壳体预安装			
	项	图号	名称	数量
3-1	1	XD301-02-00	壳体 (1)	1
	2	XD301-08-00	手柄弹簧 (7)	1
	3	XD301-14-00	长弹簧 (13)	1
	4	XD301-04-00	调节螺丝 (3)	1
	5	XD301-21-00	固定板 (22)	1

序号	隔弧片安装			
	项	图号	名称	数量
3-2	1	XD301-18-00	隔弧片 (18)	2

序号	触头支持安装			
	项	图号	名称	数量
3-3	1	XD301-13-00	触头支持 (12)	1
	2	XD301-03-00	导线夹 (2)	1
	3	XD301-15-00	铁芯 (14)	1

序号	手柄安装			
	项	图号	名称	数量
3-4	1	XD301-09-00	手柄 (8)	1
	2	XD301-08-00	弹簧 (7)	1
	3	XD301-10-00	轴 (9)	1
	4	XD301-11-00	连杆 (10)	1

序号	止动件安装			
	项	图号	名称	数量
3-5	1	XD301-12-00	止动件 (11)	1

序号	制动件安装			
	项	图号	名称	数量
3-6	1	XD301-06-00	轴 (5)	1
	2	XD301-07-00	制动件 (6)	1
	3	XD301-05-00	弹簧 (4)	1

序号	静触头安装			
	项	图号	名称	数量
3-7	1	XD301-19-00	静触头 (19)	1

序号	灭弧罩安装			
	项	图号	名称	数量
3-8	1	XD301-20-00	灭弧罩 (21)	1
	2	XD301-22-00	缓冲件 (23)	1

序号	盖壳体安装			
	项	图号	名称	数量
3-9	1	XD301-16-00	壳体盖 (15)	1

序号	支承件安装			
	项	图号	名称	数量
3-10	1	基准零部件图号	支承件 (24)	1

序号	印标记
3-11	在断路器的底部印上电流规格代号、装配工人的编号及其他标记

序号	过程试验与检验	
	项	试验内容
4	1	合闸4～5次,断路器应合闸良好,无摩擦、卡住或脱扣现象
	2	触头参数:终压力≥4N，开距≥4.5，超程≥1.2，脱扣力≤1.0N
	3	2极—4极装配,注意区分壳体

序号	铆合安装			
	项	图号	名称	数量
5	1	基准零部件图号	铆钉 (17)	4
	2	检查: 手柄位置摆放是否正确、铆合质量、慢复位及再扣性能		

序号	出厂试验	
	项	试验内容
6	1	外观检查：颜色一致性、壳体印字代号质量、金属零件表面镀层质量,接线板条纹清晰度
	2	1s工频耐压试验
	3	性能检查：灵活性、慢复位、空操作、脱扣力

图 13-3　DZ47 断路器装配工艺流程图

XX电器有限公司	装配工艺过程卡片	产品型号	DZ47-63	零件图号		2192
		产品名称	断路器	零件名称		共 1 页 第 1 页

工序号	工序名称	工序内容	装配部门	设备及工艺装备	辅助材料	工时定额/min
1	部装	触头支持件部装，按装配工序卡片2392-1	装配	螺丝刀		
2	部装	动铁芯部装，按装配工序卡片2392-2	装配			
3	总装	总装配，按装配工序卡片2392-3	装配			
4	检验	按检验卡片2540-1	装配			
5	总装	铆合安装，按装配工序卡片2392-4	装配			
6	检验	按检验卡片2540-2	装配			

										设计(日期)	审核(日期)	标准化(日期)	会签(日期)	
标记	处数	更改文件号	签字	日期	标记	处数	更改文件号	签字	日期					

图 13-4　DZ47 断路器装配工艺过程卡

2. 装配工序卡片及工艺附图

(1) 若产品装配过程比较简单，则可以将装配工艺过程卡片与工艺附图的组合作为装配规程，此时可在装配工艺过程卡片中的工序描述部分写入“见工艺附图×”。

(2) 若工序卡工步较多，则需要装配工序卡片做进一步说明，过程卡工序内容描述参见图 13-4。

(3) 无论是否需要装配工序卡片，装配工序的附图都是需要的。所需附图利用总装配图进行修改后插入。

工序附图要注意绘制到本道工序安装终止的状态，且工序所出现的零部件一定要将其装配关系表达清楚，并标注所需的尺寸要求、相关技术要求等；视图方向最好是安装方向；本道工序中的每一个零部件都必须给指引线加以标注，并且在附图的右侧列表说明序号、代号与名称甚至备注，必要时还要在附图中对工装、设备加以说明。图 13-5 为 DZ47 第三道工序的装配工序卡的示例。

附着彩色打印机与绘图仪的普及，工艺规程的附图里也经常采用彩色照片，效果不错。

3. 产品检验卡片

低压电器的检验依据是产品装配图样，其中的技术要求一般含有对产品的检验要求，也可能有产品遵循的标准。产品检验卡片可据产品装配图样编写。低压电器涉及的国家标准 GB14048 系列其内容十分丰富，需要时可以查找相关部分。

××电器有限公司	装配工序卡片	产品型号	DZ47-63	零件图号		2392-3	
		产品名称	断路器	零件名称		共 2 页	第 1 页

工序号	3	工序名称	总装	车间	装配	工段		设备		工序工时	

序号	代号	名称	数量	备注
22	XD301-21-00	固定板	1	
18	XD301-18-00	隔弧片	2	
14	XD301-15-00	铁芯	1	
13	XD301-14-00	长弹簧	1	
12	XD301-13-00	触头支持	1	
11	XD301-12-00	止动件	1	
10	XD301-11-00	连杆	1	
9	XD301-10-00	轴	1	
8	XD301-09-00	手柄	1	
7	XD301-08-00	手柄弹簧	1	
3	XD301-04-00	调节螺丝	1	
2	XD301-03-00	导线夹	1	
1	XD301-02-00	壳体	1	

工步号	工步内容	工艺装备	辅助材料	工时定额/min
1	按图将壳体1平放在工作台上，将手柄弹簧7、长弹簧13、调节螺丝3、固定板22装入壳体相应位置	一字螺丝刀		
2	装隔弧片：将隔弧片18(两片)分别装入壳体的规定位置			
3	装触头支持：将触头支持12上的接线板套入导线夹2，将铁芯14插入线圈内孔，并一起放入到规定的位置，要装配到位，并用螺丝刀将弹簧13的一头卡在触头支持的支架上			
4	装手柄：将手柄槽8对准弹簧7并放好，将轴9穿过手柄8的孔插入壳体的相应位置，并将连杆10的两个脚分别插入到手柄8与触头支持12中滑块的相应孔内			
5	装止动件：将止动件11的槽口对准触头支持12中的支架，并用轴9通过止动件11的孔插入到壳体的相应位置			

图 13-5　DZ47 断路器装配工艺过程卡(1)

××电器有限公司	装配工序卡片			产品型号	DZ47-63	零件图号		2392-3	
				产品名称	断路器	零件名称		共 2 页	第 2 页
工序号	3	工序名称	总装	车间	装配	工段	设备	工序工时	

9
6
5
22
2
23
4
21
24
15
19

序号	代号	名称	数量	备注
24	XD301-23-00	支承件	1	
23	XD301-22-00	缓冲件	1	
21	XD301-20-00	灭弧罩	1	
19	XD301-19-00	静触头	1	
15	XD301-16-00	壳体盖	1	
9	XD301-10-00	轴	1	
6	XD301-07-00	制动件	1	
5	XD301-06-00	轴	1	
4	XD301-05-00	导线夹	1	
2	XD301-03-00	壳体	1	

工步号	工步内容	工艺装备	辅助材料	工时定额/min
6	装制动件：将轴5通过制动件6的孔插入到相应位置，将弹簧孔4套在轴9上，并绕过轴5的右边放到制动件6的左侧			
7	装静触头：将静触头19的一端套入导线夹2，装入到壳体的相应位置			
8	装灭弧罩：将灭弧罩21、缓冲件23放入壳体相应位置			
9	盖壳体：将壳体盖15盖在已装好所有零部件的壳体上，检验两壳体是否盖紧，有无缝隙			
10	装支承件：将支承件24嵌入已装好的断路器相应位置			
11	印标记：在断路器的底部印上电流规格代号、装配工人的编号及其他标记			

图 13-5　DZ47 断路器装配工艺过程卡(2)

3C 认证的低压电器制造厂家在进行出厂试验时以 3C 认证的要求来检验。3C 认证是中国强制性产品认证制度，其英文名称为 China Compulsory Certification，缩写为 CCC。3C 标志并不是质量标志，而是一种最基础的安全认证。有 3C 认证的产品出口到国外也不会受到阻碍。

例如，3C 认证的小型断路器产品在进行出厂检验时其成品检验类别包括例行检验、确认检验。

(1) 例行检验：是在生产的最终阶段对生产线上的产品进行的 100%检验。通常检验后，除包装和加贴标签外，不再进一步加工。例行检验允许用经验证后确定的等效、快速的方法进行。

(2) 确认检验：是为验证产品持续符合标准要求而进行的抽样检验。确认检验要定期或按批进行，至少 1 次/年。确认检验应按标准规定的参数和方法，在规定的周围环境条件下进行。若工厂不具备测试设备，则可委托有资格的实验室进行检验。

低压电器的例行检验及确认检验的具体内容，可查 CNCA-01C-011《电气电子产品强制性认证实施规则》(低压电器 开关和控制设备)的附件 3。

✦✦✦✦✦ 实践与思考 13.1 ✦✦✦✦✦

(1) 某电器装配尺寸链的装配公差要求控制在 0.05～0.5 mm 之间，零件为 3，采用不完全互换，如何分配各组成环的公差？

(2) 查询 DZ47 的 3C 出厂例行检验有哪些项目。

(3) 挑选 DZ47 的一道工序，修改 DZ47 总图作为工序附图，编制一张装配工序卡片。

项目十四　低压电器装配工艺综合实践

14.1　项目任务概述

1. 项目任务内容

(1) 器材与工具：可选取具有低压电器典型结构的小型或相对简单，借助通用、简单工具就能拆装的低压电器产品，如JS7-A时间继电器、CJ20型接触器等，必须1人1套产品，并提供收纳盒和必要的工具。

(2) 产品资料：产品的装配图等。

(3) 软件：工艺图表软件、AutoCAD软件等。

(4) 目标与要求：清楚项目注意事项，做好产品拆装的准备工作，能绘制装配单元流程图及编制电器产品拆装报告，会利用装配单元流程图编制电器产品的装配工艺规程(含装配工艺过程卡、装配工序卡、检验卡片)，并输出成果。

(5) 建议课时：20～24。

2. 项目前准备

(1) 搜集产品的相关资料、产品标准等。

(2) 整理资料，结合工艺规程理论，编制产品装配分析与工艺方案(内容尽可能齐全)。

(3) 领取产品、工具等，必要时可分组。

14.2　器 件 拆 卸

本阶段任务要求为：编写拆卸方案，记录拆卸过程，编写拆卸小结。

1. 编写拆卸方案

拆卸是为正确装配做准备的，要保留各零部件间的装配关系，找出零部件装配的技术要求，以多种方式记录拆卸过程，并说明记录目的及具体操作方法。

无论是否接触过本拆卸器件，都应将其视作从未拆卸过的产品，也不知道其内部结构。所以拆卸前要整理搜集到的所有资料，资料不足可补充搜集，整理出对拆卸工作有价值的参考资料，为正确拆卸做好充分的准备。

对搜集到的资料进行思考分析，以装配连接方法的相反角度来考虑拆卸的方法，提出拆卸过程中可能碰到的问题。

拆卸下来的零部件要妥善保管，不会因为意外而丢失。为零部件做的记号或标志应保证在使用期内不丢失、不混淆，必要时甚至考虑存档保管。

2. 拆卸过程与小结

拆卸过程中要严格按拆卸方案来操作，注意记录过程要详细，记录的内容要注意区分；遇到拆卸过程用预定方案处置不妥或出现方案中未考虑的情况时，要提出改进意见，认真分析问题，拟定解决的方案，记录操作过程。

拆卸完后要整理拆卸成果，编写拆卸小结。对于难拆卸的零部件及推测可能难安装的部分，要提出解决方案；还要对拆卸过程出现预案外情况的处理方法加以评价，评价不好的，应提出改进方案。另外，还应分析是否有可设计的装配过程中适用的工艺装备。

14.3 器件装配

本阶段任务要求为：编写产品装配报告，记录装配过程，编写装配小结。

1. 编写产品装配报告

(1) 研究产品技术资料，确定重要的技术要求，特别是检验方面的要求，找出可用于本产品装配的方法或内容。

(2) 编制产品计划的装配单元流程图(工序流程图)，并输出成果。

(3) 拟定装配过程所需的工艺装备、装配困难的器件的改进装配方案，提出解决其他装配问题，如螺钉的拧紧顺序问题、易损件问题、配作问题等的方案。

(4) 确定产品装配过程记录格式、具体记录方法与记录要求。

2. 记录装配过程并编写装配小结

(1) 严格按编制的装配流程图及装配方案进行装配，若顺序有改变，及时做好记录并在计划装配流程图上做记号，并说明原因。

(2) 比较计划装配流程图与实际装配图，并加以说明，指出有没有进一步改进的可能。

(3) 记录装配过程，编写装配小结。

(4) 装配完毕，手动检查产品是否有明显的问题，能否正常吸合与断开。有条件的话，可尝试做一部分例行检验。

14.4 产品装配工艺规程

本阶段任务要求为：编制产品实际的装配单元工艺流程图、产品结构工艺性审查报告，标准解读、分析及编制产品重要度分级表，编制装配工艺规程，输出成果(视具体情况可以适当删减任务)。

1. 编制准备

(1) 总结拆装成果，修改计划流程图，编制产品实际的装配单元工艺流程图。
(2) 提供图纸，尝试编写产品技术设计阶段的审查报告。
(3) 编写产品结构工艺性审查报告。

2. 编写装配工艺规程

(1) 在工艺图表中新建装配工艺规程模板，编写输入产品装配工艺过程卡。
(2) 绘制产品装配过程附图。
(3) 编写产品装配工序卡片。
(4) 绘制装配单元工艺流程图可用 AutoCAD、工艺图表(电子图板)或其他绘图软件。

3. 编写产品检验卡片

(1) 认真阅读产品的有关标准，找出与本产品有关的检验部分要求。
(2) 根据检验要求，确立所需要的检验仪器仪表及检测工装等。
(3) 确定产品质量重要度分级，编写产品质量重要度分级表。
(4) 编写产品的检验卡片。

4. 输出成果

(1) 利用 AutoCAD、工艺图表(电子图板)或其他绘图软件打印相关流程图。
(2) 打印输出其他成果。
(3) 整理过程资料，编写综合实践说明书。
(4) 制作 PPT，展示成果。

附 录

附录 A 工艺基本术语、工艺文件与工艺要素

表 A-1 工艺基本术语部分

术语名称	术语解释
工艺	使各种原材料、半成品成为产品的方法和过程
产品结构工艺性	所设计的产品在能满足使用要求的前提下制造、维修的可行性和经济性
零件结构工艺性	所设计的零件在能满足使用要求的前提下制造的可行性和经济性
工艺性分析	在产品技术设计阶段，工艺人员对产品结构工艺性进行分析和评价的过程
工艺性审查	在产品工作图设计阶段，工艺人员对产品和零件结构工艺性进行全面审查并提出意见或建议的过程
生产过程	将原材料转变为成品的全过程
工艺过程	改变生产对象的形状、尺寸、相对位置和性质等，使其成为成品或半成品的过程
工艺文件	指导工人操作和用于生产、工艺管理等的各种技术文件
工艺方案	根据产品设计要求、生产类型和企业的生产能力，提出工艺技术准备工作具体任务和措施的指导性文件
工艺路线	产品或零部件在生产过程中，由毛坯准备到成品包装入库，经过企业各有关部门或工序的先后顺序
工艺规程	规定产品或零部件制造工艺过程和操作方法等的工艺文件
工艺设计	编制各种工艺文件和设计工艺装备等的过程
工艺规范	对工艺过程中有关技术要求所做的一系列统一规定
工艺参数	为了达到预期的技术指标，工艺过程中所需选用或控制的有关量
工艺准备	产品投产前所进行的一系列工艺工作的总称，其主要内容包括：对产品图样进行工艺性分析和审查；拟定工艺方案；编制各种工艺文件；设计、制造和调整工艺装备；设计合理的生产组织形式；等等
工艺试验	为考查工艺方法、工艺参数的可行性或材料的可加工性等进行的试验
工艺验证	通过试生产，检验工艺设计的合理性
工艺管理	科学地计划、组织和控制各项工艺工作的全过程
工艺设备	完成工艺过程的主要生产装置，如各种机床、加热炉、电镀槽等
工艺装备	产品制造过程中所用的各种工具的总称，包括刀具、夹具、模具、量具、检具、辅具、钳工工具和工位器具等
生产纲领	企业在计划期内应当生产的产品产量和进度计划
生产类型	企业(或车间、工段、班组、工作地)生产专业化程度的分类，一般分为大量生产、成批生产和单件生产三种类型
生产批量	一次投入或产出的同一产品(或零件)的数量
生产周期	生产某一产品(或零件)时，从原材料投入到产出产品一个循环所经过的日历时间
生产节拍	流水生产中，相继完成两件制品之间的时间间隔

表 A-2　工艺术语之工艺文件部分

序号	术　语	定　义
1	工艺路线表	描述产品或零(部)件工艺路线的一种工艺文件
2	工艺过程卡片	以工序为单位简要说明产品或零(部)件的加工(或装配)过程的一种工艺文件
3	工艺卡片	按产品或零(部)件的某一工艺阶段编制的一种工艺文件。它以工序为单元，详细说明产品(或零、部件)在某一工艺阶段中的工序号、工序名称、工序内容、工艺参数、操作要求以及采用的设备和工艺装备等
4	工序卡片	在工艺过程卡片或工艺卡片的基础上，按每道工序所编制的一种工艺文件。一般具有工序简图，详细说明该工序的每个工步的加工(或装配)内容、工艺参数、操作要求以及所用的设备和工艺装备等
5	工艺守则	某一专业工种所通用的一种基本操作规程
6	工艺附图	附在工艺规程上用以说明产品或零(部)件加工或装配的简图或图表
7	装配系统图	表明产品零(部)件相互装配关系及装配流程的示意图
8	专用工艺装备设计任务书	由工艺人员根据工艺要求，对专用工艺装备设计提出的一种指示性文件，作为工装设计人员进行工装设计的依据
9	专用设备设计任务书	由工艺人员根据工艺需要，对组合夹具的组装提出的一种指示性文件，作为组装夹具的依据
10	工艺关键件明细表	填写产品中所有工艺关键件的图号、名称和关键内容等的一种工艺文件
11	外协件明细表	填写产品中所有工艺外协件的图号、名称和加工内容等的一种工艺文件
12	专用工艺装备明细表	填写产品在生产过程中所需要的全部专用工艺装备的编号、名称、使用零(部)件图号等的一种工艺文件
13	工位器具明细表	填写产品在生产过程中所需的全部工位器具的编号、名称、使用零(部)件图号等的一种工艺文件
14	材料消耗工艺定额明细表	填写产品每个零件在制造过程中所需消耗的各种材料的名称、牌号、规格、重量等的一种工艺文件
15	材料消耗工艺定额汇总表	将“材料消耗工艺定额明细表”中各种材料按单台产品汇总填列的一种工艺文件
16	工艺装备验证书	记载对新工艺装备验证结果的一种工艺文件
17	工艺试验报告	说明对新的工艺方案或工艺方法的试验过程，并对试验结果进行分析和提出处理意见的一种工艺文件
18	工艺总结	新产品经过试生产后，工艺人员对工艺准备阶段的工作和工艺、工装的试用情况进行记述，并提出处理意见的一种工艺文件
19	工艺文件目录	产品所有工艺文件的清单
20	工艺文件更改通知单	更改工艺文件的联系单和凭证

表 A-3 工艺术语之工艺要素部分

术语名称	术 语 解 释
安装	工件(或装配单元)经一次装夹后所完成的那一部分工序
辅助工步	由人和(或)设备连续完成的一部分工序，该部分工序不改变工件的形状、尺寸和表面粗糙度，但它是完成工步所必需的，如更换刀具等
工作行程	刀具以加工进给速度相对于工件所完成一次进给运动的工步部分
工位	为了完成一定的工序部分，一次装夹工件后，工件(或装配单元)与夹具或设备的可动部分一起相对于刀具或设备的固定部分所占据的每一个位置
基准	用来确定生产对象上几何要素间几何关系所依据的那些点、线、面
设计基准	设计图样上所采用的基准
工艺基准	在工艺过程中所采用的基准
工序基准	在工序图上用来确定本工序所加工表面加工后的尺寸、形状、位置的基准
定位基准	在加工中用作定位的基准
测量基准	测量时所采用的基准
装配基准	装配时用来确定零件或部件在产品中的相对位置所采用的基准
辅助基准	为满足工艺需要，在工件上专门设计的定位面
工艺孔	为满足工艺(加工、测量、装配)的需要而在工件上增设的孔
工艺凸台	为满足工艺的需要而在工件上增设的凸台
工艺尺寸	根据加工的需要，在工艺附图或工艺规程中所给出的尺寸
工序尺寸	某工序加工应达到的尺寸
尺寸链	互相联系且按一定顺序排列的封闭尺寸组合
工艺尺寸链	在加工过程中各有关工艺尺寸所组成的尺寸链
加工总余量	即毛坯余量，也就是毛坯尺寸与零件图的设计尺寸之差
工序余量	相邻两工序的工序尺寸之差
切削用量	在切削加工过程中切削速度、进给量和切削深度的总称
切削速度	在进行切削加工时，刀具切削刃上某一点相对于待加工表面在主运动方向上的瞬时速度
进给量	工件或刀具每转或往复一次或刀具每转过一齿，工件与刀具在进给运动方向上的相对位移
进给速度	单位时间内工件与刀具在进给运动方向上的相对位移
材料消耗工艺定额	在一定生产条件下，生产单位产品或零件所需消耗的材料总重量
材料利用率	产品或零件的净重占其材料消耗工艺定额的百分比
加工误差	零件加工后的实际几何参数(尺寸、形状和位置)对理想几何参数的偏离程度
加工精度	零件加工后的实际几何参数(尺寸、形状和位置)与理想几何参数的符合程度
加工经济精度	在正常加工条件下(采用符合质量标准的设备、工艺装备和标准技术等级的工人，不延长加工时间)所能保证的加工精度

注：表中术语摘自 GB/T4863—2008《机械制造工艺基本术语》。

附录B 国家标准分类的基础知识

1. 基础分类

国家标准按照标准化对象通常把标准分为技术标准、管理标准和工作标准三大类。

1) 技术标准

技术标准是对标准化领域中需要协调统一的技术事项所制定的标准，包括基础标准、产品标准、工艺标准、检测试验方法标准，以及安全、卫生、环保标准等。

2) 管理标准

管理标准是对标准化领域中需要协调统一的管理事项所制定的标准。

3) 工作标准

工作标准是对工作的责任、权利、范围、质量要求、程序、效果、检查方法、考核办法所制定的标准。

2. 标准分级

按照标准的适用范围，我国的标准分为国家标准、行业标准、地方标准和企业标准四个级别。

1) 国家标准

国家标准由国务院标准化行政主管部门国家质量技术监督总局与国家标准化管理委员会(属于国家质量技术监督检验检疫总局管理)指定(编制计划、组织起草、统一审批、编号、发布)。国家标准在全国范围内适用，其他各级别标准不得与国家标准相抵触。

2) 行业标准

行业标准由国务院有关行政主管部门制定。例如，化工行业标准(代号为HG)、石油化工行业标准(代号为SH)由国家石油和化学工业局制定，建材行业标准(代号为JC)由国家建筑材料工业局制定。行业标准在全国某个行业范围内适用。

3) 地方标准

地方标准由省、自治区、直辖市标准化行政主管部门制定，在地方辖区范围内适用。

4) 企业标准

对于没有国家标准、行业标准和地方标准的产品，企业应当制定相应的企业标准，企业标准应报当地政府标准化行政主管部门和有关行政主管部门备案。企业标准在该企业内部适用。

3. 标准分类

技术标准分为基础标准，产品标准，方法标准，安全、卫生与环境保护标准等四类。

1) 基础标准

基础标准是指在一定范围内作为其他标准的基础并具有广泛指导意义的标准。基础标准包括：标准化工作导则，如GB/T1.4《化学分析方法标准编写规定》；通用技术语言标准；量和单位标准；数值与数据标准，如GB/T8170《数值修约规则》；等等。

2) 产品标准

产品标准是指对产品结构、规格、质量和检验方法所做的技术规定。

3) 方法标准

方法标准是指以产品性能、质量方面的检测、试验方法为对象而制定的标准。其内容包括检测或试验的类别、检测规则、抽样、取样测定、操作、精度要求等方面的规定，还包括所用仪器、设备、检测和试验条件、方法、步骤、数据分析、结果计算、评定、合格标准、复验规则等。

4) 安全、卫生与环境保护标准

这类标准是以保护人和物的安全、保护人类的健康、保护环境为目的而制定的标准。这类标准一般都要强制贯彻执行。

4. 常见标准

1) 国家标准与推荐性国家标准

国家标准的代号由大写拼音字母构成，强制性国家标准代号为 GB，推荐性国家标准的代号为 GB/T。推荐性国家标准 GB/T 为非强制性标准或自愿性标准，是指生产、交换、使用等方面，通过经济手段或市场调节而自愿采用推荐性标准的一类标准。

国家标准的编号组成如图 B-1 所示，它由国家标准的代号、标准发布顺序号和标准发布年代号(四位数)组成。

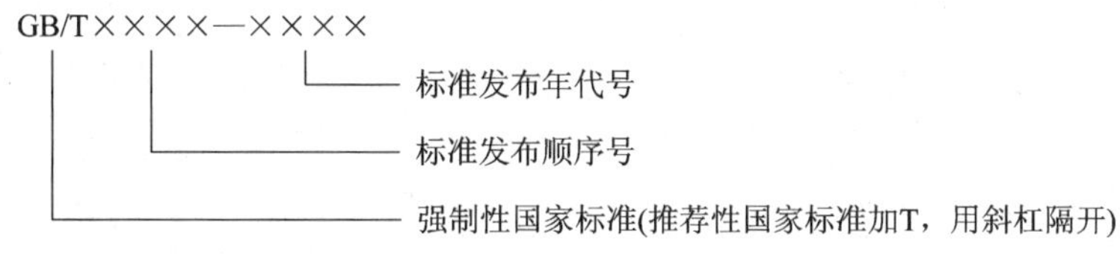

图 B-1 国家标准表示法

2) 行业标准

行业标准是由国务院各有关行政主管部门提出其所管理的行业标准范围的申请报告，国务院标准化行政主管部门审查确定并正式公布的该行业标准。本专业常见的行业标准代号有：机械部标准 JB、化工部标准 HB、电子工业部标准 SJ(电子工业部的前身是第四机械工业部)、冶金部标准 YB。表示方法类同国家标准，也有推荐标准。

3) 企业标准的代号和编号

企业标准的代号由汉字“企”的大写拼音字母“Q”加斜线再加企业代号组成，企业代号可用大写拼音字母、阿拉数字或两者兼用所组成。

企业标准的编号由企业标准代号、标准发布顺序号和标准发布年代号(四位数)组成，如图 B-2 所示。

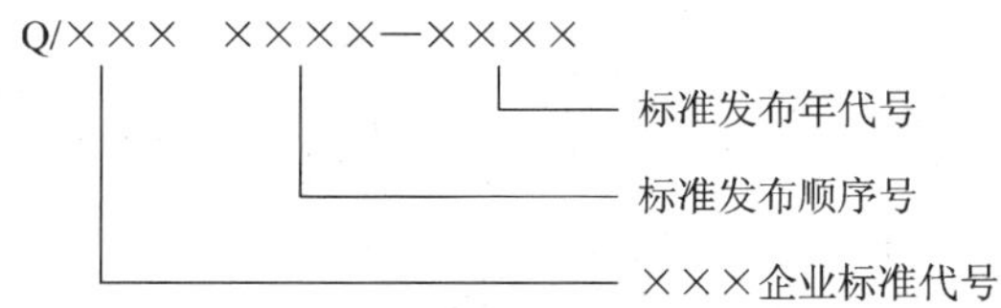

图 B-2 企业标准表示法

企业标准一经制定颁布，即对整个企业具有约束性，是企业法规性文件，没有强制性企业标准和推荐企业标准之分。

附录 C 材料标注示例与说明

表 C-1 钢板的标注

材料类别名称		标注示例		标注说明
		完整标注	简化标注	
碳素结构钢和低合金结构钢薄钢板	热轧	钢板 $\frac{\text{A}-1.5\times750\times1500-\text{GB/T709—2006}}{\text{16Mn}-\text{GB/T912—1989}}$	1.5 钢板 16Mn	厚度为 1.5 mm 的 16Mn 低合金钢热轧钢板，高级精度
	冷轧	钢板 $\frac{\text{B}-1.0\times750\times1500-\text{GB/T708—2006}}{\text{Q235}-\text{A.F}-\text{GB/T11235—1989}}$	1 冷轧钢板 Q235-A.F	厚度为 1.0 mm 的 Q235-A.F 碳素结构钢冷轧钢板，普通精度，A、B 为质量等级，F 为沸腾钢
优质碳素结构钢薄钢板	热轧	钢板 $\frac{\text{A}-1.0\times750\times1500-\text{GB/T709—2006}}{20-\text{II}-\text{S}-\text{GB/T710—1991}}$	1 钢板 20	厚度为 1.0 mm 的 20 号钢优质碳素结构钢热轧钢板
	冷轧	钢板 $\frac{\text{A}-1.0\times750\times1500-\text{GB/T708—2006}}{\text{08F}-\text{II}-\text{Z}-\text{GB/T710—1991}}$	1 冷轧钢板 08F	厚度为 1.0 mm 的 08F 优质碳素结构钢冷轧钢板
合金结构钢薄钢板	热轧	钢板 $\frac{\text{A}-2.0\times750\times1500-\text{GB/T709—2006}}{\text{40Cr}-\text{III}-\text{S}-\text{YB/T5132—2007}}$	2 钢板 40Cr	40Cr 合金结构钢热轧钢板，精度为 A 级，厚度为 2.0 mm
	冷轧	钢板 $\frac{\text{A}-2.0\times750\times1500-\text{GB/T709—2006}}{\text{15CrA}-\text{II}-\text{YB/T5132—2007}}$	2 冷轧钢板 15CrA	15CrA 合金结构钢冷轧钢板，厚度为 2.0 mm
不锈钢冷轧钢板		不锈钢板 $\frac{\text{B}-1.0\times750\times1500-\text{GB/T708—2006}}{\text{1Cr13}-\text{N0.2D}-\text{GB/T4238—2007}}$	1 不锈钢板 1Cr13	厚度为 1.0 mm 的 1Cr13 不锈钢板冷轧钢板
弹簧钢热轧薄钢板		弹簧钢板 $\frac{\text{A}-2.0\times750\times1500-\text{GB/T709—2006}}{\text{65Mn}-\text{GB/T3279—1989}}$	2 弹簧钢板 65Mn	厚度为 2.0 mm 的 65Mn 弹簧钢热轧钢板
耐热钢薄钢板	热轧	耐热钢板 $\frac{\text{A}-2.0\times750\times1500-\text{GB/T709—2006}}{\text{1Cr17}-\text{N0.1}-\text{GB/T4238—2007}}$	2 耐热钢板 1Cr17	厚度为 2.0 mm 的 1Cr17 耐热钢热轧钢板
	冷轧	耐热钢板 $\frac{\text{A}-1.0\times750\times1500-\text{GB/T708—2006}}{\text{0Cr19Ni19}-\text{N0.2D}-\text{GB/T4238—2007}}$	1 耐热冷轧钢板 0Cr19Ni19	厚度为 1.0 mm 的 0Cr19Ni19 耐热钢冷轧钢板
碳素合金钢和低合金结构钢热轧厚钢板		钢板 $\frac{\text{A}-10\times1400\times6000-\text{GB/T709—1988}}{\text{Q235}-\text{A.F}-\text{GB/T3274—1988}}$	10 钢板 Q235-A.F	用 Q235-A.F 钢热轧，厚度为 10 mm
		钢板 $\frac{\text{B}-10\times1400\times6000-\text{GB/T709—2006}}{\text{16Mn}-\text{GB/T3274—2007}}$	10 钢板 16Mn	用 16Mn 钢热轧，厚度为 10 mm

表 C-2 钢带的标注

材料类别名称	标注示例		标注说明
	完整标注	简化标注	
普通碳素结构钢冷轧钢带	冷轧钢带 Q235-A.F-P-Ⅱ-QBR-0.2×120-GB/T716—1991	0.2冷轧钢带 Q235-A.F-BR	厚度为 0.2 mm 的 Q235-A.F 钢轧制的半软态(BR)冷轧钢带
普通碳素结构钢热轧钢带	热轧钢带 Q215-3×110-GB/T3524—2005	3钢带 Q215	厚度为 3.0 mm 的 Q215 钢轧制的热轧钢带
优质碳素结构钢热轧钢带	热轧钢带 20-P-BQ-3×200-GB8749—1988	3钢带20	厚度为 3.0 mm、用 20 号钢热轧制成的热轧钢带
不锈钢热轧钢带	钢带 1Cr18Ni9-BQ-2.0×100-YB/T5090—1993	2不锈钢带 1Cr18Ni9	厚度为 2.0 mm、用 1Cr18Ni9 钢轧制的热轧不锈钢带
不锈钢冷轧钢带	钢带 1Cr18Ni9-N0.2B-Q-1.0×50-BB/T4239—1991	1冷轧不锈钢带 1Cr18Ni9	厚度为 1.0 mm、用 1Cr18Ni9 钢轧制的冷轧不锈钢带
弹簧用不锈钢冷轧钢带	钢带 3Cr13-Y-0.4×80-GB/T4231—1993	0.4弹簧钢带 3Cr13-Y	厚度为 0.4 mm、用 3Cr13 钢轧制的冷轧弹簧不锈钢带，钢带状态为“冷硬”

表 C-3 圆钢的标注

材料类别名称	标注示例		标注说明
	完整标注	简化标注	
热轧圆钢	圆钢 $\frac{16-2-GB/T702—2004}{Q235-A.F-GB/T11253—2007}$	16 圆钢 Q235-A.F	用 Q235-A.F 普通碳素结构钢热轧成的直径为 16 mm 的圆钢
	圆钢 $\frac{25-2-GB/T702—2004}{9Cr18-YB/T096—1997}$	25 不锈圆钢 9Cr18	用 9Cr18 高碳铬不锈轴承钢热轧成的直径为 25 mm 的圆钢
冷拉圆钢	冷拉圆钢 $\frac{11-20-GB/T905—1994}{40Cr18-YB/T096—1997}$	11 冷拉圆钢 40Cr18	用 40Cr18 钢拉制成的直径为 11 mm 的冷拉圆钢
	冷拉圆钢 $\frac{11-20-GB/T905—1994}{9Cr18-YB/T096—1997}$	11 冷拉圆钢 9Cr18	用 9Cr18 高碳铬不锈轴承钢拉制成的直径为 11 mm 的冷拉圆钢
锻制圆钢	圆钢 $\frac{150-1-GB/T908—1987}{T10-GB/T1298—1986}$	150 锻制圆钢 T10	用 T10 钢锻制成的直径为 150 mm 的圆钢
	圆钢 $\frac{80-1-GB/T908—1987}{45-GB/T699—1999}$	80 锻制圆钢 45	用 45 号钢锻制成的直径为 80 mm 的圆钢

表 C-4 有色金属的标注

材料类别名称	标注示例		标注说明
	完整标注	简化标注	
纯铜板	板 T2Y 较高 0.8×600×1500 GB/T2040—2002	0.8 板 T2-Y	用 T2 制造、硬状态(Y)、厚度为 0.8 mm 的纯铜板
黄铜板	板 H62Y 较高 1.5×600×1200 GB/T2041—1989	1.5 板 H62-Y	用 H62 制造、硬状态(Y)、厚度为 1.5 mm 的黄铜板
铸造铝合金	ZL102 GB/T1173—1995	铸造铝合金 ZL102	ZL1 开头表示铸造铝硅合金，ZL2 开关表示铸造铝铜合金，ZL3 开头表示铸造铝镁合金，ZL4 开头表示铸造铝锌合金
铝青铜板	板 QA1 9-2M 较高 2×600×1500 GB/T2043—1989	2 铝青铜板 QA19-2M	用 QA19-2 制造、软状态(M)、厚度为 2 mm 的铝青铜板
锡青铜板	板 QSn6.5-0.1Y 较高 0.5×500×1500-GB/T2048—1989	0.5 锡青铜板 QSn6.5-0.1Y	用 QSn6.5-0.1 制造、硬状态(Y)、厚度为 0.5 mm 的锡青铜板
硅青铜板	板 QSi3-1T1.5×200×800 GB/T2047—1980	1.5 硅青铜板 QSi3-1T	用 QSi3-1 制造、特硬状态(T)、厚度为 1.5 mm 的硅青铜板
纯铜带	带 T2M 较高 0.1×150 GB/T2059—2000	0.1 铜带 T2M	用 T2 制造、软状态、厚度为 0.1 mm 的纯铜带
黄铜带	带 H90M 较高 0.8×200 GB/T2059—2000	0.8 铜带 H90M	用 H90 制造、软状态(M)、厚度为 0.8 mm 的黄铜带
铝青铜带	带 QA15Y 较高 1.0×200 GB/T2059—2000	1 铝青铜带 QA15Y	用 QA15 制造、硬状态(Y)、厚度为 1 mm 的铝青铜带
锡青铜带	带 QSn6.5-0.1Y 较高 0.3×200 GB/T2059—2000	0.3 锡青铜带 QSn6.5-0.1Y	用 QSn6.5-0.1 制造、硬状态(Y)、厚度为 0.3 mm 的锡青铜带
拉制铜管	管 T2Y ϕ30×5 GB/T1527—2006	30×5 铜管 T2Y	用 T2 拉制、外径为 30 mm、壁厚为 5 mm 的硬态 Y 铜管
挤制黄铜管	管 H96R ϕ80×7.5 GB/T1528—1997	80×7.5 黄铜管 H96R	用 H96 挤制、外径为 80 mm、壁厚为 7.5 mm 的软态 R 黄铜管
纯铜棒	棒 T2 拉ϕ20 GB/T4423—2007	20 圆铜棒 T2 拉	用 T2 制造、直径为 20 mm 的拉制圆形铜棒
普通黄铜棒	棒 H62 拉ϕ30 GB/T4423—2007	30 圆黄铜棒 H62 拉	用 H62 制造、直径为 30 mm 的拉制圆形棒材
锡青铜棒	棒 QSn6.5-0.1 拉ϕ20 GB/T4423—2007	20 圆锡青铜棒 QSn6.5-0.1 拉	用 QSn6.5-0.1 制造、直径为 20 mm 的拉制圆铜棒
锡青铜线	线 QSn6.5-0.1Y-3.0 GB/T14955—1994	3 锡青铜线 QSn6.5-0.1Y	用 QSn6.5-0.1 制造、直径为 3.0 mm 的锡青铜线

表 C-5 塑料、纸板制品的标注

材料类别名称	标注示例		标注说明
	完整标注	简化标注	
软聚氯乙烯管	软聚氯乙烯管 3 GB/T13527.1—1992	3 软聚氯乙烯管	内径为 3 mm 的软聚氯乙烯管
硬聚氯乙烯板	硬聚氯乙烯板 4(灰色) GB/T4454—1996	4 硬聚氯乙烯板灰	厚度为 4 mm 的灰色硬聚氯乙烯板
有机玻璃板	有机玻璃板 3.0×300×300(红) GB/T7134—1996	3 有机玻璃板红	厚度为 3 mm 的红色有机玻璃板
3020、3021 酚醛层压纸板	酚醛层压纸板 3020-2.0 GB1302—1977	2 酚醛纸板 3020	型号为 3020 的酚醛层压纸板，厚度为 2 mm
酚醛层压布板	酚醛层压布板 PFCC1-5.0 JB/T8149—2000	5 酚醛布板 PFCC1	厚度为 5.0 mm 的 PFCC1 型酚醛层压布板
3240 环氧酚醛层压玻璃布板	环氧酚醛层压玻璃布板-3.0 JB/T1303.1—1998	3 环氧玻璃布板 3240	厚度为 3.0 mm 的 3240 环氧酚醛层压玻璃布板
覆铜箔环氧纸层压板	覆铜箔环氧纸层压板-1.5 GB/T4721—1992	1.5 覆铜箔层压板 CEPGC-31	厚度为 1.5 mm 的覆铜箔环氧纸层压板
软钢纸板	软钢纸板 2.0×400×300 QB/T2200—1996	2 软钢纸板	厚度为 2.0 mm 的软钢纸板
硬钢纸板	硬钢纸板 10×1350×920 QB/T2199—1996	10 硬钢纸板	厚度为 10 mm 的硬钢纸板
瓦楞纸板	双瓦楞纸板 A/B 型 GB/T6544—2008	双瓦楞纸板 A/BG 型 D-2.2	一等品 A/B 型双瓦楞纸板
	单瓦楞纸板 C 型 GB/T6544—2008	单瓦楞纸板 C 型 S-2.2	一等品 C 型单瓦楞纸板
塑料薄膜	聚乙烯吹塑薄膜 0.1 GB/T4456—1996	0.1 塑料薄膜	厚度为 0.1 mm 的聚乙烯吹塑薄膜
聚酯薄膜	聚酯薄膜 0.05 GB/T13950—1992	0.05 聚酯薄膜	厚度为 0.05 mm 的聚酯薄膜

表 C-6　石棉、橡胶制品的标注

材料类别名称	标注示例		标注说明
	完整标注	简化标注	
衬垫石棉纸(板)	衬垫石棉纸(板) 1.2×1000×1000JC/T69—2000	1.2 衬垫石棉纸(板)	厚度为 1.2 mm 的衬垫石棉纸(板)
耐油石棉橡胶板	耐油石棉橡胶板 NY300-1.0×500×550 GB/T539—1995	1 耐油石棉橡胶板 NY300	牌号为 NY300、厚度为 1.0 mm 的耐油石棉橡胶板
石棉橡胶板	石棉橡胶板 XB450-2.0×500×550 GB/T539—1995	2 石棉橡胶板 XB450	牌号为 XB450、厚度为 2.0 mm 的石棉橡胶板

表 C-7　电工材料的标注

材料类别名称	标注示例		标注说明
	完整标注	简化标注	
热轧电磁纯铁厚板	热轧电磁纯铁厚板 DT3-5×750×2000-A GB6984—1986	5 纯铁板 DT3	用 DT3 制造、厚度为 5 mm 的热轧电磁纯铁板
冷轧电磁纯铁薄板	冷轧电磁纯铁板 DT4E-1.5×750×2000-A GB6985—1986	1.5 冷轧纯铁板 DT4E	用 DT4E 制造、厚度为 1.5 mm 的冷轧电磁纯铁板
冷轧电工钢带(片)	冷轧电工钢带(片)DW360-50-0.5 GB/T2521—1996	0.5 冷轧电工钢带 DW360	用 DW360 制造、厚度为 0.5 mm 的冷轧电工钢带
热双金属带	热双金属 5J1480-0.5×100 GB/T4461—2007	0.5 热双金属 5J1480	牌号为 5J1480、厚度为 0.5 mm 的热双金属带

表 C-8　导线的标注

材料类别名称	标注示例		标注说明
	完整标注	简化标注	
聚酯漆包线	聚酯漆包线QZ(G)-2/155 1.0(红) GB/T6109.2—2008	1漆包线 QZ(G)-2/155	直径为 1.0 mm、热级为 155 级的厚漆膜改性聚酯漆包圆铜线
聚氨酯漆包线	聚氨酯漆包线QA-2 1.5(蓝) GB/T6109.4—2008	1.5漆包线 QA-2	直径为 1.5 mm 的厚漆膜聚氨酯漆包圆铜线。QA-1 为薄漆膜，QA-3 为特厚漆膜
铜编织线	铜编织线25 JB/T6313—1992	25铜编织线 T2	截面积为 25 mm^2 的铜编织线
引接线	橡皮丁腈护套引接线 JXN-3000V-16-JB6213.2—1992	16引接线 JXN-3000V	截面积为 16 mm^2 的 JXN 引接线。J 为系列代号，X 表示天然丁苯橡胶，N 表示丁腈橡胶

表 C-9 塑料的标注

材料类别名称	标注示例		标注说明
	完整标注	简化标注	
阻燃增强尼龙 66 树脂	PA66-Ⅱ / 玻纤增强 30%阻燃 V-0 浅灰色(428C)	PA66-Ⅱ浅灰色(428C)	PA66 为聚酰胺 66 树脂的缩写代号
聚酰胺 6 树脂	PA6-Ⅱ / 玻纤 5%阻燃 V-2 浅灰色(428C)	PA6-Ⅱ浅灰色(428C)	PA6 为聚酰胺 6 树脂的缩写代号
聚碳酸酯树脂	PC-Ⅱ / 玻纤 20%阻燃 V-0 浅灰色(428C)	PC-Ⅱ浅灰色(428C)	PC 为聚碳酸酯的缩写代号
共聚甲醛树脂	POM-Ⅰ / 浅灰色(428C)	POM-Ⅰ浅灰色(428C)	POM 为共聚甲醛的缩写代号
阻燃增强聚对苯二甲酸丁二醇酯	PBT-Ⅱ / 玻纤增强 20%阻燃 V-0 浅灰色(428C)	PBT-Ⅱ浅灰色(428C)	PBT 为聚对苯二甲酸丁二醇酯缩写代号
聚酰胺 46 树脂	PA46 / 玻纤 30%阻燃 V-0 浅灰色(428C)	PA46 浅灰色(428C)	PA46 为聚酰胺 46 的缩写代号
聚砜树脂	PSU / 玻纤 20%阻燃 V-0 浅灰色(428C)	PSU 浅灰色(428C)	PSU 为聚砜的缩写代号
聚苯硫醚树脂	PPS / 玻纤 35%阻燃 V-2 浅灰色(428C)	PPS 浅灰色(428C)	PPS 为聚苯硫醚的缩写代号
丙烯腈-丁二烯-苯乙烯树脂	ABS-Ⅱ / 玻纤 30%阻燃 HB 浅灰色(428C)	ABS-Ⅱ浅灰色(428C)	ABS 为丙烯腈-丁二烯-苯乙烯的缩写代号
聚对苯二甲酸乙二醇酯	PET-Ⅰ / 玻纤 30%阻燃 V-0 浅灰色(428C)	PET-Ⅰ浅灰色(428C)	PET 为聚对苯二甲酸乙二醇酯的缩写代号
不饱和聚酯玻璃纤维增强模塑料	SMC(DMC)-Ⅰ / 玻纤 25%阻燃 V-0 浅灰色(428C)	SMC(DMC)-Ⅰ浅灰色(428C)	SMC(DMC)为不饱和聚酯玻璃纤维增强模塑料的缩写代号

注：(1) 塑料的选用参见《低压电器塑料、钢板材料选用推荐手册》。

(2) 其他塑料的标注方法与表中的标注示例类同。

(3) 当选用塑料的技术参数与《低压电器塑料、钢板材料选用推荐手册》不同时，在括号内标注不同的技术参数，如 PA66-Ⅱ浅灰色(428C) (V-1；M20)。

(4) 塑料填充及增强材料的缩写代号见标准 GB/T1844.2—2008《塑料 符号和缩略语 第 2 部分：填充及增强材料》。

附录D Y2系列电动机部分技术条件

D.1 油漆涂饰技术条件

1. 主题内容与适用范围

(1) 本技术条件规定了低压异步电动机的成品及零部件油漆涂饰的技术要求、检验方法。

(2) 本技术条件适用于Y2系列三相异步电动机及对涂饰无特殊要求的派生系列电动机的表面油漆涂饰。

2. 引用标准

(1) 《GB1720 漆膜附着力测定法》。

(2) 《GB1764 漆膜厚度测定法》。

(3) 《ROMWAY.540.001 电机铸件表面技术条件》。

(4) 《GB4054 涂料涂覆标记》。

3. 技术要求

1) 涂漆前表面要求

(1) 被涂饰的零件和成品表面必须平整，无氧化皮、锈蚀、毛刺、黏砂、油污、裂痕等缺陷。

(2) 钢铁制件涂饰前，必须进行出油、防锈清理；铸件需按(1)的要求进行清理后方可涂饰。

(3) 如果电机外表面有缺陷，但不超过《ROMWAY.540.001 电机铸件表面技术条件》中的规定，则允许用环氧树脂或腻子补平。成品及零部件应少用或不用腻子层。

2) 涂层技术要求

(1) 电机外表面(除轴伸、凸缘配合面及底脚平面外)涂浅灰色醇酸磁漆C04-2两层，每层厚度为20～30 μm。电机轴伸及凸缘配合面用防锈油204-1进行涂封，电机轴伸设有防护套保护。

(2) 灰铸铁件机座、端盖、轴承盖(内、外)、接线盒盖、座等非配合表面涂铁红醇酸底漆C06-1一层，厚度为30～40 μm，铝合金铸件的非配合面则涂锌黄环氧酯底漆H06-2一层，厚度为30～40 μm。

(3) 转子平衡后，转子的端环、风叶、平衡柱及铁芯端面及轴上非配合表面先涂铁红环氧酯底漆H06-2一层，然后将上述表面(包括转子外圆)涂环氧酯绝缘漆H31-3一层，厚度为8～10 μm。

(4) 定子铁芯内圆涂环氧酯绝缘漆H31-3一层，厚度为8～10 μm。

(5) 风扇(金属件)平衡后，两端面及非加工面涂铁红环氧酯底漆 H06-2 一层，厚度为 30～40 μm，再涂一层浅灰色醇酸磁漆 C04-2，厚度为 30～40 μm。

(6) 风罩内外表面均涂铁红环氧酯底漆 H06-2，其内表面涂两层，外表面涂一层，每层厚度为 30～40 μm。注：风罩内外表面加一层与整机同色的醇酸磁漆 C04-2，厚度为 30～40 μm。

(7) 其他零部件铸件清理后，均涂铁红环氧酯底漆 H06-2 一层，厚度为 30～40 μm。

4．涂饰层质量要求

(1) 成品及零部件表面涂层应平整、清洁，主要表面应美观、光滑，其表面涂层质量应不低于 GB4054 中 2.3 条 III 级，色泽基本一致， 且表面不得有皱纹、流痕、针孔、起泡、开裂、生锈等缺陷。

(2) 成品表面和定、转子表面的漆膜层附着力(画圈法)应不低于 3 级，测定方法按 GB1720 中的规定。

(3) 成品及零部件的漆膜厚度一般无需检查，如果用户有特殊要求，则可按 GB1764 的规定进行。

D.2 轴承清洗及安装技术条件

1．主题内容与适用范围

(1) 本技术条件规定了低压异步电动机所用轴承清洗及安装的技术要求、检验方法。

(2) 本技术条件适用于 Y2 系列三相异步电动机及其派生系列电动机用深沟球轴承及短圆柱滚子轴承(简称普通轴承)的清洗、安装和带密封圈的深沟球轴承(简称密封轴承)的安装。

2．技术要求

(1) 普通轴承首先必须用热油煮法，去除轴承包封用防锈剂，然后放在清净的汽油中清洗。

(2) 密封轴承不需要清洗。

(3) 轴承的安装。

① 轴承在安装前必须将转子、端盖和轴承盖等零部件清理干净，与轴承配合的零部件表面不得有毛刺、锈斑、磕碰、划伤，非配合面不得有铁屑、尘土、油污。

② 安装轴承时应将外圆上打有轴承牌号的一端朝外。

③ 安装轴承尽可能采用热套或冷压法。安装时必须注意如下规定：

a. 轴承采用热套安装时，轴承(内圈)受热必须均匀，其最高温度不得超过 120℃，且时间不宜过长。

b. 轴承采用冷压安装时，要求配套无冲击载荷装置，并通过轴承内圈受力进行安装。

④ 普通轴承润滑脂采用 ZL3 锂基润滑脂(SY1412—1975)，填脂量为轴承室净容积 1/2～1/3。

⑤ 所有安装在转子上的轴承，当不能及时装机时，必须遮盖好，以防铁屑、尘土等脏物侵入。

3. 质量检查

(1) 用目测方法检查普通轴承内外圈、保持架及钢球或圆柱的表面有无锈蚀、划痕、烧伤、裂纹等现象，待检查后才可进行清洗工作。

(2) 清洗后的普通轴承必须用手握持轴承内外圈，转动外圈，观察其旋转的稳定性及灵活性，以确定清洗干净与否。

(3) 用目测方法检查密封轴承的密封圈是否凸出轴承外廓，轴承的内外圈有无锈蚀、划痕、烧伤、裂纹等现象。

(4) 每批密封轴承在入库前必须抽检填脂量是否符合 ZBJ11018—1989 的规定。

(5) 轴承有轻微的锈迹时，允许用 00 号砂布擦去，并再清洗一次。

(6) 轴承安装在转轴上应紧靠在轴肩上，不允许有间隙。电机总装后，用手转动转轴应能轻快均匀地旋转，并不得有异常的杂音。

附录 E 五轴绕线机 HCM-5GA

五轴绕线机见图 E-1。

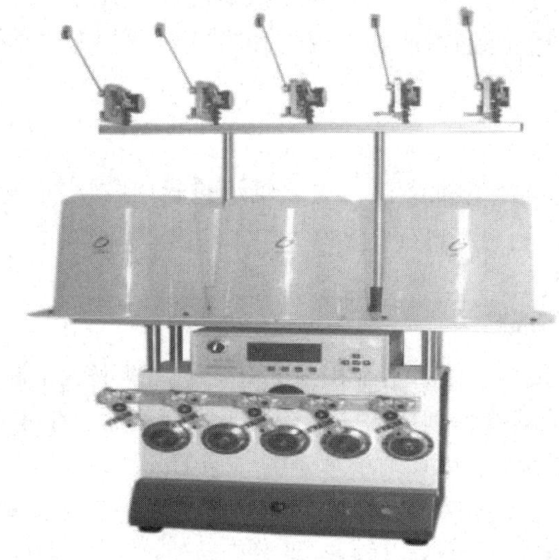

图 E-1 五轴绕线机

1. 使用范围

五轴绕线机用于各类继电器、接触器、磁头、变压器、磁电机、点火线圈、电感线圈等的绕制。

2．产品特点

(1) 采用十六位单片机控制，具备极强的可靠性和抗干扰能力。
(2) 采用大屏幕LCD液晶显示，中文字幕，在使用过程中操作更加方便。
(3) 线径可编，能实现密绕、稀绕、并绕、槽绕和层绕等功能。
(4) 各种绕线模式一次输入，永久存储，方便管理。
(5) 排线起始点任意设置，更换产品相当方便。

3．主要技术指标

(1) 主轴转速：0～10 000 r/min。
(2) 线径可编程精度：0.001 mm。
(3) 最大行程：80 mm。
(4) 最大回转直径：ϕ60 mm。
(5) 线径范围：ϕ0.02～ϕ0.45。
(6) 整机输入功率：800 W。
(7) 工作电源：单相～220 V，50 Hz。
(8) 外形尺寸(长×宽×高)：440 mm×440 mm×450 mm。

附录F　JB/T7944—2000圆柱螺旋弹簧抽样检查

1．范围

本标准规定了圆柱螺旋弹簧抽样检查方法。

本标准适用于冷卷与热卷圆柱螺旋压缩、拉伸弹簧和冷卷圆柱螺旋扭转弹簧。

本标准不适用于气门弹簧、液压件弹簧以及柴油机用喷油泵、调速器、喷油器等特殊要求的弹簧。

2．引用标准

下列标准所包含的条文，通过在本标准中引用而构成本标准的条文。本标准出版时，所示版本均为有效。所有标准都会被修订，使用本标准的各方应探讨使用下列标准最新版本的可能性。

GB/T2828—1987《逐批检查计数抽样程序及抽样表》(适用于连续批的检查)。

3．缺陷

弹簧不符合产品技术标准、工艺文件、图样所规定的技术要求，即构成缺陷。按照缺陷的严重程度一般将其分为A缺陷项目(致命缺陷)、B缺陷项目(严重缺陷)、C缺陷项目(一般缺陷)。

弹簧缺陷项目见表F-1。

表 F-1　弹簧缺陷项目

弹簧类别	A 缺陷项目	B 缺陷项目	C 缺陷项目
冷卷压缩弹簧	脱碳、硬度	弹簧特性、外径或内径、表面缺陷、永久变形	垂直度、总圈数、自由高度、节距均匀度
冷卷拉伸弹簧		弹簧特性、表面缺陷	外径、自由长度、钩环钩部长度
冷卷扭转弹簧		弹簧特性或自由角度、表面缺陷	外径或内径、自由长度、扭臂长度
热卷压缩弹簧	脱碳、硬度	弹簧特性、外径或内径、表面缺陷、永久变形	垂直度、直线度、自由高度、总圈数、节距均匀度
热卷拉伸弹簧	脱碳、硬度	弹簧特性、表面缺陷、永久变形	外径、自由长度

注：有特殊要求时，经供需双方商定，疲劳寿命可作为 A 缺陷项目进行检查。

4．检查水平

检查水平采用 GB/T2828 中的特殊检查水平 S–4。

5．样本大小字码

根据提交检查项目的批量和特殊检查水平 S–4 确定样本大小字码，见表 F-2。

表 F-2　缺陷项目的批量与检查水平

批量范围	检查水平
	S–4
	字码
2～15	A
16～25	B
26～90	C
90～150	D
151～500	E
501～1200	F
1201～10 000	G
10001～35 000	H
35001～500 000	J
≥500 001	K

6．抽样方案

1) A缺陷项目样本抽取

(1) 不限交货批量的大小，冷卷圆柱弹簧的疲劳寿命样本为 4 件，金相、脱碳样本为 2 件，也可由制造厂提供试棒(块) 2 件。

(2) 不限交货批量的大小，热卷圆柱螺旋弹簧的疲劳寿命样本为 2 件，金相、脱碳样本可由制造厂提供试棒(块) 2 件。

(3) 特殊需要时，可由供需双方商定。

2) B、C 缺陷项目样本抽取

根据交货批量的大小，可采取一次、二次或五次正常检查抽样方案。

(1) 当交货批量为 2～1200 件时，可采用一次正常检查抽样方案，见表 F-3。

表 F-3 缺陷项目的一次正常检查抽样方案

样本大小字码	样本大小	合格质量水平 AQL			
		4.0		6.5	
		Ac	Re	Ac	Re
A	2	0	1	0	1
B	3	0	1	0	1
C	5	0	1	1	2
D	8	1	2	1	2
E	13	1	2	2	3
F	20	2	3	3	4

(2) 当交货批量为 1201～10 000 件时，可采用二次正常检查抽样方案，见表 F-4。

表 F-4 缺陷项目的二次正常检查抽样方案

样本大小字码	样本	样本大小	累计样本大小	合格质量水平 AQL			
				4.0		6.5	
				Ac	Re	Ac	Re
G	第一	20	20	1	3	2	5
	第二	20	40	4	5	6	7

(3) 当交货批量大于 10 000 件时，可采用五次正常检查抽样方案，见表 F-5。

表 F-5 缺陷项目的五次正常检查抽样方案

样本大小字码	样 本	样本大小	累计样本大小	合格质量水平 AQL			
				4.0		6.5	
				Ac	Re	Ac	Re
H	第一	13	13	#	4	0	4
	第二	13	26	1	5	1	6
	第三	13	39	2	6	3	8
	第四	13	52	4	7	5	9
	第五	13	65	6	7	9	10

续表

样本大小字码	样 本	样本大小	累计样本大小	合格质量水平 AQL			
				4.0		6.5	
				Ac	Re	Ac	Re
J	第一	20	20	0	4	0	5
	第二	20	40	1	6	3	8
	第三	20	60	3	8	6	10
	第四	20	80	5	9	9	12
	第五	20	100	9	10	12	13
K	第一	32	32	0	5	1	7
	第二	32	64	3	8	4	10
	第三	32	96	6	10	8	13
	第四	32	128	9	12	12	17
	第五	32	160	12	13	18	19

注：对于带符号“#”的样本，不能判定检查批合格。

7. 合格质量水平 AQL

1) A 缺陷项目

对于 A 缺陷项目，在检验中，即使有一个弹簧质量不合格，相应的检验也要重复进行抽样一次，如果这次检验仍有一个弹簧质量不合格，则整批产品拒绝接收。

2) B 缺陷项目

对于 B 缺陷项目，合格质量水平为 4.0。

3) C 缺陷项目

对于 C 缺陷项目，合格质量水平为 6.5。

8. 其他

(1) 制造厂在生产过程中(包括成品入库验收检查)有权采用任何检查程序控制质量，但必须保证弹簧成品质量符合本标准和相应标准的规定。

(2) 需方认为必要或经济合理时，可根据制造厂的质量信誉和以往交验产品的质量保证情况，对提交验收的产品免除检查，也可根据双方商定的抽样方案进行验收检查。

(3) 弹簧产品验收检查项目仅限于相应标准中规定了的有关指标项目，需方应把验收检查重点放在产品能否满足预期使用要求上，因此可以根据具体的使用要求增加或减少抽查项目。

(4) 当对提交验收的产品有争议时，需方必须给制造厂核实的机会。

(5) 对于已拒收的产品批，制造厂必须经过分类或修整，才能重新提交验收。

附录G Y801-4电动机轴参考图样

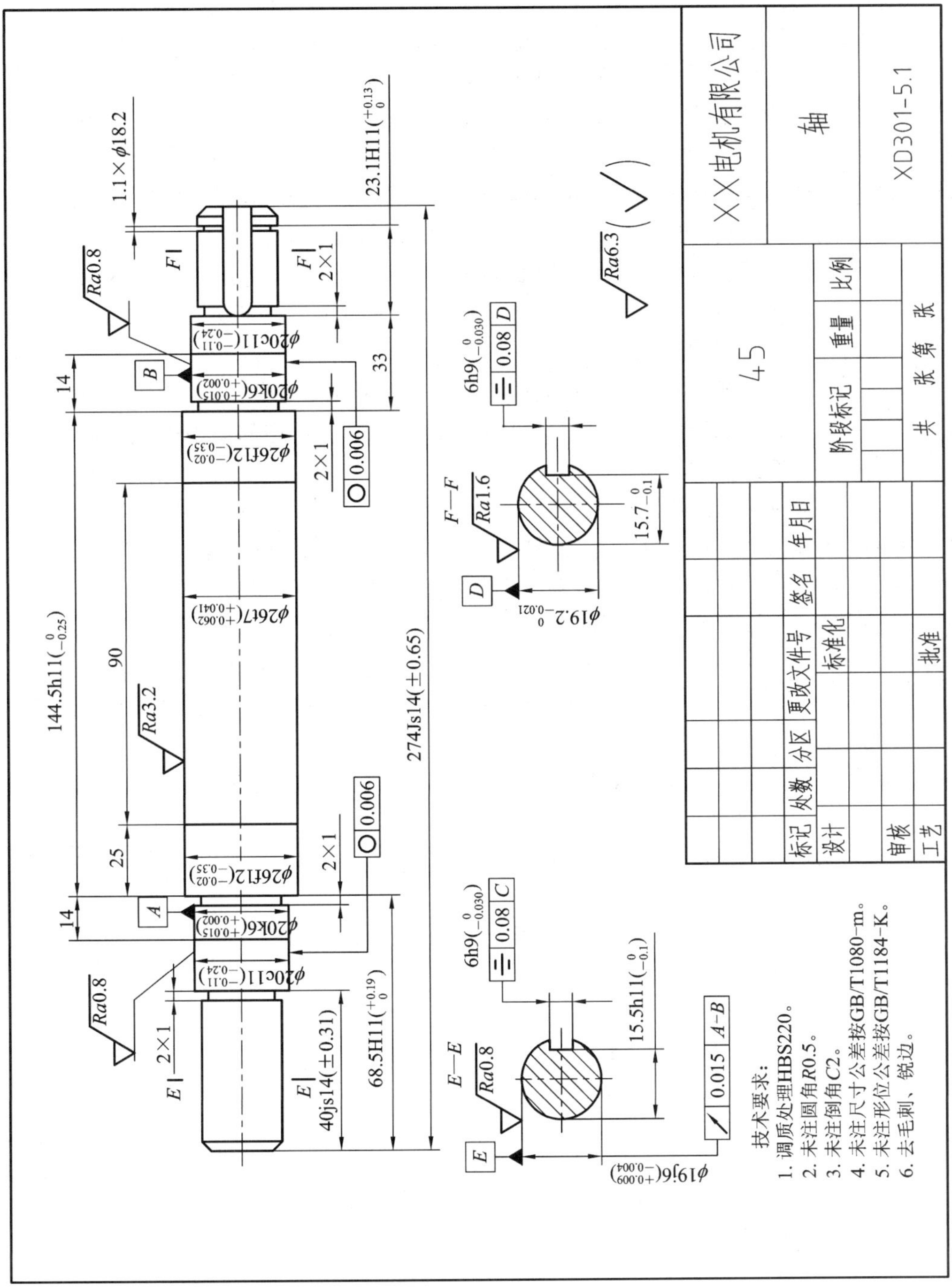

技术要求:
1. 调质处理HBS220。
2. 未注圆角$R0.5$。
3. 未注倒角$C2$。
4. 未注尺寸公差按GB/T1080-m。
5. 未注形位公差按GB/T1184-K。
6. 去毛刺、锐边。

标记	处数	分区	更改文件号	签名	年月日	45			XX电机有限公司
设计			标准化			阶段标记	重量	比例	轴
审核									
工艺			批准			共 张	第 张		XD301-5.1

参 考 文 献

[1] 徐君贤. 电机电器制造工艺学[M]. 北京：机械工业出版社，2000.

[2] 李建明. 电器工艺与工装[M]. 北京：机械工业出版社，2000.

[3] 才家刚. 图解电机组装及检测[M]. 北京：化学工业出版社出版，2012.

[4] 陈宏钧. 机械加工工艺设计员手册[M]. 北京：机械工业出版社，2009.

[5] 周忠旺，杨太德，等. 冲压工艺分析与模具设计方法[M]. 北京：国防工业出版社，2010.

[6] 柏小平，林万焕，张明江，等. 低压电器用电触头材料[J]. 电工材料，2007(3).

[7] 蒋德志，等. AgNi 触头材料应用性能及其主要制备工艺[J]. 电工材料，2014(3).

[8] 宋珂，等. 银石墨触点焊接方法研究[J]. 电工材料，2010(2).

[9] 邵冬阳. 热双金属元件在小型热断路器中的应用分析[J]. 江苏电器，2005(2).

[10] 陈绍魁. 电器制造工艺现状和差距[J]. 中国电工技术学会低压电器专业委员会第十二届学术年会论文集，2005.

[11] 马林泉. 低压电器用电工模塑料的现状与发展趋势[J]. 电器工业，2015(11).

[12] 姜梅生. 抽样方案选取探讨[J]. 中国电工技术学会低压电器专业委员会第十三届学术年会论文集，2007.

[13] 魏兰英. 探讨继电器线圈绕制工艺[J]. 消费电子，2013(11 下).

[14] 徐莉. 线圈引出技术及绕制过程中的注意事项[J]. 中国科技博览，2010(24).

[15] 潘慧梅. VPI 绝缘技术在电器线圈中的应用[J]. 电工技术，2006(09).

[16] 熊伟强，黄爱国. 继电器点焊工艺[J]. 机电元件，2011(2).

[17] 李久安，高志强. 关于触点铆接工艺浅析[J]. 机电元件，2012(2).

[18] 宋玉兰，孟庆龙，等. 走进现代工艺系列之六：电器的装配工艺技术[J]. 电气制造，2008(9).

[19] 南慧敏，黄宗顺. 浅谈电器设计图样的工艺性审查[J]. 电气制造，2007(12).